大气科学中的人工智能技术

陈　斌　编著

气象出版社
China Meteorological Press

内容简介

本书是一本专为大气科学领域的本科生和研究人员编写的教科书,旨在培养具备大气科学、人工智能、大数据技术等跨学科知识和技能的复合型人才。内容包括:人工智能基础篇,介绍人工智能的基本概念、数据预处理、特征提取、降维技术和数据可视化方法;自然启发的人工智能篇,讲授进化算法、群体智能算法等自然启发算法的基本原理;机器学习基础篇,涵盖线性模型、决策树、集成学习模型、支持向量机、朴素贝叶斯算法和聚类算法等经典机器学习算法;深度学习基础篇,介绍前馈神经网络、卷积神经网络、循环神经网络、注意力机制、Transformer 模型、图神经网络、生成对抗网络(GANs)和扩散模型等深度学习技术;人工智能拓展篇,介绍表征学习、自监督学习、迁移学习、强化学习、联邦学习、时间序列分析、自然语言处理、图像和视频生成及气象大模型等前沿技术;人工智能可解释性技术篇,讲解机器学习模型的可解释性技术和人工智能因果推理。本书不仅提供了全面的知识体系,还注重培养读者的实践能力,通过丰富的实际案例,提升解决问题的能力。读者将掌握人工智能的基本理论和方法,熟练应用机器学习和深度学习技术,提升天气预报和大气科学中的分析能力。

图书在版编目(CIP)数据

大气科学中的人工智能技术 / 陈斌编著. -- 北京:气象出版社, 2024. 9(2025. 3重印).
ISBN 978-7-5029-8258-4

Ⅰ. P4-39

中国国家版本馆 CIP 数据核字第 20243RV383 号

大气科学中的人工智能技术

Daqi Kexue zhong de Rengong Zhineng Jishu

出版发行:气象出版社

地　　址:北京市海淀区中关村南大街 46 号　　邮政编码:100081
电　　话:010-68407112(总编室)　010-68408042(发行部)
网　　址:http://www.qxcbs.com　　**E-mail**:qxcbs@cma.gov.cn
责任编辑:杨泽彬　张锐锐　　　　　　　　终　审:张　斌
责任校对:张硕杰　　　　　　　　　　　　责任技编:赵相宁
封面设计:地大彩印设计中心
印　　刷:三河市君旺印务有限公司
开　　本:787 mm×1092 mm　1/16　　　印　张:29
字　　数:742 千字　　　　　　　　　　彩　插:2
版　　次:2024 年 9 月第 1 版　　　　　　印　次:2025 年 3 月第 3 次印刷
定　　价:98.00 元

序

在当今科技迅猛发展的背景下,人工智能(AI)已成为 21 世纪最具革命性的技术之一,正在重塑我们的社会、经济和科学研究领域。AI 不仅在科技和工业界引起了广泛关注,还在大气科学等地球科学领域产生了深远的影响。

大气科学中的天气预报一直是一个复杂而充满挑战的领域。大气系统的高度非线性特征,使得即使极其微小的变化也可能对大气运动产生不可预知的扰动,这种大气中普遍存在的"蝴蝶效应"正是天气预报的难点所在。传统的数值天气预报模型依赖于复杂的物理方程和大量的计算资源,而人工智能模型则通过从历史数据中学习所建立的算子,快速生成高精度的预测结果。这种方法不仅可以节省计算时间,还能有效处理数据中的不确定性和噪声。

人工智能技术在大气科学中的成功应用已经证明了其巨大的潜力。例如,利用深度学习模型进行降水预报,通过卷积神经网络(CNN)和循环神经网络(RNN),研究人员能够从卫星图像和气象雷达数据中提取出有用的特征,并生成精确的降水预测。这种方法在短时强降水和台风路径预测中表现尤为出色,极大地提升了气象部门的应急预警能力。

最新的气象大模型,例如谷歌的 NeuralGCM、英伟达的 FourCastNet,以及盘古大模型,通过结合传统数值天气预报和深度学习方法,显著提高了天气预报的时效性。这些模型相比传统方法,具有更强的泛化能力和更高的预测精度,尤其在短期和中期预报中表现突出。尽管 AI 模型在数据驱动预测方面展现了巨大的潜力,它们在物理机制的解释上仍存在一定的局限性,需要对人工智能的可解释性和因果推断进行深入研究,并且和动力模式进行融合。

尽管人工智能在大气科学中的应用已经取得了显著成效,但其潜力远未完全发挥。《大气科学中的人工智能技术》不仅系统地介绍了 AI 的基本理论和方法,还探讨了这些技术在大气科学中的实际应用。本书作者陈斌老师通过详细的理论介绍和实战案例,力图将复杂的 AI 概念转化为易于理解和应用的知识体系。无论你是初学者还是有经验的专业人士,本书都将为你提供有价值的参考和指导,帮助你在机器学习和人工智能的世界中不断进步。

黄建平[*]

2024年8月6日于兰州

---

[*] 黄建平:中国科学院院士、兰州大学教授。

前　言

在这个数据驱动被认知的新时代,每一次技术进步都在推动社会发展,同时也为大气学科带来了新的机遇与挑战。2018 年 10 月 31 日,习近平总书记在中共中央政治局第九次集体学习时指出:"人工智能是新一轮科技革命和产业变革的重要驱动力量,加快发展新一代人工智能是事关我国能否抓住新一轮科技革命和产业变革机遇的战略问题。"2019 年 5 月 16 日,习近平总书记在致国际人工智能与教育大会的贺信中进一步强调"人工智能是引领新一轮科技革命和产业变革的重要驱动力,正深刻改变着人们的生产、生活、学习方式,推动人类社会迎来人机协同、跨界融合、共创分享的智能时代"。

面对气候变化、极端天气事件的频发,人类社会急需一种全新的视角和方法来解决这些问题。人工智能(Artificial Intelligence,AI)技术的迅猛发展,为大气科学问题带来了变革性的解决方案。AI 技术能够高效处理和分析海量的气象数据,在提高天气预报准确性上具有前所未有的应用潜力,同时也大幅提升了效率和创新能力。正是基于这样的背景和需求,兰州大学于 2024 年秋季学期新开设"大气科学人工智能技术及实践"和"地球科学人工智能技术"本科生课程,致力于培养具备大气科学、人工智能、大数据技术等跨学科知识和技能的复合型人才,以适应全球气候变化、生态环境保护和可持续发展事业的人才需求,更好地应对未来的挑战。

《大气科学中的人工智能技术》这本书正是在这一背景下应运而生,是一本专为大气科学及相关专业的本科生编写的教科书,是甘肃省"十四五"普通高等教育本科省级规划教材建设项目。本书较全面地介绍了现有 AI 技术及其在大气科学中的实践应用。通过系统的理论学习和丰富的实践案例,学生将掌握从数据分析到深度学习的关键技术,并能够将这些技术应用于气象数据处理、天气预报和气候变化分析等实际问题。

本书分为六个部分共 30 章,系统地介绍了人工智能技术在大气科学中的应用,涵盖从基础理论到前沿技术等广泛内容。编者将最新的研究成果和实践经验融入书中,为读者提供了一本既具前瞻性又实用的参考资料。

本书内容概述如下。

人工智能基础篇:本部分介绍人工智能的基本概念、发展历程和主要应用领域,讲解数据预处理、特征提取和特征选择的方法,以及主成分分析、奇异值分解、非负矩阵分解等降维技术,并实践使用 t-SNE 等流形学习方法进行数据可视化,帮助读者理解和处理大气科学数据。

自然启发的人工智能篇:讲授进化算法、群体智能算法等自然启发算法的基本原理及其在大气科学中的应用,包括遗传算法、差分进化、蚁群算法、粒子群优化和模拟退火、灰狼优化等,探讨这些算法在气象数据分析和优化中的应用。

机器学习基础篇:本部分涵盖线性回归、岭回归、Lasso 回归、逻辑回归和 Softmax 回归等线性模型,决策树模型及其在大气科学中的应用,随机森林、LightGBM、XGBoost 等集成学习方法,支持向量机、朴素贝叶斯算法、K 近邻算法、聚类算法以及马尔科夫链蒙特卡罗方法,帮助读者掌握各种经典的机器学习算法及其应用。

深度学习基础篇:深入学习前馈神经网络、卷积神经网络、循环神经网络、注意力机制与Transformer模型、图神经网络、生成对抗网络和扩散模型等深度学习技术,理解这些模型的基本原理及其在大气科学中的应用。

人工智能拓展篇:介绍表征学习、迁移学习、强化学习、联邦学习、小样本和零样本学习、时间序列分析、自然语言处理与大语言模型、图像和视频生成模型及 AI 气象大模型等前沿技术,扩展读者的知识面,提升读者的 AI 技术应用能力。

人工智能可解释性技术篇:讲解机器学习模型的可解释性技术和人工智能因果推理,提升AI 技术在大气科学中的应用可信度,帮助读者构建更透明、更可靠的模型。

在本教材的编写过程中,得到了许多专家、同事和学生的支持与帮助。首先,我要感谢我的研究生导师黄建平院士,在他的鼓励和建议下,我开始着手本书的编纂工作。我也要向大气科学和人工智能领域的前辈们和同行专家表示感谢,他们提供的宝贵建议和专业知识,为这本教材提供了巨大的学术支持。同时,特别感谢我的同事们和学生们,学生们的科研实践经验为本书提供了丰富的素材。此外,感谢气象出版社的编辑团队,感谢你们在书稿的编排、校对和出版过程中付出的辛勤努力,使得这本教材能够顺利呈现给读者面前;感谢兰州大学相关部门对本书出版的支持和资助(本书由兰州大学教材建设基金资助)。最后,我非常感谢家人一直以来对我的理解和支持,让我能够在繁忙的教学与科研工作中,有更多的时间与精力投入到教材编写之中。

不积跬步,无以至千里;不积小流,无以成江海。希望本书能为广大读者提供有价值的知识和启发,帮助他们更好地理解人工智能在大气科学中的应用。向本书出版过程中所有支持和帮助过我的人,谨致诚挚谢意!

由于编写时间紧、版面限制和作者水平所限,书中难免存在一些不足及疏漏之处,还恳请各位同行和广大读者批评指正。

陈斌*

2024 年 6 月于兰州大学观云楼

---

* 陈斌:兰州大学大气科学学院教授、博士生导师。

目　　录

第二部分　自然启发的人工智能篇

第三部分　机器学习基础篇

第四部分　深度学习基础篇

第五部分　人工智能拓展篇

第六部分　人工智能可解释性技术篇

第一部分
人工智能基础篇

第1章 人工智能基础

在现代科技的迅猛发展中,人工智能(Artificial Intelligence,AI)已经成为推动科学研究和产业革新的核心动力之一。作为一门研究大气现象及其变化规律的学科,大气科学同样受益于人工智能技术的进步。传统的大气科学方法主要依赖于物理模型和统计方法,存在一定的局限性。而 AI 则提供了全新的工具和视角,能够处理更大规模的数据、更复杂的系统,并在更短的时间内得出结论,能够有效地解决大气科学中的许多复杂问题:如天气预报、气候预测、大气气溶胶和污染物的监测等(黄建平 等,2024;Chen et al.,2022a,b,c)。

1.1 什么是人工智能

1.1.1 人工智能的定义

人工智能是一门研究、开发和应用能够模拟、延伸和扩展人的智能的理论、方法、技术和应用系统的学科领域(Atov et al.,2020)。它致力于使计算机系统能够执行像人类智能一样的任务,例如学习、推理、问题解决、感知和语言理解。人工智能的目标是创建能够执行具有智能水平的任务的计算机程序或模型,这些任务以往通常需要人类的智力才能完成。

在人工智能的发展过程中,研究者们探索和发展了各种不同的方法和技术,包括逻辑推理、专家系统、模式识别、机器学习和深度学习等(Kallem,2012)。这些方法和技术使得计算机能够从大量数据中学习规律和知识,并根据学习到的知识进行推理、决策和解决问题。人工智能包括多种关键技术:通过数据学习进行预测和决策的机器学习,利用神经网络自动提取数据特征进行预测的深度学习,使计算机理解和生成人类语言的自然语言处理,从图像和视频中提取信息的计算机视觉,通过奖励机制优化行为的强化学习,发现数据中的模态和知识的数据挖掘,在多个设备上协同训练模型以保护数据隐私的联邦学习,将预训练模型的知识应用于新任务的迁移学习,利用数据内在结构生成训练标签的自监督学习,理解和推断变量间的因果关系的因果推理。这些技术共同推动了人工智能在解决复杂问题中的强大能力和广泛应用。

1.1.2 人工智能的发展历程

人工智能的发展大致可以分为六个阶段。

(1)起步发展期:20 世纪 40 年代

从 20 世纪 40 年代起,符号主义(张钹 等,2020)和联结主义(沈家煊,2004)等算法被提出。1956 年,达特茅斯会议上,约翰·麦卡锡等学者共同提出了"人工智能"这个令人兴奋的概念。人工智能概念提出后,取得了诸如机器定理证明和跳棋程序等一批令人瞩目的研究成果,掀起了人工智能发展的第一个高潮。图灵测试的提出是人类对人工智能最初的设想,约翰·冯·诺依曼提出的"冯·诺依曼结构"也广泛应用于计算机系统,开启了电子计算机时代

(Neumann,1993)。早期的代表算法有逻辑理论家、图灵测试和早期的神经网络模型(Turing,2004)。

(2)反思发展期:20 世纪 60 年代—70 年代初

人工智能发展初期的突破性进展大大提升了人们的期望,并尝试更具挑战性的任务和不切实际的研发目标。然而,伴随着一系列失败和目标的落空,人工智能进入了"寒冬"。1973年,莱特希尔向英国政府提交了一份严厉批评人工智能研究的报告,指出当时的机器人技术、语言处理技术和图像识别技术存在的问题(Agar,2020)。1977 年至 1979 年,人工智能技术研究进入低谷期,特别是美国国防高级研究计划署的合作计划失败,使人们对人工智能的前景感到失望。这期间的代表算法有感知器、专家系统(如 DENDRAL 和 MYCIN)和通用问题求解器(GPS)(Newell et al.,1976;Shortliffe,1974)。

(3)应用发展期:20 世纪 70 年代—80 年代中

1968 年,首台人工智能机器人 Shakey 诞生(Nilsson,1984)。Shakey 能够自主感知、分析环境、规划行为并执行任务,标志着人工智能向应用迈出了重要一步。1970 年,斯坦福大学开发了能够分析语义、理解语言的 SHRDLU 系统,成功地实现了人机对话。20 世纪 70 年代出现的专家系统,模拟人类专家的知识和经验,解决特定领域的问题,实现了人工智能从理论研究走向实际应用的突破,在医疗、化学、地质等领域取得了成功。这一时期的代表算法有SHRDLU、专家系统(如 XCON 和 PROSPECTOR)和启发式搜索算法(Winograd,1972;McDermott,1982;Korf,1985),推动了 AI 在实际领域的应用。

(4)低迷发展期:20 世纪 80 年代中—90 年代中

尽管人工智能在 20 世纪 80 年代初期取得了一些进展,但很快迎来了第二次"寒冬"。专家系统逐渐暴露出应用领域狭窄、知识获取困难、推理方法单一等问题,导致其维护和更新变得困难。许多企业逐渐放弃了对人工智能的投资,人们开始质疑人工智能的真正价值。代表算法有反向传播算法、Hopfield 网络和贝叶斯网络(Rumelhart et al.,1986;Hopfield,1982;黄影平,2013),标志着联结主义的发展。

(5)稳步发展期:20 世纪 90 年代中—2010 年

互联网技术的发展加速了人工智能的创新研究。1997 年,IBM 公司的深蓝计算机战胜了国际象棋世界冠军卡斯帕罗夫,成为人工智能技术的一个重要里程碑。同年,霍克赖特和施米德赫伯提出的长期短期记忆(LSTM)递归神经网络对手写识别和语音识别产生了深远影响,推动了人工智能技术的进一步发展和应用。代表算法有深蓝、LSTM 和支持向量机(SVM)(Campbell et al.,2002;Hochreiter et al.,1997;Cortes et al.,1995),展现了 AI 在复杂任务中的突破。

(6)蓬勃发展期:2011 年至今

随着大数据、云计算和物联网等信息技术的发展,深度神经网络等人工智能技术得到飞速发展,实现了图像分类、语音识别、知识问答、人机对弈、无人驾驶等技术突破。人工智能迎来了爆发式增长的新高潮,跨越了科学研究和实际应用之间的"技术鸿沟",进入了前所未有的蓬勃发展期。代表算法有卷积神经网络(CNN)、AlphaGo、生成对抗网络(GAN)、ChatGPT、SORA 和 Claude-3 等(Krizhevsky et al.,2012;Silver et al.,2016;Goodfellow et al.,2014;Brown et al.,2020;Askell et al.,2021;Liu et al.,2024),推动了 AI 技术的飞速发展和广泛应用。

1.2 数据科学、机器学习与深度学习

1.2.1 数据科学

数据科学是一门将数据转化为决策和行动的学科,通过整合多种工具、技术和流程将各种数据转化为有用的知识。数据科学的核心包括数据的收集、描述和分析,从中发现有价值的信息,并提出合理的预测和建议。数据本质上是世界运作的痕迹,通过分析和理解数据,可以更好地理解和改造世界,从而实现闭环的过程。

数据科学研究的对象是数据,而非信息或知识。通过研究数据,能够获取对自然、生命和行为的理解,并进一步获得信息和知识。从现实世界到数据,这是一个描述、归纳和抽象为数据模型的过程;而从数据到现实世界,则是利用模型进行预测和推断的过程。数据与现实世界之间的循环依赖于智能技术的应用,而如何优化这一循环过程,则依赖于人工智能的不断进步。

数据科学的主要内涵包括两方面:一是研究数据本身,分析数据的各种类型、状态、属性及其变化形式和规律;二是为自然科学和社会科学研究提供一种新的方法,即数据方法。随着存储和计算能力的增强,人们发现将数据单独拿出来处理和研究,能够形成一门系统的学科。数据科学是一门交叉学科,知识结构复杂,涉及基础数学方法(如统计学习)、计算机知识(如机器学习)、图形设计和展示(如可视化)以及各领域知识的应用(李国杰 等,2012)。具体而言,数据科学包括获取数据、处理数据、建模、实现模型编程、评估模型以及对模型进行领域解释等方面。尽管数据科学依赖大量计算,但与计算机模拟不同,它并非基于一个已知的数据模型,而是通过大量数据的相关性取代因果关系和严格的理论模型,从这些相关性中获得新的"知识"。

1.2.2 机器学习

机器学习(Machine Learning,ML)是人工智能的一个分支,旨在构建能够根据所使用的数据进行学习和提高性能的系统;是一门让计算机通过数据和经验自主学习和改进其性能的科学(何清 等,2014)。通过与现实世界的数据互动,机器学习系统能够不断优化其学习过程和决策能力。

机器学习按学习方式(如监督学习、无监督学习、半监督学习)或功能类型(如分类、回归、决策树、聚类、深度学习)进行分类。尽管学习方式和功能类型各不相同,但所有机器学习都包含以下几个核心要素(图 1.1):

①表示:指一组分类器或计算机理解的语言,用于表示数据和模型。

②评估:即客观或评分功能,用于评估模型的性能。

③优化:指搜索方法,通常是寻找评分最高的分类器,使用现成的或自定义的优化方法。

1.2.3 深度学习

深度学习(Deep Learning,DL)是机器学习中的一个重要方向,使机器学习更接近人工智能的目标(孙志军 等,2012)。通过学习样本数据的内在规律和层次表示,深度学习在解释文字、图像和声音等数据方面具有显著优势。其最终目标是使 DL 算法具备像人类一样的分析

表示	评估	优化
距离算法:	准确/错误率	组合优化:
K临近算法 (KNN)	精确率和召回率	贪婪搜索法
支持向量机 (SVM)	平方误差	束搜索法
超平面:	似然	分枝定界法
朴素贝叶斯	后验概率	连续优化:
逻辑回归	信息增益	无约束优化:
决策树	Kullback-Leibler散度	梯度下降
规则集:	成本/效益	共轭梯度
命题规则	边界	拟牛顿方法
逻辑程序		约束优化:
神经网络:		线性规划
图模型:		二次规划
贝叶斯网络		
条件随机场		

图 1.1　机器学习的核心要素

学习能力。深度学习使机器能够模仿人类的视听和思考活动,解决许多复杂的模式识别问题,推动了人工智能技术的发展。人工智能、机器学习和深度学习之间存在包含关系,深度学习是其中的一个子集(图 1.2)。

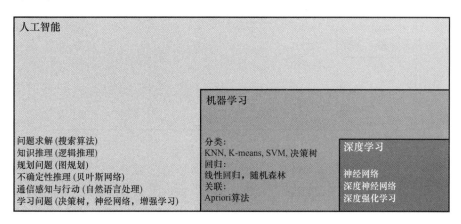

图 1.2　人工智能、机器学习和深度学习之间的关系

随着深度学习的兴起,新算法在数据预测和分类精度上已远超传统机器学习算法。深度学习通过自动化高维特征提取和更高的精度,在模式识别和数据处理方面取得了显著进步,成为当前人工智能领域的重要技术。几年前,人们关注更多的是大数据处理和数据挖掘,而如今,深度学习和人工智能已成为科技创新的核心话题,如同科技界的寒武纪生命大爆发。

1.3　人工智能方法分类

1.3.1　监督学习

监督学习(Supervised Learning)是机器学习的一种方法,通过使用带标签的数据进行训练,目标是从数据中学习和得到一个映射函数,以便在给定新输入时,模型可以预测相应的输出。训练过程涉及输入数据及其相应的标签,并尝试找到两者之间的关系。一旦模型被训练完成,它可以用于预测新数据的输出。在监督学习中,通常会面临两种主要类型的问题:回归问题和分类问题。

(1)回归问题(Regression Problem)

回归问题是指预测连续值输出的机器学习任务。回归问题的目标是建立一个函数,使其能够映射输入到连续的输出空间。具体来说,给定气象学的输入变量(如气象参数和时间信息),目标是预测一个连续的输出变量(如温度、降水量等)。

常用算法包括:线性回归、决策树回归和支持向量回归等。

(2)分类问题(Classification Problem)

分类问题是指预测离散标签(类别)输出的机器学习任务。给定气象学的输入变量,将其分为预定义的类别中的一类,如晴天、多云、雨天等。

常用算法有:逻辑回归、决策树分类和随机森林等。

监督学习的典型流程如下(图1.3):

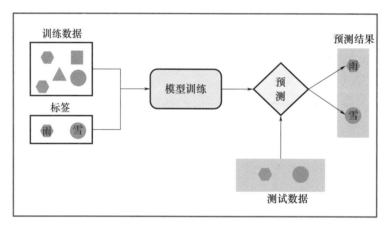

图1.3　监督学习示意图

①数据集创建和标签

创建并标注数据集,如标注所有包含气旋的图片。将所有图片分为训练集和验证集,并找到一个标签函数,例如,给该函数输入任意一张图片,当包含气旋时,输出1,否则输出0。

②数据增强(Data Augmentation)

原始数据通常不包含目标在各种扰动下的信息,因此进行数据增强非常重要。对于图像数据,常见的数据增强方法包括旋转、平移、颜色变换、裁剪和仿射变换等。

③特征工程(Feature Engineering)

特征工程包含特征提取和特征选择。在深度学习中,卷积神经网络(CNNs)本身就是一种特征提取和选择的引擎。

④构建预测模型和损失函数

将原始数据映射到特征空间后,构建合适的预测模型来得到对应输入的输出。为了保证模型输出与标签一致,需要构建损失函数,如交叉熵和均方差等,通过优化方法不断迭代,使模型从初始状态逐步变为有预测能力的模型。

⑤训练

选择合适的模型和超参数进行初始化。将制作好的特征数据输入模型,通过优化方法不断缩小输出与标签之间的差距。常见的优化方法包括梯度下降法等。

⑥验证和模型选择

训练完模型后,使用验证集验证模型的准确性。通过调整超参数(如节点数量、层数、激活函数和损失函数)来优化模型,重复数据增强和特征工程步骤,直至模型表现最佳。

⑦测试及应用

当有了一个准确的模型后,将其部署到应用程序中。例如,将预测功能发布为 API,供软件调用进行推理并给出结果。

常用的监督学习算法:决策树、朴素贝叶斯、支持向量机、K 最近邻算法(K-NN)、Ada-Boost 等。

1.3.2 无监督学习

无监督学习(Unsupervised Learning)模型是在没有标签的数据上进行训练。其目的是学习数据的底层结构、分布或表示,而不是预测标签。与监督学习不同,无监督学习的目标并不是预测一个输出,而是通过聚类、降维或生成模型等方法来学习数据的结构。

无监督学习是在没有标签的情况下,仍然可以对数据进行有效分析和处理(图 1.4)。在实际应用中具有广泛的用途,例如数据压缩、聚类、降维、降噪、特征学习等。重要算法有:K 均值聚类、主成分分析(PCA)、自组织映射(SOM)和生成对抗网络(GAN)等。

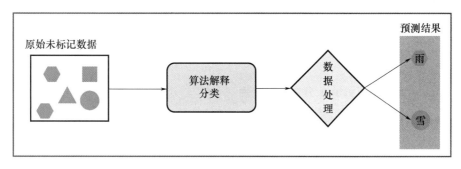

图 1.4 无监督学习示意图

1.3.3 半监督学习

半监督学习(Semi-supervised Learning,SSL)介于监督学习和无监督学习之间。监督学习使用完全标记的数据集,而无监督学习则使用完全未标记的数据集。半监督学习同时利用了这两种方法,使用一个包含少量标记数据和大量未标记数据的混合数据集进行学习。

半监督学习是通过未标记数据来获得对数据结构的更多理解,从而提高模型的性能。通过这种方式,半监督学习能够在标记数据有限的情况下,充分利用大量的未标记数据,提高模型的泛化能力和准确性。这种方法在标记数据获取成本高昂或时间紧迫的情况下尤为有效。半监督学习广泛应用于各种领域,例如:图像分类、自然语言处理等。

1.3.4 自监督学习

自监督学习(Self-supervised Learning)是一种利用辅助任务(pretext)从大规模无标签数据中自动生成监督信息的方法。这些构造的监督信息用于训练网络,从而学习对下游任务有价值的表征。自监督学习的监督信息不是人工标注的,而是算法在大规模无标签数据中自动生成的,因此它也常被称为无监督预训练方法或无监督学习方法。

评测自监督学习的能力主要通过预训练-微调(Pretrain-Finetune)的模式。首先从大量无标签数据中通过辅助任务训练网络,得到预训练的模型。然后,对于新的下游任务,将预训练模型的参数迁移到新任务上进行微调

自监督学习的方法主要分为三类:基于上下文的方法(Context-based)、基于时序的方法(Temporal-based)和基于对比的方法(Contrastive-based)。自监督学习在计算机视觉、自然语言处理和其他领域中展示了其强大的潜力,通过自动生成监督信号,能够有效地利用大量无标签数据,提高模型的性能和泛化能力。

1.3.5　迁移学习

迁移学习(Transfer Learning)就是将已训练好的模型参数迁移到新的模型,以帮助新模型进行训练(Pan et al.,2010)。由于大部分数据或任务存在相关性,通过迁移学习,可以将已学到的模型参数分享给新模型,从而加快并优化模型的学习效率。

在有监督的机器学习和深度学习中,需要大量的标注数据。然而,标注数据是一项耗时且昂贵的任务,并且在现实场景中往往无法标注足够的数据。加之模型训练本身也非常耗时,因此迁移学习应运而生,通过利用已有模型的知识,提高新模型的训练效率。迁移学习并不是某一类特定的算法,而是一种处理问题的思想。

1.4　常用 Python 语言扩展库介绍

1.4.1　Anaconda 和 Python 介绍及安装

（1）Anaconda

Anaconda 是一个用于 Python/R 科学计算和机器学习的开源工具,支持 Linux、MacOS、Windows,包含了 conda 等众多工具包及其依赖项,提供了包管理与环境管理的功能,可以很方便地解决多版本 Python 并存、切换以及各种第三方包安装问题。下面介绍 Windows 系统安装 Anaconda 的步骤。

前往官方下载页面下载:https://www.anaconda.com/download。完成下载之后,双击下载文件,启动安装程序,按照安装程序指引完成安装。最后通过如下方法检测是否安装成功:

①"开始→Anaconda3(64-bit)→Anaconda Navigator",若可以成功启动 Anaconda Navigator 则说明安装成功。

②"开始→Anaconda3(64-bit)→右键点击 Anaconda Prompt→以管理员身份运行",在 Anaconda Prompt 中输入 conda list,可以查看已经安装的包名和版本号。若结果可以正常显示,则说明安装成功。

Anaconda 生成虚拟环境。

点击开始菜单,打开 Anaconda Prompt:

输入 conda create -n py39,按 Enter 确认;

♯其中,py39 是虚拟环境的名称,大家可以自行修改。

输入 conda create -n py36 python = 3.6,按 Enter 确认;

♯会得到一个指定 Python 版本的虚拟环境。其中,py36 同样是虚拟环境的名称。

（2）Python

Python 是一个高层次的结合了解释性、编译性、互动性和面向对象的脚本语言。在 Anaconda 安装完成之后，即可在该软件中进行 Python 各类库包的安装。进入 Anaconda 主界面，点击"Spyder"中的"Launch"即可进行 Python 代码编写和运行。

1.4.2　数据分析库介绍及安装

（1）NumPy

NumPy 是 Python 中用于科学计算的基础包，提供多维数组对象等处理以及用于数组快速操作的多种 API。这些 API 包括数学运算、逻辑操作、形状操作、排序、选择、输入输出、离散傅立叶变换、基本线性代数、基本统计运算和随机模拟等功能。NumPy 通过其强大的功能和高效的数组操作，广泛应用于数据分析、机器学习、科学研究等领域。

安装方法：

点击开始菜单，打开 Anaconda Prompt，进入指定的虚拟环境：

输入 conda activate py39，按 Enter 确认；

输入 conda install -c anaconda numpy（安装 numpy 包），按 Enter 确认。

以下是一个使用 NumPy 生成二维风速数据，并计算平均值、方差和标准差的简单 Python 代码示例：

```
# import numpy as np
# 设置随机种子以便结果可重复
np. random. seed(42)
# 生成一个 10×10 的随机风速数据矩阵,范围在 0～20 m/s
wind_speeds = np. random. uniform(0, 20, (10, 10))
# 计算平均值
mean_wind_speed = np. mean(wind_speeds)
# 计算方差
variance_wind_speed = np. var(wind_speeds)
# 计算标准差
std_dev_wind_speed = np. std(wind_speeds)
```

numpy 快速入门教程链接：https://numpy.org/devdocs/user/quickstart.html

（2）SciPy

SciPy 是一个基于 NumPy 的数学和算法库，它的底层操作数据是 NumPy 的数组对象。SciPy 提供了大量用于科学和工程计算的函数，可以实现更多复杂的科学和数值计算任务。在机器学习、神经网络以及深度学习领域的框架和代码中，SciPy 模块的函数被广泛使用。SciPy 的功能主要有：科学计算、数值计算、优化、线性代数、信号处理、图像处理和统计学等工具。

安装方法：

点击开始菜单，打开 Anaconda Prompt：

输入 conda activate py39，按 Enter 确认；

输入 conda install -c anaconda scipy（安装 scipy 包），按 Enter 确认。

通过学习 SciPy,可以在科学和工程计算中解决更复杂的问题。以下是一个使用 SciPy 库进行高斯滤波(平滑处理):

```
from scipy import stats, ndimage
# 对风速数据进行高斯滤波(平滑处理)
smoothed_wind_speeds = ndimage.gaussian_filter(wind_speeds, sigma = 1)
```

Scipy 快速入门教程链接:https://docs.scipy.org/doc/scipy/reference/

(3)Pandas

Pandas 是一个开源的、BSD 许可的库,提供高性能且易于使用的数据结构和数据分析工具。Pandas 的名字来源于术语"panel data"(面板数据)和"Python data analysis"(Python 数据分析)。Pandas 可以从多种文件格式导入数据,包括 CSV、JSON、SQL 和 Microsoft Excel。它提供了丰富的数据操作功能,如数据合并、重塑、选择、清洗和特征工程等。

安装方法:

点击开始菜单,打开 Anaconda Prompt;

输入 conda activate py39,按 Enter 确认;

输入 conda install -c anaconda pandas(安装 pandas 包),按 Enter 确认。

以下是一个使用 Pandas 库对上面生成的风速数据赋予经纬度,并生成一个 DataFrame 的示例代码:

```
import numpy as np
import pandas as pd
# 生成经纬度数据
latitudes = np.linspace( -90, 90, 10)
longitudes = np.linspace( -180, 180, 10)
# 创建 DataFrame
data = []
for i, lat in enumerate(latitudes):
    for j, lon in enumerate(longitudes):
        data.append([lat, lon, wind_speeds[i, j], smoothed_wind_speeds[i, j]])
df = pd.DataFrame(data, columns = ['Latitude','Longitude','Wind Speed','Smoothed Wind Speed'])
```

1.4.3　机器学习库 Scikit-learn 介绍及安装

Scikit-learn 是一个基于 Python 的开源机器学习库,支持各种机器学习模型,包括分类、回归、聚类和降维等。除了提供大量的机器学习算法外,Scikit-learn 还包含了一整套模型评估和选择工具,以及数据预处理和数据分析功能。Scikit-learn 以其简单易用且功能强大的特点,成为机器学习初学者的首选工具之一。

(1)Scikit-learn 的功能

分类:支持各种分类算法,如逻辑回归、支持向量机、K 近邻、随机森林等。

回归:提供线性回归、岭回归、Lasso 回归等回归算法。

聚类:包括 K 均值聚类、层次聚类、DBSCAN 等聚类算法。

降维:支持主成分分析(PCA)、因子分析等降维技术。

模型评估和选择:提供交叉验证、网格搜索等模型评估和选择工具。

数据预处理:包括标准化、归一化、缺失值处理等数据预处理功能。

(2)安装和配置

在开始使用 Scikit-learn 之前,需要先进行安装和配置。以下是安装 Scikit-learn 及其依赖库的步骤:

点击开始菜单,打开 Anaconda Prompt;

输入 conda activate py39,按 Enter 确认;

输入 conda install -c anaconda scikit-learn(安装 scikit-learn 包),按 Enter 确认。

(3)安装必要的依赖库

Scikit-learn 的运行需要依赖一些 Python 库,包括 NumPy 和 SciPy。这些库一般来说在安装 Scikit-learn 的时候会自动安装。如果没有自动安装则参考 1.4.2 节的方法进行安装。

Scikit-learn 提供了各种常用的监督学习和无监督学习算法,包括回归、分类、聚类、降维等。这些算法的 API 设计统一且一致,使得在不同的算法间切换变得非常简单。

```python
import numpy as np
import pandas as pd
from sklearn.model_selection import train_test_split
from sklearn.preprocessing import StandardScaler
from sklearn.svm import SVR
df = pd.DataFrame(data)
# 分割数据为特征和目标变量
X = df[['Wind Speed', 'Temperature']]
y = df['Humidity']
# 将数据分割为训练集和测试集
X_train, X_test, y_train, y_test = train_test_split(X, y, test_size = 0.2, random_state = 42)
# 标准化特征数据
scaler = StandardScaler()
X_train_scaled = scaler.fit_transform(X_train)
X_test_scaled = scaler.transform(X_test)
# 创建并训练支持向量回归模型
svr = SVR(kernel = 'rbf')
svr.fit(X_train_scaled, y_train)
# 使用训练好的模型进行预测
y_pred = svr.predict(X_test_scaled)
print("\n 真实值 vs 预测值:")
comparison_df = pd.DataFrame({'Actual': y_test, 'Predicted': y_pred})
print(comparison_df)
```

Scikit-learn 也提供了一套完善的模型评估和选择工具,包括交叉验证、网格搜索和多种评估指标。

```
from sklearn. metrics import mean_squared_error, r2_score
# 评估模型表现
mse = mean_squared_error(y_test, y_pred)
r2 = r2_score(y_test, y_pred)
# 打印结果
print("均方误差 (MSE):", mse)
print("决定系数 (R^2):", r2)
```

1.4.4 深度学习 CUDA 介绍及安装

(1)什么是 CUDA

CUDA(Compute Unified Device Architecture),是显卡厂商 NVIDIA 推出的运算平台,该架构使 GPU 能够解决复杂的计算问题。

(2)什么是 CUDNN

NVIDIA CUDNN 是用于深度神经网络的 GPU 加速库,可以集成到更高级别的机器学习框架中,如谷歌的 Tensorflow、加州大学伯克利分校的流行 caffe 软件。简单的插入式设计可以让开发人员专注于设计和实现神经网络模型,而不是简单调整性能,同时还可以在 GPU 上实现高性能现代并行计算。

(3)CUDA 与 CUDNN 的关系

CUDA 看作是一个配有很多工具的工作台。CUDNN 是基于 CUDA 的深度学习 GPU 加速库,有了它才能在 GPU 上完成深度学习的计算。想要在 CUDA 上运行深度神经网络,就要安装 CUDNN,这样才能使 GPU 进行深度神经网络的工作,工作速度相较 CPU 快很多。

(4)CUDA 的安装

在安装之前一定要先安装 VS(VS_Community 下载链接:https://my. visualstudio. com/Downloads? PId=8228),否则无法正常安装 CUDA。在 win 搜索框中输入 NVIDIA,点击 NVIDIA 控制面板,选中"管理 3D 设置",点击下方的"系统信息",点击"组件"按钮,查看 CUDA 版本,进入 CUDA 官网,根据上面确定的 CUDA 版本找到对应版本。

CUDA 下载连接:

https://developer. nvidia. com/cuda-downloads? target_os=Windows&target_arch=x86_64

选择自己的版本,Installer Type 方式选择 exe(local),之后点击"Download"按钮。然后安装下载得到的 exe 安装包即可。测试 CUDA 是否安装成功按 win+R 快捷键调出运行框,之后输入 cmd,调出命令行终端,输入 nvcc-V,若返回 CUDA 版本号则安装成功。

下载并安装 CUDNN:进入 CUDNN 官网(需要注册/登录后才可以下载,https://developer. nvidia. com/rdp/cudnn-download),登录后,选择与 cuda 对应的版本下载安装即可。将下载的压缩包解压,将解压后 bin 目录的内容全部放到 CUDA 对应的 bin 目录下,将解压后 include 目录下的内容全部放到 CUDA 对应的 include 目录下,将解压后 lib 目录下 x64 目录中的内容全部放到 CUDA 对应的 lib 目录下的 x64 目录中,通过 cmd 打开命令行终端,步骤同上,在终端输入 nvidia-smi,返回 GPU 型号则安装成功。

1.4.5　深度学习库 **TensorFlow** 介绍及安装

TensorFlow 是一个由 Google 开发的开源深度学习框架,广泛应用于机器学习和人工智能领域。TensorFlow 提供了全面且灵活的工具集,使开发者能够轻松构建和训练复杂的神经网络,并将其部署到各种平台上。

(1)主要特点

灵活性:支持多种机器学习和深度学习算法,能够构建多种复杂网络。

跨平台:支持在不同平台上运行,包括移动设备、服务器和云端等。

高性能:利用 GPU 和 TPU 加速计算,提高模型训练和推理速度。

丰富的生态系统:TensorFlow 拥有众多工具和扩展库,如 TensorFlow Lite、Tensor-Flow.js 和 TensorFlow Extended 等。TensorFlow 的灵活性和高性能使其成为开发复杂神经网络和处理大规模数据的理想选择。TensorFlow 安装要求如下:

Python 3.6 或更高版本

Ubuntu 16.04 或更高版本

Windows 7 或更高版本(含 C＋＋可再发行软件包)

(2)安装方法

在开始使用 TensorFlow 之前,需要进行安装和配置。以下是安装 TensorFlow 的步骤:

点击开始菜单,打开 Anaconda Prompt:

输入 conda activate py39,按 Enter 确认;

输入 conda install -c anaconda tensorflow(安装 tensorflow 包),按 Enter 确认。

安装完成后,可以在 Python 环境中导入 TensorFlow 来验证安装是否成功:

```
import tensorflow as tf
print(tf._version_)
```

(3)TensorFlow 运行示例

以下是一个使用 TensorFlow 生成风速、气温和相对湿度数据,并进行简单的多元线性回归来预测相对湿度的示例代码。

①数据准备:

```
import numpy as np
import pandas as pd
import tensorflow as tf
from sklearn.model_selection import train_test_split
from sklearn.preprocessing import StandardScaler
# 设置随机种子以便结果可重复
np.random.seed(42)
tf.random.set_seed(42)
# 生成 10×10 的随机风速、温度和相对湿度数据,范围分别为 0～20 m/s、－10～40 ℃、
0%～100%
wind_speeds = np.random.uniform(0, 20, (10, 10))
```

```
temperatures = np. random. uniform( − 10, 40, (10, 10))
humidities = np. random. uniform(0, 100, (10, 10))
# 创建 DataFrame
data = {'Wind Speed': wind_speeds. flatten(),'Temperature': temperatures. flatten(),
    'Humidity': humidities. flatten()}
df = pd. DataFrame(data)
```

②构建和训练线性回归模型：

```
# 分割数据为特征和目标变量
X = df[['Wind Speed', 'Temperature']]
y = df['Humidity']

# 将数据分割为训练集和测试集
X_train, X_test, y_train, y_test = train_test_split(X, y, test_size = 0. 2, random_
state = 42)

# 标准化特征数据
scaler = StandardScaler()
X_train_scaled = scaler. fit_transform(X_train)
X_test_scaled = scaler. transform(X_test)

# 创建 TensorFlow 模型
model = tf. keras. Sequential([tf. keras. layers. Dense(units = 64,activation ='relu',in-
put_shape = [X_train_scaled. shape[1]]),
    tf. keras. layers. Dense(units = 64, activation ='relu'),
    tf. keras. layers. Dense(units = 1)])
# 编译模型
model. compile(optimizer ='adam', loss ='mean_squared_error')
# 训练模型
history = model. fit(X_train_scaled,y_train, epochs = 100, validation_split =
0. 2, verbose = 0)
# 使用训练好的模型进行预测
y_pred = model. predict(X_test_scaled). flatten()
```

③模型评估：

```
# 评估模型
mse = tf. keras. losses. MeanSquaredError()
mse_value = mse(y_test, y_pred). numpy()
r2 = tf. keras. metrics. RootMeanSquaredError()
r2. update_state(y_test, y_pred)
rmse_value = r2. result(). numpy()
```

1.4.6　深度学习库 PyTorch 介绍及安装

PyTorch 是由 Facebook 开发的开源深度学习框架,供了动态计算图和灵活的开发环境,能够轻松构建和训练复杂的神经网络,并将其部署到各种平台上。

(1)主要特点

动态计算图:支持动态构建计算图,方便调试和灵活调整模型结构。

易于使用:Pythonic 的代码风格,使其易于上手和使用。

强大的社区支持:拥有丰富的资源和活跃的社区,提供大量教程和开源项目。

高性能:利用 GPU 加速计算,提高模型训练和推理速度。

广泛的生态系统:PyTorch 生态系统包括 TorchVision(计算机视觉)、TorchText(自然语言处理)、TorchAudio(音频处理)等扩展库。

(2)安装步骤

在开始使用 PyTorch 之前,需要进行安装和配置。以下是安装 PyTorch 的步骤:

点击开始菜单,打开 Anaconda Prompt;

根据自己的安装版本,在 Pytorch 官网 https://pytorch.org/寻找安装命令代码:

输入 conda activate py39,按 Enter 确认;

输入 conda install -c anaconda pytorch(安装 pytorch 包),按 Enter 确认。

通过这一步,PyTorch 及其常用扩展库将被安装到你的 Python 环境中。安装完成后,你就可以开始使用 PyTorch 进行深度学习开发。

(3)Pytorch 示例

生成风速、气温和相对湿度数据,进行多元线性回归来预测相对湿度。

①数据准备:

```python
import numpy as np
import pandas as pd
import torch
import torch. nn as nn
import torch. optim as optim
from sklearn. model_selection import train_test_split
from sklearn. preprocessing import StandardScaler
# 设置随机种子以便结果可重复
np. random. seed(42)
torch. manual_seed(42)
# 生成10×10 的随机风速、温度和相对湿度数据,范围分别为 0～20 m/s、- 10～40 ℃、
0%～100%
wind_speeds = np. random. uniform(0, 20, (10, 10))
temperatures = np. random. uniform( - 10, 40, (10, 10))
humidities = np. random. uniform(0, 100, (10, 10))
# 创建 DataFrame
data = {'Wind Speed': wind_speeds. flatten(),'Temperature': temperatures. flatten(),
```

```
                'Humidity': humidities.flatten()}
    df = pd.DataFrame(data)
```

②构建回归模型：

```
# 分割数据为特征和目标变量
X = df[['Wind Speed', 'Temperature']]
y = df['Humidity']
# 将数据分割为训练集和测试集
X_train, X_test, y_train, y_test = train_test_split(X, y, test_size = 0.2, ran-
dom_state = 42)
# 标准化特征数据并转换为 PyTorch 张量
scaler = StandardScaler()
X_train_scaled = scaler.fit_transform(X_train)
X_test_scaled = scaler.transform(X_test)
X_train_tensor = torch.tensor(X_train_scaled, dtype = torch.float32)
X_test_tensor = torch.tensor(X_test_scaled, dtype = torch.float32)
y_train_tensor = torch.tensor(y_train.values, dtype = torch.float32).view(-1, 1)
y_test_tensor = torch.tensor(y_test.values, dtype = torch.float32).view(-1, 1)
# 创建 PyTorch 模型
class SimpleNN(nn.Module):
    def _init_(self):
        super(SimpleNN, self)._init_()
        self.fc1 = nn.Linear(2, 64)
        self.fc2 = nn.Linear(64, 64)
        self.fc3 = nn.Linear(64, 1)
    def forward(self, x):
        x = torch.relu(self.fc1(x))
        x = torch.relu(self.fc2(x))
        x = self.fc3(x)
        return x
model = SimpleNN()
# 定义损失函数和优化器
criterion = nn.MSELoss()
optimizer = optim.Adam(model.parameters(), lr = 0.001)
```

③模型训练和评估：

```
# 训练模型
num_epochs = 100
for epoch in range(num_epochs):
    model.train()
    optimizer.zero_grad()
```

```
        outputs = model(X_train_tensor)
        loss = criterion(outputs, y_train_tensor)
        loss. backward()
        optimizer. step()
        if (epoch + 1) % 10 = = 0:
            print(f'Epoch [{epoch + 1}/{num_epochs}], Loss: {loss. item():. 4f}')
# 使用训练好的模型进行预测
model. eval()
with torch. no_grad():
        y_pred_tensor = model(X_test_tensor)
y_pred = y_pred_tensor. numpy()
# 评估模型表现
mse = np. mean((y_test. values - y_pred. flatten()) ** 2)
rmse = np. sqrt(mse)
```

1.4.7　其他常见的学习库和工具包

除了上述提到的库和工具包,还有许多其他常见的学习库和工具包被广泛应用于机器学习和数据科学领域。以下是一些重要的库和工具包:Keras(高级神经网络 API,能够运行在TensorFlow 之上)、OpenCV(开源计算机视觉库,包含了丰富的图像和视频处理算法)、NLTK(Natural Language Toolkit,用于处理和分析自然语言数据的开源库)、Gensim(用于自然语言处理的开源库,特别适合处理大型语料库)、Matplotlib(用于图形和图表的开源绘图库)、Seaborn(基于 Matplotlib 构建的统计数据可视化库)等。

1.5　模型评估

1.5.1　训练数据与测试数据

在机器学习中,数据集划分是至关重要的任务,它将可用的数据分为训练集、验证集和测试集,以支持模型的开发、调优和评估。合理的数据集划分方法可以提高模型的泛化能力和性能。以下是几种常见的数据集划分方法。简单随机划分:通过随机将数据样本分配给训练集、验证集和测试集,通常训练集占总数据量的 $70\%\sim80\%$,验证集和测试集各占 $10\%\sim15\%$。这种方法简单易行,但可能导致划分不均衡,特别是在数据集较小时。分层随机划分:分层随机划分确保各类别在训练集、验证集和测试集中的比例相似,特别适用于分类问题。时间序列划分:对于时间序列数据,如气象数据,随机划分可能不合适,因为时间上的顺序对模型性能至关重要。常见的方法是按时间顺序将数据划分为训练集、验证集和测试集。训练集包含较早的数据,验证集用于模型选择,而测试集包含最新的数据用于最终评估。

在数据集划分的过程中,训练集之外部分的作用如下:①验证集(validation set):在模型训练过程中单独留出的样本集,用于调整模型的超参数和进行初步评估;②测试集(test set):用于评估最终模型的泛化能力,不能用于调参或特征选择等过程。

在训练过程中,需要关注以下两种误差:①训练误差:模型在训练集上的误差,反映了模型对训练数据的拟合程度;②泛化误差(测试误差):模型在新样本上的误差,反映了模型的泛化能力,即在未见过的数据上的表现。合理的数据集划分和对训练误差与测试误差的理解,是提高模型性能和泛化能力的关键步骤。通过适当的划分方法和评估手段,机器学习模型能够更好地适应真实世界中的数据。

1.5.2 泛化、过拟合和欠拟合

泛化能力是指模型在未见过的测试数据上的表现能力。希望训练出的模型能够对未来的新数据进行准确的预测或分类,有良好泛化能力的模型在训练集之外的数据上也能表现出色。

提升泛化能力可以采取以下策略:使用更多的训练数据,确保数据集的多样性。选择合适的模型复杂度,避免过拟合(高方差)或欠拟合(高偏差)。进行特征工程,选择合适的特征并对数据进行预处理。使用正则化技术,如 L_1、L_2 正则化,以控制模型的复杂度。

欠拟合是指模型在训练数据和测试数据上均不能很好地拟合,说明模型过于简单,未能捕捉数据的潜在规律。例如,用直线拟合二次曲线的数据(如图 1.5)。欠拟合是由于模型学习到的样本特征太少,可以通过增加样本特征数量,使用更复杂的模型(如多项式回归)来防止欠拟合。

过拟合是指模型在训练数据上表现很好,但在测试数据上表现不佳,说明模型过于复杂,捕捉了数据中的噪声。例如,用高次多项式拟合简单的线性数据(如图 1.5)。过拟合是由于模型过于复杂,包含了太多的噪声特征。可以进行特征选择,消除相关性大的特征。使用正则化方法,如岭回归(L_2 正则化)以减少模型复杂度。

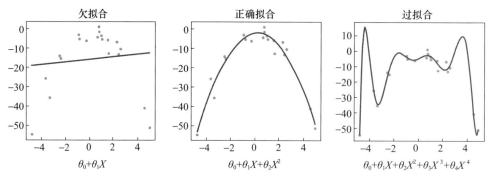

图 1.5 欠拟合、拟合与过拟合

1.5.3 交叉验证

交叉验证是一种用于验证分类器性能的统计分析方法。基本思想是将原始数据集分为多个子集,一部分作为训练集,另一部分作为验证集。首先用训练集训练分类器,然后用验证集测试训练得到的模型,以此评估分类器的性能。交叉验证用于评估模型的预测性能,特别是模型在训练集上表现良好但在测试集上表现不佳时,即出现过拟合的情况。通过交叉验证,可以从有限数据中获取尽可能多的有效信息,提高模型的泛化能力。

交叉验证方法主要有留出法、k 折交叉验证和留一法等。通过理解和应用这些交叉验证方法,可以更好地评估和优化机器学习模型的性能。

(1)留出法(Holdout Cross Validation)

方法:将原始数据集分为训练集、验证集和测试集。训练集用于训练模型,验证集用于参数选择,测试集用于评估模型的泛化能力。

优点:操作简单。

缺点:样本数比例固定,模型对数据划分敏感,分成三部分使得训练数据变少。

(2)k 折交叉验证(k-Fold Cross Validation)

方法:将数据集随机分为 k 份,不重复抽样。每次用 $k-1$ 份训练模型,剩下一份评估模型性能。重复 k 次,取平均值作为最终性能评估(Chen et al.,2023a,b)。

优点:分组后取平均值减少方差,使模型对数据划分不敏感。

缺点:k 的取值需要尝试。

(3)留一法(Leave One Out Cross Validation,LOOCV)

方法:当 k 折交叉验证的 k 等于样本总数 m 时,称为留一法。每次测试集只有一个样本,需要进行 m 次训练和预测。

优点:适合数据量少的情况。

缺点:计算烦琐,训练复杂度增加。

留出法:

```python
import numpy as np
import pandas as pd
from sklearn.model_selection import train_test_split
from sklearn.linear_model import LinearRegression
from sklearn.metrics import mean_squared_error, r2_score
# 读取气象数据
df = pd.read_csv('weather_data.csv') # 假设数据文件为 weather_data.csv
# 提取特征和目标变量
X = df[['Wind Speed', 'Temperature']]
y = df['Humidity']
# 将数据分割为训练集和测试集
X_train, X_test, y_train, y_test = train_test_split(X, y, test_size = 0.2, random_state = 42)
# 创建并训练线性回归模型
model = LinearRegression()
model.fit(X_train, y_train)
# 使用训练好的模型进行预测
y_pred = model.predict(X_test)
# 评估模型表现
mse = mean_squared_error(y_test, y_pred)
r2 = r2_score(y_test, y_pred)

k 折交叉验证
import numpy as np
import pandas as pd
from sklearn.model_selection import StratifiedKFold
from sklearn.linear_model import LogisticRegression
```

```
from sklearn. metrics import accuracy_score, confusion_matrix
# 读取气象数据
df = pd. read_csv('weather_data.csv') # 假设数据文件为 weather_data.csv
# 特征和目标变量
X = df[['Wind Speed', 'Temperature', 'Humidity']]
y = df['Label'] # Label 为 1 代表降雪,0 代表降雨
# 设置 k 折交叉验证参数
k = 5
skf = StratifiedKFold(n_splits = k, shuffle = True, random_state = 42)

# 初始化列表存储每折的评估结果
accuracy_scores = []
conf_matrices = []
# 执行 k 折交叉验证
for train_index, test_index in skf. split(X, y):
    X_train, X_test = X. iloc[train_index], X. iloc[test_index]
    y_train, y_test = y. iloc[train_index], y. iloc[test_index]
    # 创建并训练逻辑回归模型
    model = LogisticRegression(max_iter = 1000, random_state = 42)
    model. fit(X_train, y_train)
    # 使用验证集进行预测
    y_pred = model. predict(X_test)
    # 计算评估指标
    accuracy = accuracy_score(y_test, y_pred)
    conf_matrix = confusion_matrix(y_test, y_pred)
    # 将评估结果存储到列表中
    accuracy_scores. append(accuracy)
    conf_matrices. append(conf_matrix)
# 计算平均评估指标
avg_accuracy = np. mean(accuracy_scores)
avg_conf_matrix = np. mean(conf_matrices, axis = 0)
```

1.5.4 局部最优与全局最优

局部最优(Local Optimum)是指在特定范围内最优的解。如果一个解在其邻域内是最优的,但在整个解空间中可能不是最优的,那么这个解就是局部最优。

全局最优(Global Optimum)是指在整个解空间中最优的解。一个解如果在整个解空间中都比其他解更优,那么这个解就是全局最优。

局部最优解通常更容易找到,因为只需要在一个小范围内搜索;而全局最优解通常更难找到,需要在整个解空间内搜索,计算复杂度更高(Price et al.,2014)。如图 1.6 所示。在实际应用中,例如神经网络的训练过程中,优化算法(如梯度下降法)可能会陷入局部最优,从而无法

找到全局最优解。为了克服这个问题,可以使用多次随机初始化、模拟退火和动量方法等,通过这些策略,可以更有效地在复杂的优化问题中找到全局最优解,提高模型的性能和稳定性。

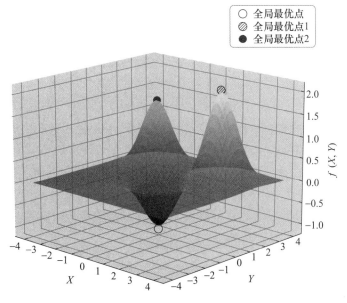

图 1.6　局部最优与全局最优

1.5.5　回归任务的评价标准

(1)平均绝对误差(Mean Absolute Error,MAE)

平均绝对误差,也称为 L_1 损失,是最简单且易于理解的损失函数之一。它通过取预测值和实际值之间的绝对差值,并在整个数据集中取平均值来计算。从数学上讲,MAE 是绝对误差的算术平均值。MAE 仅测量误差的大小,不考虑误差的方向。MAE 越低,模型的准确性就越高。MAE 的计算公式如下:

$$\text{MAE} = \frac{1}{n} \sum_{i=1}^{n} |y_i - \hat{y}_i| \tag{1.1}$$

式中,y_i 是实际值,$\hat{y}_i$ 是预测值,n 是数据点的数量。

优点:简单直观和鲁棒性。MAE 采用绝对值计算误差,使得所有误差都以相同的比例加权;对于包含异常值的数据集,MAE 不会对由异常值引起的高错误进行过度惩罚,因此能够提供模型执行情况的平均度量。

缺点:对异常值不敏感和不可微性。MAE 对异常值引起的大错误视为与小错误相同,可能会掩盖模型对异常值的性能问题。在零处不可微分,许多优化算法需要使用微分来找到评估指标中参数的最佳值,这使得在 MAE 中计算梯度具有挑战性。

(2)平均偏差误差(Mean Bias Error,MBE)

平均偏差误差是测量模型预测值相对于实际值的系统性偏差的指标。MBE 可以是正的或负的,正偏差意味着模型高估了实际值,负偏差意味着模型低估了实际值。MBE 是预测值与实际值之差的平均值,它量化了总体偏差并捕获了预测中的平均偏差。MBE 的计算公式如下:

$$\text{MBE} = \frac{1}{n} \sum_{i=1}^{n} (y_i - \hat{y}_i) \tag{1.2}$$

式中,y_i 是实际值,$\hat{y}_i$ 是预测值,n 是数据点的数量。

优点:MBE 可以用于检查模型的偏差方向,即是否存在正偏差或负偏差,从而帮助纠正模型的系统性偏差;计算简单,易于理解和解释。

缺点:其正负误差可以相互抵消,从而掩盖了实际误差的大小,这使得 MBE 在幅度上不是一个好的衡量标准;且由于误差抵消,高个体误差可能会导致低 MBE,使其在某些情况下不可靠;同时,作为评估指标,MBE 可能始终在一个方向上存在偏差,不能全面反映模型性能。

MBE 应小心处理,尤其是在存在大量正负误差的情况下。它主要用于检查和纠正模型的方向性偏差,而不是评估误差的整体大小。在实际应用中,MBE 可以与其他评估指标如 MAE 和 MSE 结合使用,以获得更全面的模型性能评估。

(3)平均绝对百分比误差(Mean Absolute Percentage Error,MAPE)

平均绝对百分比误差通过将实际值与预测值之间的差值除以实际值来计算,并取其绝对值的平均。MAPE 也称为平均绝对百分比偏差,随着误差的增加而线性增加。MAPE 越小,模型性能越好。MAPE 的计算公式如下:

$$\text{MAPE} = \frac{1}{n} \sum_{i=1}^{n} \left| \frac{y_i - \hat{y}_i}{y_i} \right| \times 100\% \tag{1.3}$$

式中,y_i 是实际值,$\hat{y}_i$ 是预测值,n 是数据点的数量。

优点:MAPE 与规模无关、易于理解、避免抵消问题。MAPE 的误差估计是以百分比为单位,不受变量的规模影响。所有误差都在一个共同的尺度上标准化,很容易理解和解释。MAPE 使用绝对值,避免了正值和负值误差相互抵消的问题。

缺点:当实际值为零时,计算 MAPE 会遇到"除以零"的问题。小数值误差敏感:对于数值较小的误差,MAPE 的惩罚可能会比对数值大的误差更严重。由于使用了除法运算,对于相同的误差,实际值的变化会导致损失的差异,使得结果不稳定。在使用 MAPE 时,需要注意实际值为零的情况,可以通过添加一个很小的常数来避免除以零的问题;此外,MAPE 在数值较小的数据上可能会过度惩罚误差。

(4)均方误差(Mean Squared Error,MSE)

均方误差,也称为 L_2 损失,是通过将预测值与实际值之间的差值平方并在整个数据集中取平均值来计算的。由于误差是平方的,因此 MSE 永远不会是负数,误差值范围从零到无穷大。MSE 随着误差的增加呈指数增长,是一种常用的回归模型评估指标。MSE 的计算公式如下:

$$\text{MSE} = \frac{1}{n} \sum_{i=1}^{n} (y_i - \hat{y}_i)^2 \tag{1.4}$$

式中,y_i 是实际值,$\hat{y}_i$ 是预测值,n 是数据点的数量。

优点:唯一的全局最小值、平滑梯度和异常值处理。MSE 的损失函数只有一个全局最小值,梯度下降算法可以有效地收敛到这个最小值。对小误差产生平滑的梯度,有助于优化过程的稳定性。通过对误差进行平方,MSE 对大误差进行更高的惩罚,有助于减少大错误的影响。

缺点:对异常值敏感和过度惩罚误差大。MSE 对异常值非常敏感,因为异常值的误差被平方后会放大,这可能导致模型过于关注异常值。由于平方惩罚机制,MSE 可能会导致模型在整体水平上表现不佳,只为了减少大误差。

在使用 MSE 时,必须注意数据中的异常值,因为它们可能会对结果产生过大的影响。可以考虑对数据进行预处理,去除或平滑异常值,以减少其对 MSE 计算的影响。

(5)均方根误差(Root Mean Squared Error,RMSE)

均方根误差通过对均方误差(MSE)取平方根来计算。RMSE 也称为均方根偏差,测量误差的平均幅度与实际值的偏差。RMSE 值为零表示模型具有完美拟合,RMSE 越低,模型及其预测就越好。RMSE 的计算公式如下:

$$\text{RMSE} = \sqrt{\frac{1}{n}\sum_{i=1}^{n}(y_i - \hat{y}_i)^2} \tag{1.5}$$

式中,y_i 是实际值,$\hat{y}_i$ 是预测值,n 是数据点的数量。

优点为易于理解、计算方便:RMSE 以与原数据相同的单位表示误差,使其更容易解释和理解。其计算过程简单直接。

缺点是对异常值敏感和受样本大小影响。RMSE 对异常值非常敏感,建议在计算 RMSE 前去除异常值,以确保结果的准确性。RMSE 会受到数据样本大小的影响,大样本可能会导致更高的 RMSE 值。

在使用 RMSE 时,应注意数据中的异常值,因为它们可能会对结果产生过大的影响。可以通过数据预处理来去除或平滑异常值,从而获得更准确的 RMSE 计算结果。此外,RMSE 应与其他评估指标结合使用,以全面评估模型性能。

(6)R^2(决定系数)

R^2 是用来评估回归模型拟合效果的统计指标。R^2 的值介于 0 和 1 之间,越接近 1,模型的拟合效果越好。通常,R^2 值超过 0.8 的模型被认为具有较高的拟合优度。R^2 通过比较模型预测的误差和与瞎猜(通常取观测值的平均值)误差和,来衡量模型的拟合效果。如果结果是 0,说明模型和瞎猜的效果差不多;如果结果是 1,说明模型没有任何误差。R^2 的计算公式如下:

$$R^2 = 1 - \frac{\sum_{i=1}^{n}(y_i - \hat{y}_i)^2}{\sum_{i=1}^{n}(y_i - \bar{y})^2} \tag{1.6}$$

式中,y_i 是实际值,$\hat{y}_i$ 是预测值,$\bar{y}$ 是实际值的平均值,n 是数据点的数量。分子部分:$\sum_{i=1}^{n}(y_i - \hat{y}_i)^2$ 表示模型预测的误差和,即残差平方和;分母部分:$\sum_{i=1}^{n}(y_i - \bar{y})^2$ 表示观测值的总变异,即与实际值平均值的差异平方和。

优点:直观理解和能够评估拟合效果。R^2 的值在 0 到 1 之间,易于理解和解释。R^2 值越接近 1,模型的拟合效果越好。

缺点:对模型复杂度敏感、无法检测非线性关系:增加自变量数量会使 R^2 值增大,即使新变量没有实际意义。R^2 只适用于线性回归模型,对于非线性关系的模型,R^2 可能不准确。

在使用 R^2 时,应注意模型的复杂度和自变量的数量。为避免过拟合,可以使用调整后的 R^2(Adjusted R^2),它考虑了模型中自变量的数量,提供更可靠的模型评估。

(7)调整 R^2(Adjusted R^2)

调整 R^2 是为了修正 R^2 在多元线性回归中的缺陷而引入的一个指标。R^2 表示回归平方和与总离差平方和的比值,越接近 1,表示模型对数据的拟合效果越好。然而,R^2 受自变量个数的影响,自变量的增加即使没有实际意义,也会使 R^2 增大。因此,引入调整 R^2 以剔除自变量个数对 R^2 的影响,使其更加准确地反映回归方程的拟合优度。调整 R^2 的计算公式如下:

$$\text{Adjusted } R^2 = 1 - \left(\frac{(1-R^2)(n-1)}{n-k-1} \right) \tag{1.7}$$

式中,R^2 是原始的决定系数,n 是样本总数,k 是自变量的数量。分子部分:$(1-R^2)(n-1)$ 代表的是原始决定系数的修正量;分母部分:$n-k-1$ 表示自由度调整后的样本数量。

优点:能剔除自变量个数的影响和提供比原始 R^2 更可靠的模型评估指标。调整 R^2 通过考虑自变量的数量,使其不受自变量个数增加的影响,从而更准确地反映模型的拟合优度。

缺点:计算复杂和不适用于非线性回归。相比于原始 R^2,调整 R^2 的计算稍微复杂一些。调整 R^2 主要适用于线性回归,对于非线性回归模型的评估效果有限。

在多元回归分析中,调整 R^2 比原始 R^2 更为可靠,因为它考虑了自变量的数量,防止了因自变量增加而导致的 R^2 虚高现象。因此,在评估模型拟合优度时,建议使用调整 R^2 作为主要指标。

```python
def mean_absolute_error(true, pred):  # MAE
    abs_error = np.abs(true - pred)
    sum_abs_error = np.sum(abs_error)
    mae_loss = sum_abs_error / true.size
    return mae_loss
def mean_bias_error(true, pred):  # MBE
    bias_error = true - pred
    mbe_loss = np.mean(np.sum(diff) / true.size)
    return mbe_loss
def mean_absolute_percentage_error(true, pred):  # MAPE
    abs_error = (np.abs(true - pred)) / true
    sum_abs_error = np.sum(abs_error)
    mape_loss = (sum_abs_error / true.size) * 100
    return mape_loss
def mean_squared_error(true, pred):  # MSE
    squared_error = np.square(true - pred)
    sum_squared_error = np.sum(squared_error)
    mse_loss = sum_squared_error / true.size
    return mse_loss
def root_mean_squared_error(true, pred):  # RMSE
    squared_error = np.square(true - pred)
    sum_squared_error = np.sum(squared_error)
    rmse_loss = np.sqrt(sum_squared_error / true.size)
    return rmse_loss
def r2(y_test, y_ture):  # R²
    return 1 - ((y_test - y_ture) ** 2).sum() / ((y_ture - np.mean(y_ture)) ** 2).sum
from sklearn.linear_model import LinearRegression  # Adjusted R²
```

```
import pandas as pd
♯fit regression model
model = LinearRegression()
x, y = data
model. fit(x,y)
♯display adjusted R-squared
1 - (1-model. score(X, y)) * (len(y)-1)/(len(y)-X. shape[1]-1)
```

1.5.6　分类任务的评价标准

（1）混淆矩阵（Confusion Matrix）

混淆矩阵是用于评价分类模型性能的一种工具。它展示了模型预测结果的正确与错误分类情况,可以更直观地理解模型在各类样本上的表现。在使用混淆矩阵评估分类模型时,特别是对于不平衡数据集,建议结合多个指标进行综合评价,以获得更全面的性能分析。

优点:直观和多维评价。混淆矩阵提供了分类模型的全面概述,使得模型的性能一目了然。能够通过多个指标全面评估模型性能,如准确率、精确率、召回率等。

缺点:仅适用于分类问题和不能直接反映概率信息。混淆矩阵主要用于分类模型的性能评估,不适用于回归问题。混淆矩阵只反映预测的分类结果,不能提供预测的概率信息。

混淆矩阵通常是一个 $n \times n$ 的方阵,其中 n 是类别的数量。对于二分类问题,混淆矩阵是一个 2×2 的矩阵,包含以下四个元素:

真正类（True Positive,TP）:模型正确预测为正类的数量。

假正类（False Positive,FP）:模型错误预测为正类的数量,实际是负类。

假负类（False Negative,FN）:模型错误预测为负类的数量,实际是正类。

真负类（True Negative,TN）:模型正确预测为负类的数量。

表 1.1 展示了一个典型的二分类混淆矩阵。

表 1.1　典型的二分类混淆矩阵

混淆矩阵	预测正类（Predicted Positive）	预测负类（Predicted Negative）
实际正类（Actual Positive）	TP	FN
实际负类（Actual Negative）	FP	TN

另外,TP+FP 表示所有被预测为正的样本数量,同理 FN+TN 为所有被预测为负的样本数量,TP+FN 为实际为正的样本数量,FP+TN 为实际为负的样本数量。

在分类问题中,除了混淆矩阵外,还需要用一些具体的指标来评估模型的性能。常用的分类评价指标包括准确率、精准率、召回率、F_1 值和特异度。

（2）准确率（Accuracy）

准确率是指模型预测正确的样本数占总样本数的比例。优点:简单直观,适用于类别均衡的数据集。缺点:在类别不平衡的数据集中,准确率可能会误导,因为高频类别的正确预测会掩盖低频类别的错误预测。准确率的计算公式如下所示:

$$\text{Accuracy} = \frac{\text{TP}+\text{TN}}{\text{TP}+\text{TN}+\text{FP}+\text{FN}} \tag{1.8}$$

（3）精确率（Precision）

精确率是指模型预测为正类的样本中实际为正类的比例。优点：适用于关注预测为正类的样本的准确性情况。缺点：忽略了被错误分类为负类的正类样本。精确率的计算公式如下所示：

$$Precision = \frac{TP}{TP+FP} \tag{1.9}$$

（4）召回率（Recall）

召回率是指实际为正类的样本中被模型正确预测为正类的比例。优点：适用于关注实际正类样本被正确识别的情况。缺点：忽略了被错误分类为正类的负类样本。召回率的计算公式如下所示：

$$Recall = \frac{TP}{TP+FN} \tag{1.10}$$

（5）F_1 值（F_1 Score）

F_1 值是精确率和召回率的调和平均值，是对模型性能的综合评价指标。优点：适用于当精确率和召回率同等重要时，对模型性能进行综合评价。缺点：难以解释单一的精确率或召回率情况。F_1 值的计算公式如下所示：

$$F_1 = \frac{2 \cdot Precision \cdot Recall}{Precision+Recall} \tag{1.11}$$

（6）特异度（Specificity）

特异度是指实际为负类的样本中被模型正确预测为负类的比例。优点：适用于关注负类样本的准确性情况。缺点：忽略了被错误分类为负类的正类样本。特异度的计算公式如下所示：

$$Specificity = \frac{TN}{TN+FP} \tag{1.12}$$

（7）ROC 曲线（Receiver Operating Characteristic Curve）

ROC 曲线（受试者工作特征曲线）是评估分类模型性能的工具之一。它展示了模型在不同阈值下的"真正例率"［True Positive Rate，TPR，也称为召回率（Recall），是指实际为正例的样本中被正确预测为正例的比例］与"假正例率"（False Positive Rate，FPR，是指实际为负例的样本中被错误预测为正例的比例）之间的权衡。

绘制 ROC 曲线的步骤是：首先，根据模型的预测结果对样本进行排序，然后依次调整分类阈值，从最大值开始将所有样本均预测为反例，逐步降低阈值并将每个样本依次预测为正例，在每个阈值下计算真正例率（TPR）和假正例率（FPR），将这些点绘制在以 FPR 为横轴、TPR 为纵轴的坐标系中，连接所有点即得到 ROC 曲线（图 1.7）。

优点：评估全面和直观可视化。ROC 能够在不同阈值下评估模型的性能，展示 TPR 和 FPR 之间的权衡。通过图形化方式直观展示模型的分类能力。缺点：对不平衡数据敏感。在类别不平衡的数据集中，ROC 曲线可能会高估模型的性能。

（8）AUC（Area Under the Curve）

AUC 即 ROC 曲线下方的面积，用于评估分类模型的性能（图 1.7）。当两个 ROC 曲线相交时，AUC 可以作为比较模型性能的指标。AUC 的值介于 0.5 和 1 之间，值越大，模型的区分能力越强。AUC 衡量的是模型在不同阈值下的总体性能，而不是单个阈值下的性能，不受具体阈值的影响。AUC 的值主要用于比较不同模型的性能排名，其绝对值大小没有直接意义。AUC 评估的是模型在所有可能的分类阈值下的平均性能，不依赖于某个具体的阈值。

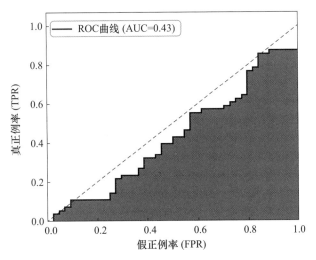

图 1.7　ROC 曲线(受试者工作特征曲线)

在使用 ROC 曲线时,应结合 AUC 值综合评估模型性能。对于不平衡数据集,可以考虑同时使用 Precision-Recall 曲线来更全面地了解模型表现。在实际应用中,可以与其他评估指标(如准确率、精确率、召回率等)结合使用,以全面了解模型性能。

```python
import numpy as np
import matplotlib. pyplot as plt
from sklearn. metrics import accuracy_score, precision_score, recall_score, f1_score, roc_curve, auc, confusion_matrix
# 示例数据:真实标签和预测概率分数
y_true = np. array([1, 0, 1, 1, 0, 0, 1, 0, 1, 0])  # 真实标签 0 为气溶胶;1 为云
y_scores = np. array([0. 9, 0. 3, 0. 7, 0. 8, 0. 2, 0. 4, 0. 6, 0. 1, 0. 75, 0. 5])  # 预测概率分数
# 预测类别
y_pred = (y_scores >= 0. 5). astype(int)
# 计算准确率
accuracy = accuracy_score(y_true, y_pred)
# 计算精确率
precision = precision_score(y_true, y_pred)
# 计算召回率
recall = recall_score(y_true, y_pred)
# 计算 F1 值
f1 = f1_score(y_true, y_pred)
# 计算特异度
tn, fp, fn, tp = confusion_matrix(y_true, y_pred). ravel()
specificity = tn / (tn + fp)
# 计算 ROC 曲线和 AUC
```

```
fpr, tpr, thresholds = roc_curve(y_true, y_scores)
roc_auc = auc(fpr, tpr)
# 绘制 ROC 曲线
plt.figure(figsize = (8, 6))
plt.plot(fpr, tpr, color = 'blue', lw = 2, label = 'ROC curve (AUC = {:.2f})'.format(roc_auc))
plt.plot([0, 1], [0, 1], color = 'gray', linestyle = '--', lw = 1)  # 对角线
plt.legend(loc = "lower right")
plt.show()
```

第 2 章　数据特征工程

特征工程(Feature Engineering)是将原始数据转化为更能表达问题本质特征的过程(侯怡 等,2024)。通过特征工程,这些特征被应用到预测模型中,从而提高模型对不可见数据的预测精度。简而言之,特征工程就是发现对因变量 y 有显著影响的自变量 x,通常称自变量为特征。特征工程的主要目的是识别和提取重要特征,解决的核心问题是如何充分利用数据进行预测建模。虽然通常认为,特征选择和准备越充分,获得的预测结果就越好。但这一观点也可能引起误解。实际上,预测结果受多个相关因素的影响,包括数据、特征和模型等,优化特征工程能够显著提升模型的预测性能(Tang et al.,2024)。

2.1　结构化数据和非结构化数据

在大气科学的数据处理中,理解和区分结构化数据与非结构化数据对于有效利用和分析大数据至关重要。结构化数据和非结构化数据是大数据的两种主要类型,每种数据类型都有其优势和应用场景。虽然它们在处理和分析方面有所不同,但两者之间并不存在真正的冲突,而是各自服务于特定的应用需求(陈正旭 等,2017;吉晨 等,2015)。

2.1.1　什么是结构化数据

结构化数据是高度组织和格式化的数据,通常存储在关系数据库中。它包含明确的行和列,可以轻松地进行检索和分析。在大气科学领域,结构化数据包括气象观测数据、温度记录、降水量和风速等,这些数据通过标准化的格式存储和处理,方便进行统计分析和建模。

例如,气象观测站记录的温度、湿度和风速数据可以通过数据库语言(SQL)查询从关系数据库中快速提取,用于构建和验证天气预报模型。

2.1.2　什么是非结构化数据

非结构化数据是指不符合预定义模型或格式的数据,存储在非关系数据库中,并通过NoSQL等技术进行处理。在大气科学中,非结构化数据的例子包括气象卫星影像、气象雷达图像和气象站的传感器数据。这些数据的结构复杂,包含丰富的信息,但难以通过传统的结构化方法进行处理。

2.1.3　结构化数据与非结构化数据有何区别

结构化数据和非结构化数据的主要区别在于它们的存储方式和分析难度。结构化数据存储在关系数据库中,易于查询和分析,有成熟的工具和技术支持。非结构化数据则存储在非关系数据库中,分析难度较大,需要先进的处理技术和算法。在大气科学中,非结构化数据尤为重要,因为它占据了气象数据的 80% 以上,并且以每年 55% 至 65% 的速度增长。如果没有有效的工具来分析这些海量数据,将无法充分利用其潜在价值。

2.2　定量数据与定性数据

2.2.1　定性数据和定量数据的定义

在统计学中,定性数据和定量数据是两种基本的数据类型。定性数据是描述事物性质或类别的数据,不能用数字进行度量。它主要涉及数据的特征、类别、属性或类型。例如,天气状况(晴天、阴天、雨天)和风向(东风、西风、南风、北风)等都是定性数据。

相比之下,定量数据是可以用数字表示和度量的数据类型,反映数量、大小或程度的特征。定量数据可以进行数值化处理和分析。例如,温度(20 ℃、30 ℃、25.5 ℃)、降雨量(15 mm、30 mm、45 mm)和风速(10 m/s、20 m/s、15.5 m/s)等都是定量数据。

总之,定性数据描述事物的性质或类别,而定量数据则强调具体的数值和量化的度量(王艳平,1996;肖海 等,2024)。定性数据无法进行数值运算,而定量数据可以用于多种统计分析和建模方法。

2.2.2　定性数据和定量数据的区别

(1)是否具有数值特征

定性数据不具备数值特征,只描述性质或类别。例如,天气状况、云类型和风向等。这些数据以文字、符号或标签形式存在,不能进行数值计量或数学运算。定量数据具有数值特征,可以用数字进行度量和量化。例如,温度、降雨量和风速等。这些数据可以精确测量物理和化学变量,并且可以进行统计分析和数学建模来推断趋势和关系。

(2)计量精度不同

定性数据的计量精度较低,主要用于描述性分析和模式识别,不涉及具体数值的精确度。定量数据作为统计研究的主要资料,不仅能分类,而且能测量出具体大小和差异,计量精度远远高于定性数据。

(3)统计方法不同

定性数据的分析侧重于频率分析、模式识别和内容分析。定量数据则利用更精确的统计方法,如平均值、标准差和回归分析等,来深入理解数据之间的关系和趋势。

在大气科学中,定性数据和定量数据都非常重要。定性数据可以描述天气现象的类型和特征,帮助气象学家理解天气模式和发展趋势。定量数据提供详细的数值信息,用于气象分析和预测,能够精确测量气象要素,为模型提供可靠的数据支持。例如,气象站记录的温度、湿度和降雨量等定量数据,可以通过统计分析进行天气预报和气候研究;而天气状况描述、云类型等定性数据则有助于解释和补充定量数据,为气象预报提供更全面的参考。

2.3　数据等级

数据通常按照 4 个等级进行分类和描述,分别是名义级数据、顺序级数据、区间级数据和比率级数据。

2.3.1　名义级数据

名义级数据是一种用于标识和命名对象或事物类别的数据形式,没有顺序或等级之分。在大气科学中,名义级数据常用于描述和分类不同的现象、类型或属性,例如地理位置(不同的城市或地区)、天气现象类型(如晴天、阴天、雨天)、云的分类(如层云、积云、卷云)以及风向(如东风、西风、南风、北风)。这些数据的主要作用是帮助科学家识别和区分不同的现象或类别,为后续的分析和研究提供基础。在统计分析中,名义级数据通常通过计数或频率来描述各个类别的出现次数或比例,而不涉及数值的大小或顺序的比较。

2.3.2　顺序级数据

顺序级数据相比名义级数据,具有额外的顺序或等级信息,但这些等级之间的差异不是均匀的。在大气科学中,顺序级数据常用于描述有序的分类或等级,尽管不能精确地测量等级之间的差异。例如,风力等级可以被分为微风、和风、强风等级,虽然这些等级按照强度增加的顺序排列,但它们之间的具体差异并不明确。顺序级数据在大气科学中的应用广泛,用于表示和比较不同的程度、级别或评级,如空气质量等级(优、良、轻度污染、中度污染)、风力等级、降水强度等。这些数据类型不仅提供了有序的分类方式,还为分析和研究大气现象时提供了重要的定量信息基础。

2.3.3　区间级数据

区间级数据是一种具有等距和顺序性的数据分类形式,可以进行数学运算,但没有绝对的零点。在大气科学中,区间级数据常用于测量和描述各种物理或化学特性,如温度和气压。例如,温度可以用摄氏度(℃)或华氏度(℉)来表示,这些单位之间存在固定的间隔,例如 20 ℃和 25 ℃之间的差距是 5 ℃;气压也可以用百帕(hPa)或压强单位来表示,这些单位之间也存在等距的间隔。区间级数据的特点使得科学家们能够进行详细的数值分析和比较,例如通过统计方法来研究温度的季节变化趋势,或者分析不同地区的气压差异。然而,需要注意的是,区间级数据缺乏绝对的零点,这意味着不能进行比率或绝对量的计算。

2.3.4　比率级数据

比率级数据具有等距、顺序性和绝对的零点,可以进行所有数学运算,包括加减乘除和比率计算。在大气科学中,比率级数据常用于表示可以精确测量和计量的物理或化学特性。例如,长度可以用米(m)或厘米(cm)来表示,这些单位之间存在固定的间隔,并且存在绝对的零点,即长度可以是零。重量可以用千克(kg)或克(g)来表示,同样具有等距和绝对的零点。其他例如湿度百分比、降水量等都可以被分类为比率级数据,因为它们不仅可以被精确测量,而且可以进行各种数学运算和比较。比率级数据能够进行更为精确的数值分析和模型建立,例如,通过比较不同地区的降水量来研究气候变化,或者计算湿度百分比的增长率以评估环境变化的影响。

2.4　数据清洗

在数据科学和机器学习的工作流程中,数据清洗是一个至关重要的步骤。数据清洗的目的是确保数据的质量和一致性,为后续的分析和建模提供可靠的基础。在这一小节中,将探讨数据清洗过程中的三个关键方面:缺失值处理、数据标准化和数据归一化。

2.4.1 缺失值的识别和处理

现实世界中的数据往往是不完整的,某些数据点可能会缺失。这些缺失值可能会影响数据分析的准确性和机器学习模型的性能。下面将介绍常见的缺失值处理方法。

(1)缺失值的识别

使用 Pandas 进行缺失值识别和统计更为方便和直观,以下是一个示例代码,并使用 Pandas 进行缺失值的识别和统计。

```python
import numpy as np
import pandas as pd
# 生成随机数据
np.random.seed(0)  # 设置随机种子,以确保每次运行生成相同的随机数
n = 100  # 数据点数量
wind_speed = np.random.randint(0, 30, n).astype(float)  # 随机生成风速数据,范围在 0~30 m/s
temperature = np.random.randint(-10, 30, n).astype(float)  # 随机生成气温数据,范围在 -10~30 ℃
humidity = np.random.randint(0, 100, n).astype(float)  # 随机生成相对湿度数据,范围在 0%~100%
# 随机设置一些数据为缺失值
missing_indices = np.random.choice(n, size=10, replace=False)  # 随机选择 10 个索引位置设置为缺失值
wind_speed[missing_indices] = np.nan
temperature[missing_indices] = np.nan
humidity[missing_indices] = np.nan
# 创建 Pandas DataFrame
df = pd.DataFrame({'风速': wind_speed, '气温': temperature, '相对湿度': humidity})
# 使用 Pandas 统计缺失值数量
missing_counts = df.isnull().sum()
# 输出缺失值数量
print("各列中的缺失值数量:")
print(missing_counts)
```

(2)缺失值的处理

一般对缺失值有两种处理方法,一种是直接删除,另外一种是保留并填充。下面先介绍填充的方法 fillna。

```python
# 将 dataframe 所有缺失值填充为 0
df.fillna(0)
# 将 D 列缺失值填充为 -999
```

df. D. fillna('-999')

删除缺失值应视具体情况而定,可以选择完全删除或删除高缺失率的部分,这取决于目标任务对缺失值的容忍度,真实的数据往往会存在缺失的,这是无法避免的。此外,在某些情况下,缺失值本身也可能具有一定的含义,因此处理时需考虑具体情境。

2.4.2　数据的标准化

标准化是使不同特征具有相同的量纲和范围。数据标准化的方法包括直线型方法(如极值法、标准差法)、折线型方法(如三折线法)、曲线型方法(如半正态性分布)等。不同的标准化方法会对系统的评价结果产生不同的影响(陈志红 等,2018)。其中,最常用且最为经典的方法之一是 Z-Score 标准化。

Z-Score 标准化通过计算原始数据的均值(mean)和标准差(standard deviation),将数据转换为标准正态分布。经过 Z-Score 标准化处理后的数据均值为 0,标准差为 1,转化公式如下:

$$x_{new} = \frac{x - \mu}{\sigma} \tag{2.1}$$

式中 μ 是样本数据的均值(mean),σ 是样本数据的标准差(std)。此外,标准化后的数据保持异常值中的有用信息,使得算法对异常值不太敏感,这一点归一化就无法保证。

Z-Score 标准化能够加快梯度下降的求解速度,提升模型的收敛速度;消除量级和量纲的影响,提升模型的精度并简化计算。

```python
import numpy as np
import pandas as pd
# 生成随机数据
np.random.seed(0) # 设置随机种子,确保每次运行生成相同的随机数
n = 100 # 数据点数量
wind_speed = np.random.randint(0, 30, n) # 随机生成风速数据,范围在 0~30 m/s
temperature = np.random.randint(-10, 30, n) # 随机生成气温数据,范围在 -10~30 ℃
humidity = np.random.randint(0, 100, n) # 随机生成相对湿度数据,范围在 0%~100%
# 创建 Pandas DataFrame
df = pd.DataFrame({'风速': wind_speed,'气温': temperature,'相对湿度': humidity})
# Z-Score 标准化函数
def z_score_normalize(data):
    return (data - data.mean()) / data.std()
# 对每列数据进行 Z-Score 标准化
normalized_df = df.apply(z_score_normalize)
# 输出标准化后的数据
print("Z-Score 标准化后的数据:")
print(normalized_df.head(10)) # 打印前 10 行数据示例
```

2.4.3　数据的归一化

归一化旨在将数据映射到指定的范围,以消除不同维度数据的量纲和单位差异。常见的

归一化范围有[0,1]和[-1,1],最常用的方法是 Min-Max 归一化。

Min-Max 归一化(Min-Max Normalization)也称为离差标准化,是对原始数据的线性变换,使结果值映射到[0-1]之间。其转换公式如下:

$$x_{\text{new}} = \frac{x - x_{\min}}{x_{\max} - x_{\min}} \tag{2.2}$$

式中 $x_{\max}$ 为样本数据的最大值,$x_{\min}$ 为样本数据的最小值。这种归一化方法比较适用在数值比较集中的情况。但是,如果 $x_{\max}$ 和 $x_{\min}$ 不稳定,很容易使得归一化结果不稳定,使得后续使用效果也不稳定,实际使用中可以用经验常量值来替代 $x_{\max}$ 和 $x_{\min}$。而且当有新数据加入时,可能导致 $x_{\max}$ 和 $x_{\min}$ 的变化,需要重新定义。

数据归一化是一种常用的数据预处理技术,主要目的是将不同量纲或数值范围的数据统一到相同的标准范围内,以便进行数据的比较、分析和建模。通过将有量纲的表达式转换为无量纲的表达式,可以使不同单位或量级的指标进行比较和加权处理。归一化还能将有量纲的数据集转换为纯量,从而简化计算。

2.5 分类数据特征构建

分类数据特征构建是指将非数值型的数据转换为能够在机器学习模型中使用的数值型特征。这种转换通常涉及将分类或标称数据编码成数值形式,以便模型能够理解和处理这些特征。以下是一些常见的分类数据特征构建方法,针对大气科学中可能出现的数据类型:

① One-Hot 编码:是将分类数据转换为二进制向量的方法,每个分类值对应于向量中的一个元素,其中一个元素设为 1,其余元素设为 0。在大气科学中,例如对气象站点的地理位置进行编码时,可以采用 One-Hot 编码。

例如,假设有三个气象站点 A、B 和 C,可以使用 One-Hot 编码如下:

$$A:[1,0,0]$$
$$B:[0,1,0]$$
$$C:[0,0,1]$$

```
import pandas as pd
# 假设有一个 DataFrame 包含气象站点和其所在地区的分类数据
data = {
    '站点': ['A', 'B', 'C', 'A', 'B'],
    '地区': ['东北', '西南', '华北', '东北', '华东']
}
df = pd.DataFrame(data)
# 使用 Pandas 的 get_dummies 方法进行 One-Hot 编码
encoded_df = pd.get_dummies(df, columns=['地区'])
print("One-Hot 编码后的数据:")
print(encoded_df)
```

②标签编码:是将分类数据映射为整数,通常用于有序的分类数据。例如,在大气科学中,风向可以用八个方向(如东、南、西、北等)来表示,并用标签编码转换为整数值。

```
from sklearn.preprocessing import LabelEncoder
# 假设有一个包含风向数据的列表
wind_direction = ['东', '南', '西', '北', '东', '东', '南']
# 使用 sklearn 的 LabelEncoder 进行标签编码
encoder = LabelEncoder()
encoded_direction = encoder.fit_transform(wind_direction)
print("标签编码后的风向数据:")
print(encoded_direction)
```

③自然语言处理(NLP)技术:在大气科学中,可能需要处理文本数据,如天气描述或气象事件的描述。这时可以利用自然语言处理技术将文本数据转换为数值型特征,例如提取关键词、词频统计等方式。通过分析天气报告文本,提取出诸如"晴天""阴天""雨天"等关键词,并统计其出现频率来进行编码。

这些分类数据特征构建方法能够帮助将非数值型的大气科学数据转化为数值型特征,使得机器学习模型能够更好地理解和处理这些数据,从而提高预测和分析的准确性。

```
# 假设有一个包含天气描述的列表
weather_descriptions = [
    "多云,有时阴天",
    "晴朗,偶尔有雨",
    "雷雨天气",
    "大雪,寒冷"
]
# 使用词频统计或关键词提取等方法处理文本数据,转换为数值型特征
# 这里使用简单的示例,假设统计关键词 "雷雨" 是否出现
encoded_weather = [1 if '雷雨' in desc else 0 for desc in weather_descriptions]
print("处理后的天气描述数据:")
print(encoded_weather)
```

2.6 如何进行数据工程

特征工程实质上是一项工程活动,其目的是最大限度地从原始数据中提取特征以供算法和模型使用。简单来说,就是为机器学习算法准备合适的训练数据和特征的过程。这一过程包括清洗原始数据、提取特征以及进一步构造和生成新的特征。特征工程主要分为特征获取和特征选择两个方面:①特征获取:提取、创造或者生成新特征主要包括特征提取、特征构造、特征生成三个点。②特征选择:从获取的特征中选择最合适的特征,主要包括过滤、包装和集成三种方法。特征获取也可以视为数据预处理中的一部分,其中包括数据清洗和向量化等步骤。

2.6.1 特征提取

特征提取通常涉及从原始数据中提取出能够描述大气过程或现象的更高层次、更具信息

量的特征。以下是一些常见的特征提取方法和示例：

①时序特征提取：大气科学中常用的数据通常是时间序列数据,如温度、湿度、风速等。时序特征提取包括统计特征(如均值、方差、最大值、最小值)、频域特征(如频谱分析)、时域特征(如滞后特征、时序差分)等。

②空间特征提取：如卫星图像数据。空间特征提取可以包括像素值的统计特征、空间滤波(如高斯滤波)、特征检测(如边缘检测)等。

③图像特征提取：对于气象卫星图像等二维数据,可以利用计算机视觉技术提取图像特征,如纹理特征、形状特征、颜色特征等。

2.6.2　特征构造

在特征构造是指基于现有的气象数据或变量,创造新的特征以提高模型的性能或增强数据的表达能力。以下是一些常见的特征构造方法和示例：

①时间相关特征：基于时间序列数据,可以构造出各种与时间相关的特征,如小时、天、周的平均温度、最高风速、降水量等。

②空间相关特征：对于空间数据,如气象卫星图像,可以构造出各种空间特征,如不同区域的平均云量、地表温度变化等。

③统计相关特征：基于现有数据的统计属性构造新的特征,如均值、标准差、峰度、偏度等。

④组合特征：将不同的特征组合起来,构造出新的复合特征,如温度和湿度的乘积、风速和降水量的比值等。

2.6.3　特征生成(降维等)

特征生成主要采用数据变换方法,对数据进行规范化处理,将数据转换成适当的形式。常见的数据变换方法包括：

①简单函数变换：是对原始数据进行某些数学函数变换。常用的变换包括平方、开方、取对数、差分运算等。

②数据归一化：消除指标间量纲和取值范围差异。常见的数据归一化方法:"最小-最大规范化"和"零-均值规范化"。

③连续数据离散化：将连续数据变换为分类属性,通过切分达到离散效果。

④属性构造：利用原有数据构造新的属性,通过构造新的属性并加入到现有的属性集合中,提取更有用的信息。

⑤主成分分析(PCA)是通过线性变换,将原始数据的多个变量组合成相互正交的少数几个能充分反映总体信息的指标,以便于进一步分析。

特点：尽可能保留原始数据的信息、分析后的变量相互独立。

特征生成和特征构造有些相似,但特征生成通常涉及从原始数据中提取或创建新的特征,而特征构造则侧重于基于现有数据构建新特征以提高模型性能。

2.6.4　特征选择

特征选择是从众多可能的特征中选择最相关和最具信息量的特征,以用于建模、分析或预测大气现象和过程。特征选择的目的是减少模型的复杂性、提高模型的预测性能,并且有助于理解和解释数据。以下是一些常见的特征选择方法和策略：

①过滤法特征选择:通过统计测试评估每个特征与目标变量之间的相关性,然后选择最相关的特征。常见的统计测试包括皮尔逊相关系数、斯皮尔曼相关系数等。

```python
import pandas as pd
from scipy import stats

# 示例数据:温度、湿度、风速和目标变量(例如降水量)的数据
data = pd.DataFrame({
    'Temperature': [20, 25, 30, 35, 25],
    'Humidity': [50, 60, 70, 80, 55],
    'Wind Speed': [10, 15, 20, 25, 18],
    'Precipitation': [0.2, 0.5, 0.8, 1.0, 0.3]
})

# 计算特征与目标变量的相关系数
corr_matrix = data.corr()['Precipitation'].abs().sort_values(ascending = False)
selected_features = corr_matrix[corr_matrix >= 0.5].index.tolist()

print("相关系数大于等于 0.5 的特征:")
print(selected_features)
```

②包裹法特征选择:通过训练模型来评估特征的贡献,如递归特征消除(Recursive Feature Elimination,RFE),根据模型的性能选择特征。

```python
from sklearn.linear_model import LinearRegression
from sklearn.feature_selection import RFE

# 示例数据:温度、湿度、风速和目标变量(例如降水量)的数据
X = data[['Temperature', 'Humidity', 'Wind Speed']]
y = data['Precipitation']

# 使用递归特征消除选择特征
estimator = LinearRegression()
selector = RFE(estimator, n_features_to_select = 2, step = 1)
selector = selector.fit(X, y)

selected_features = X.columns[selector.support_]

print("递归特征消除选择的特征:")
print(selected_features.tolist())
```

③嵌入法特征选择:在模型训练过程中自动选择特征,如基于正则化的方法(Lasso)、决策

树等。

```
from sklearn.linear_model import LassoCV
from sklearn.feature_selection import SelectFromModel

# 示例数据：温度、湿度、风速和目标变量（例如降水量）的数据
X = data[['Temperature', 'Humidity', 'Wind Speed']]
y = data['Precipitation']

# 使用 Lasso 正则化选择特征
estimator = LassoCV(cv = 5)
selector = SelectFromModel(estimator)
selector = selector.fit(X, y)

selected_features = X.columns[selector.get_support()]

print("Lasso 选择的特征:")
print(selected_features.tolist())
```

④特征重要性评估：对于基于树的方法，可以通过特征的重要性评估来选择最具影响力的特征。

特征选择通过去除冗余或无关的特征，可以提高模型的预测性能、减少过拟合，并有助于更好地理解和解释数据。

```
from sklearn.ensemble import RandomForestRegressor

# 示例数据：温度、湿度、风速和目标变量（例如降水量）的数据
X = data[['Temperature', 'Humidity', 'Wind Speed']]
y = data['Precipitation']

# 使用随机森林评估特征重要性
rf = RandomForestRegressor(n_estimators = 100, random_state = 42)
rf.fit(X, y)

feature_importances = pd.Series(rf.feature_importances_, index = X.columns).sort_values(ascending = False)
selected_features = feature_importances[feature_importances >= 0.1].index.tolist()

print("随机森林评估的特征重要性:")
print(selected_features)
```

第3章　数据降维技术

在使用人工智能技术分析气象数据时,"维度灾难"是一个常见的挑战。随着数据特征维度的增加,不仅计算成本会急剧上升,而且模型可能会出现过拟合和性能下降的问题。为了应对这些挑战,降维技术应运而生。例如,主成分分析(PCA)、经验正交分解(EOF)通过寻找数据中的主成分来减少维度,分解数据为正交的时间序列和空间模式,奇异值分解(SVD)通过保留主要奇异值来提取数据中的主要特征。非负矩阵分解(NMF)适用于处理非负数据实现数据降维和特征提取,t-SNE 通过计算数据点间相似度,将高维数据映射到低维空间获取数据的内在结构和聚类等。线性判别分析(LDA)是一种有监督的降维技术,通过最大化类间区分度来找到最优的投影方向,使得投影后的数据在保持类别信息的同时,更容易被分类。独立成分分析(ICA)用于从多元信号中分离出统计上相互独立的源信号,通常应用于盲源分离问题。核主成分分析(KPCA)是一种非线性降维方法,通过核函数将数据映射到高维特征空间,并在该空间执行 PCA 以捕获数据的非线性结构,从而实现数据的降维处理。这些技术旨在通过减少数据中的冗余和噪声信息,同时保留关键特征,来降低数据的维度,从而提高模型的性能和效率。本章主要介绍了这些降维算法及其应用案例。

3.1　维度灾难与降维

3.1.1　维度灾难

维度灾难(Curse of Dimensionality)和降维(Dimensionality Reduction)是机器学习和数据分析中常见的概念。维度灾难主要描述的是当数据的维度增加时,数据分析和模型的复杂性急剧上升,导致计算困难和可视化困难,并可能导致过拟合等问题。维度灾难的一个主要原因是特征间的多重共线性。当两个或多个特征高度相关时,它们提供的信息是冗余的,增加了模型的复杂度,同时降低了模型的泛化能力。在这种情况下,即使增加更多的样本,也无法改善模型的性能,因为模型已经过度拟合了训练数据。

维度灾难主要体现在以下几个方面:①随着维度的增加,训练数据在高维空间中变得非常稀疏,使得样本之间的距离变得相对较大;②在高维空间中,欧氏距离的计算结果会受到维度增加的影响,所有数据点之间的距离趋向于相等,降低了距离的区分度;③为了维持相同密度的样本分布,随着维度的增加,需要更多的数据点,否则模型容易过拟合。

3.1.2　数据降维

现代实验和研究通常需要处理高维数据,即多个变量共同决定目标值的情况。尽管高维数据包含的信息量大,能够为决策提供更多依据,但并非维度越高越好。高维数据也带来了计算资源消耗大、计算时间长、冗余信息和数据耦合等问题,甚至会导致"维度灾难"。为了解决这些问题,降维算法应运而生,其目的是克服维度灾难,提取数据的本质特征,节省存储空间,去除无用数据,实现数据可视化。通过某种数学变换,降维算法可以将原始高维属性空间转变为一个低维子空间,降低变量的个数,并且使得这些变量之间尽可能地"不相关"。这样可以减少数据的复杂性,提高模型的性能和效率。

降维在数据分析和机器学习中的重要性:①减少计算复杂度:高维数据集通常需要更多的计算资源和时间来处理。通过降维,可以减少特征的数量,从而降低计算复杂度,加快模型训练和预测的速度。②消除冗余信息:在高维空间中,往往存在大量的冗余信息或噪声。通过降维,可以剔除这些冗余信息,提高模型的泛化能力,减少过拟合的风险。③可视化数据:高维数据难以直观理解和可视化。降维可以将数据映射到低维空间,使得数据更容易可视化和理解,帮助发现数据中的结构和模式。④提高模型性能:在某些情况下,高维数据可能导致维度灾难,使得模型在训练和预测过程中表现不佳。通过降维,可以提高模型的性能和效率。⑤特征提取:降维可以帮助提取最重要的特征,使得模型更加关注数据中最具有代表性和区分性的信息,从而提高模型的表现。⑥去除噪声:高维数据集往往包含大量的噪声,降维可以帮助去除部分噪声,提高数据的质量和可信度。⑦解释模型:降维可以帮助减少特征的数量,使得模型更容易解释和理解。

降维的方法主要包括特征选择和特征提取。特征选择是删除无用的冗余变量或不相关变量,仅保留对目标有显著影响的特征。而特征提取则是将一些原特征合并、整合在一起,生成新的特征。降维的算法有很多,包括奇异值分解、主成分分析、非负矩阵分解、t-SNE 流形学习和线性判别分析等。这些方法可以将多个相关特征组合成少数几个综合特征,从而降低模型的复杂度并提高泛化能力。同时,也可以采用一些正则化方法来限制模型的复杂度。这些方法可以有效地防止过拟合,提高模型的泛化能力。

在实际应用中,应该根据具体的问题和数据来选择合适的降维方法或正则化方法。例如,对于图像识别任务,PCA 可能是一个不错的选择;对于文本分类任务,LDA 可能更适合。同时,应该根据模型的性能和泛化能力来调整正则化参数,以找到最优的模型配置。

维度灾难是随着数据维度增加出现的一系列问题,而降维则是解决这些问题的一种有效手段。通过降维,可以在保持数据有用信息的同时,降低数据的维度,从而提高数据处理和分析的效率。

3.2　主成分分析(PCA)

1901 年,K. Pearson 提出了主成分分析的概念(Principal Components Analysis,PCA)(Pearson,1901);1933 年,Hotelling 进一步探索和发展了主成分分析(Hotelling,1933)。主成分分析是一种常用的统计分析方法和无监督线性降维技术,主要用于数据的降维处理,同时捕捉数据中的最重要变化模式。通过正交变换将原始数据中的多个相关变量转化为少数几个不相关的综合变量,即主成分。这些主成分按照重要性排序,能够尽可能解释数据中的大部分方差。

PCA 的传统方法是将原始的 n 个有一定相关性的变量或指标,重新整合为新的 k 个互不相关的综合变量的线性组合($k<n$),这些新的综合变量被称为主成分。PCA 实质上是在原始空间中取一组有序的相互正交的坐标轴,这些新坐标轴与原始数据本身反映的信息密切相关。具体来说:第一个新坐标轴选择的是原始数据中方差最大的方向,第二个新坐标轴选择的是与第一个新坐标轴正交的平面中方差最大的方向,第三个新坐标轴是与第一、二个新坐标轴正交的平面中方差最大的方向。以此类推,可以得到 n 个这样的坐标轴。

在新坐标系下,前 k 个坐标轴已然包含了原始样本数据的绝大部分方差,剩余的 $n-k$ 个坐标轴包含的部分方差几乎可以忽略不计。因此,保留前 k 个坐标轴,舍弃剩余的几乎不含方差的坐标轴,这样相当于保留了原始数据信息的绝大多数维度,舍弃了那些几乎无用的维度,从而达到了数据降维的效果。

PCA 的核心公式为:

$$PCA(\boldsymbol{X}) = \boldsymbol{X} \cdot \boldsymbol{W} \tag{3.1}$$

式中 $\boldsymbol{X}$ 是原始数据矩阵,$\boldsymbol{W}$ 是由特征向量构成的投影矩阵。PCA 的目标是找到一个 $p \times k$ 的变换矩阵 $\boldsymbol{W}$,使得新的数据矩阵 $\boldsymbol{Z} = \boldsymbol{X} \cdot \boldsymbol{W}$ 中的 k 个新变量(主成分)满足以下条件:每个主成分之间相互正交、不相关,前 k 个主成分解释的数据方差最大。主成分分析的核心是通过计算数据的协方差矩阵来找到主成分(特征向量)。主成分是数据的正交基向量,对应于协方差矩阵的特征向量,而特征值表示每个主成分的方差。

PCA 的计算流程如图 3.1 所示:

① 对 m 行 n 列的数据 $\boldsymbol{X}$ 按照列均值为 0、方差为 1 进行标准化处理;

② 计算标准化后的 $\boldsymbol{X}$ 的协方差矩阵 $\boldsymbol{C} = \dfrac{1}{m} \boldsymbol{X} \boldsymbol{X}^{\mathrm{T}}$;

③ 计算协方差矩阵 $\boldsymbol{C}$ 的特征值和对应的特征向量;

④ 将特征向量按照对应特征值大小排列成矩阵,取前 k 行构成的矩阵 $\boldsymbol{P}$;

⑤ 计算 $\boldsymbol{Z} = \boldsymbol{P} \boldsymbol{X}$ 即可得到经过 PCA 降维后的 k 维数据。

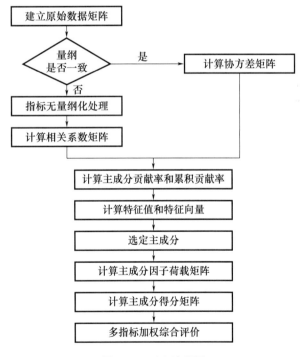

图 3.1　PCA 流程图

3.3　经验正交分解(EOF)

在大气环流及气候异常的分析中,存在两类基本问题:一类是单种要素场时间序列 $\boldsymbol{F}$ 的时空特征分析;另一类是两种要素场时间序列 **F** 和 **G** 间相关联系的时空特征分析。经验正交函数(Empirical Orthogonal Function,EOF)分析方法用于解决第一类问题,而奇异值分解(Singular Value Decomposition,SVD)方法用于解决第二类问题。

EOF 分析是一种用于分析矩阵数据结构特征、提取主要数据特征量的方法。与谐波分析、球函数分析方法等相同,EOF 分析方法和 SVD 方法最终也导致对 Em(或 En)中分析对象的正交分解。与谐波分析、球函数分析方法等不同的是,EOF 分析方法的直接分析对象是场集 **F** 和两个场集 **F**、**G**,而不是单个场(序列);它们的基函数由分析对象 **F** 或 **F**、**G** 决定,而非独立于分析对象。

EOF 分析方法在 20 世纪 50 年代由 Lorenz 提出,并阐明了其在大气环流及气候异常演变分析中的应用价值。由于计算条件的限制,直到十余年后才在大气环流及气候异常的分析中得到实际应用。EOF 分解用于分析气象要素场,如海表温度场、气压场、降水场等,这些场由不规则网格点组成。如果抽取这些场的某一段历史时期的资料,就构成一组以网格点为空间点(多个变量)的随时间变化的样本。

EOF 分解通过将随时间变化的气象要素场分解为空间函数和时间函数,这两部分相互正交。具体来说:

①空间函数部分:概括要素场的空间分布特点,不随时间变化。

②时间函数部分:由空间点(多个变量)的线性组合构成,称为主分量。

EOF 分解的过程:

①数据矩阵构建:将气象要素场的时间序列数据构成矩阵 **X**,其中行表示时间点,列表示空间点(变量)。

②计算协方差矩阵:计算数据矩阵 **X** 的协方差矩阵。

③特征值分解:对协方差矩阵进行特征值分解,得到特征值和特征向量。

④提取主成分:选择前几个特征值对应的特征向量,构成新的低维表示。

通过 EOF 分解,可以将原始要素场的变化信息浓缩在前几个主分量及其对应的空间函数上,从而有效地提取和研究气象要素场的时空变化特征。除此以外,可以根据每一个空间模态(或时间系数)计算该空间模态(或时间系数)对应的方差贡献率。方差贡献率越高,表明该空间模态(或时间系数)所包含的关于原始数据的变化信息越多。一般会根据方差贡献率的大小对空间模态进行排序,方差贡献率最大的称为第一空间模态,方差贡献率第二大的称为第二空间模态,以此类推。所有空间模态(或时间系数)所对应的方差贡献率加起来等于 1,因此当方差贡献率最高的几个空间模态(或时间系数)加起来得到的累计方差贡献率较大时(比如达到 80%),就会用它们几个来表示原始数据中所包含的主要特征。

需要强调的是,EOF 分解只是一种统计方法(详细介绍见施能(2009)《气象统计预报》),其得到的分解结果本身没有任何的物理意义,需要结合实际及专业知识去理解和解释这些结果。

3.4 奇异值分解(SVD)

奇异值分解(Singular Value Decomposition,简称 SVD)是一种将数据矩阵分解为三个矩阵乘积的方法,用于降低数据维度和去除噪声。通过保留最重要的奇异值及其对应的左右奇异向量,可以实现有效的降维。SVD 将一个复杂矩阵分解为三个简单矩阵的乘积,包括一个左奇异矩阵、一个对角奇异值矩阵和一个右奇异矩阵。SVD 能够表示出矩阵中不同特征的重要性,其数学原理可追溯到 Golub 和 Kahan(1965)的研究,直到 20 世纪 70、80 年代之后才被广泛应用于大气科学中。

　　SVD 的计算过程主要包括两个步骤:首先求取特征向量和特征值,然后利用这些特征向量和特征值构建左奇异矩阵和右奇异矩阵。对角奇异值矩阵则由特征值的平方根构成。奇异值分解是一个能适用于任意矩阵的一种分解的方法,如图 3.2 所示,对于任意矩阵 A 总是存在一个奇异值分解。

$$A = U\Sigma V^{\mathrm{T}} \tag{3.2}$$

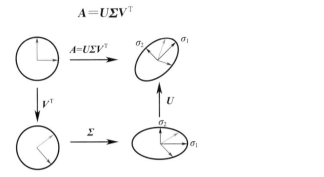

图 3.2　奇异值分解示例

　　假设 A 是一个 $m \times n$ 的矩阵,那么得到的 U 是一个 $m \times m$ 的方阵,U 里面的正交向量被称为左奇异向量。Σ 是一个 $m \times n$ 的矩阵,Σ 除了对角线其他元素都为 0,对角线上的元素称为奇异值。V^{T} 是 V 的转置矩阵,是一个 $n \times n$ 的矩阵,它里面的正交向量被称为右奇异值向量,如图 3.3 所示。

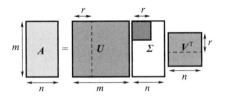

图 3.3　奇异值分解矩阵示例

其中:

$$UU^{\mathrm{T}} = I \tag{3.3}$$

$$VV^{\mathrm{T}} = I \tag{3.4}$$

$$\Sigma = \mathrm{diag}(\sigma_1, \sigma_2, \cdots, \sigma_p) \qquad \sigma_1 \geqslant \sigma_2 \geqslant \cdots \geqslant \sigma_p \geqslant 0 \tag{3.5}$$

　　一般来讲,会将 Σ 上的值按从大到小的顺序排列。通过保留最重要的奇异值和对应的奇异向量,可以实现数据的降维。

　　SVD 通过保留对角奇异值矩阵中较大的奇异值(即数据的重要性较高的部分),而忽略较小的奇异值,可以实现数据的降维。这种降维方法在许多领域都有广泛的应用,如图像压缩、推荐系统、自然语言处理等。在图像压缩中,SVD 能够保留图像的主要特征,同时减小图像的大小,从而节省存储空间。此外,SVD 还可用于分析两个要素场之间的相关性,找到两要素场中若干对相关的空间分布,并使这种空间分布能最大地解释要素场的方差。该方法主要用于两种要素场时间序列间最强相关联系的分析及数字图像处理中的应用。在大气科学中,SVD 常用于分析大气环流、气候异常及其他复杂的气象现象。包括:①气候模式识别:通过分析海表温度(SST)和大气环流的奇异值分解。②数据降噪:去除气象数据中的噪声,提取出主要的信号特征,从而提高数据质量。③降维处理:在处理高维气象数据时,SVD 可以有效地降低数据维度,减少计算复杂度,提升模型的性能。

3.5 非负矩阵分解(NMF)

非负矩阵分解(Nonnegative Matrix Factorization,NMF)是一种用于数据降维和特征提取的矩阵分解方法。其基本思想是将一个非负矩阵 V 分解为两个非负矩阵 W 和 H,使得近似等式 $V \approx WH$ 成立。在这个过程中,矩阵 V 的每一列代表一个观测值,每一行代表一个特征;矩阵 W 被称为基矩阵,而矩阵 H 被称为系数矩阵或权重矩阵。

NMF 方法首先由 Paatero 和 Tapper(1994)在 1994 年提出,称为正矩阵分解。随后,Lee 和 Seung(1999)于 1999 年在《自然》(Nature)杂志上发表了 NMF 在学习面部图像组成特征和文本语义特征方面的研究,并指出 NMF 基于局部特征的表示与人脑的感知机制一致,即对整体的感知是基于对其局部特征的感知。

NMF 的核心在于通过寻找新基底并将原数据投影到该基底上来实现数据降维和特征提取。具体而言,原非负矩阵 V 对应原空间中的原数据,分解后的两个非负矩阵 W 和 H 分别对应寻找得到的新基底和投影在新基底上的数值。

基本思想如下:假设原 m 维实数空间中有 n 个数据,将其排列成一个 $m \times n$ 的矩阵 V,则 NMF 的任务就变成在该 m 维实数空间中寻找 r 个 m 维基向量(m-vector),排成 $m \times r$ 矩阵 W,将 n 个 m 维数据分别投影到这 r 个维基向理(m-vector)上,得到一组新的 n 个 r 维数据,记作 $r \times n$ 矩阵 H,如图 3.4 所示,整个 NMF 的公式可以写作:

$$V_{m \times n} = W_{m \times r} \times H_{r \times n} \tag{3.6}$$

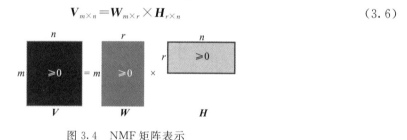

图 3.4　NMF 矩阵表示

非负矩阵分解通过将原始数据分解为两个非负矩阵,可以保留数据中的主要特征,同时降低数据的维度,NMF 得到广泛应用,如特征提取、信息挖掘、和数据聚类等。

3.6　t-SNE 流形学习

t-SNE(t-Distributed Stochastic Neighbor Embedding)是一种流形学习算法,主要用于高维数据的降维和可视化。其核心思想是将高维空间中的数据点映射到低维空间,同时尽量保持数据点之间的相似度关系。t-SNE 被广泛应用于特征工程和数据可视化领域。高淑芝等(2023)和殷秀丽等(2023)将 t-SNE 算法用于对特征矩阵进行降维,取得了良好的识别效果。在处理融合特征时,t-SNE 能够更好地保留数据中的非线性关系,从而有助于发现数据中的潜在模式。对于处理来自不同数据源或包含复杂非线性交互的融合特征,t-SNE 具有独特的优势。

t-SNE 的算法步骤如下:

①输入 n 个高维数据 $X = \{x_1, x_2, \cdots, x_n\}$,设置损失函数参数困惑度;

②初始化迭代次数、学习率和动量,计算高维原始数据 x_i 和 x_j 两两间的条件概率分布 $p_{j|i}$ 和 $p_{i|j}$:

$$p_{j|i} = \frac{\exp\left(-\dfrac{\|x_i - x_j\|^2}{2\sigma_i^2}\right)}{\sum\limits_{k \neq i} \exp\left(-\dfrac{\|x_i - x_k\|^2}{2\sigma_i^2}\right)} \tag{3.7}$$

$$p_{i|j} = \frac{\exp\left(-\dfrac{\|x_j - x_i\|^2}{2\sigma_j^2}\right)}{\sum\limits_{k \neq j} \exp\left(-\dfrac{\|x_j - x_k\|^2}{2\sigma_j^2}\right)} \tag{3.8}$$

式中,σ_i 是对应数据点 x_i 的高斯分布方差。

③计算联合概率分布 p_{ij},获取低维样本随机初始解:

$$p_{ij} = \frac{p_{i|j} + p_{j|i}}{2n} \tag{3.9}$$

$$y^{(0)} = \{y_1, y_2, \cdots, y_n\} \tag{3.10}$$

④计算 t 分布中低维样本空间点的联合概率分布 q_{ij}:

$$q_{ij} = \frac{(1 + \|y_i - y_j\|^2)^{-1}}{\sum\limits_{k \neq l} (1 + \|y_k - y_l\|^2)^{-1}} \tag{3.11}$$

⑤利用梯度下降,计算优化后的梯度。

$$C = \sum_i \sum_j p_{ij} \log \frac{p_{ij}}{q_{ij}} \tag{3.12}$$

$$\frac{\partial C}{\partial y_i} = 4 \sum_j (p_{ij} - q_{ij})(y_i - y_j)(1 + \|y_i - y_j\|^2)^{-1} \tag{3.13}$$

⑥根据以上公式更新输出:

$$y^{(t)} = y^{(t-1)} + \eta \frac{\partial C}{\partial y} + \alpha(t)(y^{(t-1)} - y^{(t-2)}) \tag{3.14}$$

⑦循环迭代步骤④~⑥使得损失函数 C 达到最小值,得到低维数据 $y^{(t)} = \{y_1, y_2, \cdots, y_n\}$,$t \in [1, T]$。

t-SNE 的优势在于其强大的可视化能力,将高维数据映射到二维或三维空间,使得数据的内在结构和聚类信息更加直观,便于理解和分析。同时,t-SNE 能够有效地捕捉数据中的非线性关系,特别适用于处理复杂的高维数据。

然而,t-SNE 也存在一些缺点。由于其计算复杂度高,t-SNE 在处理大规模数据集时可能会占用大量的内存和运行时间。此外,t-SNE 的结果可能受到参数设置的影响,不同的参数设置可能会导致不同的可视化效果。

总的来说,t-SNE 是一种强大的流形学习算法,适用于高维数据的降维和可视化。通过合理地设置参数和选择合适的可视化工具,可以利用 t-SNE 来更好地理解和分析高维数据。

3.7　线性判别分析(LDA)

线性判别分析(Linear Discriminant Analysis,LDA)是一种用于分类和降维的线性技术,通过最大化类间方差和最小化类内方差来寻找最优投影方向,从而实现降维和分类(图 3.5)。LDA 可以用于气象数据的分类任务,例如识别不同的天气类型或环流模态。

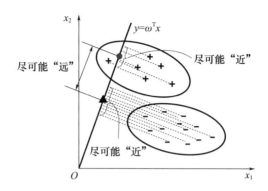

图 3.5　LDA 的二维示意图。"＋""－"分别表示正例和反例,椭圆表示数据簇的外轮廓,
虚线表示投影,实心圆和实心三角形分别表示两类样本投影到 $y=w^Tx$ 轴后的中心点

主要算法步骤为:

①计算均值向量:首先计算每个类别的均值向量。

②计算散度矩阵:计算类内散度矩阵(Within-class Scatter Matrix)和类间散度矩阵(Between-class Scatter Matrix)。

③求解特征值和特征向量:计算类内散度矩阵的逆与类间散度矩阵的乘积,并求解其特征值和特征向量。

④降维与分类:选择前 k 个最大特征值对应的特征向量作为投影矩阵,实现降维。然后,对于新样本,将其投影到该低维空间,并根据投影点的位置进行分类。

LDA 是一种基于统计学习的有监督降维技术,通过找到数据的线性组合来实现分类或降维。在气象数据分析中,LDA 的优势在于其简单易用且计算效率高,适用于线性可分的数据集。然而,对于非线性数据,LDA 可能表现不佳,因为其依赖于数据的线性结构。

3.8　独立成分分析(ICA)

独立成分分析(Independent Component Analysis,ICA)是一种线性降维技术,用于将多变量信号分解为统计上独立的成分。在气象数据分析中,ICA 可以用于从复杂的气象数据中提取独立的气象信号,例如从混合的气象数据中分离出独立的气候模态。独立成分分析是一种线性变换,这个变换把数据或信号分离成统计独立的非高斯的信号源的线性组合。

原理如图 3.6 所示:

$$X_{n \times m} = A_{n \times n} \cdot S_{n \times m} \tag{3.15}$$

式中 X 为观测得到的信号,S 是源信号,A 是混淆矩阵,代表加权。

ICA 的主要步骤包括:

①中心化:将数据中心化,即每个变量减去其均值,使数据零均值化。

②白化:通过主成分分析将数据转换到新的坐标系,使得新的坐标系的各维度之间不相关,并且方差为 1。

③独立成分提取:应用迭代算法(如 FastICA)最大化非高斯性,以找到最独立的信号成分。

ICA 在气象数据分析中的应用包括分离大气环流中的独立模态、识别大气污染源等,其优势在于能够提取出具有实际物理意义的独立信号分量,有助于揭示气象数据的特征。

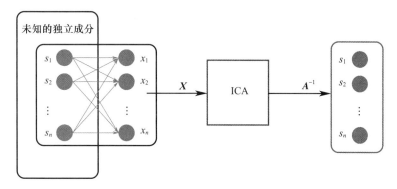

图 3.6　ICA 图解

3.9　核主成分分析(Kernel PCA)

核主成分分析(Kernel Principal Component Analysis, Kernel PCA)是 PCA 的非线性扩展,适用于处理非线性数据。在气象数据分析中,Kernel PCA 可以用于处理复杂的气象数据,例如识别非线性气候模态、分析非线性天气现象等。

核主成分分析的实现步骤如下:

①数据预处理:对原始数据进行标准化处理,使其具有零均值和单位方差。

②计算核矩阵:利用核函数计算数据之间的相似度,形成核矩阵。

③计算协方差矩阵:根据核矩阵计算协方差矩阵。

④对协方差矩阵进行特征值分解:对协方差矩阵进行特征值分解,得到特征向量和特征值。

⑤选择主成分:选择前 k 个最大的特征值对应的特征向量,作为主成分。

⑥降维:利用选定的主成分对数据进行降维处理。

与传统 PCA 不同,Kernel PCA 不再受限于线性关系。Kernel PCA 在分析非线性气象现象时表现出色,能够发现和提取气象数据中的复杂模式和特征。

3.10　算法实践

3.10.1　PCA、EOF、SVD、NMF 和 t-SNE 算法实践

```
import numpy as np
import matplotlib. pyplot as plt
from pylab import mpl
mpl. rcParams['font. sans-serif'] = ['Microsoft YaHei'] #指定默认字体:解决 plot 不能
显示中文问题
mpl. rcParams['axes. unicode_minus'] = False #解决保存图像是负号'-'显示为方块的问题
#设定气象要素的种类和样本数量
num_features = 5  #气象要素种类,比如温度、湿度、风速、风向、气压等
num_samples = 1000  #样本数量
#生成随机气象要素数据
```

```
np. random. seed(0)    #设置随机种子以便结果可复现
data = np. random. rand(num_samples,num_features)    #生成0到1之间的随机数作为气象数据
from sklearn. decomposition import PCA
import matplotlib. pyplot as plt

#数据标准化
from sklearn. preprocessing import StandardScaler

scaler = StandardScaler()
data_normalized = scaler. fit_transform(data)

# PCA 降维
pca = PCA(n_components = 2)
data_pca = pca. fit_transform(data_normalized)
plt. figure(figsize = (12,8))

#绘制 PCA 结果
plt. subplot(2,2,1)
#可视化 PCA 降维结果
plt. scatter(data_pca[:,0],data_pca[:,1],  marker = 'o')
plt. title('PCA 降维后的气象数据')
plt. xlabel('主成分 1')
plt. ylabel('主成分 2')
# = = = = = = = = = = = =
def eof_analysis(data,n_components = 2):
    #数据标准化
    scaler = StandardScaler()
    data_normalized = scaler. fit_transform(data)

    #计算协方差矩阵
    covariance_matrix = np. cov(data_normalized,rowvar = False)

    #计算特征值和特征向量
    eigenvalues,eigenvectors = np. linalg. eigh(covariance_matrix)

    #选择前 n_components 个主成分
    idx = np. argsort(eigenvalues)[::-1]
    eigenvectors = eigenvectors[:,idx][:,:n_components]

    #投影到新空间
```

```
      data_eof = np.dot(data_normalized,eigenvectors)

   return data_eof

# EOF 分析
data_eof = eof_analysis(data)

# 可视化 EOF 降维结果
plt.subplot(2,2,2)
plt.scatter(data_eof[:,0],data_eof[:,1],marker='o')
plt.title('EOF 降维后的气象数据')
plt.xlabel('主成分 1')
plt.ylabel('主成分 2')

# = = = = = = = = = = = =
# 数据标准化
scaler = StandardScaler()
data_normalized = scaler.fit_transform(data)

# 计算 SVD
U,S,VT = np.linalg.svd(data_normalized)

# 选择前两个奇异值及其对应的奇异向量进行降维
k = 2
U_reduced = U[:,:k]
S_reduced = np.diag(S[:k])
VT_reduced = VT[:k,:]

# 降维后的数据
data_svd = np.dot(U_reduced,S_reduced)

# 可视化 SVD 降维结果
plt.subplot(2,2,3)
plt.scatter(data_svd[:,0],data_svd[:,1],marker='o')
plt.title('SVD 降维后的气象数据')
plt.xlabel('主成分 1')
plt.ylabel('主成分 2')

# 进行非负矩阵分解 NMF
from sklearn.decomposition import NMF
```

```
#假设想要将数据分解为两个因子矩阵,一个代表样本,一个代表特征
n_components = 2
nmf = NMF(n_components = n_components,init = 'random',random_state = 0)
W = nmf.fit_transform(data)  #样本因子矩阵
H = nmf.components_  #特征因子矩阵
#打印分解后的矩阵 W 和 H 的部分内容
print("样本因子矩阵 W 的前 10 行:")
print(W[:10])
print("特征因子矩阵 H:")
print(H)
#进行 t-SNE 降维
from sklearn.manifold import TSNE
tsne = TSNE(n_components = 2,random_state = 0)  #设定降维到 2 维
projected_data = tsne.fit_transform(data)  #对数据进行 t-SNE 降维
#绘制降维后的数据点
plt.subplot(2,2,4)
plt.scatter(projected_data[:,0],projected_data[:,1])
plt.title('t-SNE visualization of weather data')
plt.xlabel('t-SNE feature 1')
plt.ylabel('t-SNE feature 2')
plt.tight_layout()
plt.show()
```

输出结果如图 3.7 所示。

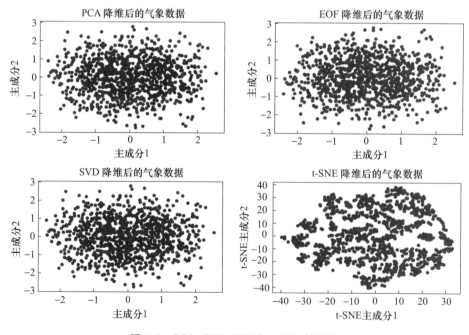

图 3.7　PCA、EOF、SVD 和 t-SNE 结果图

3.10.2 PCA、ICA、Kernel PCA 和 LDA 算法实践

```python
import numpy as np
import pandas as pd
from sklearn. decomposition import PCA,FastICA,KernelPCA
from sklearn. discriminant_analysis import LinearDiscriminantAnalysis as LDA
import matplotlib. pyplot as plt

# 生成示例气象数据
data = {
    'temperature':np. random. randn(100),
    'humidity':np. random. randn(100),
    'pressure':np. random. randn(100),
    'wind_speed':np. random. randn(100),
    'label':np. random. randint(0,100,100)   # LDA 需要标签
}

df = pd. DataFrame(data)

#特征
X = df[['temperature','humidity','pressure','wind_speed']]
y = df['label']

# PCA 模型
pca = PCA(n_components = 2)
X_pca = pca. fit_transform(X)

# ICA 模型
ica = FastICA(n_components = 2)
X_ica = ica. fit_transform(X)

# Kernel PCA 模型
kpca = KernelPCA(n_components = 2,kernel ='rbf')
X_kpca = kpca. fit_transform(X)
#
# # LDA 模型

lda = LDA(n_components = 2)
print(X,y)
X_lda = lda. fit_transform(X,y)
```

```
# X_lda = LinearDiscriminantAnalysis(n_components = 2). fit_transform(X,y)
# 可视化结果
plt.figure(figsize = (12,8))

# 绘制 PCA 结果
plt.subplot(2,2,1)
plt.scatter(X_pca[:,0],X_pca[:,1],c = y,alpha = .8)
plt.title('PCA of weather dataset')
plt.xlabel('Component 1')
plt.ylabel('Component 2')

# 绘制 ICA 结果
plt.subplot(2,2,2)
plt.scatter(X_ica[:,0],X_ica[:,1],c = y,alpha = .8)
plt.title('ICA of weather dataset')
plt.xlabel('Component 1')
plt.ylabel('Component 2')

# 绘制 Kernel PCA 结果
plt.subplot(2,2,3)
plt.scatter(X_kpca[:,0],X_kpca[:,1],c = y,alpha = .8)
plt.title('Kernel PCA of weather dataset')
plt.xlabel('Component 1')
plt.ylabel('Component 2')

# 绘制 LDA 结果
plt.subplot(2,2,4)
plt.scatter(X_lda[:,0],X_lda[:,1],c = y,alpha = .8)
plt.title('LDA of weather dataset')
plt.xlabel('Component 1')
plt.ylabel('Component 2')

plt.tight_layout()
plt.show()
```

输出结果如图 3.8 所示。

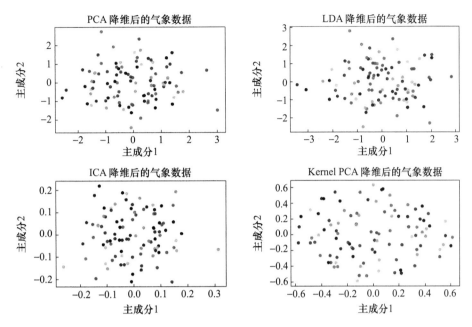

图 3.8　PCA、ICA、Kernel PCA 和 LDA 结果

第二部分
自然启发的人工智能篇

第4章　进化算法

　　遗传算法、进化策略、差分进化和遗传编程是四种重要的进化计算技术,在优化问题、机器学习和复杂系统建模中起着至关重要的作用。遗传算法模拟生物进化过程,通过选择、交叉(杂交)和变异等操作,在解空间中寻找最优解。进化策略是一种基于自然选择和遗传机制的优化算法,侧重于实数编码和自适应变异率,常用于解决复杂优化问题。差分进化采用实数编码,通过差分变异、交叉和选择操作,利用种群中个体的差异信息来指导搜索,特别适用于全局优化问题。遗传编程将计算机程序视为可进化的实体,通过选择、交叉和变异等遗传算法的原则,自动进化出解决问题的程序或算法。这四种进化计算技术各有特点,适用于不同类型的问题。它们通过模拟自然进化过程,提供了强大的工具来解决复杂问题,在优化和机器学习领域展现了巨大的潜力。

4.1　遗传算法

　　遗传算法(Genetic Algorithm,GA)是根据达尔文生物进化论"物竞天择,适者生存"思想以及生物遗传机制提出的。地球上的生物通过自然选择、染色体交叉、基因变异不断进化,以适应环境的改变。遗传算法模拟了生物进化的这一过程,把待求解问题的初始解映射为"染色体",通过选择、交叉、变异的过程从而进化为最优解。1967 年,Bagley 首次提出了遗传算法(Bagley,1967),主要步骤包括初始化种群、个体评价、选择运算、交叉运算、变异运算以及终止条件判断这六个过程(湛文静 等,2023)。

4.1.1　达尔文进化论概述

　　变异:种群中单个样本的特征(性状、属性)可能会有所不同,这导致了样本彼此之间有一定程度的差异。

　　遗传:某些特征可以遗传给其后代。导致后代与双亲样本具有一定程度的相似性。

　　选择:种群通常在给定的环境中争夺资源。更适应环境的个体在生存方面更具优势,因此会产生更多的后代。

　　进化维持了种群中个体样本彼此不同。那些适应环境的个体更有可能生存,繁殖并将其性状传给下一代。随着世代的更迭,物种变得更加适应其生存环境。进化的重要推动因素是交叉(crossover)或重组(recombination),即结合双亲的特征产生后代。交叉有助于维持人口的多样性,并随着时间的推移将更好的特征融合在一起。此外,变异(mutations)或突变(特征的随机变异)可以通过引入偶然性的变化而在进化中发挥重要作用。

4.1.2　遗传算法原理

　　达尔文进化论保留了种群的个体性状,而遗传算法则保留了针对给定问题的候选解集合(也称为 individuals)。这些候选解经过迭代评估(evaluate),用于创建下一代解。更优的解有更大的机会被选择,并将其特征传递给下一代候选解集合。这样,随着代际更新,候选解集合可以更好地解决当前的问题。遗传算法是试图找到给定问题的最佳解。

(1)基因型(Genotype)

在自然界中,通过基因型表征繁殖和突变,基因型是组成染色体的一组基因的集合。在遗传算法中,每个个体都由代表基因集合的染色体构成。例如,一条染色体可以表示为二进制串,其中每个位代表一个基因(图 4.1)。

$$0|0|0|1|1|1|0|1|0$$

图 4.1　染色体表示

(2)种群(Population)

遗传算法保持大量的个体——针对当前问题的候选解集合。由于每个个体都由染色体表示,因此这些种族的个体可以看作是染色体集合(图 4.2)。

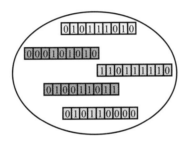

图 4.2　种群表示

(3)适应度函数(Fitness function)

在算法的每次迭代中,使用适应度函数(也称为目标函数)评估每个个体。目标函数是用于优化的函数或试图解决的问题。适应度得分更高的个体代表了更好的解,它们更有可能被选择进行繁殖,将其特征传递给下一代。随着遗传算法的进行,解的质量会提高,适应度会增加,一旦找到具有令人满意的适应度值的解,遗传算法可以终止。

(4)选择(Selection)

在计算出种群中每个个体的适应度后,使用选择过程来确定种群中的哪个个体将用于繁殖并产生下一代,具有较高值的个体更有可能被选中,并将其遗传物质传递给下一代。尽管低适应度值的个体也有被选择的机会,但概率较低,这样就不会完全淘汰它们的遗传信息。

(5)交叉(Crossover)

为了创建一对新个体,通常将从当前代中选择的双亲样本的部分染色体互换(交叉),以创建代表后代的两个新染色体。此操作称为交叉或重组,如图 4.3 所示。

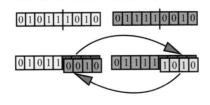

图 4.3　交叉的表示

（6）突变（Mutation）

突变操作的目的是定期随机更新种群，将新模式引入染色体，并鼓励在解空间的未知区域中进行搜索。突变可能表现为基因的随机变化。变异是通过随机改变一个或多个染色体值来实现的。例如，翻转二进制串中的一位，如图 4.4 所示。

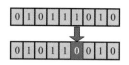

图 4.4　突变的表示

构造遗传算法的理论假设是：当前问题的最佳解是由多个要素组成的，当这些要素组合在一起时，将更接近于问题的最优解。种群中的个体包含一些最优解所需的要素，通过重复选择和交叉过程，个体将这些要素传达给下一代，并且可能与其他最优解的基本要素结合。这个过程将产生遗传压力，从而引导种群中越来越多的个体包含构成最佳解决方案的要素。

图式定理（schema theorem）：要素假设的一个更形式化的表达是 Holland 图式定理，也称为遗传算法的基本定理。该定理指图式是可以在染色体内找到的模式（或模板）。每个图式代表染色体中具有一定相似性的子集。例如，如果一组染色体用长度为 4 的二进制串表示，则图式 101 表示所有这些染色体，其中最左边的位置为 1，最右边的两个位置为 01，从左边数的第二个位置为 1 或 0，表示通配符。对于每个图式，具有以下两个度量：

①阶（Order）：固定数字的数量；

②定义长度（Defining length）：最远的两个固定数字之间的距离。

种群中的每个染色体都对应于多个图式。例如，染色体 1101 对应于该表中出现的每个图式，因为它与它们代表的每个模式匹配。如果该染色体具有较高的适应度，则它及其代表的所有图式都更有可能从选择操作中幸存。当这条染色体与另一条染色体交叉或发生突变时，某些图式将保留下来，而另一些则将消失。低阶图式和定义长度短的图式更有可能幸存。因此，图式定理指出，低阶、定义长度短且适合度高于平均水平的图式，将呈指数增长。换句话说，随着遗传算法的发展，代表更有效解决方案的属性的更小、更简单的要素基块将越来越多地出现在群体中。

算法的基本流程如下（图 4.5）：

①创建初始种群：初始种群是随机选择的一组有效候选解（个体）。由于遗传算法使用染色体代表每个个体，因此初始种群实际上是一组染色体。

②计算适应度：适应度函数的值是针对每个个体计算的。对于初始种群，此操作将执行一次，然后在应用选择、交叉和突变的遗传算子后，对每个新一代进行计算。由于每个个体的适应度独立于其他个体，因此可以并行计算。由于适应度计算之后的选择阶段通常认为适应度得分较高的个体是更好的解决方案，因此遗传算法专注于寻找适应度得分的最大值。如果问题是需要寻找最小值，则适应度计算可以通过将其乘以值（−1）等取反原始值。

③选择、交叉和变异：将选择，交叉和突变的遗传算子应用到种群中，就产生了新一代，该新一代基于当前代中较好的个体。选择操作负责当前种群中选择有优势的个体。交叉（或重组）操作从选定的个体创建后代。这通常是通过两个被选定的个体互换他们染色体的一部分，从而创建代表后代的两个新染色体。变异操作会随机改变每个新个体的一个或多个染色体值（基因）。突变通常以非常低的概率发生。

④算法终止条件：根据具体案例确定算法何时停止。

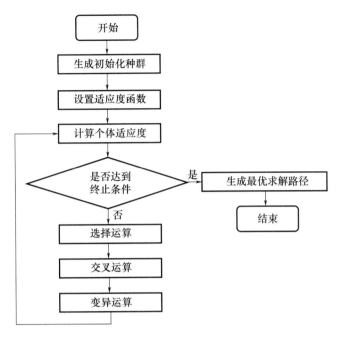

图 4.5　遗传算法流程（湛文静 等,2023）

4.1.3　遗传算法实践

```
import random
from deap import base,creator,tools,algorithms
#定义气象数据结构
class WeatherData:
    def __init__(self):
        self.temperature = random.uniform(0,40)   #假设温度范围在0到40度之间
        self.humidity = random.uniform(0,100)   #假设湿度范围在0到100%之间
        self.wind_speed = random.uniform(0,20)   #假设风速范围在0到20米/秒之间
#创建一个简单的适应度函数(这里只是一个示例,你可以根据实际需求定义)
def fitness_func(individual):
    #假设想要找到使得温度、湿度和风速之和最大的参数(这只是一个示例,没有实际意义)
    #在实际应用中,你可能需要定义一个与气象数据相关的复杂适应度函数
    total = sum(WeatherData().__dict__.values()) * len(individual)   # 只是为了演示,这里用随机数据
    return total,
#创建遗传算法所需的组件
creator.create("FitnessMax",base.Fitness,weights = (1.0,))   #定义最大适应度类型
creator.create("Individual",list,fitness = creator.FitnessMax)   #定义个体类型
toolbox = base.Toolbox()
toolbox.register("attr_float",random.random)   #这里只是示例,实际中你可能需要更复杂的初始化
```

```
toolbox. register("individual", tools. initRepeat, creator. Individual, toolbox. attr_
float,n = 10)  #假设每个个体有 10 个浮点数
toolbox. register("population", tools. initRepeat, list, toolbox. individual)   #定义
种群
#注册适应度函数
toolbox. register("evaluate",fitness_func)
toolbox. register("mate",tools. cxTwoPoint)   #两点交叉
toolbox. register("mutate", tools. mutGaussian, mu = 0, sigma = 1, indpb = 0.1)   #高斯
变异
toolbox. register("select",tools. selNSGA2)   # NSGA‐II 选择
#定义算法参数
pop = toolbox. population(n = 50)  #初始种群大小
CXPB,MUTPB,NGEN = 0.5,0.2,40  #交叉概率、变异概率和代数
#运行遗传算法
algorithms. eaSimple(pop,toolbox,CXPB,MUTPB,NGEN,stats = None,halloffame = None,ver‐
bose = True)
```

4.2　进化策略

进化策略(Evolution Strategy,ES)是一种模仿生物进化的求解参数优化问题的方法。与遗传算法不同的是,它采用实数值作为基因,然后通过零均值、某一方差的高斯分布的变异产生新的个体,并保留表现优良的个体。

4.2.1　进化策略基本原理

进化策略的关键是交叉、变异、变异程度的变化、选择,流程如图 4.6 所示。

(1)交叉:和遗传算法一样,交叉就是交换两个个体的基因,主要有三种方式:

①离散重组:先随机选择两个父代个体,然后将其分量进行随机交换,构成子代新个体的各个分量,从而得出新个体。

②中值重组:随机选择两个父代个体,然后它们对应基因的平均值作为子代新个体的分量,构成新个体。

③混杂重组:这种重组方式的特点在于父代个体的选择上。混杂重组时先随机选择一个固定的父代个体,然后针对子代个体每个分量再从父代群体中随机选择第二个父代个体。选择的方式可以是采用离散方式或中值方式,甚至可以把中值重组中的平均值权重改为[0,1]之间的任意值。

(2)变异:变异是指在每个分量上面加上零均值、某一方差的高斯分布的变化,以产生新的个体。这个某一方差就是变异程度。

(3)变异程度:变异程度并不是一直不变的,算法开始的时候,变异程度比较大;当接近收敛后,变异程度会开始减小。

(4)选择:进化策略的选择有两种。

$(\mu + \lambda)$ 选择:从 μ 个父代个体及 λ 个子代新个体中确定性地择优选出 μ 个个体,组成下一

代新群体；

（μ,λ）选择：从 λ 个子代新个体中确定性地择优挑选 μ 个个体（要求 $\lambda > \mu$），每个个体只存活一代，随即被新个体顶替。

粗略地看，（$\mu + \lambda$）选择似乎更优，因为它可以保证最优个体，使群体的进化过程呈单调上升趋势。然而（$\mu + \lambda$）选择保留旧个体，有时可能是局部最优解，这也带来了很多问题。

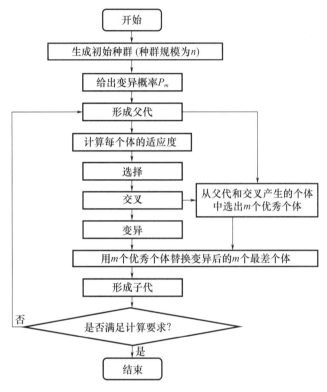

图 4.6 进化策略流程（弭宝福,2015）

进化策略与遗传算法的区别：遗传算法强调染色体的操作，进化策略强调了个体级的行为变化。进化策略通过模拟生物进化过程中的变异和选择来寻找优化问题的解，在处理连续优化问题时表现出色，尤其适用于复杂的多峰优化问题。

①基本的区别是它们的研究方法和领域不同：进化策略是一种数值优化的方法，它采用的是一个具有自适应步长 σ 和倾角 θ 的特定爬山方法，进化策略被应用于离散型优化问题；遗传算法是一种自适应搜索技术，参数优化是它的应用领域之一。

②表示个体的方式不同：进化策略在浮点矢量上运行，而遗传算法一般运行在二进制矢量上。

③选择过程不同：进化策略有（$\mu + \lambda$）、（μ,λ）选择；遗传算法一般采用轮盘赌选择的方法。

④参数变化不同：进化策略中的变异程度是在改变的；遗传算法中的参数一般保持恒定。

4.2.2 进化策略算法实践

```
#进化策略参数
pop_size = 10    #种群大小
sigma = 0.1      #初始步长
```

```
learning_rate = 0.01  # 学习率
num_generations = 50  # 迭代次数
# 初始化种群(这里用一个简单的浮点数列表表示)
population = np. random. randn(pop_size)
# 进化策略的主循环
for gen in range(num_generations):
    scores = []
    offspring = []
    # 评估当前种群
    for individual in population:
        score = fitness_func(individual)  # 这里的 individual 只是一个占位符,因为
没有真正使用它
        scores. append(score)
    # 选择(这里简单地使用所有个体)
    # 在实际进化策略中,可能会有更复杂的选择机制
    selected = population
    # 生成后代
    for parent in selected:
        offspring_individual = np. random. normal(parent,sigma)
        offspring. append(offspring_individual)
    # 更新种群(这里简单地用后代替换当前种群)
    population = np. array(offspring)
    # 更新步长(这里使用简单的更新规则)
    sigma *= np. exp(learning_rate * (np. mean(scores) - np. max(scores)) / np. std
(scores))
    # 打印当前代的最优解
    best_score = max(scores)
    best_individual = selected[scores. index(best_score)]
print(f"Generation {gen}:Best Score = {best_score},Best Individual = {best_individual}")
```

4.3 差分进化

差分进化(Differential Evolution,DE)算法于 1997 年由 Storn 和 Price 提出,其初衷是为了求解切比雪夫多项式问题。作为一种基于群体导向的随机搜索技术,DE 算法通过个体间的差分信息进行进化。不同进化阶段个体间的差异性变化使得 DE 算法具备不同的搜索和开发能力。进化初期,个体差异较大,搜索能力较强;进化末期,个体差异较小,开发能力较强(丁青锋 等,2017)。

差分进化算法与遗传算法的相似之处在于,它们都通过随机生成初始种群,并以种群中每个个体的适应度值为选择标准。然而,两者的主要区别在于:①变异向量:遗传算法是根据适应度值来控制父代杂交,变异后产生的子代被选择的概率值;差分进化算法的变异向量是由父

代差分向量生成,并与父代个体向量交叉生成新个体向量,直接与其父代个体进行选择。②逼近效果:差分进化算法相对遗传算法的逼近效果更加显著。差分进化算法作为一种新型、高效的启发式并行搜索技术,具有收敛快、控制参数少且设置简单、优化结果稳健等优点(Neri et al.,2010)。

4.3.1　差分进化基本原理

差分进化算法的流程如图 4.7 所示,主要包括变异、交叉和选择四个步骤:

①初始化种群:设置种群的大小、交叉概率等参数。

②变异:变异操作后的新个体与变异前个体的关系如式(4.1)所示。

$$u_i = x_{r_1} + F \times (x_{r_2} - x_{r_3}) \tag{4.1}$$

式中,x_{r_1},x_{r_2},x_{r_3} 表示当前种群三个个体,F 是表示表示差分量的影响因子。

③交叉:两个个体之间的交叉概率为 $\mathrm{CR}(\mathrm{CR} \in [0,1])$,交叉得到的新个体表达式如式(4.2)所示。

$$v_{i,j} = \begin{cases} u_{i,j}, \mathrm{rand}(0,1) \leqslant \mathrm{CR} \\ x_{i,j}, \mathrm{rand}(0,1) > \mathrm{CR} \end{cases} \tag{4.2}$$

④选择:对交叉变异后得到的种群,根据贪心算法选取最佳个体,表达式如式(4.3)所示。

$$x_{i+1} = \begin{cases} v_i, f(v_i) \leqslant f(x_i) \\ x_i, f(v_i) > f(x_i) \end{cases} \tag{4.3}$$

式中 $f(v_i)$、$f(x_i)$ 分别表示变异交叉后新个体的适应度函数。

差分进化算法在非线性问题和多变量函数优化问题中表现出强大的稳健性,其特点包括控制参数少、操作简单和优化结果稳健。在相同精度要求下,差分进化算法的收敛速度快,不易陷入局部最优解。然而,随着迭代次数的增加,个体之间的差异逐渐减少,导致后期收敛速度变慢,有时会陷入局部优化问题中。

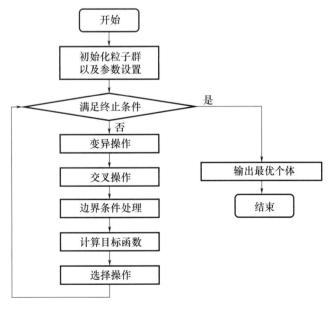

图 4.7　差分进化算法流程(王贺,2024)

4.3.2 差分进化算法实践

```python
import numpy as np
from scipy.optimize import differential_evolution
#气象要素数据结构
class WeatherData:
    def _init_(self,temperature,humidity,wind_speed):
        self.temperature = temperature
        self.humidity = humidity
        self.wind_speed = wind_speed
#假设的适应度函数(需要根据实际情况定义)
#这里简单地使用气象数据的某种组合作为示例
def fitness_func(x):
    # x是一个包含三个元素的数组,分别代表温度、湿度和风速
    temperature,humidity,wind_speed = x
    #假设的复杂计算,这里只是一个简单的例子
    score = -(temperature**2 + humidity**2 + wind_speed**2)  #最小化这个值
    return score
#初始化参数边界
bounds = [(-30,40),(0,100),(0,20)]  #温度、湿度、风速的范围
#使用scipy的differential_evolution函数进行优化
result = differential_evolution(fitness_func,bounds)
#输出结果
print("Optimized parameters:")
print("Temperature:",result.x[0])
print("Humidity:",result.x[1])
print("Wind Speed:",result.x[2])
print("Function value at optimized point:",result.fun)
#生成随机气象数据并计算其适应度值(可选)
#注意:这里只是为了演示如何生成数据和计算适应度值,而不是在优化过程中使用这些数据
random_weather = WeatherData(np.random.uniform(bounds[0][0],bounds[0][1]),
                             np.random.uniform(bounds[1][0],bounds[1][1]),
                             np.random.uniform(bounds[2][0],bounds[2][1]))
print("Random weather data:")
print("Temperature:",random_weather.temperature)
print("Humidity:",random_weather.humidity)
print("Wind Speed:",random_weather.wind_speed)
print("Fitness of random weather data:",fitness_func([random_weather.temperature,
random_weather.humidity,random_weather.wind_speed]))
```

4.4　遗传编程

遗传编程(Genetic Programming,GP)是一种用于自动生成程序以解决实际问题的进化计算(Evolutionary Computation,EC)算法。与其他 EC 算法相比,GP 算法个体编码结构更为灵活,常见的基于树状结构的 GP 算法能够同时执行多项任务,并生成具有良好解释能力的模型。GP 算法已经成功应用于多个图像分析领域,包括特征提取、图像分类、图像分割、边缘检测等(Xue et al.,2017;毕莹 等,2018)。

4.4.1　遗传编程基本原理

达尔文提出的"物竞天择,优胜劣汰"生物进化理论,即所有动植物都是由较早期、较原始的形式演变而来的。遗传编程则在数学和计算机科学领域应用了这一演化过程:从大量原始、粗糙的程序种群中通过评估适应性选择父代,通过遗传操作生成新一代种群,再判断终止条件决定是否继续迭代生成下一代种群。遗传编程流程如图 4.8 所示。①初始化:在给定初始条件(包括终端套件、功能套件和参数)后生成随机种群。②评估适应度:通过(多种方法)比较,评估每个个体的适应度。③选择:基于适应性进行概率性选择。④遗传操作:被选择的程序作为父系,通过交叉、变异、复制等遗传算子生成下一代。⑤终止判断:判断是否符合终止标准,如不符合则继续迭代。

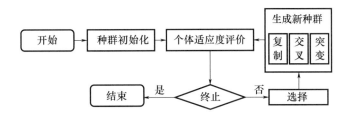

图 4.8　遗传编程流程(彭勃,2022)

树形编码:树叶部分被称为终止符,是程序中的变量、常量和无参函数等。树形内部节点被称为函数,有时也被称为基元,涵盖程序中的函数与操作。示例:树状结构(Tree-based)表示程序 $\max(x+x,x+3*y)$ 的树状表示在图 4.9 中,终止符为 $x,y,3$,函数为 $+,*,\max$。则他们分别的集合为:函数集 $\boldsymbol{F}=\{+,*,\max\}$,终止集 $\boldsymbol{T}=\{x,y,3\}$。在一些 GP 中程序也可能由多个部分组成,用一组由特殊根节点(root)连接结合的树形分支(sub-trees branches)来表示。

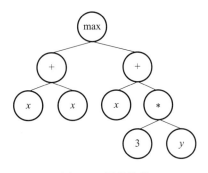

图 4.9　树状结构

GP 的初始种群是随机生成的,通常需要定义最大树深度。现有三种初始化方案:完全法、生长法和倾斜对半法。①完全法的初始化方案是指生成一个种群,每个 GP 个体树的全部叶节点都位于最大树深度。从函数集中随机选择出的函数只能作为内部节点或根节点来生成个体树,当达到树的最大深度时,从终止符集中随机选择出终止符形成叶节点。②生长法的初始化方案是指生成一个种群,GP 个体树的叶节点位于不同的树深度,叶节点所在的树深度可以小于最大树深度。从函数集和终止符集中随机选择出函数或终止符作为节点以形成个体树,当终止符被选择,不论是否达到最大树深,所在分支停止生长;当个体树全部分支都有叶节点,或达到最大树深时强制选择终止符形成叶节点,个体树生长停止。③倾斜对半法是将完全法和生长法相结合的初始化方案,指生成一个种群,其中一半个体是基于完全法生成的,另一半个体是基于生长法生成的。这种方法生成的 GP 个体树有更广泛的树深尺寸以及形状结构,群体的多样性更好。倾斜对半法是 GP 中最常用的种群初始化方法。

适应度:衡量个体优劣的一个数值,是评价个体解决问题质量的标准。类比自然界物种,对环境适应度高的生物种群将优良基因遗传下来,适应度差的被自然淘汰而灭绝。

适应度函数:计算种群中个体的适应度的函数。

遗传算子:经过一轮选择得到适应性较好的父体后,遗传算子对父体进行遗传操作,生成子代。遗传算子包括以下三种:

选择:指的是基于适应度选择个体的过程,被选择的个体在之后会作为父系通过遗传算子繁育下一代程序个体。常用选择方法有两种:①锦标赛选择法:从群体中随机取一定数量的个体,比较其适应度,适应度最高的个体被选为父系进行遗传操作。由于每次选择时都是随机取一定数量的个体(而不是整体)进行比较,即使是平均质量、适应度在整个群体中不突出的个体也有机会被选中,从而实现多样性。②轮盘赌选择法:个体被选中的概率与其适应度成正比。设群体中存在个体 1,个体 2,…到个体 N(群体基数为 N),f_i 表示个体 i 的适应度,则轮盘赌法选中个体 i 作为父系的概率为 $P_i = \dfrac{f_i}{\sum\limits_{k=1}^{N} f_k}$。

交叉:交叉是遗传编程中用于产生新个体的主要方法,它模拟了生物界中的交配过程。在遗传编程中,由于程序以树形结构表示,交叉操作比传统的遗传算法(使用线性染色体)更为复杂。①单点交叉:在树结构中,选择一个节点作为交叉点,然后交换两棵树中该节点以下的部分。但这种方法在遗传编程中不常用,因为它可能破坏树的结构。②子树交叉:更常用的方法是随机选择两棵树中的子树,并交换这些子树。这样可以更好地保持树的结构,并允许更大范围的遗传信息交换。

变异:变异是遗传编程中引入新特性的另一种方式,它模拟了生物进化中的基因突变。在遗传编程中,变异可以发生在树的任何节点上,并且有多种形式。①替换节点:随机选择一个节点,并用一个随机生成的新子树替换它。这可以引入全新的功能或逻辑。②修改节点:对于某些类型的节点(如函数节点或终端节点),可以随机改变其类型或值。③增加/删除节点:在某些情况下,还可以随机向树中添加新节点或删除现有节点,以进一步增加解空间的多样性。

通过重复应用选择、交叉和变异操作,遗传编程能够逐步优化程序结构,从而找到针对特定问题的有效解决方案。这种进化过程不仅依赖于初始种群的多样性,还依赖于这些核心操作的效率和适应性。

4.4.2　遗传编程算法实践

```
import numpy as np
from deap import base,creator,tools,algorithms
#气象要素数据结构(这里使用实数编码)
creator.create("FitnessMax",base.Fitness,weights = (1.0,))
creator.create("Individual",list,fitness = creator.FitnessMax)
toolbox = base.Toolbox()
toolbox.register("attr_float",np.random.uniform,-30,40)    #温度范围
toolbox.register("attr_humidity",np.random.uniform,0,100)   #湿度范围
toolbox.register("attr_wind",np.random.uniform,0,20)    #风速范围
toolbox.register("individual",tools.initRepeat,creator.Individual,
                 (toolbox.attr_float,toolbox.attr_humidity,toolbox.attr_wind),n = 1)
toolbox.register("population",tools.initRepeat,list,toolbox.individual)
#假设的适应度函数(需要根据实际情况定义)
#这里简单地使用气象数据的某种组合作为示例
def fitness_func(individual):
    temperature,humidity,wind_speed = individual[0]
    #假设的复杂计算,这里只是一个简单的例子
    score = -(temperature ** 2 + humidity ** 2 + wind_speed ** 2)    #最小化这个值
    return score,
toolbox.register("evaluate",fitness_func)
toolbox.register("mate",tools.cxTwoPoint)
toolbox.register("mutate",tools.mutGaussian,mu = 0,sigma = 1,indpb = 0.1)
toolbox.register("select",tools.selNSGA2)
#初始化种群
pop = toolbox.population(n = 50)
#遗传算法参数
CXPB,MUTPB,NGEN = 0.5,0.2,40
#运行遗传算法
pop,log = algorithms.eaSimple(pop,toolbox,CXPB,MUTPB,NGEN,stats = None,
                              halloffame = None,verbose = True)
#输出最佳解
best_ind = tools.selBest(pop,1)[0]
print("Best individual is",best_ind)
print("Fitness:",best_ind.fitness.values)
#生成随机气象数据并计算其适应度值(可选)
random_weather = toolbox.individual()
random_fitness = toolbox.evaluate(random_weather)
print("Random weather data:",random_weather)
print("Fitness of random weather data:",random_fitness)
```

第5章 群体智能算法

群体智能算法(Swarm Intelligence Algorithms,SIA)是一种独特的启发式优化策略,算法模仿自然界中动物群体的行为模式来解决复杂的优化问题。这些算法的核心思想是:即使在没有集中控制的情况下,通过个体间的简单互动,群体也能展现出解决复杂问题的惊人能力。从蚂蚁寻找食物的高效路径选择,到狼群协同狩猎的策略,自然界中的群体智慧提供了丰富的优化问题解决策略。本章将介绍几种代表性的算法,包括蚁群算法、粒子群算法、蜂群算法、萤火虫算法和灰狼优化算法。通过对这些算法的深入分析,将展示它们如何更好地理解和预测大气现象,以及如何应用于大气科学中的各种问题求解。

5.1 蚁群算法

蚁群算法(Ant Colony Optimization,ACO)是一种模拟蚂蚁觅食行为的优化算法,由Dorigo 于 1992 年提出(Dorigo,1992)。在自然界中,蚂蚁通过留下信息素来标记路径,其他蚂蚁则跟随这些信息素的轨迹,从而找到食物源。ACO 算法正是受到这一行为的启发,通过模拟蚂蚁的这一自然现象来解决优化问题(图 5.1)。

图 5.1 蚂蚁觅食行为示意图

5.1.1 蚁群算法原理

在 ACO 算法中,问题被建模为一个图 $G=(N,E)$,其中 N 代表可能的解决方案的节点集合,E 代表解决方案之间的转移边集合。每一条边(i,j)上都有一个信息素浓度 τ_{ij},它随蚂蚁选择路径的行为而动态变化,引导蚂蚁群体向更有希望的区域探索。

蚂蚁路径选择:这是一个基于概率的过程。蚂蚁在选择路径时,会根据信息素浓度和启发式信息来决定下一步的走向。蚂蚁从初始节点出发,选择下一条边 j 的概率 P_{ij} 由公式(5.1)决定:

$$P_{ij} = \frac{\tau_{ij}^{\alpha} \cdot \eta_{ij}^{\beta}}{\sum_{k \in N} \tau_{ik}^{\alpha} \cdot \eta_{ik}^{\beta}} \tag{5.1}$$

式中,α 和 β 是控制信息素浓度和启发式信息影响的参数,η_{ij} 是一个启发式因子,通常与边(i,j)的成本成反比,例如 $\eta_{ij}=1/d_{ij}$,其中 d_{ij} 是节点 i 和 j 之间的距离。

信息素更新:当所有蚂蚁完成路径选择后,算法将会更新每条边的信息素浓度,以反映路径的吸引力。信息素的更新由公式(5.2)决定:

$$\tau_{ij}(t+1) = (1-\rho) \cdot \tau_{ij}(t) + \Delta\tau_{ij} \tag{5.2}$$

式中 t 是迭代次数,ρ 是信息素的衰减系数,表示信息素随时间减少的比例。$\Delta\tau_{ij}$ 是由所有走过边 (i,j) 的蚂蚁贡献的信息素总和,其通常与路径质量相关,可被定义为:

$$\Delta\tau_{ij} = \begin{cases} \dfrac{Q}{L} & \text{如果当前路径属于最优路径} \\ 0 & \text{否则} \end{cases} \tag{5.3}$$

式中 Q 是信息素的增量,L 是最短路径的长度。

5.1.2　蚁群算法步骤

(1)环境初始化

- 确定问题的搜索空间,并将其抽象为图 $\boldsymbol{G} = (\boldsymbol{N}, \boldsymbol{E})$。
- 初始化蚂蚁的数量,即算法中模拟蚂蚁个体的数目。
- 对每条边 (i,j) 的信息素浓度 τ_{ij} 进行初始化,通常从一个小的随机值开始。
- 设置算法参数 α、β 和 ρ,这些参数影响着蚂蚁的决策过程和信息素的更新机制。

(2)蚂蚁的路径构建

- 每只蚂蚁从随机选择的初始节点出发,或者根据某种启发式规则选择起始点。
- 蚂蚁根据概率公式(5.1)选择下一步移动到的节点。其中,概率反映了信息素浓度和启发式信息的综合影响。
- 通过这种方式,每只蚂蚁逐步构建一条路径,直至达到终止条件,例如走完所有节点或达到某个预定的路径长度。

(3)信息素的局部更新

- 一旦蚂蚁完成一条路径,立即进行信息素的局部更新。对于该蚂蚁所经过的每条边 (i, j),更新信息素浓度以反映该路径的质量。
- 信息素增量 $\Delta\tau_{ij}$ 通常与路径的质量和长度成反比,以此鼓励较短且优质的路径。

(4)信息素的全局更新

- 在所有蚂蚁完成一轮路径构建后,进行信息素的全局更新。这一步骤可能包括信息素的衰减,以模拟信息素随时间的自然挥发。
- 根据算法的不同变体,可能还会增加信息素的更新,以奖励那些找到更优解的蚂蚁。

(5)迭代与学习

- 重复步骤(2)至(4),进行多轮迭代。每一轮迭代都是蚂蚁群体基于当前信息素分布进行学习和探索的过程。
- 随着迭代的进行,信息素的分布逐渐向更优解的方向聚集,从而引导整个群体发现问题的最优解或近似最优解。

(6)避免停滞

通过改变某些参数或引入随机重置,引入如扰动信息素浓度或引入随机性等多样性机制,以避免算法过早收敛到局部最优解,确保算法能够跳出局部最优并探索更广阔的解空间。

(7)收敛判定与最优解的输出

- 设定一个收敛条件,如连续若干轮迭代中最优解没有显著改进,或者达到预设的迭代次数。当满足收敛条件时,停止迭代,并输出当前找到的最优解或通过某种策略(如选择信息素浓度最高的路径)来确定最终解。

(8)后处理与分析

· 对算法结果进行后处理,如平滑或优化,以提高解的质量。

· 分析算法的性能,包括收敛速度、稳定性和对不同参数设置的敏感性。

· 根据需要,对算法进行调整和优化,以适应特定的应用场景或提高效率。

蚁群算法不仅能够有效地搜索解空间,还能够通过模拟蚂蚁群体的自然行为,展现出强大的问题解决能力。

5.1.3 蚁群算法实践

```
def ant_colony_optimization(search_space,n_iterations):
# 初始化参数
    n_parameters = len(search_space)
    n_ants = 10   # 蚂蚁数量
    decay = 0.5   # 信息素的衰减率
    pheromone = np.ones(n_parameters)   # 信息素矩阵初始化
    best_params = np.ones(n_parameters) * search_space[0]
    best_fitness = atmospheric_science_objective_function(best_params)


    # 迭代过程
    for _ in range(n_iterations):
        # 每只蚂蚁探索解空间
        for ant in range(n_ants):
            # 随机生成一个候选解
            candidate = np.random.uniform(search_space[0],search_space[1],n_parameters)
            # 计算适应度
            fitness = atmospheric_science_objective_function(candidate)
            # 如果找到更好的解,更新最佳解
            if fitness < best_fitness:
                best_fitness = fitness
                best_params = candidate


        # 更新信息素
        # 这里简化了选择和更新过程,通常需要更复杂的逻辑
        pheromone + = decay * (candidate - best_params)


        # 信息素衰减
        pheromone * = (1 - decay)


    return best_params,best_fitness
```

5.2　粒子群算法

粒子群优化算法(Particle Swarm Optimization,PSO)是一种模拟鸟群捕食行为的全局优化算法,由 Kennedy 和 Eberhart 于 1995 年提出(Kennedy et al.,1995)。该算法通过模拟个体之间的信息共享和协同作用,在解空间中搜索最优解。由于实现简单、收敛速度快等优点,粒子群算法被广泛应用于各种优化问题(图 5.2)。

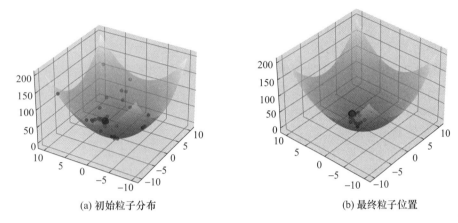

(a) 初始粒子分布　　　　　　　　　　(b) 最终粒子位置

图 5.2　PSO 优化算法示意图

5.2.1　粒子群算法原理

在 PSO 中,每个解被视为搜索空间中的一个"粒子",每个粒子代表了问题的潜在解,并通过跟踪两个"极值"——个体极值(pBest)和全局极值(gBest)来更新自己的位置。其中个体极值为粒子自身所找到的最优解,全局极值为整个粒子群目前找到的最优解。粒子的位置 p_i 和速度 v_i 在迭代过程中不断更新,更新规则如下:

$$v_i(t+1) = w \cdot v_i(t) + c_1 \cdot r_1 \cdot (\text{pBest}_i - p_i(t)) + c_2 \cdot r_2 \cdot (\text{gBest} - p_i(t)) \quad (5.4)$$
$$p_i(t+1) = p_i(t) + v_i(t+1) \quad (5.5)$$

式中,w 是惯性权重,控制粒子保持当前速度的程度,c_1 和 c_2 是学习因子,控制粒子向 pBest 和 gBest 靠近的步长,r_1 和 r_2 是[0,1]区间内的随机数,为算法引入随机性。

粒子群算法的性能很大程度上取决于参数的选择。惯性权重 w 控制粒子当前速度对下一速度的影响,通常随迭代次数递减,以平衡全局搜索和局部搜索能力;而学习因子 c_1 和 c_2 控制个体最优位置和群体最优位置对速度更新的影响,常取值为 2 左右;同时,为防止粒子速度过大,可设置速度的最大值和最小值。PSO 以其简单的实现和高效的全局搜索能力在许多优化问题中表现出色。通过模拟粒子群体的协同搜索行为,PSO 能够有效地探索解空间,并逐步收敛到全局最优解。

5.2.2　粒子群算法步骤

(1)初始化

· 确定粒子群的大小,即粒子的数量。

· 随机初始化每个粒子的位置和速度。位置代表解空间中的一个潜在解,速度则表示粒子移动的方向和速率。

- 初始化粒子的个体极值(pbest),粒子所找到的最优位置。
- 评估初始粒子群的适应度,确定初始的全局极值(gbest),即整个粒子群中最优的个体极值。

(2)适应度评估

- 适应度函数能够衡量解质量,对每个粒子的当前位置进行适应度函数评估。
- 根据适应度函数的结果,更新每个粒子的个体极值。如果当前位置的适应度优于个体极值,则更新个体极值。
- 记录每个粒子的适应度值,以便与其他粒子进行比较。

(3)更新个体极值和全局极值

- 遍历所有粒子,比较它们的个体极值与当前位置的适应度。
- 如果粒子的当前位置比个体极值有更好的适应度,则更新个体极值为当前位置。
- 在所有粒子中找出具有最佳适应度的粒子,并将其位置作为全局极值,更新整个粒子群的参考最优解。

(4)粒子位置和速度更新

- 根据个体极值和全局极值,使用 PSO 算法的速度更新公式来调整每个粒子的速度。
- 根据更新后的速度,使用位置更新公式来更新每个粒子的位置。
- 确保粒子的位置不会超出预定义的搜索空间边界。如果超出边界,可以将其调整回边界内或采用其他策略处理。

(5)迭代

- 重复执行步骤(2)到步骤(4),直到满足停止条件,如达到最大迭代次数、解的质量不再显著提升或达到预定的适应度阈值。

(6)输出最优解

- 算法结束时,输出全局极值对应的参数组合作为最优解。
- 分析最优解的性能,评估算法的效果。

(7)后处理与分析

- 对找到的最优解进行后处理,如局部搜索或参数微调等,以进一步提高解的质量。
- 进行收敛速度、稳定性和参数敏感性分析等算法性能分析。

5.2.3　粒子群算法实践

```
def particle_swarm_optimization(search_space,n_iterations):
n_particles = 10  # 粒子数量
n_parameters = len(search_space)
particles = np.random.uniform(search_space[0],search_space[1],(n_particles,n_parameters))
velocities = np.zeros((n_particles,n_parameters))
pBest = np.copy(particles)  # 个人最佳位置初始化为粒子的初始位置
gBest = particles[np.argmin([atmospheric_science_objective_function(p) for p in particles])]  # 全局最佳位置初始化为粒子群中最佳位置
best_fitness = atmospheric_science_objective_function(gBest)  # 最佳适应度初始化为全局最佳位置的适应度
```

```
w = 0.5  # 惯性权重
c₁ = 1.5  # 认知因子
c₂ = 1.5  # 社会因子

# 迭代过程
for _ in range(n_iterations):
    # 遍历每个粒子
    for i in range(n_particles):
        # 更新粒子速度和位置
        velocities[i] = w * velocities[i] + c₁ * np.random.rand() * (pBest[i] -
                        particles[i]) + c₂ * np.random.rand() * (gBest - particles[i])
        particles[i] += velocities[i]

        # 确保粒子位置在搜索空间内
        particles[i] = np.clip(particles[i],search_space[0],search_space[1])

        # 计算新位置的适应度
        current_fitness = atmospheric_science_objective_function(particles[i])

        # 更新个人最佳
        if current_fitness < atmospheric_science_objective_function(pBest[i]):
            pBest[i] = np.copy(particles[i])

        # 更新全局最佳
        if current_fitness < atmospheric_science_objective_function(gBest):
            gBest = np.copy(particles[i])
            best_fitness = current_fitness

return gBest,best_fitness
```

5.3　蜂群算法

蜂群算法(Bee Algorithm,BA)是一种受蜜蜂觅食行为启发的优化算法,由 Pham 等在 2006 年提出(Pham et al.,2006)。该算法通过模拟蜜蜂在寻找食物源过程中的搜索策略,实现全局优化。蜂群算法以其良好的探索能力和利用能力,在各种优化问题中得到了广泛应用。

5.3.1　蜂群算法原理

蜂群算法通过模拟蜜蜂群体的觅食行为,将蜜蜂分为三种角色,每种角色都有其特定的任务(图 5.3)。

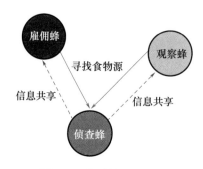

图 5.3　蜂群算法示意图

雇佣蜂(Employed Bees)：负责对已知的食物源进行探索，并尝试在邻近区域寻找更好的食物源。

观察蜂(Onlooker Bees)：根据雇佣蜂带回的信息，选择跟随有前景的食物源，并在其周围进行探索。

侦查蜂(Scout Bees)：当食物源被认为耗尽时，侦查蜂负责随机搜索新的食物源。

在搜索空间中，三种蜜蜂协同工作。观察蜂和侦查蜂不断寻找新的食物源，并将信息及时传递给雇佣蜂，雇佣蜂则对最优食物源进行深入探索。通过这种不断发现和开发新食物源的过程，蜂群算法逐步逼近最优解。

雇佣蜂和观察蜂的更新方程为：

$$x_i^{\text{new}} = x_i + \phi_i(x_i - x_j) \tag{5.6}$$

式中，x_i 是当前食物源的位置，x_j 是随机选择的另一个食物源的位置，ϕ_i 是一个 $[-1,1]$ 范围内的随机数，表示蜜蜂在食物源间的移动。

食物源上的信息素浓度则根据以下规则进行更新：

$$\tau_i(t+1) = (1-\rho) \cdot \tau_i(t) + \Delta\tau_i \tag{5.7}$$

式中，τ_i 是食物源 i 上的信息素浓度，ρ 是信息素蒸发率，$\Delta\tau_i$ 是食物源 i 被选中后增加的信息素量。

食物源 i 被选择的概率 P_i 由信息素浓度决定：

$$P_i = \frac{\tau_i^\alpha}{\sum\limits_{k=1}^{n} \tau_k^\alpha} \tag{5.8}$$

式中，P_i 是选择食物源 i 的概率，α 是一个常数，控制信息素浓度对选择概率的影响，n 是食物源总数，k 是索引。

5.3.2　蜂群算法步骤

通过这些步骤，蜂群算法能够高效地搜索解空间，找到复杂问题的最优解。

（1）初始化

·确定蜜蜂群体的大小，随机生成一群蜜蜂，其中每个蜜蜂代表解空间中的一个潜在解。

·初始化搜索空间，定义问题的参数范围和评价指标。

·为每个蜜蜂随机分配一个初始位置，即参数集，并计算其适应度。

（2）适应度评估

·对每个蜜蜂所代表的参数集进行适应度评估，适应度通常定义为模型预测与实际气候数据的匹配度。

· 适应度可以通过误差平方和、均方根误差或其他统计指标来衡量。

（3）雇佣蜂阶段

· 根据适应度评价，选择较优的蜜蜂作为雇佣蜂，它们在当前食物源附近进行探索。雇佣蜂在其当前参数邻域内进行搜索，以寻找更好的参数集。

（4）观察蜂阶段

· 观察蜂根据雇佣蜂分享的信息选择跟随，并尝试改进参数，在雇佣蜂探索的区域内进行更细致的搜索，以期找到更优的参数集。

（5）侦查蜂阶段

· 当蜜蜂群体在当前参数空间中的改进停滞时，一部分蜜蜂转变为侦查蜂。

· 侦查蜂则放弃当前探索的食物源，随机搜索新的食物源，即新的参数集。

（6）更新过程

· 根据适应度评估，更新蜜蜂群体中的食物源，包括雇佣蜂和观察蜂的参数集。

· 选择适应度最高的蜜蜂作为新的食物源，更新群体的知识。

（7）迭代

· 重复执行步骤（2）到步骤（6），直到满足预定的迭代次数或适应度达到预设的停止条件。

· 每次迭代后，评估全局最优解，并根据需要调整算法参数。

（8）输出最优解

· 算法结束时，输出适应度最高的蜜蜂所代表的参数集作为问题的最优解。

· 对最优解进行验证，确保其在实际问题中的表现与模拟结果一致。

（9）后处理与分析

· 对算法的性能进行分析，包括收敛速度、稳定性和参数敏感性。

· 根据算法结果，对模型进行微调或进一步优化，以提高预测精度。

5.3.2　蜂群算法实践

```python
def bee_colony_optimization(search_space,n_iterations):
    n_bees = 10    # 蜜蜂数量
    n_parameters = len(search_space)
    bees = np.random.uniform(search_space[0],search_space[1],(n_bees,n_parameters))
    fitness = np.array([atmospheric_science_objective_function(bee) for bee in bees])
    best_params = bees[np.argmin(fitness)]
    best_fitness = fitness[np.argmin(fitness)]

    # 初始化雇佣蜂和观察蜂的数量
    employed_bees = np.arange(n_bees)    # 假设所有蜜蜂都是雇佣蜂
    food_sources = bees    # 食物源初始化为随机解
    scout_bees = []    # 侦查蜂列表,开始时为空

    # 伪代码逻辑
    for iteration in range(n_iterations):
```

```
     #  雇佣蜂阶段:寻找新的食物源
for i in employed_bees:
        #  在当前食物源附近随机探索新的食物源
        new_food_source = food_sources[i] + np. random. uniform( - 1,1,n_parameters)
        new_food_source = np. clip(new_food_source,search_space[0],search_space[1])
        new_fitness = atmospheric_science_objective_function(new_food_source)

        #  如果新食物源更好,则替换当前食物源
        if new_fitness < fitness[i]:
            food_sources[i] = new_food_source
            fitness[i] = new_fitness


    #  观察蜂阶段:选择跟随的食物源
    #  这里简化了选择逻辑,随机选择一个雇佣蜂的食物源进行探索
    for _ in range(n_bees // 2):   #  假设有一半的蜜蜂是观察蜂
        selected_employed = np. random. choice(employed_bees)
        new _ food _ source =  food _ sources [ selected _ employed ] +
np. random. uniform( - 1,1,n_parameters)
        new_food_source = np. clip(new_food_source,search_space[0],search_space[1])
        new_fitness = atmospheric_science_objective_function(new_food_source)

        #  如果新食物源更好,则作为新的食物源加入
        if new_fitness < atmospheric_science_objective_function(food_sources[0]):
            food_sources = np. vstack((food_sources,new_food_source))
            fitness = np. append(fitness,new_fitness)
            if len(food_sources) > n_bees:
                food_sources = food_sources[1:]
                fitness = fitness[1:]

    #  侦查蜂阶段:随机搜索食物源
    #  如果食物源未改善达到一定次数,则变为侦查蜂
    for i,f in zip(range(n_bees),fitness):
        if f = = fitness[i]:   #  简化条件,实际可能需要更复杂的判断逻辑
            scout_bees. append(i)

    #  侦查蜂随机探索新的食物源
    for i in scout_bees:
        new_food_source = np. random. uniform(search_space[0],search_space[1],
n_parameters)
        new_fitness = atmospheric_science_objective_function(new_food_source)
```

```
        food_sources[i] = new_food_source
        fitness[i] = new_fitness


    ♯ 更新全局最佳解
    current_best_index = np.argmin(fitness)
    if fitness[current_best_index] < best_fitness：
        best_params = food_sources[current_best_index]
        best_fitness = fitness[current_best_index]


return best_params,best_fitness
```

5.4　萤火虫算法

　　萤火虫算法(Firefly Algorithm,FA)是一种模拟萤火虫闪光和相互吸引行为的优化算法，由 Yang 等(2008)提出。该算法假设萤火虫在决策空间中的位置代表一个解，萤火虫的亮度与解的质量成正比，通过模拟萤火虫之间的相互吸引机制，寻找全局最优解(图 5.4)。萤火虫算法以其简单性和有效性，在各种优化问题中被广泛应用。

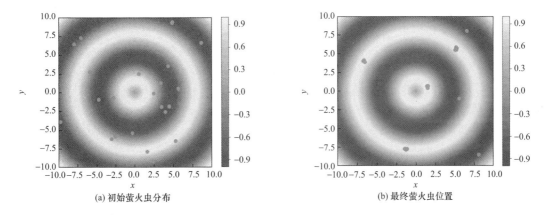

(a) 初始萤火虫分布　　　　　　　　　　　　(b) 最终萤火虫位置

图 5.4　萤火虫优化算法示意图

5.4.1　萤火虫算法原理

　　萤火虫算法的核心思想是利用萤火虫之间的吸引力来引导搜索过程。萤火虫发出的光强度与其适应度成正比，光强度较大的萤火虫对光强度较小的萤火虫有吸引力。萤火虫移动的方向和距离由其与其他萤火虫之间的亮度差异决定，从而逐步逼近最优解。

　　亮度(Brightness)：与解的质量相关，通常是目标函数值的负值。

　　吸引力(Attractiveness)：基于亮度来计算，决定了萤火虫之间相互吸引的程度。

　　闪光频率(Flashing Frequency)：决定了萤火虫移动的频率，可以视为算法中的随机性因素。

　　萤火虫算法的移动规则可以表示为：

$$x_i(t+1)=x_i(t)+\beta_0 \cdot \mathrm{e}^{-\gamma \cdot r^2} \cdot (x_j-x_i)+\alpha \cdot (\mathrm{rand}()-0.5) \tag{5.9}$$

式中 $x_i(t)$ 是萤火虫 i 在时间 t 的位置,x_j 是亮度更高的萤火虫 j 的位置,r 是萤火虫 i 和 j 之间的距离,β_0 是表示最大吸引力的一个常数,γ 是用于调节吸引力随距离衰减飞距离系数,α 是控制随机移动强度的随机因子,rand( )是一个[0,1]区间的随机数。

5.4.2　萤火虫算法步骤

（1）初始化

· 随机初始化一群萤火虫的位置,每个萤火虫的位置对应解空间中的一个潜在解。

· 为每个萤火虫随机分配初始亮度,亮度可以是问题适应度的度量。

（2）定义吸引率

· 确定萤火虫之间的吸引率,这通常与它们之间的亮度差异成正比。较亮的萤火虫(即适应度较高的解)会吸引其他萤火虫。

· 吸引率可以随着萤火虫间距离的增加而减少,确保搜索过程的多样性。

（3）萤火虫移动

· 对于每只萤火虫,评估其与群体中其他萤火虫的相对亮度。

· 根据吸引率,更新萤火虫的位置,使其向更亮的萤火虫移动。移动可以是随机的,能够保持算法的探索能力。

（4）边界处理

· 如果萤火虫移动后的位置超出了预定义的搜索空间边界,则应用边界条件处理机制。

· 边界处理可以是反射、周期性边界或将位置重置为最近的边界点。

（5）更新亮度和位置

· 计算每只萤火虫移动后的新亮度,即适应度。

· 如果新位置的亮度更高(适应度更好),则保留新位置;如果亮度较低,则根据一定的概率(通常与亮度差异相关)决定是否接受新位置。

（6）适应度评价和局部搜索

· 对每只萤火虫进行适应度评价,以确定其当前位置的解质量。

· 引入局部搜索机制,例如随机微调萤火虫的位置,以进一步探索局部最优。

（7）迭代

· 重复步骤(3)至步骤(6),直到满足终止条件,如达到预设的迭代次数或解的质量达到某个预定标准。

· 每次迭代后,记录全局最亮的萤火虫位置,作为当前找到的全局最优解。

（8）输出最优解

· 算法结束时,输出具有最高亮度(最佳适应度)的萤火虫位置作为问题的最优解。

（9）后处理和分析

· 对算法的性能进行分析,包括收敛速度、稳定性和解的质量。

· 根据算法结果,对模型进行微调或进一步优化。

5.4.3　萤火虫算法实践

```
def firefly_optimization(search_space,n_iterations):
    # 假设 search_space 是单个参数的范围,但问题总是双参数的
    n_fireflies = 10  # 萤火虫的数量
```

```
n_parameters = 2  # 硬编码参数的数量为2,因为是双参数问题

# 初始化萤火虫的位置,每个萤火虫的位置是一个二维向量
fireflies = np.random.uniform(search_space[0],search_space[1],(n_fireflies,n_
parameters))

# 计算初始萤火虫的适应度
fitness = np.array([atmospheric_science_objective_function(firefly) for firefly in
fireflies])

# 找到最佳适应度的萤火虫
best_idx = np.argmin(fitness)
best_params = fireflies[best_idx]
best_fitness = fitness[best_idx]

# 迭代过程
for _ in range(n_iterations):
    for i in range(n_fireflies):
        # 移动萤火虫,采用正态分布扰动
        fireflies[i] += np.random.normal(0,0.1,n_parameters)
        # 边界检查
        fireflies[i] = np.clip(fireflies[i],search_space[0],search_space[1])

        # 计算新的适应度
        new_fitness = atmospheric_science_objective_function(fireflies[i])
        # 如果新的适应度更好
        if new_fitness < fitness[i]:
            fitness[i] = new_fitness
            # 更新最佳解
            if new_fitness < best_fitness:
                best_fitness = new_fitness
                best_params = fireflies[i]

return best_params,best_fitness
```

5.5　灰狼优化算法

灰狼优化算法(Grey Wolf Optimizer,GWO)是一种模拟灰狼狩猎行为的优化算法,由 Mirjalili 等(2014)提出。该算法通过模拟灰狼的社会等级和围捕猎物的行为来寻找最优解(图 5.5)。由于其简单、灵活和有效的特点,灰狼优化算法在解决复杂优化问题方面表现出色。

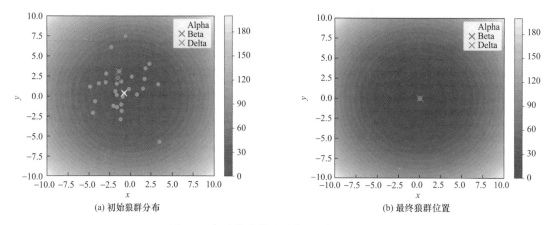

图 5.5　灰狼优化算法示意图(彩图见书末)

5.5.1　灰狼优化算法原理

在灰狼优化算法中,灰狼群体分为四个等级:首领狼(称为 α 狼)、次领狼(称为 β 狼)、第三等级狼(称为 δ 狼)和普通狼。首领狼负责决策,次领狼和第三等级狼协助决策,而普通狼跟随上级执行围捕猎物的任务。

领导者选择:基于适应度值选择三只最强壮的狼作为领导者。

追随者行为:其余狼跟随领导者,并根据领导者的位置更新自己的位置。

随机搜索:狼群在搜索空间中进行随机搜索以探索新区域。

灰狼优化算法的更新公式可以表示为:

$$D_i = C \cdot \frac{X_a - X_i}{\| X_a - X_i \|} \tag{5.10}$$

$$X_i^{\text{new}} = X_a - A \cdot D_i \tag{5.11}$$

式中,X_i 是第 i 只狼的当前位置,X_a 是 α 狼的位置,D_i 是第 i 只狼与 α 狼之间的距离,C 是一个表示随机搜索强度的 $[0,1]$ 范围内的随机数,A 是一个表示搜索方向的 $[0,1]$ 范围内的随机数。通过上述更新公式,每只狼根据领导者的位置信息和随机因子的影响调整其位置,以实现对全局最优解的逼近。在迭代过程中,狼群不断通过调整位置来收敛到问题的最优解。

5.5.2　灰狼优化算法步骤

(1)初始化

·在参数空间中随机初始化一群狼,每只狼代表解空间中的一个潜在解。

·确定狼群的数量,即算法中的个体数。

(2)适应度评估

·计算每个狼所代表的参数集的适应度。适应度可以定义为灾害风险评估模型的性能,或其他需要优化的目标函数。

·适应度评估后,根据适应度对狼群进行排序,以确定它们的等级。

(3)领导者选择

·根据适应度值选择三只等级最高的狼,分别称为 α 狼、β 狼和 δ 狼,其中 α 狼是适应度最高的狼。这三只狼被视为狼群中的领导者,其他狼将根据它们的位置来更新自己的位置。

（4）追随者更新

· 狼群中的追随者根据 α 狼、β 狼和 δ 狼的位置，以及算法中的更新公式来更新自己的位置。

· 更新公式通常考虑了狼与领导者之间的距离，以及随机因素，以保持搜索过程的多样性。

（5）随机搜索

· 狼群在搜索空间中进行随机搜索，以探索新的区域并避免陷入局部最优。

· 随机搜索可以通过添加随机扰动到当前位置来实现。

（6）边界处理

· 当狼的位置更新后，如果超出了预定义的搜索空间边界，需要将其调整回边界内。

· 边界处理可以采用多种策略，如反射、收缩或饱和等。

（7）更新适应度

· 对更新后的位置进行适应度评估，以确定新位置是否更优。

· 如果新位置的适应度更好，则保留新位置；否则，根据一定的概率接受或拒绝新位置。

（8）迭代

· 重复执行步骤（2）至步骤（7），直到满足终止条件，如达到预设的迭代次数或适应度达到某个预定标准。每次迭代后，重新评估并可能更新 α 狼、β 狼和 δ 狼的位置。

（9）输出最优解

· 算法结束时，输出 α 狼的位置作为问题的最优解。

（10）后处理和分析

· 对算法的性能进行分析，包括收敛速度、稳定性和解的质量。

· 根据算法结果，对模型进行微调或进一步优化。

灰狼优化算法凭借其模拟自然界灰狼社会结构和围捕行为的机制，能够在多维搜索空间中高效地找到优化问题的全局最优解。

5.5.3　灰狼优化算法实践

```python
def grey_wolf_optimization(search_space,n_iterations):
    # 狼的数量,至少需要 3 只狼来确定 α,β,δ
    n_wolves = 10

    # 假设只有一个参数进行优化
    n_parameters = len(search_space)

    # 初始化狼群位置,确保是 numpy 数组
    wolves = np.random.uniform(search_space[0],search_space[1],(n_wolves,n_parameters))

    # 计算初始狼群的适应度
    fitness = np.array([atmospheric_science_objective_function(np.array([wolf]))
for wolf in wolves])
```

```
# 初始化 α、β、δ 狼的索引
alpha_index, beta_index, delta_index = sorted(range(n_wolves), key = lambda i:
fitness[i])[:3]

# 初始化最佳参数和适应度
best_params = wolves[alpha_index]
best_fitness = fitness[alpha_index]

# 灰狼算法的迭代过程
for _ in range(n_iterations):
    # 更新狼群位置
    for i in range(n_wolves):
        # 计算三个顶级狼的位置的线性组合
        A1 = 2 * np.random.rand() - 1
        C1 = 2 * np.random.rand()
        D_alpha = abs(C1 * wolves[alpha_index] - wolves[i])
        X1 = wolves[alpha_index] - A1 * D_alpha

        A2 = 2 * np.random.rand() - 1
        C2 = 2 * np.random.rand()
        D_beta = abs(C2 * wolves[beta_index] - wolves[i])
        X2 = wolves[beta_index] - A2 * D_beta

        A3 = 2 * np.random.rand() - 1
        C3 = 2 * np.random.rand()
        D_delta = abs(C3 * wolves[delta_index] - wolves[i])
        X3 = wolves[delta_index] - A3 * D_delta

        # 计算新位置
        new_position = (X1 + X2 + X3) / 3
        wolves[i] = new_position

        # 边界检查
        wolves[i] = np.clip(wolves[i], search_space[0], search_space[1])

        # 计算新适应度
        new_fitness = atmospheric_science_objective_function(np.array([wolves[i]]))
        if new_fitness < fitness[i]:    # 如果新的适应度更好
            fitness[i] = new_fitness
```

82

```
    # 更新最佳参数
    if new_fitness < best_fitness:
        best_fitness = new_fitness
        best_params = wolves[i]

    # 迭代结束后,重新评估 α、β、δ 狼的索引
    alpha_index,beta_index,delta_index = sorted(range(n_wolves),key = lambda
i:fitness[i])[:3]

    return best_params,best_fitness
```

5.6　应用实例:气候模型参数优化算法实践

气候模型是理解和预测气候变化的关键工具。这类模型通常包含大量参数,需要进行调整以确保模型输出与实际观测数据相匹配。可以利用粒子群优化算法来寻找最优参数集合,从而最小化模型预测与观测数据之间的差异。假设有一个气候模型,目标是优化参数使得模型预测的全球平均温度与实际观测值之间的误差最小化。

```
def atmospheric_science_objective_function(params):
    # 示例目标函数,应根据实际问题进行调整
    return np.sum((params - 50) ** 2)


# 通用优化函数
def optimize_algorithm(search_space,n_iterations,algorithm):
    if algorithm = = 'ant_colony':
        best_params,best_fitness = ant_colony_optimization(search_space,n_iterations)
    elif algorithm = = 'particle_swarm':
        best_params,best_fitness = particle_swarm_optimization(search_space,n_it-
erations)
    elif algorithm = = 'bee_colony':
        best_params,best_fitness = bee_colony_optimization(search_space,n_iterations)
    elif algorithm = = 'firefly':
        best_params,best_fitness = firefly_optimization(search_space,n_iterations)
    elif algorithm = = 'grey_wolf':
        best_params,best_fitness = grey_wolf_optimization(search_space,n_iterations)
    else:
        raise ValueError("Unknown optimization algorithm")

    return best_params,best_fitness
```

```
# 调用通用优化函数
search_space = [0,100]
n_iterations = 100
algorithm_name = 'firefly'  # 选择算法
best_params,best_fitness = optimize_algorithm(search_space,n_iterations,algorithm
_name)
print(f"最优参数:{best_params},最佳适应度:{best_fitness}")
```

运行结果

```
请选择使用的群体智能算法(ant_colony/particle_swarm/bee_colony/firefly/grey_
wolf):
ant_colony
最优参数:[47.97438007 51.36545715],最佳适应度:5.967609359200285
```

第6章 其他自然启发算法

优化算法可大致分为盲目搜索与启发式搜索两类。如果搜索路线按预定策略进行,并且在搜索过程中获取的中间信息不用于改进策略,这种优化方案被称为盲目搜索。例如,蒙特卡洛模拟求解优化问题、枚举法等优化算法。反之,若利用中间信息来改进搜索策略则称为启发式搜索。自然启发算法的核心思想在于利用生物或自然群体中个体对信息的处理与共享,使整个群体在求解空间内经历从无序到有序运动的演化过程,最终获得问题的可行解。本章节旨在探索四种模拟自然生物本能和行为模式的自然启发式算法——包括模拟退火、蝙蝠算法、混合蛙跳算法、鲸鱼优化算法,并研究它们在气象领域的应用。

6.1 模拟退火

模拟退火算法(Simulated Annealing,SA)是一种基于蒙特卡洛迭代求解策略的、由物理退火过程启发的随机寻优搜索方法(陈华根 等,2004),旨在解决复杂的全局优化问题。该算法在20世纪80年代初期首次提出,将金属退火的物理过程应用于算法形式,其基础在于优化问题的求解与物理系统退火过程的相似性,通过适当控制温度下降,实现模拟退火,进而达到求解全局优化的目的。此后,模拟退火算法迅速发展并广泛应用于多领域。

模拟退火算法的核心理念源自于金属退火过程,其中材料被加热至足够高的温度,使原子能够在晶格中自由移动,随后缓慢冷却以降低系统的能量状态至最优。在高"温"阶段,算法能够探索广泛解空间,并可能接受劣质解以避免局部最优;随着"温度"的逐步降低,算法越来越倾向于探索解空间的较小区域,从而最终将搜寻结果缩小细化到全局最优解。

模拟退火的独特之处在于其"冷却计划",即控制温度如何随时间变化的策略。该策略直接影响算法的性能与效率,不同的"冷却计划"会影响解的质量与搜索时间的显著差异。其独特的搜索策略有利于避免陷入局部最优解并提高全局最优解的发现可能性与可靠性。

6.1.1 基本原理:退火过程

退火是一种金属热处理过程,金属被加热到一定温度后保持一段时间,然后缓慢冷却。在高温下,金属原子得以移动,随温度逐渐降低,原子逐渐固定在能量较低状态。模拟退火算法利用此原理,通过控制"温度"参数探索解空间,以模拟原子在固体内部寻找最低能量状态,将优化问题的求解过程转化为寻找能量最小化的过程,算法步骤如图6.1所示。

寻优具体流程如下:①从可行解空间中任选一初始状态 x_0,计算目标函数值 $f(x_0)$。②在可行解空间产生随机扰动,用状态产生函数产生新状态 x_1,计算其目标函数 $f(x_1)$。③根据状态接收函数判断是否接受:若 $f(x_1) < f(x_0)$,则接受新状态 x_1,否则按麦尔特罗夫(Metropolis)准则判断是否接受新解 x_1,若接受,令当前状态等于 x_1;若不接受,则令当前状态回归到 x_0。④经多次迭代根据设定阈值判断是否达到终止条件,以决定是否输出最优解。

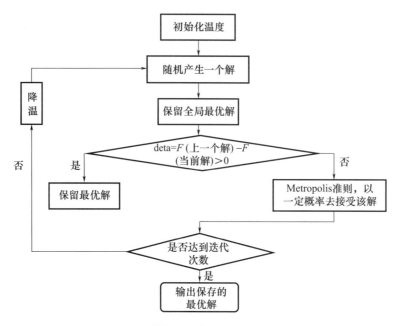

图 6.1　模拟退火求解寻优算法流程

6.1.2　基本原理:温度调节

模拟退火算法的本质是双层循环。外层循环控制温度由高到低变化,这是退火过程的实现。在内层循环中,温度固定,通过对旧解添加随机扰动来得到新解,并按一定规则接受新解。其循环迭代次数称为马尔可夫链长度(Boukerche,2002)。

模拟退火算法的关键在于温度调节,它直接影响算法的搜索能力与收敛速度(丁祎男 等,2022)。算法开始时,"温度"设定较高,允许算法探索更广泛的解空间,并有较大概率接受劣质解,以避免算法过早陷入局部最优。随着迭代过程进行,"温度"逐渐降低,算法逐步减少对劣解的接受概率,增强搜索的精确性,直至"温度"足够低,算法趋于稳定以找到近似全局最优解。具体步骤:①在退火过程中,初始解 x_0 是在初始化温度 T 下生成的,并且随机新解 x_1 也于当前温度 T 下生成,上述 Metropolis 准则判断是否接受新解 x_1 的过程中,即根据概率 $e^{-\frac{f(x_1)-f(x_0)}{T}}$ 决定是否接受新解。②降温过程即是将温度 T 乘以降温系数 α 来控制接受劣解的概率,从而继续迭代 i 次生成新解 x_i。③通过设定合适的算法参数,可以构建基于概率的模拟退火搜索算法。该算法通过控制温度,在全局范围内搜索最优解,并根据当前温度和解质量来确定优化搜索方向,因此该算法具有自适应性,可以适应不同的寻优问题与数据集。

6.1.3　在气象领域的应用实例

模拟退火算法能用来优化数值天气预报模式中的参数。基于传统模拟退火对天气研究与预报模式中的积云对流参数化方案(KF 方案)进行调整,提出了一种改进后的模拟退火算法。对比分析观测数据与预报数据的结果表明,改进后的参数对天气具有很好的预测性能(赵海峰,2020)。此外,模拟退火能优化观测数据与模型输出之间的匹配。通过调整模型状态变量,找到最能反映观测结果的模型状态,进而提高模型的预测能力。有研究基于对流层波导环境中单个雷达发射接收情况下的杂波功率计算反演原理(孙晗,2023),使用模拟退火算法对大气修正折射率的剖面进行反演。模拟退火算法还可以应用于优化深度模型,以识别和分类天气事件。通过定义包含多个气象因子损失的复杂目标函数,并应用模拟退火算法寻找最优解,可以更准确地识别、预测天气事件。有研究采用模拟退火算法优化的反向传播(BP)神经网络识别云粒子形状(董浩楠 等,2022)。

6.2　蝙蝠算法

蝙蝠擅长夜间活动,视觉较差但听力异常发达,能够利用发出的超声脉冲回波定位,从而在夜间或昏暗环境中飞行与捕食(图 6.2)。蝙蝠算法(Bat Algorithm,BA)是受到蝙蝠捕食行为启发的一种自然启发算法,通过模拟蝙蝠在搜索猎物时的回声定位行为以搜索全局最优解。

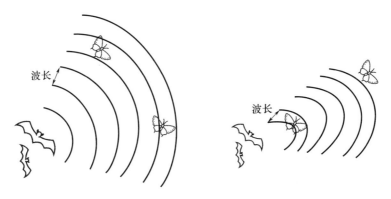

图 6.2　蝙蝠捕食行为中的回声定位示意图

蝙蝠算法是一种基于自然界蝙蝠种群行为的随机寻优算法(黎成,2010)。在蝙蝠算法中,蝙蝠个体是蝙蝠算法的基本单元,整个群体的运动在问题求解空间中产生从无序到有序的演化过程,从而获取最优解。在搜索过程中,蝙蝠会在最优解附近随机飞行产生局部新解以加强局部搜寻。蝙蝠算法的基本原理包括回声定位和频率调节。在自然生物中,回声定位是蝙蝠个体通过发送超声波并根据回声来定位猎物的行为;在算法中,这一过程被模拟为"蝙蝠"在解空间中随机飞行,通过发射"声波"(即评估函数)并接收"回声"(即反馈结果)来感知解的质量。频率调节则模仿了蝙蝠根据猎物距离和障碍物位置调整声呐频率的行为,在算法中,这一机制被用来指导"蝙蝠"在解空间中的搜索方向和步长。

6.2.1　基本原理:回声定位

回声定位是一个高度进化的复杂过程,指动物通过自身发射声波、分析回波以建立其周围环境的目标与图像。蝙蝠个体通过回声得知昆虫大小、形状及运动方向,能够极为准确地捕捉猎物。回波定位发生在极短时间内。当蝙蝠个体离目标物体距离增近时,声波频率降低、声波速度加大(可达 100~200 次/s),每个脉冲所需时间仅 1/100~1/200 s。当声波遇到障碍物后会产生回声。通过回声的延迟时间,蝙蝠能够准确判断出障碍物的位置和距离。在蝙蝠算法中,这一行为被用来确定解空间中的位置、评估解的质量,即通过回声定位(目标函数评估)来更新每只蝙蝠的位置。

蝙蝠算法可被描述如下:每个虚拟蝙蝠以随机速度 v_i 在位置 x_i(即问题的解)飞行,蝙蝠个体发射的波长、响度和脉冲发射率根据其是否在狩猎和发现猎物进行调整,以进行最佳解的选择,直到目标停止或条件得到满足(图 6.3)。

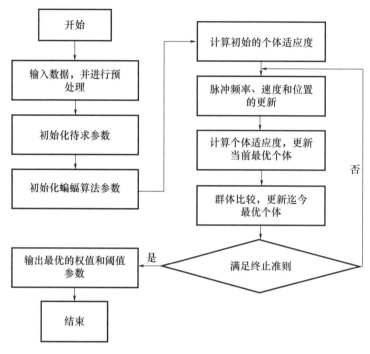

图 6.3　蝙蝠算法流程

首先假设蝙蝠存在 D 维搜索空间,每一代中每个蝙蝠的位置 x_i^t 和速度 v_i 更新规则由下所示:

$$f_i = f_{\min} + (f_{\max} - f_{\min}) \times \beta \tag{6.1}$$

$$v_i^t = v_i^{t-1} + (x_i^t - X_*) \times f_i \tag{6.2}$$

$$x_i^t = x_i^{t-1} + v_i^t \tag{6.3}$$

式中 $\beta \in [0, 1]$ 是一个随机向量,X_* 是解空间群体中的局部最优解(即目标位置),f_i 是蝙蝠发出声波的频率,调整区间为 $[f_{\min}, f_{\max}]$。在模型实际使用中,常根据问题的需要设置相应的频率变化区间,对于局部搜索,一旦在目前最佳解决方案中选定了一个解决方案,新的局部解使用随机游走方式生成:

$$x_{\text{new}} = x_{\text{old}} + \varepsilon A^t \tag{6.4}$$

式中,$\varepsilon \in [-1, 1]$ 是一个随机数,A^t 是整个群体在同一代中的平均响度。

6.2.2　基本原理:频率调节

蝙蝠可以调整声波频率以优化回声接收。在算法中,该过程通过动态调整频率和波长模拟,以更好地探索和开发搜索空间。蝙蝠在寻找猎物的过程中,会根据目标猎物的方位不断调整发出声波的响度和频率,以提高捕捉效率。第 i 只蝙蝠的声波响度 A_i^{t+1} 和 r_i^{t+1} 由下式定义:

$$A_i^{t+1} = \alpha A_i^t \tag{6.5}$$

$$r_i^{t+1} = r_i^U (1 - e^{-\gamma t}) \tag{6.6}$$

式中,$\alpha \in (0, 1)$,是声波响度衰减系数;$\gamma > 0$,是脉冲频率增强系数;r_i^0 表示蝙蝠 i 的初始脉冲频率。对于任意 α 和 γ,当 $t \to \infty$ 时,有 $A_i^t \to 0$,$r_i^t \to r_i^0$。当 A_i^t 趋于 0 时认为蝙蝠找到了猎物暂

不发出脉冲,即只有当蝙蝠的位置得到优化后,脉冲的响度和频率才会更新,表征蝙蝠向最佳位置移动。

6.2.3　应用实例

在大气科学领域,蝙蝠算法展示了其在处理多种复杂气象模型优化问题中的有效性。例如,该算法被成功应用于要素预测、空气质量监测、异常值检测等多方面。有研究提出一种利用蝙蝠算法优化支持向量回归(SVR)的方法,用于太阳辐照度预测。具体而言,通过蝙蝠算法来优化 SVR 预测器的参数,如 SVR 的惩罚因子和核函数方差,以提高模型准确性与精度(姚海成 等,2018)。此外,有研究聚焦于观测异常点对预报过程的不利影响,指出在遥感数据采集过程中,由于系统误差可能导致少量异常点,从而对极端天气预报产生负面影响。该研究利用蝙蝠算法优化 BP 神经网络以识别异常区段(李春艳,2023),计算异常区段中每个卫星遥感监测数据的局部离群因子,以构建一种基于卫星遥感监测的极端气象预报数据异常值识别方法。

6.3　混合蛙跳算法

混合蛙跳算法(Shuffled Frog Leaping Algorithm,SFLA)是一种受到真实青蛙群体觅食时跳跃行为的启发提出的全局优化算法。该算法通过模拟独特的社会行为,能有效解决复杂优化问题,尤其适用于连续或离散函数的全局优化。

从自然生物的角度来看,在一个典型的湿地环境中,青蛙群体被分为若干子群体,每个子群体代表特定的解集合(图 6.4)。这些子群体内的个体通过模仿与学习彼此的行为,相互影响,共同进化。在算法的执行过程中,每个子群体执行局部搜索策略,即在当前文化(解集)中寻找更优解,这称为群体动态。对于每个子群体来说,青蛙群体在寻找食物的过程中会跳跃于多个石头之间。每只青蛙代表一个可能的解方案,而石头则象征着解空间中的特定位置。青蛙通过不断地跳跃,试图找到食物最丰富的地方,这在算法中相当于寻找最优解。

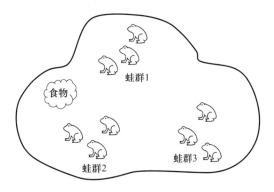

图 6.4　混合蛙跳算法示意图

每一代中,觅食表现最差的青蛙会被激励进行跳跃。首先,这只青蛙尝试向同一石块上的最佳位置靠近,即改进到当前子群体中最优解。如果这次跳跃未能成功,则它会尝试向全局最优解进行跳跃。若所有尝试均未能改进,则青蛙将在解空间内随机跳动,以探索新的可能性。这一过程在算法中被定义为跳跃与优化过程。

随局部搜索的深入,当子群体的进化达到一定阶段后会进行全局信息交换。这一步骤将各个子群体混合,并重新分配青蛙到新的子群体中,从而整合群体内的信息,同时刷新搜索策略。这有助于算法避免局部最优,增强全局搜索能力。

6.3.1 基本原理:蛙群分组

蛙群分组(Memeplex Formation)是算法初始化过程,指在算法开始时,青蛙群体被随机分配到不同的子群(memeplexes)中,每个青蛙子群独立进行搜索有助于并行处理并加速搜索过程。首先,需要确定青蛙的总数量及在不同种群中的分配方式。每个种群包含若干青蛙,要确保整个种群数量等于青蛙总数。而后,随机生成初始青蛙群,并为每只青蛙计算适应度值。适应度是评价每只青蛙质量的关键指标,通常与优化问题的目标函数直接相关。

对于最小化问题,第 i 只青蛙目标函数值为 $f(x_i)$,则适应度 Fitness(i) 的计算公式为:

$$\text{Fitness}(i) = \frac{1}{1 + f(x_i)} \tag{6.7}$$

对于最大化问题适应度 Fitness(i) 的计算公式则为:

$$\text{Fitness}(i) = f(x_i) \tag{6.8}$$

而后,根据计算出的适应度值,将所有青蛙进行降序排序,并记录当前的最佳解 P_x。排序后的青蛙将被分配到多个子群体中。设青蛙总数为 N,子群体数为 M,每个子群体包含 n 只青蛙,其中:

$$N = M \times n \tag{6.9}$$

青蛙以轮流选择的方式被分配到子群体中,以确保每个子群体的青蛙具有整体上的多样性。例如,第 1 个子群体包含第 1、$M+1$、$2M+1$,$\cdots$,$(n-1)M+1$ 只青蛙,第 2 个子群体包含第 2、$M+2$、$2M+2$,$\cdots$,$(n-1)M+2$ 只青蛙,依此类推,这样的分组处理方式有助于在局部范围内深入探索解空间。

6.3.2 基本原理:位置更新

在 SFLA 算法的完整流程中,位置更新(Position Update)是指在每个子群内,青蛙根据局部最佳和全局最佳进行位置更新。具体来说,在每个族群内,青蛙根据 SFLA 的更新公式进行位置更新,以尝试寻找更优解。这一过程也被称为"元进化",即较差的解会尝试向该族群内的最优解或全局最优解靠拢。元进化后,所有族群的青蛙将被重新混合并按适应度重新排序。这一必要步骤允许算法从不同族群中获取信息,增加算法的多样性,避免陷入局部最优解。

算法持续进行,直至满足终止条件。这些条件可能包括解的质量不再显著提高,达到最大迭代次数或其他预设的停止标准。通过这一系列迭代步骤,SFLA 能够有效地平衡探索(即寻找新解的能力)和开发(即利用已知解的能力)。

在每个子群内部,青蛙的位置更新遵循以下步骤:首先在每个群体中选择局部最优(x_{best})和局部最差青蛙(x_{worst}),局部最差青蛙的位置根据以下公式更新:

$$x_{\text{new}} = x_{\text{worst}} + \text{rand}() \times (x_{\text{best}} - x_{\text{worst}}) \tag{6.10}$$

式中,rand() 能够生成[0,1]之间随机数。

而后检查局部更新效果,若新位置 x_{new} 的适应度比 x_{worst} 好,则接受新位置;否则尝试使用全局最优位置(即整个群体中的最优位置)来更新 x_{worst}。若局部更新效果不好,则将根据以下公式进行全局搜索:

$$x_{\text{new}} = x_{\text{worst}} + \text{rand}() \times (x_{\text{global best}} - x_{\text{worst}}) \tag{6.11}$$

若全局搜索依旧失败,则随机生成新位置。

通过以上步骤,蛙跳算法有效利用青蛙群体的社会行为,通过模拟青蛙的觅食行为进行全局优化。该模型的应用在解决实际优化问题时表现出良好的效率与鲁棒性。

6.3.3　应用实例

SFLA 由于其灵活性和高效性,在多领域显示出了强大的应用潜力,已被证明是解决高维和非线性问题的有效工具。通过模拟青蛙寻找食物的社会行为,SFLA 提供了一种既自然又直观的方法来解决复杂优化问题。其灵活搜索能力和高效全局优化特性,使得该算法广泛应用于土地资源优化配置、气象云资源调度等关键领域。

气象云平台作为支撑气象业务发展的基础资源平台,其资源的合理调度是保证气象业务稳定运行的关键。在此背景下,设计了一种改进的蛙跳算法来处理气象云中的资源调度问题(梁中军 等,2022)。通过对物理服务器与功能组件之间的约束关系进行建模,该方法能够有效求解多约束多目标优化模型,以迭代搜索出最优资源调度方案。开发了一种土地利用优化配置模型,该模型通过耦合智能系统与混合蛙跳算法,优化土地利用的空间配置。这种方法不仅提升了生态系统服务、区域经济产出和土地利用的集约化程度,还优化了区域土地利用空间结构和数量的配置。结果显示,这种模型能显著提高地方经济产出,改善土地利用的空间紧凑性与生态环境,从而促进区域土地的可持续利用(Qiang et al.,2018)。

6.4　鲸鱼优化算法

鲸鱼优化算法(Whale Optimization Algorithm,WOA)是一种新型的启发式搜索方法。该灵感来源于座头鲸捕食行为的自然观察,特别是它们独特的环绕猎物和使用气泡网攻击的策略。该算法旨在通过模拟这些复杂的自然行为(图 6.5),在广泛应用领域中寻找最优解。

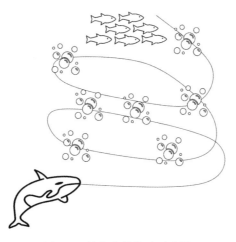

图 6.5　鲸鱼优化算法示意图

在算法的初始化阶段,首先创建一组鲸鱼群体,其中每个鲸鱼的位置代表问题的一个潜在解。算法随后计算每个解的适应度,以确定哪些解最接近最优。适应度最高的解被定义为"猎物",并作为参照点用于后续搜索过程。

WOA 的核心在于其迭代的主循环,通过不断调整搜索策略来逼近最优解。该过程模拟了鲸鱼觅食时的多种行为,包括环绕猎物、寻找猎物和气泡网攻击三种主要行为:①环绕猎物模拟鲸鱼发现猎物并开始环绕的行为。若随机参数较小,鲸鱼将更新它们的位置,靠近当前已知的最优解。②搜索猎物指当随机数显示较大值时,鲸鱼将随机选择另一位置进行位置更新,模拟鲸鱼在海洋中寻找猎物的行为。③气泡网攻击法是鲸鱼优化算法中的一种高级搜索策略,鲸鱼通过在水中制造气泡圈来困住猎物,从而在解空间内进行更精确的搜索。

6.4.1 基本原理:气泡网攻击

WOA 中的"气泡网攻击"是算法中的一种独特且关键的行为策略,其灵感来源于座头鲸捕食时的气泡网捕食战略。这种战略涉及鲸鱼围绕猎物游动,同时吐出气泡形成一个闭合的圈,逐渐缩小圈的大小来迫使猎物向水面移动以便于捕食的过程。在算法的构建过程中,使用气泡网攻击来模拟算法如何精确缩小搜索范围,以确定最优解的精准位置。

首先需要计算在 t 次迭代下,当前解(即鲸鱼位置:$X(t)$)与目标(当前最优解:$X^*(t)$)之间的距离,距离将被用于调整鲸鱼位置,使其更接近待捕猎物,距离 D 的公式如下:

$$D = |C \cdot X^*(t) - X(t)| \tag{6.12}$$

式中 C 是系数向量,用于控制收缩包围行为的范围。若以 r 作为在 $[0,1]$ 范围内的随机向量,系数向量 C 的公式如下:

$$C = 2 \cdot r \tag{6.13}$$

6.4.2 基本原理:螺旋位置更新

在 WOA 中,除了气泡网攻击策略外,螺旋位置更新是另一种重要的行为模式,灵感来源于座头鲸在捕食时展示的螺旋上升行为,这种行为允许鲸鱼以螺旋方式接近表面的猎物。在算法中,这种行为被用来模拟鲸鱼环绕并最终接近最优解的过程。螺旋更新模型是基于螺旋的数学形式来调整搜索代理(鲸鱼)的位置,以此模拟鲸鱼在水中上升时的螺旋运动路径。数学表达如下:

$$X(t+1) = D \cdot e^{b \cdot l} \cdot \cos(2\pi l) + X^*(t) \tag{6.14}$$

式中自然指数 $e^{b \cdot l}$ 和余弦函数 $\cos(2\pi l)$ 是螺旋形更新的关键部分,公式(6.14)结合了螺旋运动的径向和圆周两个方向,通过参数 b 和随机因子 l 共同控制螺旋运动的紧密度和方向,其中 b 是定义螺旋形状的常数,l 是 $[-1,1]$ 范围内的随机数,以控制螺旋运动的大小和方向。

6.4.3 应用实例

为充分挖掘数据之间的关联信息并提高预测模型的性能,有研究提出结合鲸鱼优化算法优化的多头注意力机制卷积神经网络(CNN)与长短期记忆网络(LSTM)。此模型通过多头注意力机制来提取不同时间尺度下的气温特征,有效增强了模型对时间序列数据的理解能力(于璐,2023)。此外,另一项研究结合了鲸鱼优化算法与 K-最近邻(K-NN)算法,通过整合 WOA 的全局搜索能力与 K-NN 的实时预测能力,有效地提高了预测准确率和评估指标,同时最小化了平均绝对误差(Rajalakshmi et al.,2021)。这些研究实例表明,鲸鱼优化算法在气象数据处理和天气预测方面的有效应用,不仅提高了模型的预测精度,还展示了其在复杂时序数据建模中的广泛应用前景。通过将 WOA 与不同的深度学习算法相结合,可以进一步挖掘数据的潜在特征,提高对气象现象的预测和分析能力。

第三部分
机器学习基础篇

第7章 线性模型

线性回归的起源可以追溯到 1805 年,当时法国数学家阿德里安-马里·勒让德(Adrien-Marie Legendre)首次提出了"最小二乘法"。勒让德方法通过最小化误差的平方和来寻找数据的最佳拟合直线。进入 19 世纪中叶,线性回归与最小二乘法的理论得到了进一步的发展。英国数学家弗朗西斯·高尔顿(Francis Galton)在研究生物遗传和自然选择时,引入了"回归"一词,并使用线性回归分析变量之间的依赖关系。20 世纪,罗纳德·费舍尔(Ronald Fisher)进一步扩展了线性回归的理论和方法。此外,通过引入逻辑回归、岭回归和 Lasso 回归等变体,线性回归得到了扩展。这些变体使得线性回归能够处理分类问题、提高模型泛化能力,并解决高维数据中的共线性问题。尽管面临处理非线性数据和复杂关系的挑战,线性回归仍在现代机器学习和统计分析中占据重要地位。其简单性和有效性使其成为和数据科学家首选的建模工具之一。

7.1 线性回归模型

7.1.1 线性回归算法原理

线性回归是统计学中用于预测和分析的一种基本方法,通过研究变量间的线性关系来基于一个或多个其他变量(自变量)预测一个变量(因变量)。其核心在于建立最佳的线性方程模型,以此模型来描述自变量和因变量之间的关系,进而用于预测或决策。

线性回归模型基于以下假设:因变量 Y 和自变量 X 之间存在线性关系,这个关系可以用一个直线方程来表示,即 $Y = \beta_0 + \beta_1 X + \in$。其中,$\beta_0$ 是截距项,β_1 是斜率项,表示 X 每变化一个单位时,Y 的平均变化量,$\in$ 是误差项,表示除了 X 以外其他因素对 Y 的影响。

当涉及多个自变量时,这种模型被称为多元线性回归,其方程可以表示为 $Y = \beta_0 + \beta_1 X_1 + \beta_2 X_2 + \cdots + \beta_n X_n + \in$。不论是简单线性回归还是多元线性回归,其核心目标都是通过观测数据来估计模型参数(即 β 系数),以便可以使用这些参数来预测新的或未观测到的数据点。

最小二乘法是一种广泛应用于数据拟合中的数学方法,尤其是在线性回归分析中。基本原理是通过最小化误差的平方和来寻找最佳拟合参数。在统计学中,这种方法用于估计线性模型的系数,使得预测值与实际观测值之间的差异(即误差)最小。简单来说,如果有一组观测数据,并假设这些数据大致分布在某条直线附近,最小二乘法就能帮助找到这条直线,使得所有数据点到这条直线垂直距离的平方和最小。

最小二乘法的数学表达式涉及求解一个使得误差平方和最小的问题。具体而言,假设有一个线性模型 $Y = \beta_0 + \beta_1 X + \in$,其中 Y 是因变量,X 是自变量,β_0 是截距,β_1 是斜率,而 $\in$ 是误差项。在给定一组 X 和 Y 的观测值后,最小二乘法的目标就是找到 β_0 和 β_1 的估计值,使得 $\sum_{i=1}^{n} [y_i - (\beta_0 + \beta_1 x_i)]^2$ 最小,这里 n 是数据点的数量。通过对这个表达式求导并令导数为零,

可以解得 β_0 和 β_1 的最优估计值。

应用最小二乘法时需要满足几个重要的假设,包括线性关系、误差项的独立性、同方差性(即所有误差项的方差相等)和误差项的正态分布。这些假设确保了最小二乘估计的有效性和最优性。在实际应用中,最小二乘法不仅限于简单线性回归,还可以推广到多元线性回归、非线性模型等更复杂的情况。尽管存在局限性,如对异常值敏感和假设条件可能过于严格,最小二乘法仍然是数据分析和统计建模中最基本和最重要的工具之一。

7.1.2　线性回归模型算法实践

```
import matplotlib.pyplot as plt
import numpy as np

from sklearn import datasets, linear_model
from sklearn.metrics import mean_squared_error, r2_score
diabetes_X, diabetes_y = datasets.load_diabetes(return_X_y = True)
diabetes_X = diabetes_X[:, np.newaxis, 2]
diabetes_X_train = diabetes_X[:-20]
diabetes_X_test = diabetes_X[-20:]
diabetes_y_train = diabetes_y[:-20]
diabetes_y_test = diabetes_y[-20:]
regr = linear_model.LinearRegression()

regr.fit(diabetes_X_train, diabetes_y_train)
diabetes_y_pred = regr.predict(diabetes_X_test)
print("Coefficients: \n", regr.coef_)
print("Mean squared error: %.2f" % mean_squared_error(diabetes_y_test, diabetes_y
_pred))
print("Coefficient of determination: %.2f" % r2_score(diabetes_y_test, diabetes_y
_pred))
plt.scatter(diabetes_X_test, diabetes_y_test, color = "black")
plt.plot(diabetes_X_test, diabetes_y_pred, color = "blue", linewidth = 3)
plt.xticks(())
plt.yticks(())
plt.show()
```

7.1.3　线性回归模型的正则化

线性回归模型的正则化是一种避免过拟合并增强模型在新数据上的泛化能力的技术。在构建模型时,尤其是当数据特征较多或样本较少时,模型可能会过分适应训练数据的噪声,而忽略真实的数据分布。为了缓解这个问题,正则化通过向模型的损失函数中添加一个惩罚项来实现。这个惩罚项约束了模型参数的复杂度,减少了模型对训练数据中随机波动的依赖。

常见的线性回归正则化技术包括岭回归(Ridge Regression)和 Lasso 回归(Least Absolute Shrinkage and Selection Operator,Lasso)。岭回归通过在损失函数中添加 L2 范数(所有参数的平方和)作为正则项,有助于控制参数值的大小,防止参数值过大导致过拟合。Lasso 回归则是在损失函数中加入 L1 范数(参数的绝对值之和)作为正则项,这不仅有助于防止过拟合,还可以实现参数的稀疏,即让一部分参数值为零,从而进行特征选择。通过这些正则化技术,线性回归模型不仅能有效应对过拟合问题,还能提高模型的泛化能力和解释性,从而在复杂数据环境中保持良好的预测性能。

7.2　岭回归

岭回归(Ridge Regression),也称为 L2 正则化,是一种用于处理多重共线性问题的线性回归技术。它在普通最小二乘回归(OLS)的基础上加入了一个正则化项,通过惩罚系数的大小来避免模型过拟合。

7.2.1　岭回归算法原理

岭回归在普通最小二乘法的目标函数中加入了一个 L2 正则化项。其目标函数 $J(\beta)$ 如下:

$$J(\beta) = \sum_{i=1}^{n} \left(y_i - \beta_0 - \sum_{j=1}^{p} \beta_j x_{ij} \right)^2 + \lambda \sum_{j=1}^{p} \beta_j^2 \tag{7.1}$$

式中:y_i 是实际值,β_0 是截距项,β_j 是回归系数,x_{ij} 是自变量,λ 是正则化参数(也称为惩罚参数)。

正则化项 $\lambda \sum_{j=1}^{p} \beta_j^2$ 控制模型复杂度。在实际应用中,正则化参数 λ 的选择至关重要。通常通过交叉验证(Cross-Validation)的方法来选择最优的正则化参数,以确保模型在验证集上的表现最佳。当 $\lambda=0$ 时,目标函数变为普通最小二乘法。当 λ 增加时,模型的回归系数被收缩,从而减少了模型的复杂度,降低了过拟合的风险。

岭回归优点:

①解决多重共线性:多重共线性指的是自变量之间存在高度相关性,会导致最小二乘估计不稳定。岭回归通过引入正则化项有效地解决多重共线性问题,对高相关性的变量施加惩罚,使得模型更稳定。

②防止过拟合:过拟合是指模型在训练数据上表现良好但在测试数据上表现不佳。正则化项惩罚过大的系数,使得模型更加平滑,从而减少过拟合。

③稳定性和可解释性:岭回归的系数估计更加稳定,尤其在处理高维数据时,可以提高模型的可解释性。通过控制系数的大小,避免了由于共线性引起的系数剧烈变化。

岭回归通过在回归方程中添加 L2 正则化项来减小回归系数,从而解决共线性问题。因为不同量纲的特征会影响正则化的效果,因此在进行岭回归之前,需要对数据进行标准化处理。标准化的目的是使每个特征具有均值为 0,方差为 1 的标准正态分布。

岭回归的实现可以通过求解线性方程组来完成。普通最小二乘法的系数估计为:

$$\hat{\beta} = (\boldsymbol{X}^{\mathrm{T}} \boldsymbol{X})^{-1} \boldsymbol{X}^{\mathrm{T}} y \tag{7.2}$$

式中 $\boldsymbol{X}$ 是设计矩阵,y 是响应变量。当 $\boldsymbol{X}^{\mathrm{T}} \boldsymbol{X}$ 可逆或接近不可逆时,最小二乘估计不稳定。岭回归在 $\boldsymbol{X}^{\mathrm{T}} \boldsymbol{X}$ 中加入一个正则化项,使得矩阵变为可逆,从而稳定系数估计。岭回归的系数估计为:

$$\hat{\beta}_{\text{ridge}} = (\boldsymbol{X}^{\text{T}}\boldsymbol{X} + \lambda\boldsymbol{I})^{-1}\boldsymbol{X}^{\text{T}}y \tag{7.3}$$

式中 $\boldsymbol{I}$ 是单位矩阵。

　　尽管岭回归在处理多重共线性和防止过拟合方面有显著优势,但它也有一些局限性。选择合适的 λ 值需要进行大量的交叉验证或其他方法,这增加了计算复杂性。虽然岭回归提高了模型的稳定性,但引入正则化项后,模型的解释性可能会受到一定影响,特别是在 λ 较大时。此外,岭回归适用于线性模型,对于非线性问题,可能需要结合其他方法,如多项式回归、核方法等。

7.2.2　岭回归算法实践

```python
import numpy as np
import pandas as pd
from sklearn.linear_model import Ridge
from sklearn.model_selection import train_test_split, GridSearchCV
from sklearn.metrics import mean_squared_error
import matplotlib.pyplot as plt


# 设置随机种子以确保结果可重复
np.random.seed(0)
# 生成模拟气象数据
n_samples = 1000
temperature = np.random.normal(loc=20, scale=5, size=n_samples) # 温度(℃)
humidity = np.random.normal(loc=50, scale=10, size=n_samples) # 湿度(%)
wind_speed = np.random.normal(loc=10, scale=2, size=n_samples) # 风速(m/s)
precipitation = 0.3 * temperature + 0.5 * humidity - 0.2 * wind_speed + np.random.
normal(loc=0, scale=2, size=n_samples) # 降水量(mm)


# 创建 DataFrame
data = pd.DataFrame({
    'Temperature': temperature,
    'Humidity': humidity,
    'WindSpeed': wind_speed,
    'Precipitation': precipitation
})
# 查看数据前几行
print(data.head())
# 分离特征变量和目标变量
X = data[['Temperature','Humidity','WindSpeed']]
y = data['Precipitation']
# 划分训练集和测试集
X_train, X_test, y_train, y_test = train_test_split(X, y, test_size=0.2, random_state=42)
# 定义岭回归模型
```

```
ridge = Ridge()
# 使用交叉验证选择最佳的 lambda 值
parameters = {'alpha': [0.1, 1.0, 10.0, 100.0]}
clf = GridSearchCV(ridge, parameters, cv = 5)
clf.fit(X_train, y_train)

# 输出最佳的 lambda 值
print("Best lambda (alpha):", clf.best_params_['alpha'])

# 使用最佳 lambda 值训练模型
best_ridge = Ridge(alpha = clf.best_params_['alpha'])
best_ridge.fit(X_train, y_train)
# 预测并评估模型
y_pred = best_ridge.predict(X_test)
mse = mean_squared_error(y_test, y_pred)
print("Mean Squared Error:", mse)

# 绘制预测值和实际值对比图
plt.figure(figsize = (10, 6))
plt.plot(y_test.values, label = 'Actual')
plt.plot(y_pred, label = 'Predicted')
plt.xlabel('Samples')
plt.ylabel('Precipitation')
plt.legend()
plt.title('Actual vs Predicted Precipitation')
plt.show()
```

输出结果如图 7.1 所示。

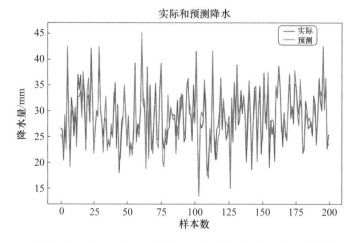

图 7.1　岭回归算法预测降水同实际降水量对比（彩图见书末）

7.3　Lasso 回归

Lasso(Least Absolute Shrinkage and Selection Operator)回归是一种线性回归模型的正则化技术。与岭回归(Ridge Regression)不同,Lasso 回归采用 L1 正则化,通过对回归系数施加绝对值约束,使得一些系数被压缩到零,从而实现特征选择和模型简化。

7.3.1　Lasso 回归算法原理

Lasso 回归的目标函数如下:

$$J(\beta) = \sum_{i=1}^{n} \left(y_i - \beta_0 - \sum_{j=1}^{p} \beta_j x_{ij} \right)^2 + \lambda \sum_{j=1}^{p} |\beta_j| \tag{7.4}$$

式中:y_i 是实际值,β_0 是截距项,β_j 是回归系数,x_{ij} 是自变量,λ 是正则化参数(也称为惩罚参数)。

正则化项 $\lambda \sum_{j=1}^{p} |\beta_j|$ 控制模型的复杂度。当 $\lambda = 0$ 时,目标函数变为普通最小二乘法。当 λ 增加时,模型的回归系数被压缩,部分系数可能会被压缩为零,从而实现特征选择。这意味着 Lasso 回归不仅能够减少模型的复杂度,还能够自动选择最重要的特征,提高模型的解释性。

Lasso 回归的数学求解涉及优化问题。与普通最小二乘法不同,Lasso 回归的优化问题由于引入了 L1 正则化项,导致目标函数的不可导性。因此,常用的求解方法包括坐标下降法和最优化方法。①坐标下降法:该方法逐个更新每个回归系数,固定其他系数,通过优化单个系数来最小化目标函数。②最优化方法:如梯度下降法,通过不断调整回归系数,使得目标函数逐步逼近最小值。

Lasso 回归的优势表现在特征选择、防止过拟合、模型简化这三个方面。

①特征选择:Lasso 回归能够将一些回归系数压缩为零,从而实现特征选择。在处理高维数据时可以有效减少模型的复杂度,提高模型的可解释性。

②防止过拟合:通过引入 L1 正则化项,Lasso 回归可以防止模型过拟合,提高模型在测试数据上的泛化能力。

③模型简化:由于 Lasso 回归能够实现特征选择,最终模型只包含与响应变量显著相关的特征,使得模型更加简洁。

Lasso 回归通过引入 L1 正则化项来实现特征选择和防止过拟合,使得模型在高维数据分析中更加稳定和可解释。选择合适的 λ 值是 Lasso 回归的关键,通过交叉验证和 AIC(Akaike 信息准则)/BIC(贝叶斯信息准则)准则等方法可以有效确定最优的 λ 值。尽管存在一些计算复杂性,Lasso 回归仍然是数据分析和统计建模中的常用工具之一。

7.3.2　Lasso 回归算法实践

降水量是温度、湿度和风速的线性组合加上噪声。

```
from sklearn.linear_model import Lasso
# 同岭回归算法想同
# 定义 Lasso 回归模型
lasso = Lasso()
# 使用交叉验证选择最佳的 lambda 值
```

```
parameters = {'alpha': [0.1, 1.0, 10.0, 100.0]}
clf = GridSearchCV(lasso, parameters, cv = 5)
clf.fit(X_train, y_train)
# 输出最佳的 lambda 值
print("Best lambda (alpha):", clf.best_params_['alpha'])
# 使用最佳 lambda 值训练模型
best_lasso = Lasso(alpha = clf.best_params_['alpha'])
best_lasso.fit(X_train, y_train)
# 预测并评估模型
y_pred = best_lasso.predict(X_test)
mse = mean_squared_error(y_test, y_pred)
print("Mean Squared Error:", mse)
# 绘制预测值和实际值对比图
plt.figure(figsize = (10, 6))
plt.plot(y_test.values, label = 'Actual')
plt.plot(y_pred, label = 'Predicted')
plt.xlabel('Samples')
plt.ylabel('Precipitation')
plt.legend()
plt.title('Actual vs Predicted Precipitation')
plt.show()
```

输出结果如图 7.2 所示。

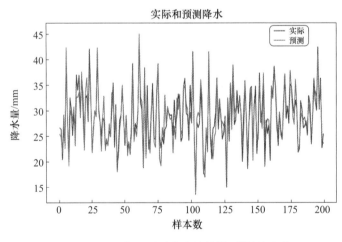

图 7.2　Lasso 算法预测降水量结果(彩图见书末)

7.4　逻辑回归和 Softmax 回归

　　逻辑回归最早的形式可以追溯到 19 世纪,但直到 20 世纪中叶,这种方法才真正成型并被
广泛应用于多个领域。1958 年,英国统计学家 David Cox(1958)发表了著名的论文,正式提出

了逻辑回归模型。这个模型主要用于处理二分类问题,即预测一个事件发生与否的概率。逻辑回归的基本思想是:通过一个逻辑函数将任意范围内的输入映射到 0 和 1 之间,这使得它特别适合于需要概率解释的场合。

Softmax 回归经常被用在自然语言处理和计算机视觉等领域,尤其是在处理多类别标签的任务中。在这种情况下,Softmax 回归通过 Softmax 函数将多个类的线性函数的输出转换为概率分布。每一个输出代表了输入属于某一类别的概率。因此,Softmax 回归成为处理多分类问题的首选方法之一。Softmax 函数的概念最初源自物理学中的玻尔兹曼分布,但在机器学习领域,它经过统计学家和数据科学家的重新解释和应用而得到广泛采用。在神经网络中,特别是用于多层感知器和深度学习模型的输出层训练中,Softmax 回归发挥着关键作用,这种应用极大地推动了深度学习技术的发展。

随着时间的推移,逻辑回归和 Softmax 回归的理论基础和实现技术得到了广泛的研究和优化。最初仅限于手动特征选择和线性决策边界,这些模型现在利用高级优化算法自动学习复杂的非线性决策边界,其适用性和准确性不断提高。现代版本的逻辑和 Softmax 回归模型支持正则化技术,如 L1 和 L2 惩罚,这有助于防止过拟合并提高模型在新数据上的表现。

7.4.1 线性可分和线性不可分

"线性可分"和"线性不可分"是两个基本概念,它们描述了数据集中类别是否可以通过一个线性决策边界(即直线、平面或超平面)清晰地分开。线性可分指的是通过一个线性方程(如直线或平面)将数据集中的两类或多类完全正确地分开。在二维空间中,这意味着可以画一条直线将两类数据点完全分开;在三维空间中,这条直线变成了一个平面,以此类推到更高维度的超平面。

在实际应用中,线性可分的情况非常理想,因为使用简单的线性模型如线性支持向量机(SVM)和线性逻辑回归可以解决分类问题,这些模型不仅计算效率高,而且易于实现和理解。例如,使用 SVM 进行分类时,如果数据是线性可分的,算法会寻找到一个最优的超平面,这个超平面不仅能正确分开两类数据,还能最大化两类数据之间的间隔,从而提高模型的泛化能力。

相对于线性可分,线性不可分意味着不存在一个线性决策边界能够完美地区分数据所有类别。这种情况在现实世界的数据中更为常见,因为真实世界的数据通常含有更多的噪声和复杂性,类别间的界限不够清晰。在这种情况下,使用线性模型来分类通常会导致较差的性能,因为模型无法捕捉到数据中的复杂结构。在处理线性不可分的数据时,通常需要采用更复杂的方法,如核技巧或非线性模型。核技巧通过将数据映射到高维空间来寻找一个能够线性分割的超平面。例如,在使用支持向量机时,通过引入一个非线性核函数(如径向基函数RBF),可以有效地处理线性不可分的情况。此外,深度学习模型如神经网络由于其高度的非线性和复杂性,也非常适合处理线性不可分的数据。

面对线性不可分的数据,除了使用非线性模型外,数据预处理也是一种常见策略,包括特征工程(如特征选择和特征转换),以及数据增强和清洗,以减少噪声和提高数据质量。此外,集成学习方法,如随机森林,通过组合多个模型来提高对复杂数据模式的识别能力,也常用于处理线性不可分的情况。总之,线性可分性是处理分类问题的关键概念。正确识别数据的线性可分性并选择合适的模型策略对于开发高效、准确的机器学习系统至关重要。

7.4.2 逻辑回归算法原理

逻辑回归通过使用逻辑函数(也称为 sigmoid 函数)将线性回归模型的输出映射到 0 和 1 之间的概率值,这样可以预测某个事件发生的概率。这种映射特性使得逻辑回归非常适合于二分类任务。逻辑回归的数学表达式可以定义为:

$$P(y=1|\boldsymbol{x})=\sigma(\boldsymbol{w}^{\mathrm{T}}\boldsymbol{x}+b) \tag{7.5}$$

式中:$\boldsymbol{x}$ 是特征向量,$\boldsymbol{w}$ 是权重向量,b 是偏置项,$\sigma(z)=\dfrac{1}{1+\mathrm{e}^{-z}}$ 是 sigmoid 函数,它的输出范围在 0 到 1 之间,代表了类别 1 的概率。

为了找到最优的权重和偏置项,逻辑回归使用最大似然估计来优化参数。这通常通过最小化损失函数来实现,损失函数为负对数似然,也称为交叉熵损失:

$$L(y,\hat{y})=-[y\log(\hat{y})+(1-y)\log(1-\hat{y})] \tag{7.6}$$

这里,y 是真实标签,$\hat{y}$ 而是模型预测的概率。通过使用梯度下降或其他优化算法,可以迭代地调整 $\boldsymbol{w}$ 和 b,从而最小化整体的损失函数。

7.4.3 损失函数

损失函数用来量化模型预测值与实际值之间的差异,是模型优化的核心。选择合适的损失函数对模型性能有直接影响,常见的损失函数包括均方误差、交叉熵损失、平均绝对误差和 Hinge 损失等。

(1)交叉熵损失(Cross-Entropy Loss)

在分类任务中非常常见,尤其是用于二分类和多分类问题。它测量的是实际输出和预测输出之间的差异,其公式为:

$$\mathrm{CE}=-\sum_{i=1}^{n} y_i\log(\hat{y}_i) \tag{7.7}$$

对于二分类问题,这个公式变为:

$$\mathrm{CE}=-[y\log(\hat{y})+(1-y)\log(1-\hat{y})] \tag{7.8}$$

式中,y 是真实标签(通常为 0 或 1),$\hat{y}$ 是预测为正类的概率。

(2)Hinge 损失

常用于支持向量机(SVM)中,尤其是在分类任务中。Hinge 损失旨在找到一个边界,最大化地将数据点从决策边界中分开。其表达式为:

$$\mathrm{Hinge}=\max(0,1-y_i \cdot \hat{y}_i) \tag{7.9}$$

这里,y_i 是实际的类标签(通常是 -1 或 1),$\hat{y}_i$ 是预测的类标签。

在实际应用中,选择合适的损失函数对于模型的性能有直接影响。通常,这一选择取决于具体的任务需求、数据特性以及预期的模型行为。例如,在处理高度不平衡的数据集时,可能需要修改标准损失函数或选择一个特别设计来处理不平衡的损失函数,以确保模型能公平地处理各类样本。损失函数在指导模型学习和评估模型性能方面扮演着核心角色,是机器学习系统设计的重要组成部分。

7.4.4 Softmax 回归的算法原理

Softmax 回归是逻辑回归的推广,用于处理多于两个类别的分类问题。在 Softmax 回归中,每个类别都有一个对应的权重向量和偏置项,模型的输出是一个概率分布,表示输入属于每个类别的概率。Softmax 回归的模型定义如下:

$$P(y=j \mid \boldsymbol{x}) = \frac{e^{w_j^T \boldsymbol{x} + b_j}}{\sum\limits_{k=1}^{K} e^{w_k^T \boldsymbol{x} + b_k}} \tag{7.10}$$

式中:K 是类别的总数,w_j 是类别 j 的权重向量,b_j 是类别 j 的偏置项。与逻辑回归类似,Softmax 回归也使用交叉熵损失函数,但它是针对多类别的:

$$L(y, \hat{y}) = -\sum_{j=1}^{K} y_j \log(\hat{y}_j) \tag{7.11}$$

这里,y 是一个 one-hot 编码的向量,表示真实的类别,而 $\hat{y}$ 是模型预测的概率分布。通过最小化这个损失函数,并利用梯度下降或其他优化算法调整权重和偏置,可以有效地训练 Softmax 回归模型。

逻辑回归和 Softmax 回归都是基于概率的分类方法,它们通过将线性模型的输出通过特定的激活函数(sigmoid 或 softmax)转化为概率,再通过优化损失函数来训练模型。这些方法在实际应用中因其简洁性和效果而非常受欢迎。

7.4.5　多分类问题

多分类问题是机器学习中一个复杂而常见的问题类型,涉及将实例分类到三个或更多的类别中。与二分类问题相比,多分类问题更为复杂,因为它需要处理更多类别之间的关系。在多分类问题中,每个类别可能有其独有的特征分布,模型必须捕捉这些特征以做出准确的预测。然而,这些类别之间可能存在一定程度的相似性,使得模型难以区分。

为了解决多分类问题,开发了各种算法。这些算法可以大致分为直接方法和间接方法。

①直接处理多分类问题的方法包括:多项逻辑回归(Multinomial Logistic Regression)和多类支持向量机(SVM)等,它们被设计为直接处理多分类问题。这些算法不需要对问题进行转换,能够直接输出多个类别的预测结果。②间接方法包括:"一对一"(One-vs-One)和"一对其他"(One-vs-Rest)策略,它们将多分类问题分解为多个二分类问题来解决。此外,决策树和随机森林这类算法由于其结构特性,也天然适用于多分类问题。深度学习方法,尤其是卷积神经网络(CNN)和循环神经网络(RNN),由于其高度的复杂性和非线性,也在多分类任务中展现出了卓越的性能。

评估多分类模型的性能比二分类问题更为复杂。尽管准确率仍然是一个直观的指标,但在处理不平衡数据集时可能不是最佳选择,混淆矩阵提供了一个更全面的性能视图,其他指标如精确率、召回率和 F1 分数可以分别或者综合地计算,为不同类别提供更细致的性能评价。

7.4.6　损失函数及求解

在机器学习中处理多分类问题时,损失函数的选择对模型的效果和性能有直接影响。以下是一些常用的多分类损失函数:

(1)多类别交叉熵损失(Multiclass Cross-Entropy Loss)

多类别交叉熵损失是处理多分类问题时最常用的损失函数之一,它量化了真实类别标签与预测概率分布之间的差异。公式为:

$$CE = -\sum_{i=1}^{n} \sum_{c=1}^{C} y_{i,c} \log(\hat{y}_{i,c}) \tag{7.12}$$

式中,n 是样本数量,C 是类别总数,$y_{i,c}$ 是第 i 个样本是否属于类 c 的真实标签(通常为 0 或 1),$\hat{y}_{i,c}$ 是模型预测第 i 个样本属于类 c 的概率。

(2)类别平衡的交叉熵损失(Class-Balanced Cross-Entropy Loss)

在类别不平衡的数据集中,某些类别的样本远多于其他类别,这会导致模型偏向于频繁出现的类别。类别平衡的交叉熵损失通过调整每个类别的损失贡献来解决这一问题。公式为:

$$\mathrm{CE}_{\mathrm{balanced}} = -\sum_{i=1}^{n}\sum_{c=1}^{C}\beta_c y_{i,c}\log(\hat{y}_{i,c}) \tag{7.13}$$

式中,β_c 是类 c 的权重,通常与类 c 的出现频率成反比。

7.4.7　Softmax 回归与逻辑回归的关系

Softmax 回归和逻辑回归之间存在密切的联系,但也有重要的区别。Softmax 回归可以看作是逻辑回归的推广,用于处理多于两个类别的情况。从数学形式可以看出,Softmax 回归在逻辑上类似于对每个类别执行逻辑回归,但有一个关键的区别:逻辑回归为单个输出变量建模概率,而 Softmax 回归需要对所有类别的概率进行归一化,确保它们的总和为 1。实际上,如果将 Softmax 回归应用于仅有两个类别的问题,Softmax 函数就简化为逻辑函数,这使得 Softmax 回归在二分类情况下等价于逻辑回归。简而言之,逻辑回归通常用于二分类问题,而 Softmax 回归用于多分类问题。尽管如此,两者都属于广义线性模型(GLM),并且都使用最大似然估计(MLE)来估计模型参数。这意味着可以用类似的方式来实施这两种回归分析,并使用相似的优化算法(例如梯度下降)来学习模型的参数。

7.4.8　逻辑回归算法实践

程序会比较 L1、L2 和 Elastic-Net 三种正则化方式的效果。

```
from sklearn.linear_model import LogisticRegression
# 生成模拟气象数据同岭回归算法一样
l1_ratio = 0.5 # L1 权重在 Elastic-Net 正则化中的比例
fig, axes = plt.subplots(3, 3, figsize = (15, 10))
# 设置正则化参数
for i, (C, axes_row) in enumerate(zip((1, 0.1, 0.01), axes)):
    # 增加容差以缩短训练时间
    clf_l1_LR = LogisticRegression(C = C, penalty = "l1", tol = 0.01, solver = "saga")
    clf_l2_LR = LogisticRegression(C = C, penalty = "l2", tol = 0.01, solver = "saga")
    clf_en_LR = LogisticRegression(C = C, penalty = "elasticnet", solver = "saga", l1_ratio = l1_ratio, tol = 0.01)
    clf_l1_LR.fit(X_train, y_train)
    clf_l2_LR.fit(X_train, y_train)
    clf_en_LR.fit(X_train, y_train)
    coef_l1_LR = clf_l1_LR.coef_.ravel()
    coef_l2_LR = clf_l2_LR.coef_.ravel()
    coef_en_LR = clf_en_LR.coef_.ravel()
    sparsity_l1_LR = np.mean(coef_l1_LR == 0) * 100
```

```
sparsity_l2_LR = np.mean(coef_l2_LR = = 0) * 100
sparsity_en_LR = np.mean(coef_en_LR = = 0) * 100
print("C = %.2f" % C)
print("{:<40} {:.2f} %".format("Sparsity with L1 penalty:", sparsity_l1_LR))
print("{:<40} {:.2f} %".format("Sparsity with Elastic-Net penalty:", sparsity_en_LR))
print("{:<40} {:.2f} %".format("Sparsity with L2 penalty:", sparsity_l2_LR))
print("{:<40} {:.2f}".format("Score with L1 penalty:", clf_l1_LR.score(X_test, y_test)))
print("{:<40} {:.2f}".format("Score with Elastic-Net penalty:", clf_en_LR.score(X_test, y_test)))
print("{:<40} {:.2f}".format("Score with L2 penalty:", clf_l2_LR.score(X_test, y_test)))
```

第8章 决策树和集成学习

在机器学习领域,决策树和集成学习是两种重要且广泛应用的方法。决策树通过构建树形模型,以直观的方式呈现数据中的决策规则,具有易于理解和解释的特点。尽管单一决策树模型简单且直观,但在处理复杂数据时,容易出现过拟合或欠拟合现象。为此,集成学习方法应运而生,通过集成多个基学习器来提高模型的稳定性和准确性。本章首先介绍了决策树的基本原理和构建方法,包括特征选择和剪枝技术,帮助读者理解如何构建高效的决策树模型。随后,详细探讨了经典的集成学习方法,如 Bagging、Boosting、随机森林、XGBoost 和 LightG-BM。这些方法通过不同的策略组合多个基学习器,显著提升了模型的泛化能力和预测性能。此外,还介绍了堆叠(Stacking)技术,通过多层次的模型组合,进一步增强了集成学习的效果。

8.1 决策树

8.1.1 决策树原理

决策树是一种广泛应用于数据挖掘、机器学习和统计学中的预测模型,它通过树状图模拟决策流程。这种模型在分类和回归任务中都有应用,其核心优势在于模型结构的直观性和实现的简易性。决策树可以处理非线性数据,并能从复杂数据中提取简单的规则。

(1)决策树的相关概念

决策树由节点和边组成。节点分为三种类型:根节点(决策树的起点)、内部节点(表示决策规则的测试条件)和叶节点(决策结果或输出)。从根节点到叶节点的每一条路径都代表一系列决策规则的集合。决策树的构建基于将数据集分裂为越来越小的子集的原则,而分裂的决策是基于特定的算法自动确定的。

(2)决策树的构建过程

构建决策树的首要任务是选择最合适的特征进行数据分割,这一过程称为节点分裂。选择哪个特征进行分裂以及如何设置分裂的标准是决策树效能的关键。常用的分裂标准包括信息增益(用于 ID3 算法)、增益率(用于 C4.5 算法)和基尼不纯度(用于 CART 算法)。

(3)ID3 算法

ID3(Iterative Dichotomiser 3)算法由 Ross Quinlan(1986)提出,是最早的决策树算法之一,基于信息论中的熵概念。ID3 算法通过递归地选择特征并构建决策树,利用信息增益作为特征选择的标准。信息增益用于度量某个特征进行分割后,数据集的纯度提高了多少。信息增益越大,特征越能有效区分数据。

信息增益具体计算方法是父节点的熵减去分割后子节点的加权熵。数学上,信息增益 $IG(A)$ 定义为:

$$\mathrm{IG}(T,A) = H(T) - \sum_{v \in \mathrm{Values}(A)} \frac{|T_v|}{|T|} H(T_v) \tag{8.1}$$

式中,$H(T)$是数据集 T 的熵,T_v 是根据特征 A 的值 v 分割后的子集。

优点:简单易懂,计算效率高,适用于小规模数据集。缺点:容易过拟合,不能处理连续值特征,对缺失值敏感。

(4) C4.5 算法

C4.5 算法是 ID3 算法的改进版本,由 Ross Quinlan(1992)提出。C4.5 算法解决了 ID3 算法的一些局限性,如处理连续值特征和缺失值的问题。C4.5 算法使用增益率来选择分割特征,以解决信息增益偏向于选择具有更多值的特征的问题。增益率定义为:

$$\mathrm{Gain\ Ratio}(A) = \frac{\mathrm{IG}(T,A)}{\mathrm{IV}(A)} \tag{8.2}$$

式中 $\mathrm{IV}(A)$ 是属性 A 的固有信息。

优点:处理连续值特征和缺失值,改进了特征选择标准,适用范围广。缺点:计算复杂度较高,构建过程较为复杂。

(5) CART 算法

CART(Classification and Regression Trees)算法由 Leo Breiman 等(1984)提出,用于分类和回归任务。CART 算法基于二元决策树,每次分割都将数据集分成两部分。CART 算法使用基尼指数作为分割标准。基尼指数用于衡量数据集的纯度,基尼指数越小,数据集越纯。基尼指数的计算公式为:

$$\mathrm{Gini}(T) = 1 - \sum_{i=1}^{n} p_i^2 \tag{8.3}$$

式中,p_i 是类别 i 在数据集 T 中的相对频率。选择基尼指数最小的特征进行分割。

优点:可以处理分类和回归任务,结构简单,易于解释。缺点:容易过拟合,特别是对于深度较大的树,计算复杂度较高。

(6)决策树的局限性

决策树也存在一些局限性。决策树模型容易受到数据中的小波动的影响,导致树结构和最终预测发生显著变化。决策树倾向于对训练数据过拟合,尤其是树较深的情况下。决策树在处理线性关系数据时的表现通常不如其他一些算法,如线性回归。

决策树是一种功能强大的工具,适用于各种分类和回归任务。通过合理的构建、剪枝和参数调优,决策树可以在许多应用中提供高效、直观且可解释的解决方案。为了克服单一决策树的局限性,常常使用随机森林等集成方法,这些方法通过构建多棵决策树来提高预测的准确性和稳定性。

8.1.2　决策树的特征选择

在决策树中,特征选择直接影响到模型的预测性能和泛化能力。在构建决策树时,选择合适的特征可以帮助模型快速准确地分类数据。好的特征选择策略可以减少模型的训练时间,降低模型的复杂度,并提高模型对新数据的预测准确性。通过合理使用信息增益、增益率、基尼指数等方法,能有效选出对分类任务最有信息量的特征。结合剪枝技术可以进一步优化模型,避免过拟合,使模型在实际应用中具有更好的泛化能力。

8.1.3　树剪枝

决策树容易过拟合,尤其是在处理具有大量特征的复杂数据集时。为了避免这一问题,通常采用剪枝技术来简化决策树,并提高模型在未见数据上的泛化能力。剪枝有两种主要形式:预剪枝和后剪枝。这两种方法各有优缺点,选择哪种方法取决于特定的应用场景和数据特性。

(1)预剪枝

也称为提前停止法,是在决策树构建过程中提前停止树增长的一种技术。通过在决策树的构建过程中设置一些停止条件,如树达到预设的最大深度、节点中的样本数量小于最小样本数阈值,或者节点的信息增益小于某一设定阈值等,预剪枝可以有效地控制树的复杂度。当满足这些条件时,即使当前节点还可以继续分割,算法也会停止进一步的分割,将当前节点标记为叶节点。优点:预剪枝能显著减少决策树的训练时间和复杂度,因为它防止了树的过度生长。此外,预剪枝有助于防止模型对训练数据的过拟合,从而可能提高模型在新数据上的预测性能。缺点:预剪枝可能导致模型欠拟合,因为它可能阻止树学习数据中的一些重要模式,特别是当预设的停止条件过于严格时。

(2)后剪枝

又称为剪枝后处理,是在决策树完全生成之后进行的剪枝过程。与预剪枝不同,后剪枝允许决策树在没有任何约束的情况下完全生长,然后再评估和删除那些不提供额外信息增益的节点。具体来说,这一过程通常涉及使用独立的验证数据集,测试如果从树中去除某个节点(或替换该节点为叶节点)后,模型的性能是否会提高或至少保持不变。优点:后剪枝通常能够产生比预剪枝更准确、更合适的模型,因为它允许树在剪枝之前完全表达数据中的所有关系和模式。此外,后剪枝通过减少过拟合,有助于提高模型在未知数据上的泛化能力。缺点:后剪枝的计算成本较高,因为它需要让树完全生长,并且还要进行额外的剪枝过程。

在实践中,决策树剪枝可以通过多种策略实现,如代价复杂性剪枝(Cost Complexity Pruning),也称为弱化剪枝。这种方法引入了一个复杂度参数,该参数用于衡量在训练集上的拟合度与树的复杂度之间的权衡。这个参数帮助确定剪枝的程度,太高或太低的复杂度都可能导致模型性能下降。

通过合理的剪枝技术,可以有效地减少决策树的过拟合,使模型在实际应用中具有更好的泛化能力。结合特征选择和剪枝技术,决策树可以在许多实际问题中提供高效、可靠且易于解释的解决方案。

8.1.4　决策树回归模型实践

```
# Import the necessary modules and libraries
import matplotlib.pyplot as plt
import numpy as np
from sklearn.tree import DecisionTreeRegressor
# Create a random dataset
rng = np.random.RandomState(1)
X = np.sort(5 * rng.rand(80, 1), axis = 0)
y = np.sin(X).ravel()
y[::5] += 3 * (0.5 - rng.rand(16))
```

```
# Fit regression model
regr_1 = DecisionTreeRegressor(max_depth = 2)
regr_2 = DecisionTreeRegressor(max_depth = 5)
regr_1.fit(X, y)
regr_2.fit(X, y)
# Predict
X_test = np.arange(0.0, 5.0, 0.01)[:, np.newaxis]
y_1 = regr_1.predict(X_test)
y_2 = regr_2.predict(X_test)
# Plot the results
plt.figure()
plt.scatter(X, y, s = 20, edgecolor = "black", c = "darkorange", label = "data")
plt.plot(X_test, y_1, color = "cornflowerblue", label = "max_depth = 2", linewidth = 2)
plt.plot(X_test, y_2, color = "yellowgreen", label = "max_depth = 5", linewidth = 2)
plt.xlabel("data")
plt.ylabel("target")
plt.title("Decision Tree Regression")
plt.legend()
plt.show()
```

输出结果如图 8.1 所示。

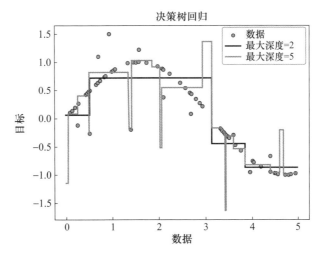

图 8.1　决策树回归算法结果(彩图见书末)

8.1.5　决策树分类模型实践

```
import numpy as np
import matplotlib.pyplot as plt
from sklearn.tree import DecisionTreeClassifier
from sklearn.model_selection import train_test_split
```

```
from sklearn. metrics import accuracy_score, classification_report
from sklearn. preprocessing import StandardScaler

# 生成模拟气象数据
np. random. seed(0)
n_samples = 1000
temperature = np. random. normal(loc = 20, scale = 5, size = n_samples) # 温度(℃)
humidity = np. random. normal(loc = 50, scale = 10, size = n_samples) # 湿度(%)
wind_speed = np. random. normal(loc = 10, scale = 2, size = n_samples) # 风速(m/s)
precipitation = 0. 3 * temperature + 0. 5 * humidity - 0. 2 * wind_speed + np. random.
normal(loc = 0, scale = 2, size = n_samples) # 降水量(mm)
# 二值化降水量,设定阈值,假设降水量大于 20 mm 为有降水
y = (precipitation > 20). astype(int)
# 创建特征矩阵
X = np. vstack([temperature, humidity, wind_speed]). T

# 标准化特征
scaler = StandardScaler()
X = scaler. fit_transform(X)
# 将数据集拆分为训练集和测试集
X_train, X_test, y_train, y_test = train_test_split(X, y, test_size = 0. 25, ran-
dom_state = 42)
# 创建决策树分类器
clf = DecisionTreeClassifier(random_state = 42)
# 训练模型
clf. fit(X_train, y_train)
# 预测测试集
y_pred = clf. predict(X_test)
# 计算并打印准确率
accuracy = accuracy_score(y_test, y_pred)
print("Accuracy:", accuracy)
# 打印详细的分类报告
print(classification_report(y_test, y_pred))
# 可视化决策树
from sklearn. tree import plot_tree
plt. figure(figsize = (20,10))
plot_tree(clf, feature_names = ['Temperature', 'Humidity', 'Wind Speed'], class_
names = ['No Rain', 'Rain'], filled = True)
plt. show()
```

输出结果如图 8.2 所示。

	precision	recall	f1-score	support
0	0.60	0.55	0.57	11
1	0.98	0.98	0.98	239
accuracy			0.96	250
macro avg	0.79	0.76	0.78	250
weighted avg	0.96	0.96	0.96	250

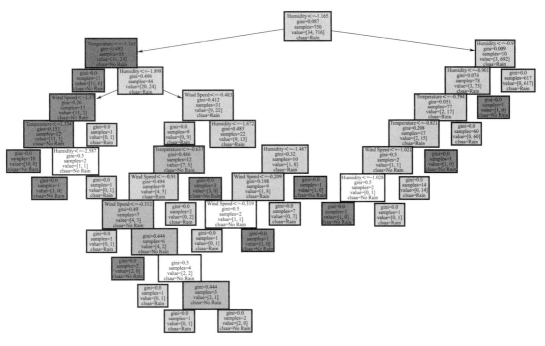

图 8.2　决策树状图

8.2　集成学习

集成学习(Ensemble Learning)是一种通过结合多个学习器的预测结果来提升整体模型性能的方法。它能够显著改善单个模型可能存在的高偏差或高方差问题,尤其在分类、回归和特征选择等任务中表现突出。

集成学习的核心思想是通过整合多个模型的预测结果,减少单个模型可能出现的误差。其理论基础主要来源于统计学、信息论和计算理论。直观上,当多个模型对同一问题进行预测时,通过投票、平均或加权合并等策略整合这些预测,可以有效减少单个模型的误差。理论上,如果集成中的模型是相互独立的,并且错误发生的概率小于 50%,那么通过合适的集成方法可以使整体错误率指数级减少。

集成学习主要分为三种类型:Bagging、Boosting 和 Stacking。

集成学习优势:①准确性:通过集成多个模型降低了因模型过度拟合而引起的误差,改善了准确性。②泛化能力:多个模型的集成减少了偶然误差,增强模型对未知数据的预测能力。③稳定性:集成多个模型通过平均化减少了单个模型的随机波动,提高了模型稳定性。

集成学习缺点:①计算资源:集成多个模型需要更多的计算时间和存储空间。②复杂性:集成模型的复杂性较高,不易解释和维护。③参数调优:集成学习涉及多个模型和合并策略,需要精细调整参数。

尽管面临挑战,集成学习因其卓越的性能和广泛的应用前景,仍被视为解决复杂机器学习问题的重要工具。

8.3 Boosting 经典串行集成学习

串行集成学习(Serial Ensemble Learning)通过构建和组合多个基学习器来提高模型性能。其核心思想是通过多次迭代训练模型,每次迭代中利用前一次模型的误差信息来逐步改进模型的性能。与并行集成学习方法(如 Bagging)不同,串行集成学习的方法是依次进行的,每一步都依赖于前一步的结果。这种方法能够显著提高模型的准确性和鲁棒性,广泛应用于分类、回归和排序等任务中。

串行集成学习将多个基学习器按顺序组合起来,使得每一个基学习器的训练都能利用前一个基学习器的错误。通过这种方式,后续的基学习器能够专注于前一个基学习器表现不佳的样本,从而逐步减少整体模型的误差。最终,这些基学习器的组合能够显著提高模型的泛化能力和预测精度。串行集成学习主要通过两个经典算法实现:AdaBoost 和梯度提升决策树。这两个算法都利用了串行训练的思想,通过迭代过程逐步改进模型性能。

以下是 Boosting 的一般过程。

(1)初始化样本权重

在 Boosting 的初始阶段,对每一个训练样本分配一个相等的权重。假设有 n 个样本,则每个样本的初始权重为 $w_i = \dfrac{1}{n}$。这些权重用于训练第一个弱学习器,确保每个样本在初始训练时具有同等的重要性。

(2)训练基学习器

使用当前样本权重训练一个基学习器 $G_m(x)$。基学习器可以是任何一种简单的模型,如决策树、线性回归模型等。由于样本权重的存在,训练过程会更关注那些权重较大的样本。基学习器的目标是尽量准确地拟合加权后的训练数据。

(3)计算误差率

计算基学习器在加权样本集上的误差率 ε_m。误差率的计算公式为:

$$\varepsilon_m = \frac{\sum\limits_{i=1}^{n} w_i \cdot I(y_i \neq G_m(x_i))}{\sum\limits_{i=1}^{n} w_i} \tag{8.4}$$

式中,I 是指示函数,当样本 i 被错误分类时,$I(y_i \neq G_m(x_i)) = 1$,否则为 0。这个误差率反映了当前基学习器在加权样本集上的表现,误差率越低,基学习器的表现越好。

(4)计算基学习器的权重

基于误差率计算当前基学习器的权重 α_m,权重的计算公式为:

$$\alpha_m = \log\left(\frac{1-\varepsilon_m}{\varepsilon_m}\right) \tag{8.5}$$

权重 α_m 反映了当前基学习器的重要性,误差率越低,权重越高,表示该基学习器在组合模型中的贡献越大。

(5)更新样本权重

根据基学习器的错误情况调整样本权重,使得错误样本的权重增加,正确样本的权重减少。更新公式为:

$$w_i \leftarrow w_i \cdot \exp(\alpha_m \cdot I(y_i \neq G_m(x_i))) \tag{8.6}$$

这一调整机制确保了在下一轮训练中,新的基学习器会更加关注那些被前一个基学习器错误分类的样本。调整后,还需要对权重进行归一化处理,使得所有权重的和为1,确保总权重保持不变。

(6)组合基学习器

最终模型是所有基学习器的加权组合,具体来说,Boosting 方法将所有训练好的基学习器按其权重进行加权求和,形成最终的强学习器。预测公式为:

$$H(x) = \text{sign}\left(\sum_{m=1}^{M} \alpha_m \cdot G_m(x)\right) \tag{8.7}$$

Boosting 通过顺序地训练一系列弱学习器,每个弱学习器都在前一个弱学习器的基础上进行改进,重点关注前一轮中被错分的样本。这一过程逐步降低了整体模型的误差,并显著提升了模型的预测性能。Boosting 方法在分类和回归等任务中表现出色,广泛应用于各种机器学习问题中。

8.4 AdaBoost 模型

8.4.1 AdaBoost 模型原理

AdaBoost(Adaptive Boosting)是 Boosting 方法的一种,通过调整样本权重的方式来提高分类器的性能。其核心思想是将多个弱学习器组合成一个强学习器,以逐步减少模型的总体误差。AdaBoost 的基本思想是顺序地训练一系列弱学习器,每个弱学习器的重点是前一轮中被错误分类的样本。通过迭代地调整样本的权重,使得后续的弱学习器更加关注那些难以分类的样本,从而逐步提高模型的整体性能。最终,AdaBoost 将这些弱学习器按其性能加权组合,形成一个强大的分类器。

AdaBoost 算法的具体步骤如下。

(1)初始化样本权重

在 AdaBoost 的初始阶段,对每一个训练样本分配一个相同的权重。假设有 n 个样本,则每个样本的初始权重为:

$$w_i^{(1)} = \frac{1}{n} \tag{8.8}$$

(2)训练基学习器

使用加权后的样本集训练一个基学习器 $G_m(x)$。基学习器可以是任何一种简单的模型,如决策树桩(单层决策树)。

（3）计算误差率

计算基学习器在加权样本集上的误差率 ε_m：

$$\varepsilon_m = \sum_{i=1}^{n} w_i^{(m)} \cdot I(y_i \neq G_m(x_i)) \tag{8.9}$$

式中，I 是指示函数，当样本 i 被错误分类时，$I(y_i \neq G_m(x_i)) = 1$，否则为 0。

（4）计算基学习器的权重

根据误差率计算当前基学习器的权重 α_m：

$$\alpha_m = \frac{1}{2} \ln\left(\frac{1-\varepsilon_m}{\varepsilon_m}\right) \tag{8.10}$$

基学习器的权重反映了其在最终模型中的重要性，误差率越低，权重越高。

（5）更新样本权重

根据基学习器的错误情况调整样本权重，使得错误样本的权重增加，正确样本的权重减少：

$$w_i^{(m+1)} = w_i^{(m)} \exp(\alpha_m \cdot I(y_i \neq G_m(x_i))) \tag{8.11}$$

然后，对所有样本权重进行归一化处理，使得权重和为 1：

$$w_i^{(m+1)} = \frac{w_i^{(m+1)}}{\sum_{j=1}^{n} w_j^{(m+1)}} \tag{8.12}$$

（6）组合基学习器

将所有基学习器按其权重组合，形成最终模型。对于分类问题，最终模型的预测为：

$$H(x) = \text{sign}\left(\sum_{m=1}^{M} \alpha_m \cdot G_m(x)\right) \tag{8.13}$$

式中，M 是基学习器的总数，sign 函数用于将输出转换为类别标签。

AdaBoost 的优点：通过结合多个弱学习器，AdaBoost 可以显著提高分类性能；对噪声和异常值具有较强的鲁棒性，因为每次迭代都会重新调整样本权重，重点关注难以分类的样本；可以使用各种基学习器，具有很强的灵活性和适应性。其局限为：AdaBoost 对噪声敏感，如果数据集包含大量噪声样本，可能会影响模型的性能；由于需要多次迭代训练多个基学习器，AdaBoost 的计算复杂度较高，训练时间较长；AdaBoost 假设特征是相对独立的，如果特征之间存在高度相关性，可能会影响模型的效果。

8.4.2　AdaBoost 模型实践

```
import numpy as np
import matplotlib. pyplot as plt
from sklearn. ensemble import AdaBoostClassifier
from sklearn. tree import DecisionTreeClassifier
from sklearn. model_selection import train_test_split
from sklearn. metrics import accuracy_score, classification_report
from sklearn. preprocessing import StandardScaler
# 生成模拟气象数据
np. random. seed(0)
n_samples = 1000
temperature = np. random. normal(loc = 20, scale = 5, size = n_samples) # 温度(℃)
```

humidity = np. random. normal(loc = 50, scale = 10, size = n_samples) # 湿度(%)

wind_speed = np. random. normal(loc = 10, scale = 2, size = n_samples) # 风速(m/s)

precipitation = 0. 3 * temperature + 0. 5 * humidity − 0. 2 * wind_speed + np. random. normal(loc = 0, scale = 2, size = n_samples) # 降水量(mm)

二值化降水量,设定阈值,假设降水量大于 20 mm 为有降水

y = (precipitation > 20). astype(int)

创建特征矩阵

X = np. vstack([temperature, humidity, wind_speed]). T

标准化特征

scaler = StandardScaler()

X = scaler. fit_transform(X)

将数据集拆分为训练集和测试集

X_train, X_test, y_train, y_test = train_test_split(X, y, test_size = 0. 25, random_state = 42)

创建 AdaBoost 分类器,使用决策树作为基学习器

base_estimator = DecisionTreeClassifier(max_depth = 1)

model = AdaBoostClassifier(base_estimator = base_estimator, n_estimators = 50, random_state = 42)

训练模型

model. fit(X_train, y_train)

预测测试集

y_pred = model. predict(X_test)

计算并打印准确率

accuracy = accuracy_score(y_test, y_pred)

print("Accuracy:", accuracy)

打印详细的分类报告

print(classification_report(y_test, y_pred))

可视化决策树

from sklearn. tree import plot_tree

plt. figure(figsize = (20,10))

plot_tree(model. estimators_[0], feature_names = ['Temperature', 'Humidity', 'Wind Speed'], class_names = ['No Rain', 'Rain'], filled = True)

plt. show()

Accuracy: 0.964

	precision	recall	f1-score	support
0	0.62	0.45	0.53	11
1	0.98	0.99	0.98	239
accuracy			0.96	250
macro avg	0.80	0.72	0.75	250
weighted avg	0.96	0.96	0.96	250

8.5 GBDT 模型

8.5.1 GBDT 模型原理

梯度提升决策树(Gradient Boosting Decision Tree,GBDT)是一种强大的集成学习方法,广泛应用于分类和回归任务中(Song et al.,2021)。GBDT 通过逐步优化损失函数来构建基学习器,能够显著提高模型的预测性能。它结合了决策树和梯度提升的优点,形成了一个高效且灵活的模型。

GBDT 的核心思想是通过逐步构建多个决策树,每个新树都试图纠正之前所有树的预测误差。GBDT 采用加法模型的形式,通过逐步添加基学习器来优化目标函数。每一棵新树都是在前一棵树的残差(即预测误差)上进行拟合,从而逐步减少整体模型的误差。GBDT 的优化过程利用了梯度下降的思想,通过最小化损失函数的梯度来更新模型。

GBDT 的算法步骤可以概括为以下几个部分。

(1)初始化模型

使用一个简单的模型(如常数模型)作为初始模型 $F_0(x)$。对于回归问题,常用初始模型是目标值的均值;对于分类问题,常用初始模型是目标值的对数概率。

(2)迭代训练

对于每一轮迭代 $m=1,2,\cdots,M$:

计算残差:对于每个样本,计算当前模型的预测残差(即目标值与当前模型预测值之间的差异):

$$r_i^{(m)} = y_i - F_{m-1}(x_i) \tag{8.14}$$

这里,$r_i^{(m)}$ 是第 m 轮迭代中样本 i 的残差,y_i 是真实值,$F_{m-1}(x_i)$ 是当前模型的预测值。

拟合新树:使用残差 $r_i^{(m)}$ 为目标变量,拟合一个新的决策树 $h_m(x)$,试图预测残差。

更新模型:将新树的预测结果加入到现有模型中,通过加权方式更新模型:

$$F_m(x) = F_{m-1}(x) + \gamma_m h_m(x) \tag{8.15}$$

式中,γ_m 是学习率,控制新树对模型的贡献大小。

(3)重复步骤

重复上述步骤,直到达到预设的迭代次数 M 或者残差收敛。

GBDT 具有的优点:①高预测性能:GBDT 通过逐步优化损失函数,能够显著提高模型的预测性能,特别是在数据量大和特征复杂的情况下。②鲁棒性:GBDT 对异常值和噪声具有较强的鲁棒性。由于每一轮迭代中只对残差进行拟合,GBDT 能够逐步减小噪声的影响。③灵活性:GBDT 可以处理多种类型的数据和任务,包括分类、回归和排序等。它支持各种损失函数,如平方误差、对数似然等,使其在不同应用场景中具有很强的适应性。④特征选择能力:通过拟合树结构,GBDT 能够自动选择并组合特征,从而提升模型的预测能力。特征的重要性可以通过模型的输出进行评估,有助于理解数据特征。

8.5.2 GBDT 模型实践

通过上述步骤,使用 GBDT 分类器对模拟气象数据进行了详细的分类分析。生成模拟数据、特征标准化、数据集拆分、模型训练和评估。

```python
from sklearn.ensemble import GradientBoostingClassifier
# 同 AdaBoost 算法生成数据集
    # 创建 GBDT 分类器
    model = GradientBoostingClassifier(n_estimators = 100, learning_rate = 0.1, max_
depth = 3, random_state = 42)
    # 训练模型
    model.fit(X_train, y_train)
    # 预测测试集
    y_pred = model.predict(X_test)
    # 计算并打印准确率
    accuracy = accuracy_score(y_test, y_pred)
    print("Accuracy:", accuracy)
    # 打印详细的分类报告
    print(classification_report(y_test, y_pred))
    # 可视化特征重要性
    plt.figure(figsize = (10, 6))
    feature_importance = model.feature_importances_
    features = ['Temperature', 'Humidity', 'Wind Speed']
    plt.barh(features, feature_importance)
    plt.xlabel('Feature Importance')
    plt.title('Feature Importance in GBDT')
    plt.show()
```

输出结果如图 8.3 所示。

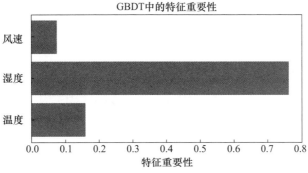

图 8.3　GBDT 模型特征重要性

8.6　XGBoost 模型

8.6.1　XGBoost 模型原理

XGBoost(eXtreme Gradient Boosting)是一种高效且灵活的梯度提升框架,在机器学习和数据挖掘领域应用广泛。它是基于梯度提升决策树(GBDT)的改进和优化,提高了训练速度和模型性能。凭借其高效、灵活和可扩展的特点,XGBoost 在 Kaggle 等数据科学竞赛中备受青睐。

XGBoost 通过以下公式逐步构建模型。假设有一个训练数据集 $D=(x_i,y_i)_{i=1}^n$,其中 x_i 是特征向量,y_i 是目标值。模型通过迭代的方式进行训练,每次迭代都会构建一个新的决策树 f_t 来拟合当前模型的残差。

损失函数用于衡量模型预测值与实际值之间的差距。XGBoost 的目标是最小化加权的损失函数:

$$L(\phi) = \sum_{i=1}^{n} l(y_i,\hat{y}_i) + \sum_{t=1}^{T} \Omega(f_t) \tag{8.16}$$

式中,l 是损失函数(如均方误差),$\hat{y}_i$ 是模型的预测值,Ω 是对模型复杂度的惩罚项,用于防止过拟合。

模型的预测值 $\hat{y}_i$ 是各个决策树的预测结果的累加:

$$\hat{y}_i = \sum_{t=1}^{T} f_t(x_i) \tag{8.17}$$

在每次迭代中,构建新的决策树 f_t 以最小化当前的损失。对于每个节点的分裂,选择能够最大化增益的特征和分裂点:

$$\text{Gain} = \frac{1}{2}\left[\frac{G_L^2}{H_L+\lambda} + \frac{G_R^2}{H_R+\lambda} - \frac{(G_L+G_R)^2}{H_L+H_R+\lambda}\right] - \gamma \tag{8.18}$$

式中,G_L 和 G_R 分别是左子节点和右子节点的梯度之和,H_L 和 H_R 分别是左子节点和右子节点的二阶导数之和,λ 和 γ 是正则化参数,用于控制模型的复杂度。

XGBoost 模型特点:①列抽样:在构建每棵树时,随机选择一部分特征进行训练,增加模型的多样性,防止过拟合。②并行处理:利用多线程并行处理,在构建树的每个节点时,可以并行计算每个特征的增益。③正则化:通过对模型复杂度进行惩罚,防止过拟合,提高泛化能力。④分布式计算:支持在分布式环境中进行训练,处理大规模数据集。⑤欠采样:在每次迭代中,随机选择一部分数据进行训练,减少过拟合,提高训练速度。

XGBoost 作为一种高效且灵活的梯度提升方法,能够显著提升模型的预测性能,在许多实际应用中展示了其强大的能力和广泛的适用性。

8.6.2 XGBoost 模型实践

这是一个使用 XGBoost 进行气象数据模拟的完整示例程序,使用模拟数据进行风速预测和订正。

```python
import numpy as np
import pandas as pd
import xgboost as xgb
from sklearn.model_selection import train_test_split
from sklearn.metrics import mean_squared_error
import matplotlib.pyplot as plt
# 设置中文字体和去除负号显示问题
plt.rcParams['font.sans-serif'] = ['SimHei']
plt.rcParams['axes.unicode_minus'] = False
# 生成模拟数据
```

```
np.random.seed(42)
time_points = 280  # 样本点数
# 生成真实观测数据(OBS)
OBS = 5 + 3 * np.sin(np.linspace(0, 3 * np.pi, time_points)) + np.random.normal(0,
0.5, time_points)
# 生成 WRF 预测数据
WRF = 5 + 3 * np.sin(np.linspace(0, 3 * np.pi, time_points)) + np.random.normal(0,
1.0, time_points)
# 生成其他特征数据,如温度和湿度
temperature = 20 + 10 * np.sin(np.linspace(0, 3 * np.pi, time_points)) + np.random.
normal(0, 2, time_points)
humidity = 50 + 20 * np.sin(np.linspace(0, 3 * np.pi, time_points)) + np.random.
normal(0, 5, time_points)
# 创建数据集
data = pd.DataFrame({
    'WRF': WRF,
    'temperature': temperature,
    'humidity': humidity,
    'wind_power': OBS
})
# 查看数据结构
print(data.head())
# 假设 'wind_power' 是要预测的目标变量,其余列为特征
X = data.drop(columns = ['wind_power'])
y = data['wind_power']
# 将数据集分为训练集和测试集
X_train, X_test, y_train, y_test = train_test_split(X, y, test_size = 0.2, random_
state = 42)
# 创建 DMatrix 数据结构
train_dmatrix = xgb.DMatrix(data = X_train, label = y_train)
test_dmatrix = xgb.DMatrix(data = X_test, label = y_test)

    # 设置参数
params = {
    'objective': 'reg:squarederror',
    'max_depth': 6,
    'learning_rate': 0.1,
    'n_estimators': 100
}
# 训练模型
xg_reg = xgb.train(params = params, dtrain = train_dmatrix, num_boost_round = 100)
```

119

```
# 预测
preds = xg_reg.predict(test_dmatrix)
# 评估模型
rmse = np.sqrt(mean_squared_error(y_test, preds))
print(f"RMSE:{rmse:.2f}")
# 绘制结果
plt.figure(figsize = (10, 5))
plt.plot(OBS, 'g-', label = 'OBS')
plt.plot(WRF, 'y-', label = 'WRF')
plt.plot(range(len(y_test)), preds, 'r-', label = 'XGBoost 预测')
plt.xlabel('样本点(间隔为 15 min)', fontsize = 12)
plt.ylabel('70 m 风速(m/s)', fontsize = 12)
plt.legend()
plt.title('XGBoost 风速订正', fontsize = 14)
plt.show()
```

输出结果如图 8.4 所示。

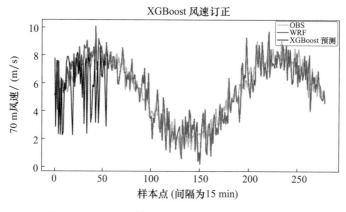

图 8.4　XGBoost 模型风速预测结果(彩图见书末)

8.7　LightGBM 模型

8.7.1　LightGBM 模型原理

LightGBM(Light Gradient Boosting Machine)是一个基于决策树算法的高效梯度提升框架,特别适用于大数据集和高维数据。LightGBM 通过引入多项优化技术,实现了快速训练速度、低内存使用和高精度,在实际应用中表现出色。

LightGBM 基于梯度提升决策树(GBDT)的原理,利用多个决策树的集合来提升模型的预测能力。GBDT 通过逐步添加新的树来纠正前一棵树的错误。具体来说,每一棵树的构建都是为了拟合前一棵树的残差。LightGBM 在 GBDT 的基础上引入了直方算法(Histogrambased Algorithm)和叶子明智增长策略(Leaf-wise Growth Strategy),以进一步优化训练速度和内存使用。

（1）直方算法

传统的 GBDT 算法在构建决策树时,需要对每一个特征的每一个可能的分割点计算损失,这一过程非常耗时。直方算法通过将连续特征值离散化为有限个整数（称为 bin）,极大地减少了计算量。具体做法是先对特征进行分桶（即 bin）处理,然后在每个桶中计算损失,从而大幅提升训练速度。

（2）叶子增长策略

采用了叶子明智增长策略（Leaf-wise Growth Strategy）,即每次选择分裂增益最大的叶子节点进行分裂,而不是像传统 GBDT 那样按层次进行分裂（Level-wise）。这种策略可以更有效地降低训练误差,但也可能导致模型复杂度的增加和过拟合。为了解决这一问题,LightG-BM 引入了最大深度、最小分裂增益等参数,用户可以通过调整这些参数来控制模型的复杂度。

（3）并行和分布式计算

通过数据并行和特征并行,LightGBM 在多核处理器和分布式环境下能够显著提升训练速度。此外,LightGBM 还支持分布式训练模式,可以在多台机器上协同工作,从而进一步提高处理大数据的能力。

（4）参数调优

为了充分发挥 LightGBM 的性能,参数调优是不可或缺的一部分。常用的参数包括学习率（learning_rate）、树的数量（num_leaves）、最大深度（max_depth）、特征分裂最小增益（min_gain_to_split）等。学习率决定每棵树对最终模型的影响程度,较小的学习率通常需要更多的树。树的数量和最大深度控制模型的复杂度,而特征分裂最小增益则用于防止过拟合。通过交叉验证等方法,可以找到最佳的参数组合,从而提升模型的泛化能力和预测准确性。

8.7.2　LightGBM 模型实践

此次实践使用 LightGBM 进行风速预测和订正,并绘制结果图表。

```
from matplotlib import rcParams
import lightgbm as lgb
# 同 XGBoost 生成数据部分一样

# 数据拆分
X_train, X_test, y_train, y_test = train_test_split(WRF.reshape(-1, 1), OBS,
test_size = 0.2, random_state = 42)
# 创建 LightGBM 数据集
train_data = lgb.Dataset(X_train, label = y_train)
test_data = lgb.Dataset(X_test, label = y_test, reference = train_data)
# 设置参数
params = {
    'objective':'regression',
    'metric':'rmse',
    'boosting_type':'gbdt',
    'verbose': -1
```

```
}
# 训练模型
callbacks = [lgb.early_stopping(stopping_rounds = 10)]
model = lgb.train(params, train_data, num_boost_round = 1000, valid_sets =
[train_data, test_data], callbacks = callbacks)
# 预测
predictions = model.predict(WRF.reshape(-1, 1), num_iteration = model.best_iteration)
# 绘图
plt.figure(figsize = (10, 5))
plt.plot(OBS, 'g-', label = 'OBS')
plt.plot(WRF, 'y-', label = 'WRF')
plt.plot(predictions, 'r-', label = 'LightGBM')
plt.xlabel('样本点(间隔为 15min)', fontsize = 12)
plt.ylabel('70 m 风速(m/s)', fontsize = 12)
plt.legend()
plt.title('LightGBM 风速订正', fontsize = 14)
plt.show()
```

输出结果如图 8.5 所示。

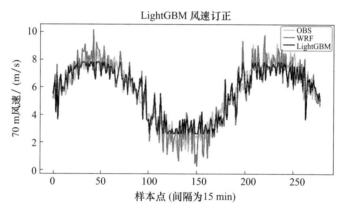

图 8.5 LightGBM 模型风速预测结果(彩图见书末)

8.8 Stacking 序列集成学习

堆叠(Stacking)通过组合多个基学习器(基模型)的预测结果来提升最终模型的性能。其核心思想是利用不同模型在不同数据分布特征下的优势,最终通过一个元学习器(meta-learner)将这些优势结合起来,形成一个更为强大的预测模型。

8.8.1 Stacking 模型结构

Stacking 通常分为两层或多层模型结构:

第一层(基学习器):这一层由多个不同类型的模型组成(例如决策树、线性回归、支持向量机等）。每个基学习器独立地对训练数据进行学习,并生成预测结果。

第二层(元学习器):这一层使用第一层模型的预测结果作为新的特征,训练一个新的模型,称为元学习器。元学习器学习如何最佳地组合第一层的预测结果,以得到最终的预测。

8.8.2　Stacking 模型流程

(1)训练基学习器

将训练数据集 (X, y) 划分为 k 个互斥的子集。对于每个基学习器 M_i,执行以下步骤:从 k 个子集中选择 $k-1$ 个子集作为训练集,剩余的一个子集作为验证集。

在训练集上训练基学习器 M_i;在验证集上进行预测,得到预测结果;重复上述过程 k 次(即 k 折交叉验证),确保每个基学习器对所有数据都进行了预测。

(2)生成第二层的训练集

在完成基学习器的训练后,生成第二层的训练集。第二层训练集的特征是基学习器的预测结果,目标变量仍然是原始的目标变量。

假设有三个基学习器 M_1, M_2, M_3,每个基学习器在训练集 (X, y) 上进行了 k 折交叉验证,并生成了预测结果 $\hat{y}_1, \hat{y}_2, \hat{y}_3$。可以将这些预测结果组合成新的特征矩阵 Z:$Z = [\hat{y}_1, \hat{y}_2, \hat{y}_3]$。其中,$Z$ 的每一列是一个基学习器的预测结果。

(3)训练元学习器

在第二层训练集 Z 上,训练元学习器 M_{meta}。元学习器的目标是学习如何最优地组合基学习器的预测结果,以得到更好的最终预测。

例如,选择线性回归作为元学习器,在新的训练集 Z 上进行训练,目标变量仍然是原始的目标变量 y。$M_{\text{meta}}: Z \rightarrow y$。元学习器学习如何将基学习器的预测结果组合起来,以提高最终模型的预测性能。

(4)最终预测

在训练完成后,使用 Stacking 模型进行最终预测。具体步骤如下:

对于新的输入数据 X_{new},每个基学习器生成初始预测 $\hat{y}_{i, \text{new}}$:

$$\hat{y}_{i, \text{new}} = M_i(X_{\text{new}}), i = 1, 2, \cdots, k \tag{8.19}$$

将这些预测结果组合成新的特征向量 Z_{new}:

$$Z_{\text{new}} = [\hat{y}_{1, \text{new}}, \hat{y}_{2, \text{new}}, \hat{y}_{3, \text{new}}] \tag{8.20}$$

元学习器根据这个新的特征向量 Z_{new} 进行最终预测:

$$\hat{y}_{\text{final}} = M_{\text{meta}}(Z_{\text{new}}) \tag{8.21}$$

元学习器将基学习器的预测结果作为输入,并生成最终的预测结果,Stacking 算法参考 8.10.2 节内容。

8.9　Bagging 经典并行集成学习

并行集成学习是一类集成学习方法,其基本思想是通过训练多个独立的基学习器并将它们的结果进行组合来提高模型的性能和稳定性。

Bagging(Bootstrap Aggregating)通过引入数据扰动来提高模型的泛化能力和稳定性,尤其在基学习器容易过拟合的情况下表现突出(Song et al.,2022a;Chen et al.,2022c)。Bagging 的核心思想是通过自助法(Bootstrap)生成多个不同的子数据集,并在这些子数据集上训练多个基学习器,最后将这些基学习器的预测结果进行组合,从而提升整体模型的性能。

Bagging 的实现步骤:①数据采样:从原始数据集中有放回地随机抽样,生成 B 个大小为 N 的子数据集。每个子数据集包含 N 个样本,但由于是有放回地抽样,子数据集中会有重复的样本。②模型训练:在每个子数据集上训练一个基学习器(如决策树)。③结果组合:将所有基学习器的预测结果进行组合。对于回归任务,取预测值的平均;对于分类任务,取预测类别的多数票。

数学表示:

设 D 是原始数据集,$\{D_i\}_{i=1}^B$ 是通过自助法生成的子数据集,$\{h_i\}_{i=1}^B$ 是在这些子数据集上训练的基学习器,则 Bagging 的预测结果 $\hat{y}$ 为:

回归任务:$\hat{y} = \dfrac{1}{B}\sum_{i=1}^{B} h_i(x)$

分类任务:$\hat{y} = \text{mode}\{h_i(x)\}_{i=1}^B$

Bagging 的优点:①降低方差:通过训练多个基学习器并对其结果进行组合,可以显著降低模型的方差,减少过拟合现象。②提高稳定性:模型对数据中的噪声和异常值更不敏感,提高了预测的稳定性和鲁棒性。③易于并行化:由于各个基学习器是独立训练的,Bagging 非常适合并行化计算,可以利用多核处理器或分布式系统进行加速。

Bagging 的缺点:①增加计算成本:训练多个基学习器需要更多的计算资源和时间,尤其是在基学习器复杂或数据集较大时。对于大规模数据集或复杂模型,Bagging 的计算开销可能变得不可忽略。②模型解释性差:由于集成了多个模型,Bagging 的最终模型较为复杂,难以进行解释。相比于单一模型,集成模型的透明度较低,对于某些需要高解释性的应用场景,Bagging 可能不适用。

Bagging 通常用于以下几种情况:①高方差模型:如决策树,特别是深度较大的决策树。Bagging 能有效减少这些模型的方差,提升泛化性能。②小数据集:当数据集较小时,通过自助法生成多个子数据集,Bagging 能更充分地利用有限的数据,提高模型的稳定性。③不平衡数据:Bagging 通过对原始数据集进行有放回的抽样,能够在一定程度上缓解类别不平衡的问题,提高模型对少数类别的识别能力。

随机森林(Random Forest)是 Bagging 的典型算法。它在 Bagging 的基础上,通过在训练决策树进行特征选择时进一步增加了模型的多样性,从而提高了模型的准确性和稳定性。具体内容和应用将在下一节进行详细介绍。

8.10 随机森林模型

8.10.1 随机森林原理

随机森林是一种基于决策树的 Bagging 方法,通过两种主要技术提升决策树的性能:自助聚合(Bootstrap Aggregating,即 Bagging)和特征随机选择。其核心思想是利用多棵决策树进行集成,从而增强模型的准确性和鲁棒性。

在特征选择方面,在每次分裂决策树节点时,随机森林并非查看所有特征,而是随机选择一部分特征进行分裂。这种方法进一步增加了模型的多样性,降低了树与树之间的相关性,从而提高整体模型的性能。

随机森林的预测过程通过汇总所有决策树的预测结果来实现。分类任务:采用投票机制,最终分类结果由大多数树决定。回归任务:采用平均法,即所有树的预测结果的平均值作为最终的预测输出。

随机森林算法的基础是决策树,其关键公式包括信息增益和基尼不纯度。信息增益用于选择最好的数据分割方式,以增加每次分割后系统的有序程度。信息增益 IG 可以通过以下公式计算:

$$IG(D,f) = I(D) - \left(\frac{|D_1|}{|D|} I(D_1) + \frac{|D_2|}{|D|} I(D_2) \right) \tag{8.22}$$

式中,I 表示数据集 D 的不确定性(通常是熵或基尼不纯度),D_1 和 D_2 是根据特征 f 分割后的两个子集。高信息增益意味着使用特征 f 分割后不确定性减少最多。

随机森林的优点:①抗过拟合能力强:由于采用了 Bagging 和特征随机选择策略,随机森林在处理高维特征的大型数据集时,比单一决策树更不容易过拟合。②特征重要性评估:随机森林能自动评估各个特征的重要性。使用频率高且信息增益大的特征被认为更重要。③易于并行化:每棵决策树的训练过程是相互独立的,非常适合并行处理。

8.10.2　随机森林、Lasso、GBDT 和 Stacking 模型实践

```python
import numpy as np
import pandas as pd
import matplotlib.pyplot as plt
from sklearn.ensemble import RandomForestRegressor, GradientBoostingRegressor, StackingRegressor
from sklearn.linear_model import Lasso
from sklearn.model_selection import train_test_split
from sklearn.metrics import mean_absolute_error, r2_score
from sklearn.linear_model import Ridge
from sklearn.neighbors import KNeighborsRegressor


# 生成模拟数据
np.random.seed(42)
n_samples = 200
temperature = np.random.uniform(low=10, high=35, size=n_samples)  # 温度数据
precipitation = np.random.uniform(low=0, high=100, size=n_samples)  # 降水量数据
wind_speed = np.random.uniform(low=0, high=20, size=n_samples)  # 风速数据


# 生成目标变量(模拟气象指标,例如气压)
pressure = 1013.25 - 0.1 * temperature + 0.01 * precipitation + 0.05 * wind_speed + np.random.normal(scale=2.0, size=n_samples)
# 创建 DataFrame
data = pd.DataFrame({'Temperature': temperature, 'Precipitation': precipitation, 'WindSpeed': wind_speed, 'Pressure': pressure})
```

```
# 划分训练集和测试集
X = data[['Temperature','WindSpeed','Pressure']]
y = data['Precipitation'] # 将目标变量调整为降水量
X_train, X_test, y_train, y_test = train_test_split(X, y, test_size = 0.2, random_
state = 42)
```

```
# 定义模型
models = {
    'Random Forest': RandomForestRegressor(n_estimators = 100, random_state = 42),
    'Lasso': Lasso(alpha = 0.1),
    'Gradient Boosting': GradientBoostingRegressor(n_estimators = 100, random_
state = 42),
    'Stacking Regressor': StackingRegressor(
        estimators = [
            ('rf', RandomForestRegressor(n_estimators = 100, random_state = 42)),
            ('gb', GradientBoostingRegressor(n_estimators = 100, random_state = 42)),
            ('ridge', Ridge())
        ],
        final_estimator = KNeighborsRegressor()
    )
}
```

```
# 训练模型并预测
results = {}
for name, model in models.items():
    model.fit(X_train, y_train)
    y_pred = model.predict(X_test)
    r2 = r2_score(y_test, y_pred)
    mae = mean_absolute_error(y_test, y_pred)
    results[name] = {'r2': r2, 'mae': mae, 'y_pred': y_pred}
# 绘制结果
plt.figure(figsize = (12, 10))
for i, (name, result) in enumerate(results.items(), 1):
    plt.subplot(2, 2, i)
    plt.scatter(y_test, result['y_pred'], alpha = 0.6, s = 100, edgecolors = 'w',
linewidth = 0.5)
    plt.plot([y_test.min(), y_test.max()], [y_test.min(), y_test.max()], 'r--')
    plt.xlabel('Actual values')
    plt.ylabel('Predicted values')
    plt.title(f'{name}\nR2: {result["r2"]:.2f} + - 0.04\nMAE: {result["mae"]:.2f} +-
```

0.01\nEvaluation in {np. random. uniform(0.1, 2):.2f} seconds')

```
    plt. suptitle('Prediction of Precipitation using Various Models', fontsize = 16)
    plt. tight_layout(rect = [0, 0.03, 1, 0.95])
    plt. show()
```

第9章 支持向量机

在机器学习的众多算法中,支持向量机(Support Vector Machine,SVM)以其强大的分类和回归能力而著称。SVM 是由 Vladimir Vapnik(1995)和他的同事在 1990 年代早期提出的,其核心思想是找到一个最优的超平面,以最大化类间间隔,实现对数据的有效分类。在实践中,SVM 展现了优异的性能,尤其是在处理高维数据和复杂非线性问题时(Cortes et al.,1995)。本章内容涵盖了 SVM 的基本理论、间隔与支持向量、SVM 的求解方法、软间隔与正则化、SVM 回归及核方法等多个方面。SVM 通过数学优化方法,寻找能将数据点正确分类的最佳超平面,并利用核函数(Kernel Function)将线性不可分问题转换为高维空间中的线性可分问题,从而实现非线性分类。这个特性使得 SVM 在各种复杂的实际应用中表现出色,包括数据分类、图像识别、数据分析等领域。

9.1 支持向量机介绍

支持向量机基本思想是通过寻找一个最优的分类超平面,使其能够有效地划分两类数据,并保证分类间隔最大。现有的支持向量机主要分为两种类型:①支持向量分类机(SVC):主要用于解决分类问题(Joachims,1998)。②支持向量回归机(SVR):主要用于解决回归问题(Drucker et al.,1997)。SVM 算法不仅在理论上具有优良的性质,如解的唯一性和全局最优性,而且在实践中也展现出良好的泛化能力(Schölkopf et al.,1999;Schölkopf et al.,2002)。

SVM 的主要特点:①高维空间分类:能够在高维空间中构造分类器,适合处理特征数量多、关系复杂的任务(Boyd et al.,2004)。②非线性映射:通过核函数将低维非线性问题映射到高维线性空间,有效解决非线性分类问题(Joachims,2006)。③小样本学习:对于有限样本的学习问题,SVM 能够在一定程度上避免过拟合和欠拟合(Hsieh et al.,2008)。

SVM 相比其他算法的优势:①结构简单:SVM 结构简单,功能强大,运算前不需要确定隐含层节点个数,能够根据实际问题的需要自动调节规模。②适用于有限样本:SVM 模型适用于样本数量有限的情况,能够在现有信息下寻求最优解,而非依赖于样本数据无限大时的最优解,因此特别适合于数据有限的情况下进行聚类分析。③全局最优解:SVM 模型将问题转化为二次型寻优的问题,避免了在神经网络中的局部极值问题,能够求得全局最优点,并解决了由于异常数据对聚类结果的影响。④非线性变换:SVM 模型通过非线性变换将样本数据映射到高维特征空间,从而构造线性判别函数,这一特性使得 SVM 模型具有较好的推广能力,并且其算法复杂度与样本数据维数无关,巧妙地解决了维数问题(Williams et al.,2001;Tsang et al.,2006;Rahimi et al.,2007;Yang et al.,2012)。

9.2 间隔与支持向量

给定训练样本集 D,如公式(9.1)所示。

$$D = \{(x_1, y_1), (x_2, y_2), \cdots, (x_m, y_m)\}$$

$$条件 : x_i = \begin{bmatrix} x_{i1} \\ x_{i2} \\ \vdots \\ x_{id} \end{bmatrix} \in R^d ; y_i \in \{+1, -1\} \tag{9.1}$$

分类学习最基本的想法就是基于训练集 D 在样本空间中找到一个划分超平面,将不同类别的样本分开,但能将训练样本分开的划分超平面可能有很多,如图 9.1 所示,应该努力去找到哪一个呢?

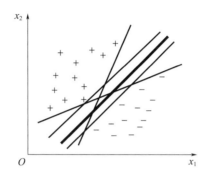

图 9.1　存在多个划分超平面可将两类训练样本分开

直观上,应该寻找位于两类训练样本"正中间"的划分超平面,即图 9.1 中的黑色粗线,因为该划分超平面对训练样本局部扰动有最佳容忍性。例如,由于训练集的局限性或噪声因素,训练集外的样本可能比图 9.1 中的训练样本更接近两个类的分隔界。这将使许多划分超平面出现错误,而黑色粗线的超平面受影响最小。

在样本空间中,所有超平面如(9.2)式所示,而黑色粗线所示的超平面如公式所示的线性方程来描述。

$$H = \{g \mid g(x) = \boldsymbol{w}^{\mathrm{T}} x + b, \boldsymbol{w}, x \in R^d, b \in R\}$$
$$y = \boldsymbol{w}^{\mathrm{T}} x + b \tag{9.2}$$

式中,$\boldsymbol{w}$ 为法向量,决定了超平面的方向,b 为位移项,决定了超平面与远点之间的距离。显然,划分超平面可以被法向量 $\boldsymbol{w}$ 和位移 b 确定,而泛化能力最强的超平面如图 9.2 中黑色实线所示。

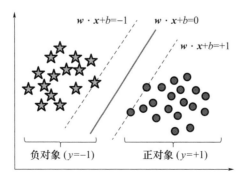

图 9.2　不同间隔的超平面的泛化能力

假设在该超平面上有两个特征向量 $\boldsymbol{x}_1$ 与 $\boldsymbol{x}_2$，则应有

$$\boldsymbol{w}^{\mathrm{T}}\boldsymbol{x}_1 + b = \boldsymbol{w}^{\mathrm{T}}\boldsymbol{x}_2 + b \Rightarrow \boldsymbol{w}^{\mathrm{T}}(\boldsymbol{x}_1 - \boldsymbol{x}_2) = 0 \tag{9.3}$$

式中 $(\boldsymbol{x}_1 - \boldsymbol{x}_2)$ 是一个向量，(9.3)式表明向量 $\boldsymbol{w}$ 与该平面上任两点组成的向量 $(\boldsymbol{x}_1 - \boldsymbol{x}_2)$ 正交，因此 $\boldsymbol{w}$ 就是该超平面的法向量。设 x_p 是特征空间任意一点 x 在超平面上的投影。$\dfrac{\boldsymbol{w}}{\|\boldsymbol{w}\|}$ 是超平面(图 9.3)的单位法向量，r 为点 x 到超平面的距离，则：

$$x = x_p + r\,\frac{\boldsymbol{w}}{\|\boldsymbol{w}\|} \tag{9.4}$$

$$g(x) = \boldsymbol{w}^{\mathrm{T}}x + b = \boldsymbol{w}^{\mathrm{T}}\left(x_p + r\,\frac{\boldsymbol{w}}{\|\boldsymbol{w}\|}\right) + b = \boldsymbol{w}^{\mathrm{T}}x_p + b + r\,\frac{\boldsymbol{w}^{\mathrm{T}}\boldsymbol{w}}{\|\boldsymbol{w}\|} \tag{9.5}$$

$$g(x_p) = \boldsymbol{w}^{\mathrm{T}}x_p + b = 0 \Rightarrow r = \frac{g(x)}{\|\boldsymbol{w}\|} \tag{9.6}$$

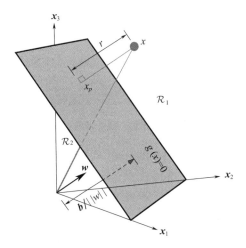

图 9.3　样本空间中的点到超平面的距离

若 $x = 0$，则 $g(x) = b$，则原点到超平面的距离为 $\dfrac{b}{\|\boldsymbol{w}\|}$。

假设训练集是线性可分的，即(9.7)式成立：

$$\begin{cases} 若\quad y_i = +1 \quad 则 \quad \boldsymbol{w}^{\mathrm{T}}x_i + b > 0 \\ 若\quad y_i = -1 \quad 则 \quad \boldsymbol{w}^{\mathrm{T}}x_i + b < 0 \end{cases} \tag{9.7}$$

则：

$$\begin{cases} \boldsymbol{w}^{\mathrm{T}}x_i + b = c \geqslant 0 \\ k\boldsymbol{w}^{\mathrm{T}}x_i + kb = kc \geqslant 0 \end{cases} \tag{9.8}$$

令：

$$\begin{cases} \boldsymbol{w}^{\mathrm{T}}x_i + b \geqslant +1 \quad 若 \quad y_i = +1 \\ \boldsymbol{w}^{\mathrm{T}}x_i + b \leqslant -1 \quad 若 \quad y_i = -1 \end{cases} \tag{9.9}$$

如图 9.4 所示，距离超平面最近的这几个训练样本点使上式的等号成立，它们被称为"支持向量"(support vector)，两个异类支持向量到超平面的距离之和定义为间隔：

$$\gamma = \frac{2}{\|\boldsymbol{w}\|} \tag{9.10}$$

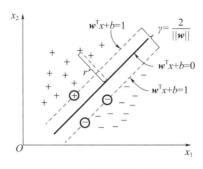

图 9.4 支持向量与间隔

想要找到具有"最大间隔"的划分超平面,也就是要找到能满足上式中约束的参数 w 和 b,使得"间隔"最大。即:

$$\max_{w,b} \frac{2}{\|w\|}$$
$$s.t. \quad y_i(w^{\mathrm{T}}x_i+b) \geqslant 1 \quad i=1,2,\cdots,m \tag{9.11}$$

显然,为了最大化间隔,上式可重写为:

$$\min_{w,b} \frac{1}{2}\|w\|^2$$
$$s.t. \quad y_i(w^{\mathrm{T}}x_i+b) \geqslant 1 \quad i=1,2,\cdots,m \tag{9.12}$$

这就是支持向量机的基本型。

9.3 支持向量机求解

支持向量机的基本型是二次凸优化问题(convex quadratic programming),能直接用现成的优化计算包求解。但可以找到更高效的办法,通过对支持向量机的基本型使用拉格朗日乘子法,可得到其"对偶问题"(dual problem)。

求解问题 1:$\min\limits_{w,b}\max\limits_{\alpha}L(w,b,\alpha)$

对偶问题:$\max\limits_{\alpha}\min\limits_{w,b}L(w,b,\alpha)$

具体来说,对支持向量机的基本型的每条约束添加拉格朗日乘子 $\alpha>0$,则该问题的拉格朗日函数可写为:

$$L(w,b,\alpha)=\frac{1}{2}\|w\|^2+\sum_{i=1}^{m}\alpha_i(1-y_i(w^{\mathrm{T}}x_i+b)) \tag{9.13}$$

求解:

$$因 \frac{\partial L(w,b,\alpha)}{\partial w}=0=w-\sum_{i=1}^{m}\alpha_i y_i x_i \tag{9.14}$$

$$\Rightarrow w=\sum_{i=1}^{m}\alpha_i y_i x_i \tag{9.15}$$

$$因 \frac{\partial L(w,b,\alpha)}{\partial b}=0 \Rightarrow \sum_{i=1}^{m}\alpha_i y_i=0 \tag{9.16}$$

继续求解可以得到:

$$L(\alpha) = \sum_{i=1}^{m} \alpha_i - \frac{1}{2}\sum_{i=1}^{m}\sum_{j=1}^{m}\alpha_i\alpha_j y_i y_j x_i^{\mathrm{T}} x_j \tag{9.17}$$

求解问题 2：

$$\max_{\alpha}\sum_{i=1}^{m} \alpha_i - \frac{1}{2}\sum_{i=1}^{m}\sum_{j=1}^{m}\alpha_i\alpha_j y_i y_j x_i^{\mathrm{T}} x_j \tag{9.18}$$

$$\sum_{i=1}^{m}\alpha_i y_i = 0; \alpha_i \geqslant 0, i = 1,2,\cdots,m \tag{9.19}$$

这是一个二次规划问题，可以使用通用的二次规划算法来求解。然而，该问题的规模正比于训练样本数，这会在实际任务中造成很大的开销。人们提出了很多高效算法，SMO(Sequential Minimal Optimization)是其中一个著名的代表。

9.4　线性不可分支持向量机

在前面章节中，介绍了线性可分支持向量机(SVM)的间隔最大化算法。然而，对于线性不可分的数据，线性可分 SVM 算法就显得无能为力了。如果训练样本是线性可分的，就能找到一个划分超平面将训练样本正确分类。然而，在现实任务中，常常遇到线性不可分的情况，即在原始样本空间中不存在一个能正确划分两类样本的超平面。例如，图 9.5 中的"异或"问题就是线性不可分的。

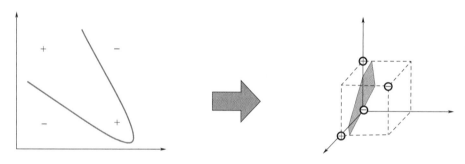

图 9.5　异或问题与非线性映射

为了解决这个问题，可以将样本从原始空间映射到一个更高维的特征空间，使得样本在这个特征空间内线性可分。例如，在图 9.5 中，如果将原始的二维空间映射到一个合适的三维空间，就能找到一个合适的划分超平面。如果原始空间是有限维的，即属性数有限，那么一定存在一个高维特征空间，使得样本可以被分开。令 $\phi(x)$ 表示将 x 映射后的特征向量，于是，在特征空间中划分超平面所对应的模型可表示为：

$$D \Rightarrow g(x) = w^{\mathrm{T}} x + b \Rightarrow \max_{w,b}\frac{2}{|w|} \tag{9.20}$$

支持向量机基本模型：
问题 1：

$$\min_{w,b}\frac{1}{2}\parallel w \parallel^2 \tag{9.21}$$
$$s.t.\quad y_i(w^{\mathrm{T}} x_i + b) \geqslant 1 \quad i = 1,2,\cdots,m$$

问题 2：

$$\max_{\alpha} \sum_{i=1}^{m} \alpha_i - \frac{1}{2} \sum_{i=1}^{m} \sum_{j=1}^{m} \alpha_i \alpha_j y_i y_j x_i^{\mathrm{T}} x_j \tag{9.22}$$

$$s.t. \quad \sum_{i=1}^{m} \alpha_i y_i = 0; \alpha_i \geqslant 0, i = 1, 2, \cdots, m$$

问题 3：

$$\max_{\alpha} \sum_{i=1}^{m} \alpha_i - \frac{1}{2} \sum_{i=1}^{m} \sum_{j=1}^{m} \alpha_i \alpha_j y_i y_j \langle \phi(x_i), \phi(x_j) \rangle \tag{9.23}$$

$$s.t. \quad \sum_{i=1}^{m} \alpha_i y_i = 0; \alpha_i \geqslant 0, i = 1, 2, \cdots, m$$

9.5　核函数

核函数(Kernel Function)是支持向量机处理线性不可分问题的核心工具。通过引入核函数,SVM 能够在高维特征空间内进行分类,而不需要显式地计算每个样本的高维特征向量。核函数是一种从低维输入空间 X 到高维希尔伯特空间 H 的映射。如果存在函数 $K(x,z)$ 对于任意 $x,z \in X$ 都有：$K(x,z) = \phi(x) \cdot \phi(z)$ 就称 $K(x,z)$ 为核函数。

$$y = g(x) = w^{*\mathrm{T}} \phi(x) + b^{*}$$
$$= \sum_{i=1}^{m} \alpha_i^{*} y_i K(x, x_i) + y_j - \sum_{i=1}^{m} \alpha_i^{*} y_i K(x_i, x_j) \tag{9.24}$$

核函数定理：设 X 是输入空间,$K(x_m, x_m)$ 是定义在 X 上的对称函数,则 K 是核函数当且仅当对任意数据 $D = \{x_1, x_2, \cdots, x_m\}$,核矩阵 K_M 总是半正定的。

$$K_M = \begin{bmatrix} K(x_1, x_1) & K(x_1, x_2) & \cdots & K(x_1, x_m) \\ K(x_2, x_1) & K(x_2, x_2) & \cdots & K(x_2, x_m) \\ \vdots & \vdots & \vdots & \vdots \\ K(x_m, x_1) & K(x_m, x_2) & \cdots & K(x_m, x_m) \end{bmatrix} \tag{9.25}$$

该定理表明,只要一个对称函数所对应的核矩阵是半正定的,它就能作为核函数。事实上,对于一个半正定核矩阵,总能找到一个与之对应的映射。换言之,任何一个核函数都隐式地定义了一个称为"再生核希尔伯特空间"(Reproducing Kernel Hilbert Space,简称 RKHS)的特征空间。

通过前面的讨论可知,希望样本在特征空间内线性可分,因此特征空间的好坏对支持向量机的性能至关重要。需注意的是,在不知道特征映射的形式时,并不知道什么样的核函数是合适的,而核函数也仅是隐式地定义了这个特征空间。于是,"核函数选择"成为支持向量机的最大变量。若核函数选择不合适,则意味着将样本映射到了一个不合适的特征空间,可能导致性能不佳。

从定理来看,要确保对任意的集合都满足核矩阵半正定条件,因此找到一个合适的核函数是相当困难的。在实际应用中,核函数的选择往往需要结合领域知识和经验,常见的选择策略包括：①线性核:适用于特征维数较高且样本线性可分的情况。②多项式核:适用于数据之间存在多项式关系的情况,参数需要通过交叉验证等方法调优。③高斯核(RBF 核):是一种常用的万能核函数,适用于大多数情况,参数 σ 需要调优。④Sigmoid 核:常用于神经网络的激活函数,但在 SVM 中应用较少。表 9.1 列出了几种常用的核函数。

表 9.1　几种常用的核函数

名称	表达式	参数
线性核	$\kappa(x_i, x_j) = x_i^\mathrm{T} x_j$	
多项式核	$\kappa(x_i, x_j) = (x_i^\mathrm{T} x_j)^d$	$d \geqslant 1$ 为多项式的次数
高斯核	$\kappa(x_i, x_j) = \exp\left(-\dfrac{\parallel x_i - x_j \parallel^2}{2\sigma^2}\right)$	$\sigma > 0$ 为高斯核的带宽(width)
拉普拉斯核	$\kappa(x_i, x_j) = \exp\left(-\dfrac{\parallel x_i - x_j \parallel}{\sigma}\right)$	$\sigma > 0$
Sigmoid 核	$\kappa(x_i, x_j) = \tanh(\beta x_i^\mathrm{T} x_j + \theta)$	$\tanh$ 为双曲正切函数,$\beta > 0, \theta < 0$

核函数可以通过函数运算获得:

①若 $K_1(x, z), K_2(x, z)$ 是核函数,s_1, s_2 是任意正数,其线性组合:$s_1 K_1(x, z) + s_2 K_2(x, z)$ 也是核函数;

②若 $K_1(x, z), K_2(x, z)$ 是核函数,则核函数的直积也是核函数;

③若 $K_1(x, z)$ 是核函数,$g(x)$ 是任意函数,$K(x, z) = g(x) K_1(x, z) g(z)$ 也是核函数。

通过合理选择和构造核函数,可以使得线性不可分的样本在高维空间内变得线性可分,从而有效提升支持向量机的分类性能。

9.6　软间隔与正则化

在前面的讨论中,假定训练样本在样本空间或特征空间中是线性可分的,即存在一个超平面能将不同类的样本完全划分开,然而,在现实任务中往往很难确定合适的核函数使得训练样本在特征空间中线性可分;即使恰好找到了某个核函数使训练集在特征空间中线性可分,也很难断定线性可分的结果不是由于过拟合所造成的。

9.6.1　软间隔支持向量机

缓解这个问题的一种方法是允许支持向量机在一些样本上出错,为此需要引入"软间隔"(soft margin)的概念,如图 9.6、图 9.7 所示。

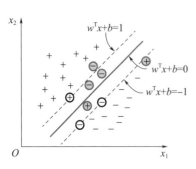

图 9.6　软间隔示意图 1
(灰色圈出了不满足约束的样本)

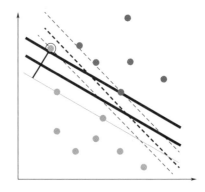

图 9.7　软间隔示意图 2
(黑色和粗黑实线代表线性泛化性能不佳)

　　具体来说,前面介绍的支持向量机形式要求所有样本均满足约束,即所有样本都必须划分正确,这称为"硬间隔"(hard margin),而软间隔则允许某些样本不满足约束。优化目标可以写为:

$$\min_{w,b} \frac{1}{2} \parallel w \parallel^2 + C\sum_{i=1}^{m} l_{0/1}(y_i(w^T x_i + b) - 1) \qquad (9.26)$$

$$条件:$$

$$C > 0 ; l_{0/1}(z) = \begin{cases} 1 & 若 \quad z < 0 \\ 0 & 其他 \end{cases} \qquad (9.27)$$

$l_{0/1}$ 称为损失函数

　　显然,当 C 为无穷大时,上式要求所有样本均满足约束;而当 C 取有限值时,这一方程允许一些样本不满足约束。然而,$l_{0/1}$ 既非凸又非连续,使得上式不易直接求解。于是,人们通常用其他一些函数来代替 $l_{0/1}$,称为"替代损失"(surrogate loss)。替代损失函数一般具有较好的数学性质,例如它们通常是凸的连续函数,并且是 $l_{0/1}$ 的上界,如图 9.8 所示。下面给出三种常用的替代损失函数:

$$l_{\text{hinge}}(z) = \max\{0, 1-z\} \qquad (9.28)$$

$$l_{\exp}(z) = \exp(-z) \qquad (9.29)$$

$$l_{\log}(z) = \log(1 + \exp(-z)) \qquad (9.30)$$

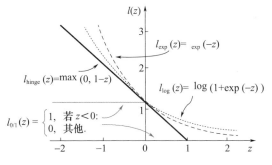

图 9.8　三种常见的替代损失函数:hinge 损失、指数损失、对率损失

　　若采用 hinge 损失,$l_{\text{hinge}}(z) = \max\{0, 1-z\}$,则

$$\min_{w,b} \frac{1}{2} \parallel w \parallel^2 + C\sum_{i=1}^{m} l_{0/1}(y_i(w^T x_i + b) - 1) \qquad (9.31)$$

$$\Rightarrow \min_{w,b} \frac{1}{2} \parallel w \parallel^2 + C\sum_{i=1}^{m} \max\{0, 1 - y_i(w^T x_i + b)\}$$

$$\Rightarrow \min_{w,b} \frac{1}{2} \parallel w \parallel^2 + C\sum_{i=1}^{m} \xi_i$$

式中:$\xi_i \geqslant 0$,称为松弛变量,表示第 i 个样本不满足约束的程度。

　　于是,则有软间隔支持向量机:

$$\min_{w,b} \frac{1}{2} \parallel w \parallel^2 + C\sum_{i=1}^{m} \xi_i$$

$$s.t.$$

$$y_i(w^T x_i + b) \geqslant 1 - \xi_i \quad i = 1, 2, \cdots, m \qquad (9.32)$$

$$\xi_i \geqslant 0, i = 1, 2 \cdots, m$$

9.6.2 软间隔支持向量机求解

软间隔支持向量机中每个样本都有一个对应的松弛变量,用以表征该样本不满足约束的程度。虽然这仍是一个二次规划问题,但通过拉格朗日乘子法可以得到拉格朗日函数:

$$L(w,b,\alpha,\xi,\mu) = \frac{1}{2}\parallel w\parallel^2 + C\sum_{i=1}^{m}\xi_i +$$

$$\sum_{i=1}^{m}\alpha_i(1-\xi_i-y_i(w^{\mathrm{T}}x_i+b)) - \sum_{i=1}^{m}\mu_i\xi_i \tag{9.33}$$

求解的问题 $\min\limits_{w,b,\xi}\max\limits_{\alpha,\mu}L(w,b,\alpha,\xi,\mu)$,转换为对偶问题 $\max\limits_{\alpha,\mu}\min\limits_{w,b,\xi}L(w,b,\alpha,\xi,\mu)$

$$\max_{\alpha}\sum_{i=1}^{m}\alpha_i - \frac{1}{2}\sum_{i=1}^{m}\sum_{j=1}^{m}\alpha_i\alpha_j y_i y_j x_i^{\mathrm{T}}x_j \tag{9.34}$$

$$s.t. \quad \sum_{i=1}^{m}\alpha_i y_i = 0; C-\alpha_i-\mu_i = 0, \alpha_i \geqslant 0, \mu_i \geqslant 0; i=1,2,\cdots,m$$

对软间隔支持向量机,KKT 条件要求:

$$\begin{cases} \alpha_i\geqslant 0, \mu_i\geqslant 0 \\ y_i g(x_i)-1+\xi_i\geqslant 0 \\ \alpha_i(y_i g(x_i)-1+\xi_i)=0 \end{cases} \tag{9.35}$$

对训练集中的每一个样例 (x_i,y_i):总有 $\alpha_i=0$ 或 $y_i g(x_i)=1-\xi_i$(支持向量)。

$$b^* = \frac{1}{|S|}\sum_{s\in S}y_s - \sum_{i=1}^{m}\alpha_i^* y_i x_i^{\mathrm{T}}x_s \tag{9.36}$$

$$S=\{i|\alpha_i>0, i=1,2,\cdots,m\} \tag{9.37}$$

$$y = g(x) = w^{*\mathrm{T}}x + b^* \tag{9.38}$$

$$= \sum_{i=1}^{m}\alpha_i^* y_i x_i^{\mathrm{T}}x + y_j - \sum_{i=1}^{m}\alpha_i^* y_i x_i^{\mathrm{T}}x_j$$

上式中各参数的含义为:

x_i:训练集中第 i 个样本的输入特征向量。它表示的是数据点在特征空间中的坐标。

y_i:训练集中第 i 个样本的标签。y_i 通常取值为 -1 或 1,表示样本属于两个类别中的哪一个。

w:分类器的权重向量。它定义了超平面的方向,超平面用于将不同类别的样本尽可能地分开。

b:超平面的偏置(偏移量)。它决定了超平面在特征空间中的位置。

ξ_i:松弛变量,表示第 i 个样本违背软间隔约束的程度。它用于允许某些样本被错误分类或位于间隔内部。$\xi_i \geqslant 0$,如果 $\xi_i>0$,说明样本 i 没有满足间隔条件。

C:正则化参数,控制间隔的大小与误分类的权衡。较大的 C 倾向于对误分类进行严格的惩罚,使得分类器更关注于正确分类;较小的 C 则允许更多的误分类,以换取更大的间隔。

α_i:拉格朗日乘子,表示约束条件对优化问题的影响权重。在对偶问题中,α_i 决定了样本 i 是否为支持向量。当 $\alpha_i>0$ 时,对应的样本 i 是支持向量。

μ_i:用于处理松弛变量的拉格朗日乘子。

$g(x_i)$:分类器的决策函数输出,即 $w\cdot x_i+b$ 它表示样本 x_i 离决策边界的距离,并确定该样本的预测类别。

$L(w,b,\xi,\alpha,\mu)$：拉格朗日函数，是通过将约束条件引入到目标函数中，通过拉格朗日乘子形成的函数。它同时考虑了原始优化问题的目标函数和约束条件。

$y_ig(x_i)=1-\xi_i$：这个条件是 KKT 条件的一部分，描述了当第 i 个样本 x_i 为支持向量时，它距离分类边界的关系。具体来说，ξ_i 越大，表示样本 x_i 越偏离正确的分类。

$y_i(w\cdot x_i+b)\geqslant1-\xi_i$：这是软间隔支持向量机的约束条件，表明每个样本的距离应该不小于 $1-\xi_i$。当 $\xi=0$ 时，样本严格满足间隔条件；当 $\xi>0$ 时，样本可能位于间隔之内或被错误分类。

$\alpha_i=0$：表示样本 i 不是支持向量，它不对最终的决策边界产生影响。

若 $y_ig(x_i)=1-\xi_i$，该样本是支持向量：

若 $\alpha_i<C$，则 $\mu_i>0$，$\xi_i=0$ 样本落在支持向量上；

若 $\alpha_i=C$，则 $\mu_i=0$，$\xi_i<1$ 样本落在最大间隔中间；

若 $\xi_i=1$，样本落在 $g(x)$ 上，无法分类；

若 $\xi_i>1$，该样本被错误分类。

由此可看出，软间隔支持向量机的最终模型仅与支持向量有关，即通过采用 hinge 损失函数仍保持了稀疏性。

此外，如果使用对率损失函数来替代 $l_{0/1}$ 损失函数，就得到了对数回归模型。实际上，支持向量机与对率回归的优化目标相近，通常情形下它们的性能也相当。对率回归的优势主要在于其输出具有自然的概率意义，即在给出预测标记的同时也给出了概率，而支持向量机的输出不具有概率意义，欲得到概率输出需进行特殊处理。此外，对率回归能直接用于多分类任务，支持向量机则需要进行相应的推广。从图 9.8 可看出，hinge 损失有一块"平坦"的零区域，这使得支持向量机的解具有稀疏性，而对率损失是光滑的单调递减函数，不能导出类似支持向量的概念，因此对率回归的解依赖于更多的训练样本，其预测开销更大。

还可以把上式中的 $l_{0/1}$ 损失函数换成别的替代损失函数以得到其他学习模型，这些模型的性质与所用的替代函数直接相关，但它们具有一个共性：优化目标中的第一项用来描述划分超平面的"间隔"大小，优化问题可写为更一般的形式：

$$\min_g \Omega(g)+C\sum_{i=1}^m l(g(x_i),y_i) \tag{9.39}$$

从经验风险最小化的角度来看，$\Omega(g)$ 表述了希望获得何种性质的模型（例如，复杂度较小的模型），这为引入领域知识和用户意图提供了途径；另一方面，该信息有助于缩小假设空间，从而降低最小化训练误差的过拟合风险。从这个角度来说，上述优化问题称为"正则化"(regularization)问题，$\Omega(g)$ 称为正则化项，C 则称为正则化常数。L 范数(norm)是常用的正则化项，L2 范数用于均衡各个分量的取值；L0 范数、L1 范数用于实现非零分量的稀疏性。

9.7　支持向量机回归

前面介绍了 SVM 的线性分类和非线性分类，以及在分类时用到的算法。实际上 SVM 也可以用于求取回归模型，称为支持向量回归(Support Vector Regression,SVR)。

已知一数据集合(D)：

$$D=\{(x_1,y_1),(x_2,y_2),\cdots,(x_m,y_m)\} \tag{9.40}$$
$$条件：x_i\in R^d；y_i\in R$$

假设空间(H)：

$$H = \{g \mid g(x) = w^T x + b, w, x \in R^d, b \in R\} \tag{9.41}$$

求：w 和 b

$$y = w^T x + b \tag{9.42}$$

将这种用支持向量机求取回归模型的方法称为支持向量回归。

9.7.1 模型偏差

对于回归模型，目标是让训练集中的每个点 (x_i, y_i) 尽量拟合到一个线性模型 $y_i = w^T x_i + b$。对于一般的回归模型，用均方差作为损失函数，但是 SVR 定义损失函数方式不同。

定义一个常量 $\varepsilon > 0$，对于某一个点 (x_i, y_i)，如果 $|y_i - w^T x_i - b| \leqslant \varepsilon$，则完全没有损失，若 $|y_i - w^T x_i - b| > \varepsilon$，则有损失 $|y_i - w^T x_i - b| - \varepsilon$。

$$\mathrm{eer}(x_i, y_i) = \begin{cases} 0 & 若 \quad |y_i - w^T x_i - b| \leqslant \varepsilon \\ |y_i - w^T x_i - b| - \varepsilon & 若 \quad |y_i - w^T x_i - b| > \varepsilon \end{cases} \tag{9.43}$$

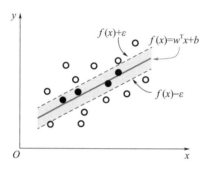

图 9.9　支持向量回归示意图(灰色显示出间隔带，落入其中的样本不计算损失)

9.7.2 回归模型

支持向量回归模型的目标是通过最小化误差来拟合一个线性模型。具体目标函数如下：

$$\min_{w,b} \frac{1}{2} \|w\|^2 + C \sum_{i=1}^{m} (\xi_i^+ + \xi_i^-) \tag{9.44}$$

$$s.t. \begin{cases} g(x_i) - y_i \leqslant \varepsilon + \xi_i^+ \\ y_i - g(x_i) \leqslant \varepsilon + \xi_i^- \\ \xi_i^+ \geqslant 0, \xi_i^- \geqslant 0 \end{cases} \quad i = 1, 2, \cdots, m$$

现对回归模式进行求解，引入拉格朗日算子后得：

$$L(w, b, \alpha^+, \alpha^-, \xi^+, \xi^-, \mu^+, \mu^-) = \frac{1}{2} \|w\|^2 + C \sum_{i=1}^{m} (\xi_i^+ + \xi_i^-) +$$

$$\sum_{i=1}^{m} \alpha_i^+ (-\varepsilon - \xi_i^+ - y_i + w^T x_i + b) + \sum_{i=1}^{m} \alpha_i^- (y_i - w^T x_i - b - \varepsilon - \xi_i^-) - \tag{9.45}$$

$$\sum_{i=1}^{m} \mu_i^+ \xi_i^+ - \sum_{i=1}^{m} \mu_i^- \xi_i^-$$

对各个变量求偏导，可以得到：

$$\frac{\partial L}{\partial w} = 0 \Rightarrow w = \sum_{i=1}^{m} (\alpha_i^- - \alpha_i^+) x_i \tag{9.46}$$

$$\frac{\partial L}{\partial b} = 0 \Rightarrow \sum_{i=1}^{m} (\alpha_i^- - \alpha_i^+) = 0 \tag{9.47}$$

$$\left.\begin{array}{l} \dfrac{\partial L}{\partial \xi_i^+} = 0 \Rightarrow C = \alpha_i^+ + \mu_i^+ \\[2mm] \dfrac{\partial L}{\partial \xi_i^-} = 0 \Rightarrow C = \alpha_i^- + \mu_i^- \end{array}\right\} i = 1, 2, \cdots, m \tag{9.48}$$

上式变换，可以得到 SVR 的对偶问题：

$$\max_{\alpha^+, \alpha^-} L(\alpha^+, \alpha^-) = \sum_{i=1}^{m} y_i(\alpha_i^- - \alpha_i^+) - \sum_{i=1}^{m} \varepsilon(\alpha_i^- + \alpha_i^+) - \frac{1}{2} \sum_{i,j=1}^{m} (\alpha_i^- - \alpha_i^+)(\alpha_j^- - \alpha_j^+) x_i^{\mathrm{T}} x_j$$

$$s.t. \quad \sum_{i=1}^{m} (\alpha_i^- - \alpha_i^+) = 0; 0 \leqslant \alpha_i^-, \alpha_i^+ \leqslant C, i = 1, 2, \cdots, m \tag{9.49}$$

上述过程需要满足 KKT 条件，即要求：

$$\begin{cases} \alpha_i^+ (\varepsilon + \xi_i^+ + y_i - w^T x_i - b) = 0 \\ \alpha_i^- (\varepsilon + \xi_i^- - y_i + w^T x_i + b) = 0 \end{cases} \tag{9.50}$$

（1）如果 $\left.\begin{array}{l} (\varepsilon + \xi_i^+ + y_i - w^{\mathrm{T}} x_i - b) \neq 0 \\ (\varepsilon + \xi_i^- - y_i + w^{\mathrm{T}} x_i + b) \neq 0 \end{array}\right\} \Rightarrow \alpha_i^+ = 0, \alpha_i^- = 0 \tag{9.51}$

$$\text{若} \quad |y_i - w^{\mathrm{T}} x_i - b| \leqslant \varepsilon$$

$$\text{则} \quad \xi_i^+ = 0, \xi_i^- = 0$$

此时样例点 (x_i, y_i) 落在误差带内部（ε 间隔带）。

（2）如果 $\left.\begin{array}{l} (\varepsilon + \xi_i^+ + y_i - w^{\mathrm{T}} x_i - b) = 0 \Rightarrow \alpha_i^+ \neq 0 \\ (\varepsilon + \xi_i^- - y_i + w^{\mathrm{T}} x_i + b) = 0 \Rightarrow \alpha_i^- \neq 0 \end{array}\right\} \tag{9.52}$

则：$w^* = \sum_{i=1}^{m} (\alpha_i^- - \alpha_i^+) x_i$

$(\alpha_i^- - \alpha_i^+) \neq 0$ 时的样例点 (x_i, y_i) 是 SVR 的支持向量。

（3）如果 $\left.\begin{array}{l} (\varepsilon + \xi_i^+ + y_i - w^{\mathrm{T}} x_i - b) = 0 \Rightarrow \alpha_i^+ \neq 0 \\ (\varepsilon + \xi_i^- - y_i + w^{\mathrm{T}} x_i + b) = 0 \Rightarrow \alpha_i^- \neq 0 \end{array}\right\} \Rightarrow \begin{cases} \xi_i^+ = 0 \\ \xi_i^- = 0 \end{cases} \tag{9.53}$

则：$b^* = y_i + \varepsilon - w^{*\mathrm{T}} x_i = y_i + \varepsilon - \sum_{j=1}^{m} (\alpha_j^- - \alpha_j^+) x_j^{\mathrm{T}} x_i$

求得的回归函数为：

$$y = g(x) = w^{*\mathrm{T}} x + b^* = \sum_{j=1}^{m} (\alpha_j^- - \alpha_j^+) x_j^{\mathrm{T}} x + b^* \tag{9.54}$$

引入核-回归函数之后为：

$$y = g(x) = \sum_{j=1}^{m} (\alpha_j^- - \alpha_j^+) K(x, x_j) \tag{9.55}$$

9.7.3　核方法

表示定理：令 H 为核函数 K 对应的再生核希尔伯特空间（RKHS），$\|h\|_H$ 是 H 空间的范数对于任何单调递增函数 $\Omega:[0, \infty) \rightarrow R$ 和任意非负损失函数 $l: R^m \rightarrow [0, \infty)$，优化问题：

$$\min_{h \in H} F(h) = \Omega(\|h\|_H) + l(h(x_1), h(x_2), \cdots, h(x_m)) \tag{9.56}$$

解总可以写为：$h^*(x) = \sum_{i=1}^{m} \alpha_i K(x, x_i)$。

表示定理对损失函数没有限制，对正则化项 Ω 仅要求单调递增，甚至不要求 Ω 是凸函数，这意味着对一般的损失函数和正则化项，$h^*(x)$ 都可以表示为核函数 $K(x,x_i)$ 的线性组合。

人们开发了一系列基于核函数的学习方法，最常见的是通过"核化"（即引入核函数）将线性学习器拓展为非线性学习器。以下以线性判别分析为例，演示如何通过核化来对其进行非线性拓展，从而得到"核线性判别分析"（Kernelized Linear Discriminant Analysis，KLDA）。

假设可以通过某种映射 $\phi:X\rightarrow F$，将样本映射到一个特征空间 F，然后在 F 中执行线性判别分析，以求得 $g(x)=w^{\mathrm{T}}\phi(x)$。KLDA 的学习目标是最大化类间散度与类内散度之比：

$$J(w)=\frac{w^{\mathrm{T}}S_b^{\phi}w}{w^{\mathrm{T}}S_w^{\phi}w} \tag{9.57}$$

其中，第 i 个样本在特征空间 F 中的均值为：

$$\mu_i^{\phi}=\frac{1}{m_i}\sum_{x\in D_i}\phi(x),i=1,2 \tag{9.58}$$

散度矩阵分别为：

$$S_i^{\phi}=\sum_{x\in D_i}(\phi(x)-\mu_i^{\phi})(\phi(x)-\mu_i^{\phi})^{\mathrm{T}},\quad i=1,2 \tag{9.59}$$

$$S_w^{\phi}=S_1^{\phi}+S_2^{\phi} \tag{9.60}$$

$$S_b^{\phi}=(\mu_1^{\phi}-\mu_2^{\phi})(\mu_1^{\phi}-\mu_2^{\phi})^{\mathrm{T}} \tag{9.61}$$

通常 ϕ 是未知的，核方法是通过核函数实现映射的。将 $J(w)$ 作为表示定理优化目标函数中的 $l,\Omega=0$，由表示定理有：

$$w^{\mathrm{T}}\mu_i^{\phi}=\sum_{j=1}^{m}\alpha_j\phi(x_j)\frac{1}{m_i}\sum_{x\in D_i}\phi(x)=\frac{1}{m_i}\alpha^{\mathrm{T}}K_M I_i,i=1,2 \tag{9.62}$$

$$w^{\mathrm{T}}S_b^{\phi}w=w^{\mathrm{T}}(\mu_1^{\phi}-\mu_2^{\phi})(\mu_1^{\phi}-\mu_2^{\phi})^{T}w=\alpha^{\mathrm{T}}\left(\frac{1}{m_1}K_M I_1-\frac{1}{m_2}K_M I_2\right)\left(\frac{1}{m_1}K_M I_1-\frac{1}{m_2}K_M I_2\right)^{\mathrm{T}}\alpha \tag{9.63}$$

再令：

$$\tilde{\mu}_1=\frac{1}{m_1}K_M I_1;\quad \tilde{\mu}_2=\frac{1}{m_2}K_M I_2 \tag{9.64}$$

$$M=(\tilde{\mu}_1-\tilde{\mu}_2)(\tilde{\mu}_1-\tilde{\mu}_2)^{\mathrm{T}} \tag{9.65}$$

$$N=K_M K_M^{\mathrm{T}}-m_1\tilde{\mu}_1\tilde{\mu}_1^{\mathrm{T}}-m_2\tilde{\mu}_2\tilde{\mu}_2^{\mathrm{T}} \tag{9.66}$$

则：

$$\max_{\alpha}J(\alpha)=\frac{\alpha^{\mathrm{T}}M\alpha}{\alpha^{\mathrm{T}}N\alpha} \tag{9.67}$$

$$g(x)=\sum_{i=1}^{m}\alpha_i K(x,x_i) \tag{9.68}$$

通过线性判别分析求解方法即可得到 α，进而得到投影函数 $g(x)$。

支持向量机算法详细介绍见李航（2019）第七章内容。

9.8　支持向量机算法实践

9.8.1　支持向量机分类器算法实践

```
# 导入必要的库
import numpy as np
```

```
from sklearn import datasets
from sklearn.model_selection import train_test_split
from sklearn.svm import SVC
from sklearn.metrics import accuracy_score
# 加载示例数据集
df = pd.read_csv('M:\\教材使用数据.csv')
X = np.array(df.loc[:,'PM25'])
y = np.array(df.loc[:,'PM10'])
# 将数据集分为训练集和测试集
X_train, X_test, y_train, y_test = train_test_split(X, y, test_size = 0.2, random_state = 42)
# 初始化支持向量机分类器
svm_classifier = SVC(kernel ='linear')
# 在训练集上训练支持向量机模型
svm_classifier.fit(X_train, y_train)
# 在测试集上进行预测
y_pred = svm_classifier.predict(X_test)
# 计算模型准确率
accuracy = accuracy_score(y_test, y_pred)
```

9.8.2 支持向量机回归算法实践

```
# 导入必要的库
import numpy as np
from sklearn import datasets
from sklearn.model_selection import train_test_split
from sklearn.svm import SVR
from sklearn.metrics import mean_squared_error
# 加载示例数据集
df = pd.read_csv('M:\\教材使用数据.csv')
X = np.array(df.loc[:,'RH','SP','TM','WD','WS'])
y = np.array(df.loc[:,'PM25'])
# 将数据集分为训练集和测试集
X_train, X_test, y_train, y_test = train_test_split(X, y, test_size = 0.2, random_state = 42)
# 初始化支持向量机回归模型
svm_regressor = SVR(kernel ='linear')
# 在训练集上训练支持向量机回归模型
svm_regressor.fit(X_train, y_train)
# 在测试集上进行预测
y_pred = svm_regressor.predict(X_test)
# 计算均方误差
mse = mean_squared_error(y_test, y_pred)
```

第10章 朴素贝叶斯算法和 EM 算法

朴素贝叶斯算法和 EM 算法都是基于概率理论的算法,但应用场景和具体实现方法有所不同。朴素贝叶斯算法主要用于分类问题,通过计算先验概率和条件概率进行分类。而 EM 算法用于参数估计和聚类分析。在这一章中,将探讨这两种算法的基本原理和算法实践,帮助读者理解和应用朴素贝叶斯和 EM 算法。

10.1 朴素贝叶斯算法概述

朴素贝叶斯算法的基础在于贝叶斯定理和特征条件独立假设。通过这两个核心概念,朴素贝叶斯算法能够简化计算过程,快速完成分类任务。

10.1.1 贝叶斯定理

贝叶斯定理是概率论中的基石,为处理不确定性问题提供了强有力的工具。它揭示了条件概率之间的关系,使我们能够在有限的信息下进行有效的推理。具体来说,贝叶斯定理描述了如何根据先验概率和似然函数计算后验概率。其数学表达式为:

$$P(A|B) = (P(B|A) \cdot P(A))/P(B) \tag{10.1}$$

式中,$P(A)$ 是事件 A 的先验概率。$P(B|A)$ 是在事件 A 发生的条件下事件 B 发生的概率,称为似然函数。$P(B)$ 是事件 B 的边缘概率或标准化常量(normalized constant)。$P(A|B)$ 是在事件 B 发生的条件下事件 A 发生的概率,称为后验概率。由以往的数据分析得到的概率,叫作先验概率。而在得到信息之后再重新加以修正的概率叫作后验概率。

设 Ω 为试验的样本空间,A 为 Ω 的事件,$B_1, B_2, \cdots, B_n$ 为 Ω 的一个划分,且 $P(A) > 0$,$P(B_j) > 0 (i = 1, 2, \cdots, n)$,则:

$$P(B_i \mid A) = \frac{P\left(\dfrac{A}{B_i}\right) P(B_i)}{\left\{\sum_{j=1}^{n} P(A \mid B_j) P(B_j)\right\}}, i = 1, 2, \cdots, n \tag{10.2}$$

上式被称为贝叶斯公式,贝叶斯定理提供了一种从先验知识和观察数据中计算后验概率的方法,是许多机器学习算法的理论基础。

10.1.2 特征条件独立假设

在朴素贝叶斯分类器中,特征条件独立假设是简化计算的关键。该假设指出,在给定类别的情况下,各个特征是相互独立的。即对于任意特征 X_i 和 X_j,有:

$$P(X_i, X_j | C) = P(X_i | C) \cdot P(X_j | C) \tag{10.3}$$

然而在现实生活中,特征条件独立假设往往并不成立。实际应用中的特征之间往往存在一定的相关性。尽管如此,朴素贝叶斯分类器在处理这些相关性时仍然能够取得较好的分类效果。这主要是由于朴素贝叶斯分类器更关注于整体概率分布,而不是单个特征的精确值。因此,即使特征之间存在一定程度的依赖关系,朴素贝叶斯分类器仍然能够利用已知数据进行有效的分类。

10.2 朴素贝叶斯算法

10.2.1 基于最小错误率的贝叶斯决策

(1)已知条件

设输入空间 $X \in R^n$ 为 n 维向量集合,输出空间为类别标记集合 $Y = \{c_1, c_2, \cdots, c_k\}$,输入为特征向量 $x \in X$,输出为类标记 $y \in Y$。训练数据集 $T = \{(x_i, y_i), i = 1, 2, \cdots, N\}$,样本表示:$x = (x^{(1)}, x^{(2)}, \cdots, x^{(n)})$。

求解:

根据贝叶斯公式,类别 c_i 的后验概率 $P(c_i | x)$ 为:

$$P(c_i | x) = \frac{P(x | c_i) P(c_i)}{P(x)} \tag{10.4}$$

由于分母 $P(x)$ 对所有类别相同,只需最大化分子部分:

$$P(c_i | x) \propto P(x | c_i) P(c_i) \tag{10.5}$$

先验概率 $P(c_i)$ 可以通过领域专家知识或经验数据(训练数据)得到。

条件概率 $P(x | c_i)$ 基于条件独立性假设可表示为:

$$P(x | c_i) = \prod_{j=1}^{n} P(x^{(j)} | c_i) \tag{10.6}$$

因此,基于最小错误率的朴素贝叶斯分类公式为:

$$P(c_i | x) \propto P(c_i) \prod_{j=1}^{n} P(x^{(j)} | c_i) \tag{10.7}$$

需要学习得到先验概率分布 $P(c_i)$ 和条件概率分布 $P(x^{(j)} | c_i)$。

(2)参数估计

先验概率的极大似然估计:

$$P(c_i) = \frac{N_i}{N} \tag{10.8}$$

式中,N_i 为类别 c_i 在训练数据集中出现的次数,N 为样本总数。

离散特征变量的条件概率的极大似然估计:

$$P(x^{(j)} = a | c_i) = \frac{N_{ij}}{N_i} \tag{10.9}$$

式中,N_{ij} 为类别 c_i 中第 j 个特征为 a 的样本数。

连续特征变量的条件概率的极大似然估计:

假设特征是连续且独立于其他特征,概率密度函数符合正态分布:

$$P(x^{(j)} | c_i) = \frac{1}{\sqrt{2\pi\sigma_{ij}^2}} exp\left(-\frac{(x^{(j)} - \mu_{ij})^2}{2\sigma_{ij}^2}\right) \tag{10.10}$$

式中,μ_{ij} 和 σ_{ij} 分别是类别 c_i 中第 j 个特征的均值和标准差。它们的极大似然估计为:

$$\mu_{ij} = \frac{1}{N_i} \sum_{x_k \in c_i} x_k^{(j)} \tag{10.11}$$

$$\sigma_{ij}^2 = \frac{1}{N_i} \sum_{x_k \in c_i} (x_k^{(j)} - \mu_{ij})^2 \tag{10.12}$$

10.2.2 贝叶斯估计

为了避免连续乘积导致的下溢（值太小无法进行判别分类），常采用对上述公式右边部分取对数：

$$\log P(c_i \mid x) \propto \log P(c_i) + \sum_{j=1}^{n} \log P(x^{(j)} \mid c_i) \tag{10.13}$$

这种方法能够有效避免计算中的下溢问题。

此外，使用极大似然估计可能出现先验概率或条件概率为 0 的情况，影响分类结果。为了解决这个问题，使用贝叶斯估计进行平滑处理。常用的方法是拉普拉斯平滑：

$$P(x^{(j)} = a \mid c_i) = \frac{N_{ij} + 1}{N_i + |A_j|} \tag{10.14}$$

式中，$|A_j|$ 是特征 $x^{(j)}$ 可能的取值总数。

10.2.3 朴素贝叶斯分类器算法

以下是朴素贝叶斯分类器的基本步骤。

输入：训练数据集 $T = \{(x_i, y_i), i = 1, 2, \cdots, N\}$，待分类实例 $x = (x^{(1)}, x^{(2)}, \cdots, x^{(n)})$

输出：实例 x 的分类 y

步骤：

①计算先验概率 $P(c_i)$：

$$P(c_i) = \frac{N_i}{N} \tag{10.15}$$

②计算离散特征变量的条件概率：$P(x^{(j)} \mid c_i)$ 和连续特征变量的均值 μ_{ij} 和标准差 σ_{ij}。

③对于给定的实例 x，计算每个类别 c_i 的后验概率：

$$\log P(c_i \mid x) = \log P(c_i) + \sum_{j=1}^{n} \log P(x^{(j)} \mid c_i) \tag{10.16}$$

④确定实例 x 的分类：

$$y = \text{argmax}_{c_i} \log P(c_i \mid x) \tag{10.17}$$

朴素贝叶斯分类器具有计算效率高、实现简单等优点，适用于多个领域。然而，其特征条件独立假设在实际中不总是成立，对连续特征的处理也存在一定问题。通过适当的变种和改进，如基于核密度估计的朴素贝叶斯，可以进一步提升其性能。

10.2.4 朴素贝叶斯算法的优缺点

朴素贝叶斯算法是一种经典的分类算法，基于贝叶斯定理和特征条件独立假设，在分类性能方面表现出色，尤其在处理高维数据时，具备较好的稳定性和鲁棒性，能够有效处理大规模数据集并实现高精度分类。其对缺失数据不敏感，能在含有缺失值的数据集上保持良好的分类性能，减少了复杂的数据预处理需求。

尽管朴素贝叶斯算法有许多优点，但也存在一些局限性。最显著的问题是特征条件独立假设,这在现实世界中往往不成立。特征之间的相关性或依赖性会导致分类偏差,影响准确性。因此,需要研究如何放松这一假设,如引入特征相关性分析。朴素贝叶斯算法对参数设置敏感,特别是平滑参数的设置对性能影响显著。如果平滑参数设置不当,可能会导致过度拟合或欠拟合。因此,研究稳健的参数设置方法是提高朴素贝叶斯算法性能的关键。此外,处理连续特征时,朴素贝叶斯算法面临一定困难。通常需要将连续特征离散化或进行其他转换,但这可能导致信息损失,从而影响分类性能。因此,研究处理连续特征的方法也是改进方向之一。

10.2.5　朴素贝叶斯回归算法实践

```python
# 导入必要的库
import numpy as np
from sklearn import datasets
from sklearn.model_selection import train_test_split
from sklearn.naive_bayes import GaussianNB
from sklearn.metrics import accuracy_score
# 假设你有一个空气质量数据集,包含特征和标签
# 这里简单起见,我们使用 Scikit-learn 中的示例数据集 iris
# 你可以替换成你的空气质量数据集
air_quality_data = datasets.load_iris()
X = air_quality_data.data # 特征
y = air_quality_data.target # 标签
# 将数据集分为训练集和测试集
X_train, X_test, y_train, y_test = train_test_split(X, y, test_size = 0.2, random_state = 42)
# 初始化朴素贝叶斯分类器
naive_bayes_classifier = GaussianNB()
# 在训练集上训练朴素贝叶斯模型
naive_bayes_classifier.fit(X_train, y_train)
# 在测试集上进行预测
y_pred = naive_bayes_classifier.predict(X_test)
# 计算模型准确率
accuracy = accuracy_score(y_test, y_pred)
print("模型准确率:", accuracy)
```

10.2.6　朴素贝叶斯分类器算法实践

```python
# 导入必要的库
import numpy as np
from sklearn.model_selection import train_test_split
from sklearn.naive_bayes import GaussianNB
from sklearn.metrics import accuracy_score
# 假设你有一些气象数据,包括温度、湿度等特征,以及对应的天气状态(晴天、多云、雨
```

天等)

```
# 这里简单起见,我们用一些随机生成的数据来模拟
# 可以替换成真实的气象数据
np. random. seed(0)
# 生成 1000 个样本,每个样本包含温度和湿度两个特征
X = np. random. rand(1000, 2) * 100  # 温度和湿度取值范围在 0 到 100 之间
# 生成对应的天气状态,0 表示晴天,1 表示多云,2 表示雨天
y = np. random. randint(0, 3, 1000)
# 将数据集分为训练集和测试集
X_train, X_test, y_train, y_test = train_test_split(X, y, test_size = 0.2, ran-
dom_state = 42)
# 初始化朴素贝叶斯分类器
naive_bayes_classifier = GaussianNB()
# 在训练集上训练朴素贝叶斯模型
naive_bayes_classifier. fit(X_train, y_train)
# 在测试集上进行预测
y_pred = naive_bayes_classifier. predict(X_test)
# 计算模型准确率
accuracy = accuracy_score(y_test, y_pred)
print("模型准确率:", accuracy)
```

10.3 EM 算法

EM 算法(Expectation-Maximization Algorithm)是一种用于最大似然估计和最大后验概率估计的迭代方法,适用于含有隐藏变量或缺失数据的统计模型。该算法通过在期望步骤(E步)和最大化步骤(M 步)之间交替迭代来逐步优化参数。

10.3.1 基本原理

假设一个观测数据集 $X = \{x_1, x_2, \cdots, x_n\}$,其中每个数据点 x_i 都与一个不可观察的隐藏变量 z_i 相关联。希望通过 EM 算法来估计模型参数 θ,以便最大化观测数据的对数似然函数。

给定观测数据 X 和隐藏数据 Z,其联合概率分布可以表示为:$P(X, Z|\theta)$,目标是最大化边缘对数似然函数:

$$\log P(X \mid \theta) = \log \sum_{Z} P(X, Z \mid \theta) \tag{10.18}$$

因为涉及对隐藏变量的求和或积分,所以直接最大化这个函数通常是困难的。EM 算法通过引入一个辅助函数来间接最大化这个目标。

(1)期望步骤(E 步)

在 E 步中,计算当前参数估计 $\theta^{(t)}$ 下隐藏变量的条件期望。具体来说,构造辅助函数 $Q(\theta|\theta^{(t)})$,其定义为:

$$Q(\theta|\theta^{(t)}) = E_{Z|X, \theta^{(t)}} [\log P(X, Z|\theta)] \tag{10.19}$$

这里 $E_{Z|X,\theta^{(t)}}$ 表示在当前参数 $\theta^{(t)}$ 下,对隐藏变量 Z 的条件期望。

(2)最大化步骤(M 步)

在 M 步中,通过最大化 E 步中计算的期望来更新参数估计:

$$\theta^{(t+1)} = \arg\max_{\theta} Q(\theta|\theta^{(t)}) \tag{10.20}$$

这一步的目的是找到新的参数 θ 使得辅助函数 $Q(\theta|\theta^{(t)})$ 达到最大,从而更新参数估计。

(3)EM 算法的迭代过程

EM 算法从一个初始参数 $\theta^{(0)}$ 开始,通过交替进行 E 步和 M 步来迭代更新参数,直到收敛。具体的迭代过程如下。

初始化:选择初始参数 $\theta^{(0)}$。

E 步:计算条件期望 $Q(\theta|\theta^{(t)})$:

$$Q(\theta|\theta^{(t)}) = E_{Z|X,\theta^{(t)}}\left[\log p(X,Z|\theta)\right] \tag{10.21}$$

M 步:最大化辅助函数以更新参数:

$$\theta^{(t+1)} = \arg\max_{\theta} Q(\theta|\theta^{(t)}) \tag{10.22}$$

检查收敛性:如果 $Q(\theta|\theta^{(t)})$ 与 $\theta^{(t)}$ 之间的变化小于预设的阈值,则算法收敛,否则返回 E 步继续迭代。

通过在期望步骤和最大化步骤之间交替进行,EM 算法能够逐步优化模型参数,实现对复杂数据的有效建模和分析。EM 算法广泛应用于含有隐藏变量的统计模型中,如高斯混合模型(Gaussian Mixture Model,GMM)、隐马尔可夫模型(Hidden Markov Model,HMM)以及主题模型(Topic Model)等。在这些模型中,EM 算法通过迭代优化,能够有效地估计模型参数。

10.3.2　EM 算法实践

下面是一个使用 EM 算法实现高斯混合模型(GMM)聚类的 Python 程序示例。

```python
import numpy as np
import matplotlib.pyplot as plt
from sklearn.mixture import GaussianMixture
from sklearn.preprocessing import StandardScaler
# 生成模拟气象数据
np.random.seed(0)
n_samples = 300
temperature = np.random.normal(loc=20, scale=5, size=n_samples)  # 温度(℃)
humidity = np.random.normal(loc=50, scale=10, size=n_samples)  # 湿度(%)
wind_speed = np.random.normal(loc=10, scale=2, size=n_samples)  # 风速(m/s)

# 创建特征矩阵
X = np.vstack([temperature, humidity, wind_speed]).T

# 标准化特征
scaler = StandardScaler()
X = scaler.fit_transform(X)
```

```
# 使用 EM 算法进行 GMM 聚类
gmm = GaussianMixture(n_components = 3, random_state = 0) # 假设有 3 个聚类
gmm.fit(X)
labels = gmm.predict(X)

# 绘制聚类结果
plt.figure(figsize = (10, 6))
plt.scatter(X[:, 0], X[:, 1], c = labels, cmap = 'viridis')
plt.xlabel('Temperature (standardized)')
plt.ylabel('Humidity (standardized)')
plt.title('GMM Clustering Results')
plt.colorbar(label = 'Cluster')
plt.show()
```

10.3.3　EM 算法和朴素贝叶斯算法的联系及区别

EM 算法和朴素贝叶斯算法都基于概率论和统计学的原理,利用概率分布来进行推断和决策。①两者都依赖于贝叶斯定理,虽然在实现过程和应用场景上有所不同。②两种算法都能够处理带有不确定性的数据。朴素贝叶斯算法处理的是已知类别和特征的分类问题,利用条件独立性假设来简化计算。EM 算法则处理的是存在隐藏变量或缺失数据的复杂模型,通过迭代优化来估计参数。③两种算法都被广泛应用于分类和聚类问题。朴素贝叶斯通常用于文本分类、垃圾邮件过滤等简单分类任务。EM 算法则常用于高斯混合模型(GMM)、隐马尔可夫模型(HMM)等复杂模型的参数估计。

EM 算法和朴素贝叶斯算法也有区别。①朴素贝叶斯算法是一种生成式模型,主要用于分类任务,通过计算后验概率来决定样本所属的类别。EM 算法是一种参数估计方法,主要用于处理含有隐藏变量的模型,通过迭代优化来最大化观测数据的对数似然函数。②朴素贝叶斯算法假设特征之间是条件独立的,这一假设极大地简化了计算,使得算法在大多数情况下都能快速高效地进行分类。EM 算法没有特征独立性假设,而是利用隐藏变量的条件期望进行参数估计,因此适用于更加复杂的数据模型,计算过程也更加复杂。③朴素贝叶斯算法通常不需要迭代,直接根据训练数据计算条件概率和先验概率,然后进行分类。EM 算法则是一个迭代算法,包括期望步骤(E 步)和最大化步骤(M 步),不断优化参数直到收敛。④朴素贝叶斯算法输出的是类别的概率分布,用于分类任务。EM 算法输出的是模型参数的估计值,用于模型的进一步应用和分析。

朴素贝叶斯算法是一种简单、高效的分类算法,适用于特征条件独立性假设成立的场景。而 EM 算法则是一种强大、灵活的参数估计方法,能够处理含有隐藏变量或缺失数据的复杂模型。两者在概率基础和处理不确定性方面有联系,但存在明显的区别。

第 11 章　K 近邻算法

K 近邻(K-Nearest Neighbors,KNN)算法是一种简单而强大的监督学习算法,在分类和回归任务中表现出色。它是通过计算样本之间的距离,利用其最邻近的 K 个数据点来预测新的数据点的类别或数值。本章将介绍 KNN 算法的基本原理及其实现方法。

11.1　K 近邻算法原理

KNN 算法的工作原理算法原理如下。

(1)选择 K 的值

K 是一个正整数,代表邻居的数量。K 值的大小直接影响到算法的结果和计算量。选择合适的 K 值是使用 KNN 算法时的关键之一。

(2)距离计算

计算待预测点与其他所有点之间的距离。常用的距离计算方法包括欧氏距离(Euclidean distance)、曼哈顿距离(Manhattan distance)和切比雪夫距离(Chebyshev distance)。

(3)确定最近的 K 个邻居

根据计算出的距离,确定距离最近的 K 个训练数据点,这些点就是最近的邻居。

(4)预测输出

在分类任务中,KNN 通常使用投票机制,即选择这 K 个邻居中出现次数最多的类别作为预测类别。而在回归任务中,KNN 则采用平均值,即计算 K 个邻居的输出值的平均,作为预测结果。

KNN 算法的优点:①简单直观:概念直观,容易理解和实现。②低训练成本:在训练阶段几乎不进行任何计算,训练时间复杂度低。③处理非线性数据:不需要对数据进行假设,可以处理非线性数据。④多类别分类:可以直接处理多类别分类问题。

同样,KNN 也具有局限性:①计算成本高:在预测阶段需要计算所有训练样本之间的距离,计算复杂度高。②对数据尺度敏感:数据特征值范围差异大时,距离计算可能受到影响,需要标准化处理。③解释性较差:基于邻近样本的投票或平均,缺乏明确的决策边界。④受噪声影响:容易受到噪声数据和离群点的影响。

11.2　K 值选择

选择 KNN 算法中的 K 值(即邻居的数量)是影响模型性能的关键因素之一,没有固定的公式可以直接确定最佳的 K 值,常用的方法包括:

(1)交叉验证

交叉验证是选择 K 值的最常用方法之一。特别是 K 折交叉验证,通过以下步骤来选择 K 值。将数据集分割为 K 个大小相等的子集,每次将其中一个子集作为测试集,剩余的 $K-1$

个子集作为训练集。使用选定的 K 值在训练集上训练模型,并在测试集上进行评估。记录每次测试的性能指标(如准确率、均方误差等)。最后,计算所有 K 次评估的平均性能指标,选择使得平均性能最优的 K 值。

(2)误差曲线

通过绘制不同 K 值对应的误差曲线,寻找曲线开始趋于平缓的拐点,即为最佳 K 值。

(3)启发式方法

尽管没有严格的公式,但存在一些启发式的规则帮助选择 K 值。

平方根法则:选择 K 值约为训练样本数的平方根。例如,如果有 100 个训练样本,K 值可以选择 $10(n=100)$,再通过实验进行微调。

$$K=\sqrt{n} \tag{11.1}$$

式中 n 是样本数量。

(4)考虑数据的特性

在选择 K 值时,还应考虑数据的特性,如特征维数、数据分布的均匀性以及数据噪声的水平。数据的特性会影响 K 值的最佳选择,例如在特征维度高的情况下,可能需要选择更大的 K 值以防止模型过于复杂,导致过拟合。

11.3 距离量度

特征空间中两个实例点的距离是反映了它们的相似程度。通常使用的距离是欧氏距离,但有时也会用其他的距离。下面是最常用的距离量度介绍。

①欧氏距离:是最常用的距离度量方法,计算简单,适用于大多数情况。

$$d(p,q) = \sqrt{\sum_{i=1}^{n}(p_i-q_i)^2} \tag{11.2}$$

②曼哈顿距离:适用于格子状布局的数据,如城市街区距离计算。

$$d(p,q) = \sum_{i=1}^{n}|p_i-q_i| \tag{11.3}$$

③切比雪夫距离:用于需要考虑最小移动步数的情况,如棋盘距离。

$$d(p,q)=\max_{i=1}^{n}|p_i-q_i| \tag{11.4}$$

④名可夫斯基距离:

$$d(p,q) = \left(\sum_{i=1}^{n}|p_i-q_i|^r\right)^{1/r} \tag{11.5}$$

式中 r 是一个参数,根据 r 的不同,可以变成欧氏距离($r=2$)或曼哈顿距离($r=1$)。

在某些情况下,可以引入权重的概念,使得距离更近的邻居对结果有更大的影响。这可以通过加权平均来实现,其中权重通常与距离的倒数成正比。

11.4 分类决策规则

在 KNN 算法中,分类决策规则对于预测新样本的类别至关重要。这些规则直接影响模型的精确度和可靠性。KNN 算法利用周围最近邻居的信息来预测未知数据点的类别。主要有两种决策规则:简单多数投票和加权投票。

（1）简单多数投票

在这种方法中，算法首先确定一个数目为 K 的邻居，这些邻居是距离待预测样本最近的 K 个数据点。然后，根据这些邻居的类别，选择出现频率最高的类别作为预测结果。这种方法的数学表示为：

$$y = \text{mode}\{c_1, c_2, \cdots, c_K\} \tag{11.6}$$

式中 c_i 代表第 i 个邻居的类别，而 y 是最终的预测类别。这种投票方式非常直接，每个邻居的投票权重相同，不考虑邻居之间的具体距离。

例如，假设一个新的样本点，根据计算得出其最近的五个邻居的类别依次为 $\{A, A, B, A, B\}$。在简单多数投票规则下，类别 A 出现了三次，而类别 B 只出现了两次，因此这个新的样本点被分类为 A。

（2）加权投票

与简单多数投票不同，加权投票考虑到了邻居距离测试样本的远近，为每个邻居赋予一个与距离相关的权重。权重通常与距离的倒数成正比，即邻居越近，其影响力越大。

加权投票的决策规则可以表达为：

$$\arg\max_{c \in C} \sum_{i=1}^{K} W_i \cdot l(c_i = c) \tag{11.7}$$

这里 $l(c_i = c)$ 是一个指示函数，如果第 i 个邻居的类别为 c，则函数值为 1，否则为 0。这样，每个类别的总权重是所有投给该类别的邻居的权重之和。预测类别就是权重总和最大的那个类别。

例如，考虑同样的情境，如果三个邻居的类别分别为 $\{A, B, A\}$，对应的距离是 $\{0.1, 0.2, 0.3\}$，并且使用距离的倒数作为权重，那么类别 A 的总权重是 $10 + 3.33 = 13.33$，类别 B 的权重是 5。因此，新样本点预测的类别仍为 A，但这次是通过考虑邻居的实际距离来加权决定的。

简单多数投票由于其实现简便，在许多基础应用中非常受欢迎。它特别适合于那些类别平均分布较均匀且数据点间距离差异不大的情况。然而，这种方法对噪声和异常值比较敏感，可能会导致预测精度不高。

加权投票提供了一种考虑距离因素的决策方式，使得模型在面对邻居距离差异较大的数据集时能够更加准确地分类。这种方法尤其适用于那些距离信息特别重要的应用场景，如在不均匀分布的数据集中进行预测。但加权投票的计算复杂度较高，对计算资源的要求也相应更大。

11.5　KD 树

KD 树，即 k 维树（k-dimensional tree），是一种用于 k 维空间数据的数据结构。这种数据结构特别适合用于各种高维空间的搜索任务，包括最近邻搜索，范围搜索等。KD 树能够有效地解决在高维空间中的搜索问题，特别是当数据量较大时，相比于简单的线性搜索，KD 树能显著提高搜索效率。

KD 树是一个二叉树，其中每个节点都表示 k 维空间中的一个点或一个超平面。构建 KD 树时，会递归地将 k 维空间划分成两个子空间，直到满足某种终止条件，通常是节点下的数据点数量小于给定阈值。在每次划分时，会选择一个维度，并以该维度上的某个值作为分界线，这个值通常是当前维度上的中位数，以保证树的平衡。

（1）KD 树的构建过程

KD 树的构建过程主要包括以下几个步骤：①选择分割维度：通常通过循环所有可用的维度，选择数据分布最宽的维度（即方差最大的维度）。②选择分割点：计算该维度所有数据点的中位数作为分割点，以保证树的平衡。③递归构建子树：将数据集递归分为两部分，一部分是所有在分割维度上值小于或等于分割点的数据点，另一部分是所有在分割维度上值大于分割点的数据点，分别用来构建当前节点的左子树和右子树。

（2）KD 树的搜索过程

KD 树的搜索过程包括以下几个步骤：①搜索树：从根节点开始，根据查询点在当前分割维度的值选择子树，直到达到叶节点。②计算距离：在叶节点处计算查询点与叶节点数据点的距离，记录当前最近距离。③回溯与检查其他子树：回溯至父节点，检查是否需要搜索另一侧的子树。如果在当前节点的分割超平面到查询点的距离小于当前记录的最近距离，则搜索另一侧的子树。④更新最近点：在检查另一侧的子树中找到更近的点后，更新当前最近点和最近距离。

KD 树的主要优势是提高了多维数据的搜索效率，尤其是在数据维度不是非常高（如 20 维以下）时。在这些情况下，KD 树通过减少需要检查的数据点数量，显著加快了搜索速度。然而，KD 树也有其局限性。随着维度的增加，所谓的"维度的诅咒"开始显现，这意味着数据点在高维空间中均匀分布，导致 KD 树的效率会急剧下降。在维度非常高的数据集中，KD 树的性能可能不如一些专门为高维数据设计的算法，如基于哈希的算法（如局部敏感哈希）。

KD 树可用于加速 k 最近邻算法的计算，尤其是在样本数量庞大但维度相对较低的数据集中。

11.6　K 近邻算法实践

```python
import matplotlib.pyplot as plt
import numpy as np

from sklearn import neighbors
np.random.seed(0)
X = np.sort(5 * np.random.rand(40, 1), axis = 0)
T = np.linspace(0, 5, 500)[:, np.newaxis]
y = np.sin(X).ravel()
# Add noise to targets
y[::5] += 1 * (0.5 - np.random.rand(8))
n_neighbors = 5
for i, weights in enumerate(["uniform", "distance"]):
    knn = neighbors.KNeighborsRegressor(n_neighbors, weights = weights)
    y_ = knn.fit(X, y).predict(T)
    plt.subplot(2, 1, i + 1)
    plt.scatter(X, y, color = "darkorange", label = "data")
    plt.plot(T, y_, color = "navy", label = "prediction")
```

```
    plt.axis("tight")
    plt.legend()
    plt.title("KNeighborsRegressor(k = %i, weights = '%s')" % (n_neighbors, weights))
plt.tight_layout()
plt.show()
```

输出结果如图 11.1 所示。

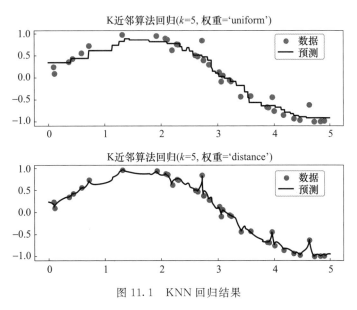

图 11.1　KNN 回归结果

第 12 章　聚类算法

聚类算法是机器学习领域中的重要算法,用于将数据集中的样本划分为若干个不相交的子集,即"簇"。在同一个簇内的样本在某种度量(如距离)下相似度较高,而不同簇之间的样本相似度较低。聚类算法广泛应用于图像处理、数据挖掘等多个领域。本章将介绍聚类的基本概念、评价方法,并详细探讨几种常见的聚类算法,包括 K 均值聚类、层次聚类、密度聚类、混合高斯模型、自组织映射、谱聚类、模糊 C-means、K-medoids 和 Mean Shift 聚类算法,最后提供其中几种算法的实践代码。

12.1　聚类的概念

聚类是将物理或抽象对象的集合分成多个由相似对象组成的类的过程。这些通过聚类生成的簇是数据对象的集合,其中对象与同一个簇中的对象彼此相似,而与其他簇中的对象相异。聚类分析,又称群分析,是研究分类问题的一种统计分析方法,起源于分类学。由于聚类所需划分的类是未知的,因此聚类分析也称为无指导或无监督的学习。

聚类分析基于数据中发现的描述对象及其关系的信息,将数据对象分组,其目的是使组内的对象相互之间相似(相关),而不同组中的对象不同(不相关)。组内相似性越大,组间差距越大,聚类效果越好。聚类的目标是得到较高的簇内相似度和较低的簇间相似度,使得簇间的距离尽可能大,簇内样本与簇中心的距离尽可能小。

聚类的过程:①数据准备:包括特征标准化和降维;②特征选择:从最初的特征中选择最有效的特征,并将其存储于向量中;③特征提取:通过对所选择的特征进行转换,形成新的突出特征;④聚类(或分组):选择合适特征类型的某种距离函数(或构造新的距离函数)进行接近程度的度量,然后执行聚类或分组;⑤聚类结果评估:对聚类结果进行评估,主要有 3 种方法:外部有效性评估、内部有效性评估和相关性测试评估。

聚类方法丰富多样,以下列出了一些方法。

①K-means:最常见的聚类算法之一,用于将数据分成预定义数量的簇。

②凝聚层级聚类(Agglomerative Hierarchical Clustering):是一种具体的层次聚类实现方式,采用"自底向上"的策略,首先将每个对象作为一个簇,然后逐步合并这些原子簇为越来越大的簇,直到所有的对象都在一个簇中,或者某个终结条件被满足。

③密度聚类(DBSCAN):基于密度的聚类算法,能够识别任意形状的簇,对噪声和离群点具有较好的鲁棒性。

④混合高斯模型:是一种基于概率模型的聚类方法,适用于估计子群体的分布。

⑤EM 算法(Expectation-Maximization Algorithm):是一种用于在概率模型中参数的最大似然估计或者最大后验估计的迭代方法,其中模型依赖于不可观测的隐藏变量。

⑥自组织映射(Self-Organizing Map,SOM)网络分型:是一种基于无监督学习算法的网络分型方法。

⑦层次聚类:通过构建数据点之间的层次结构来进行聚类,可以是自底向上的凝聚方法或自顶向下的分裂方法。

⑧谱聚类:使用数据的相似性矩阵来进行聚类,特别适用于复杂形状的数据集。

⑨模糊 C-means:类似于 K-means,但允许数据点属于多个簇,并分配给每个簇一定的隶属度或概率。

⑩K-medoids:与 K-means 类似,但使用数据点(medoids)而非均值作为簇的中心。

⑪Mean Shift:通过迭代地更新候选簇中心点来寻找数据点密度最高的区域。

⑫OPTICS:一种基于密度的聚类算法,类似于 DBSCAN,但在处理不同密度的数据集表现更好。

⑬BIRCH:专为大型数据集设计的一种层次聚类方法。

这些聚类算法各有优缺点,适用于不同类型的数据和不同的应用场景。选择合适的聚类算法通常取决于具体的需求、数据的特性和计算资源。总的来说,聚类是一种重要的数据分析技术,有助于揭示数据中的潜在模式和结构,从而为各种应用提供有价值的见解。

12.2 聚类算法评价

评估聚类算法的聚类效果是一个关键步骤,它有助于确定算法是否有效地将数据划分为有意义的簇。聚类的性能度量是评估聚类结果好坏的关键,通常分为外部指标和内部指标两类。外部指标使用预先定义的聚类模型作为参考来评判聚类结果的质量;内部指标则不借助任何外部参考,只用参与聚类的样本评判聚类结果好坏。

12.2.1 外部评价指标

对于含有 n 个样本点的数据集 S,其中的两个不同样本点(x_i,y_j),假设 C 是聚类算法给出的簇划分结果,P 是外部参考模型给出的簇划分结果。那么对于样本点 x_i,y_j 来说,存在以下四种关系:

SS:x_i,y_j 在 C 和 P 中属于相同的簇

SD:x_i,y_j 在 C 中属于相同的簇,在 P 中属于不同的簇

DS:x_i,y_j 在 C 中属于不同的簇,在 P 中属于相同的簇

DD:x_i,y_j 在 C 和 P 中属于不同的簇

令 a,b,c,d 分别表示 SS,SD,DS,DD 所对应的关系数目,由于 x_i,y_j 所对应的关系必定存在于四种关系中的一种,且仅能存在一种关系。

(1)兰德指数(Rand Index,RI)

$$R=\frac{a+d}{a+b+c+d} \tag{12.1}$$

兰德指数衡量的是两个数据分布的吻合程度,其值在 0 到 1 之间,值越大意味着聚类效果越好。

(2)调整兰德指数(Adjusted Rand Index,ARI)

ARI(Adjusted Rand Index,调整兰德指数)是一种用于衡量聚类结果与真实分类之间的相似度的评价方法。它通过比较聚类结果与真实分类之间的成对样本相似性来计算得分,范围从 -1 到 1,其中 1 表示完全匹配,0 表示随机匹配,-1 表示完全不匹配。

ARI 的计算公式如下：

$$ARI=\frac{\sum\limits_{ij}\binom{n_{ij}}{2}-\dfrac{\left[\sum\limits_{i}\binom{a_{i}}{2}\sum\limits_{j}\binom{b_{j}}{2}\right]}{\binom{n}{2}}}{\dfrac{1}{2}\left[\sum\limits_{i}\binom{a_{i}}{2}+\sum\limits_{j}\binom{b_{j}}{2}\right]-\dfrac{\left[\sum\limits_{i}\binom{a_{i}}{2}\sum\limits_{j}\binom{b_{j}}{2}\right]}{\binom{n}{2}}} \tag{12.2}$$

式中，n 是样本总数，n_{ij} 表示同时被聚类结果和真实分类划分为同一簇的样本对数量，a_{i} 表示被聚类结果划分为第 i 簇的样本数量，b_{j} 表示被真实分类划分为第 j 类的样本数量。

调整兰德指数是兰德指数的优化，对簇的数量和样本数量更加稳健，其取值范围也在 -1 到 1 之间，值越接近 1 表示聚类效果越好。

（3）F 值（F-measure）：

$$P=\frac{a}{a+b},R=\frac{a}{a+c} \tag{12.3}$$

式中，P 表示准确率，R 表示召回率。

$$F=\frac{(\beta^{2}+1)PR}{\beta^{2}P+R} \tag{12.4}$$

式中，β 是参数，当 $\beta=1$ 时，就是最常见的 F1-measure 值。

值越大，表明聚类结果和参考模型直接的划分结果越吻合，聚类结果就越好。

（4）Jaccard 系数（Jaccard Coefficient）

$$J=\frac{a}{a+b+c} \tag{12.5}$$

值越大，表明聚类结果和参考模型直接的划分结果越吻合，聚类结果就越好。

（5）FM 指数（Fowlkes and Mallows Index）

$$FM=\sqrt{\frac{a}{a+b}\times\frac{a}{a+c}}=\sqrt{P\times R} \tag{12.6}$$

（6）归一化互信息（Normalized Mutual Information，NMI）和调整互信息（Adjusted Mutual Information，AMI）

互信息衡量的是两个随机变量之间的共享信息，归一化互信息将其值调整到 0 到 1 之间，值越大表示聚类效果越好。调整互信息则是互信息的优化版本，它考虑了簇的数量和样本数量。AMI 的计算公式如下：

$$AMI=\frac{I(X;Y)-E[I(X;Y)]}{\max(H(X),H(Y))-E[I(X;Y)]} \tag{12.7}$$

式中，$I(X;Y)$ 表示聚类结果和真实分类的互信息，$H(X)$ 和 $H(Y)$ 分别表示聚类结果和真实分类的熵，$E[I(X;Y)]$ 是互信息的期望值，用于校正由随机因素引起的误差。

12.2.2 内部评价指标

（1）轮廓系数（Silhouette Coefficient）

轮廓系数是一种用于评估聚类结果的紧密度和分离度的指标。它结合了样本与其所属簇的平均距离和样本与其他簇的平均距离，用于衡量聚类结果的质量。轮廓系数的计算公式如下：

$$S = \frac{b-a}{\max(a,b)} \tag{12.8}$$

式中,a 表示样本与其所属簇的平均距离,b 表示样本与其他簇的平均距离。对于每个样本,轮廓系数的取值范围在 -1 到 1 之间,值越接近 1 表示样本聚类得越好,值越接近 -1 表示样本更适合被划分到其他簇,值接近 0 表示样本在两个簇之间的边界。

（2）Calinski-Harabasz 指数（CH 指数或 CH 分数）

Calinski-Harabasz 指数是一种用于评估聚类结果的紧密度和分离度的指标。它基于簇内的离差平方和（Within-Cluster Sum of Squares，WCSS）和簇间的离差平方和（Between-Cluster Sum of Squares，BCSS）,用于衡量聚类结果的质量。

Calinski-Harabasz 指数的计算公式如下：

$$CH = \frac{BCSS/(k-1)}{WCSS/(n-k)} \tag{12.9}$$

式中,k 表示簇的数量,n 表示样本的总数。

Calinski-Harabasz 指数的值越大表示聚类结果的质量越好。

（3）戴维森堡丁指数（Davies-Bouldin Index，DBI）

DBI 指数通过计算任意两个簇的簇内离散度（使用样本到簇中心的平均距离表示）与簇间距离（使用簇中心之间的距离表示）之比的最大值来评估聚类效果。

首先定义簇中 n 个 m 维样本点之间的平均距离（avg）：

$$avg = \frac{2}{n(n-1)} \sum_{1 \leqslant i < j \leqslant n} \sqrt{\sum_{t=1}^{m} (x_{it} - x_{jt})^2} \tag{12.10}$$

根据两个簇内样本间的平均距离,可以得出戴维森堡于指数的计算公式如下：

$$DBI = \frac{1}{k} \sum_{i=1}^{k} \max_{j \neq i} \left(\frac{avg(C_i) + avg(C_j)}{\|c_i - c_j\|_2} \right) \tag{12.11}$$

式中 c_i、c_j,表示簇 Ci、Cj 的聚类中心。

DBI 的值越小,表示簇内样本之间的距离越小,同时簇间距离越大,即簇内相似度高,簇间相似度低,说明聚类结果越好。

DBI 指数越小,代表簇内样本越紧密,簇间样本越分散,即更优的聚类结果。

（4）邓恩指数（Dunn Validity Index，DVI）

DVI 通过计算任意两个簇之间的最小距离与任意簇内的最大距离之比来评估聚类效果,假设聚类结果中有 k 个簇,计算公式如下：

$$DVI = \frac{\min\limits_{0 < m \neq n < k} \left\{ \min\limits_{\forall x_i \in C_m, x_j \in C_n} \{\|x_i - x_j\|\} \right\}}{\max\limits_{0 < n \leqslant k} \max\limits_{\forall x_i, x_j \in C_n} \{\|x_i - x_j\|\}} \tag{12.12}$$

DVI 越大,代表簇间距离越大,簇内距离越小,即更优的聚类结果。

12.3　K-means 算法

12.3.1　K-means 算法的基本思想

K-means 算法是一种迭代求解的聚类分析算法,其核心思想是将数据集中的 n 个对象划

分为 K 个聚类,使每个对象到其所属聚类的中心(或称为均值点、质心)的距离之和最小。这里所说的距离通常指欧氏距离,但也可以是其他类型的距离度量。K-means 算法通过迭代不断优化聚类结果,使得每个聚类内的对象尽可能紧密,而不同聚类间的对象则尽可能分开。该优化过程通常基于某种目标函数,如误差平方和(Sum of Squared Errors,SSE),它衡量了所有对象到其所属聚类中心的距离之和。

12.3.2 算法步骤详解

(1)初始化:选择 K 个初始聚类中心

在算法开始时,需要随机选择 K 个数据点作为初始的聚类中心。这些初始聚类中心的选择对最终的聚类结果有一定的影响,通常会采用一些启发式的方法来选择较好的初始聚类中心,如 K-means++算法等。

(2)分配:将每个数据点分配给最近的聚类中心

对于数据集中的每个数据点,计算其与每个聚类中心的距离,并将其分配给距离最近的聚类中心。这一步通常使用欧氏距离作为距离度量,计算公式如下:

$$\text{dist}(x,c_i) = \sqrt{\sum_{j=1}^{d}(x_j - c_{ij})^2} \tag{12.13}$$

式中,x 是数据点,c_i 是第 i 个聚类中心,d 是数据的维度,x_j 和 c_{ij} 分别是 x 和 c_i 在第 j 维上的值。

(3)更新:重新计算每个聚类的中心

对于每个聚类,重新计算其聚类中心。新的聚类中心是该聚类内所有数据点的均值,计算公式如下:

$$c_i = \frac{1}{|S_i|}\sum_{x \in S_i} x \tag{12.14}$$

式中,S_i 是第 i 个聚类的数据点集合,$|S_i|$ 是该集合中数据点的数量。

(4)迭代:重复执行分配和更新步骤,直到满足某种终止条件。常见的终止条件包括:

①聚类中心不再发生显著变化:即新的聚类中心与旧的聚类中心之间的距离小于某个预设的阈值。

②达到最大迭代次数:为了避免算法陷入无限循环,通常会设置一个最大迭代次数作为终止条件。

在迭代过程中,算法会不断优化聚类结果,使得每个聚类内的对象更加紧密,而不同聚类间的对象更加分散。最终,当满足终止条件时,算法停止迭代并输出最终的聚类结果。

需要注意的是,K-means 算法对初始聚类中心的选择和聚类数 K 的设定非常敏感。不同的初始聚类中心和 K 值可能会导致完全不同的聚类结果。因此,在实际应用中,通常需要结合具体问题和数据特点来选择合适的初始聚类中心和 K 值,并可能需要对算法进行多次运行以获取更稳定的结果。

K-means 算法优点:

①简单易懂:K-means 算法的原理直观,通过迭代的方式将数据划分为 K 个聚类,使得每个数据点到其所属聚类的质心的距离之和最小。

②计算效率高:在迭代过程中,K-means 算法主要涉及距离计算和均值计算,这些计算相对简单且高效。因此,在处理大规模数据集时,K-means 算法通常能够在较短的时间内完成聚

类任务,适合用于实时处理或大规模数据处理场景。

③易于实现:K-means 算法的实现相对简单,只需按照初始化、分配、更新和迭代的步骤进行即可。

K-means 算法局限性:

①对初始聚类中心敏感:K-means 算法的聚类结果对初始聚类中心的选择较为敏感,可以采用一些启发式方法(如 K-means++算法)来优化初始聚类中心的选择。

②可能陷入局部最优:K-means 算法在迭代过程中采用贪心策略,每一步都试图找到当前最优解。然而,这种策略可能导致算法陷入局部最优解,而无法达到全局最优。为了克服这一问题,可以尝试使用不同的初始聚类中心进行多次运行,或者结合其他优化算法来改进 K-means 算法的性能。

③需要预先设定聚类数 K:K-means 算法需要提前设定聚类数 K,这个值的选择往往需要根据具体问题和数据特点来确定。如果 K 值选择不当,可能会导致聚类结果不符合实际情况或无法有效揭示数据的内在结构。在实际应用中,可以通过一些评估指标(如轮廓系数、肘部法则等)来辅助确定合适的 K 值。

因此,在使用 K-means 算法时,需要结合具体问题和数据特点来选择合适的初始聚类中心、K 值以及优化策略,以获得更好的聚类效果。

12.4　层次聚类原理

层次聚类算法将数据集划分为一层一层的集群,后面一层生成的集群基于前面一层的结果(彭贤哲 等,2024)。层次聚类算法一般分为两类:

①分裂层次聚类:又称自顶向下的层次聚类,最开始所有的对象均属于一个集群,每次按一定的准则将某个集群划分为多个集群,如此往复,直至每个对象均是一个集群。

②凝聚层次聚类:又称自底向上的层次聚类,每一个对象最开始都是一个集群,每次按一定的准则将最相近的两个集群合并生成一个新的集群,如此往复,直至最终所有的对象都属于一个集群。

图 12.1 直观地给出了层次聚类的思想以及以上两种聚类策略的异同。

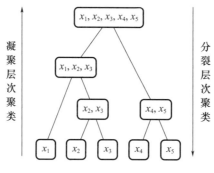

图 12.1　层次聚类的思想

算法步骤:

①初始化:将每个数据点视为一个簇,并计算每对簇之间的距离或相似度。

②合并:选择距离最近(或相似度最高)的两个簇进行合并,形成一个新的簇。

③更新:更新簇之间的距离矩阵,计算新簇与其他簇之间的距离或相似度。

④重复:重复步骤②和③,直到满足终止条件。

在合并簇的过程中,有多种方法可以用来计算簇间的距离,如类平均法、单链接法、全链接法等。类平均法因其良好的单调性和空间扩张/浓缩的适中程度而被广泛使用。单链接法则是将两个组合数据点中距离最近的两个数据点间的距离作为这两个组合数据点的距离。全链接法则考虑两个簇中所有数据点之间的距离,并取最大值作为这两个簇的距离。

12.5　密度聚类原理(DBSCAN)

密度聚类算法(Density-Based Spatial Clustering of Applications with Noise,DBSCAN)与 K-Means 算法(一般只适用于凸样本集的聚类)相比,DBSCAN 适用于凸和非凸样本集(邱晓莉 等,2024)。它通过样本分布的紧密程度来决定类别,核心原理是将具有足够密度的区域划分为簇,并在具有噪声的空间数据库中发现任意形状的簇。

在 DBSCAN 中,簇被定义为密度相连的点的最大集合。为了确定点的密度和它们之间的连接关系,算法引入了以下几个关键概念。

①ε 邻域:给定对象的半径为 ε 内的区域称为该对象的 ε 邻域。

②核心对象:如果给定对象 ε 邻域内的样本点数大于等于 MinPts(一个预设的阈值),则称该对象为核心对象。

③密度直达:如果样本点 q 在 p 的 ε 邻域内,并且 p 为核心对象,那么对象 q 从对象 p 直接密度可达。

④密度可达:如果存在一个样本点序列 $p_1, p_2, \cdots, p_n$,其中 $p_1 = p, p_n = q$,且 p_{i+1} 从 p_i 直接密度可达,那么对象 q 从对象 p 密度可达。

⑤密度相连:如果存在一个核心对象 o,使得对象 p 和对象 q 都从 o 密度可达,那么对象 p 和对象 q 密度相连。

基于上述概念,DBSCAN 算法的工作流程:从数据库中选择一个未处理的点,检查其是否为核心对象。如果是核心对象,则找出所有从这个点密度相连的对象,形成一个簇。如果不是核心对象(即边缘点),则跳过该点,选择下一个点进行处理。重复上述过程,直到所有点都被处理。

DBSCAN 算法的优点在于它能够发现任意形状的簇,并且对于噪声数据具有一定的鲁棒性。然而,该算法对用户定义的参数(如扫描半径 ε 和最小包含点数 MinPts)很敏感,细微的参数变化可能导致聚类结果产生较大的差异。因此,在使用 DBSCAN 算法时,需要根据具体的应用场景和数据特性来选择合适的参数值。

12.6　混合高斯模型原理

混合高斯模型(Gaussian Mixture Model,GMM)是一种用于数据建模和聚类的统计模型,其基本原理包括三个概念:高斯分布(正态分布)、混合成分和混合系数。

GMM 的方法算法步骤如下:

①初始化:首先,需要对 GMM 进行初始化,包括确定混合成分的数量(K)、每个混合成分的均值(μ)、标准差(σ),以及混合系数(π)。通常,这些参数可以通过随机初始化或其他方法来

设置。

②期望最大化(EM)算法(具体见 10.3 节):GMM 的核心是使用 EM 算法来估计模型的参数。EM 算法是一种迭代优化算法,用于最大化似然函数,从而估计模型参数。

③迭代:重复执行 EM 算法,直到模型参数收敛或达到预定的迭代次数为止。

④模型选择:通常需要使用一些模型选择准则(如 BIC、AIC 等)来确定最佳的混合成分数量 K,以避免过度拟合或欠拟合数据。

⑤使用模型:一旦训练完成,可以使用 GMM 来进行各种任务,包括数据生成、密度估计、聚类和异常检测等。

其中步骤②中的期望最大化算法是一种经典的统计学算法,最早由 Arthur Dempster、Nan Laird 和 Donald Rubin 三位学者于 1977 年提出,是一种迭代优化算法,用于在存在潜在变量或不完全数据的情况下,估计概率模型的参数(姜喆 等,2024)。

高斯混合模型的 EM 算法步骤:假设随机变量 X 是由 K 个高斯分布混合而成,各个高斯分布的概率为 $\phi_1, \phi_2, \cdots, \phi_k$,第 i 个高斯分布的均值为 μ_i,方差为 σ_i。观测到随机变量 X 的一系列样本值为 $x_1, x_2, \cdots, x_n$,计算如下:

第一步:给 ϕ, μ, σ 赋初值,开启迭代,高斯混合模型的 ϕ, μ, σ 有多个,就分别赋初值;

第二步:E 步。如果是首轮迭代,那么 ϕ, μ, σ 分别为给定的初值;否则 ϕ, μ, σ 取决于上一轮迭代的值。有了 ϕ, μ, σ 的值,按照如下公式计算 Q 函数:

$$Q_i(z^{(i)} = k) = \frac{\phi_k \cdot \dfrac{1}{\sqrt{2\pi}\sigma_k}\exp\left[-\dfrac{(x^{(i)} - \mu_k)^2}{2\sigma_k^2}\right]}{\displaystyle\sum_{k=1}^{K} \phi_k \cdot \dfrac{1}{\sqrt{2\pi}\sigma_k}\exp\left[-\dfrac{(x^{(i)} - \mu_k)^2}{2\sigma_k^2}\right]} \tag{12.15}$$

式中,ϕ, σ, μ, x 均已知,代入即可,$i = 1, 2, \cdots, N$;$k = 1, 2, \cdots, K$。

第三步:M 步。根据计算出来的 Q,套进以下公式算出高斯混合模型的各个参数:

$$\mu_k = \frac{\displaystyle\sum_{i=1}^{n} Q_k^{(i)} x^{(i)}}{N_k} \tag{12.16}$$

$$\sigma_k = \frac{\displaystyle\sum_{i=1}^{n} Q_k^{(i)} (x^{(i)} - \mu_k)(x^{(i)} - \mu_k)^T}{N_k} \tag{12.17}$$

$$\phi_k = \frac{\displaystyle\sum_{i=1}^{n} Q_k^{(i)}}{N} \tag{12.18}$$

$$N_k = \sum_{i=1}^{N} Q_k^{(i)} \tag{12.19}$$

重复第二、第三步,直至收敛。EM 算法流程如图 12.2 所示。

EM 算法主要应用于求解含有隐变量的概率模型,尤其在高斯混合模型和聚类等场景中发挥重要作用。在高斯混合模型中,EM 算法被广泛应用于估计混合高斯分布的参数,如均值向量、协方差矩阵等。在聚类分析中,EM 算法可以应用于解决 K-means 聚类问题,通过迭代更新得聚类中心和类成员的概率来完成聚类任务。此外,在处理含有缺失数据的情况时,EM 算法还可以用于估计缺失数据的概率分布,并进一步通过最大似然估计来处理缺失数据。需要注意的是,尽管 EM 算法能够找到局部最优解,但并不一定能找到全局最优解。因此,在使用 EM 算法时,需要谨慎选择初始参数,并结合实际问题进行适当的调整和优化。

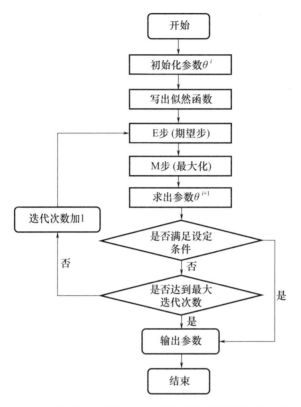

图 12.2 高斯混合模型的 EM 算法流程(张静雯 等,2024)

12.7 自组织映射原理(SOM)

自组织映射(Self-Organizing Map,SOM)是一种基于无监督学习算法的分型方法。SOM 算法通过竞争学习和动态调整网络权值来实现数据降维和组织,可以将高维输入空间中的样本数据映射到低维的二维或一维阵列(称为地图或网格)上,使得相似的数据点在映射后的空间中距离较近,从而保持了原始数据的拓扑结构。

SOM 聚类算法由输入层和竞争层(输出层)组成,实现过程归纳为以下 7 个步骤:

①初始化:对输出层各权值向量赋予较小的随机数,并对其进行归一化处理,得到 $W_{ij}(0)$,确定优胜邻域半径 δ,初始学习率 lr_0 和迭代次数 λ。

②数据输入:将数据输入 SOM 模型。

③距离计算:计算每个节点与输入节点的距离,找到距离最近的点,称为获胜节点。本节采用欧氏距离 d_{ij},即:

$$d_{ij} = \| X - W_{ij} \| \tag{12.20}$$

④权重更新:假设获胜节点为 (c_x, c_y),在以该节点为中心、δ 为半径的优胜邻域内。节点 (i, j) 的权重为:

$$W_{ij} = e^{-\frac{(c_x-i)^2}{2\delta^2}} \cdot e^{-\frac{(c_y-j)^2}{2\delta^2}} \tag{12.21}$$

⑤学习率更新:学习率更新函数为:

$$lr(t) = lr_0 / (1 + \frac{t}{\lambda/2}) \tag{12.22}$$

式中,t 为当前迭代次数。

⑥重复迭代:重复进行步骤④~⑤,直至迭代次数达到预设值 λ。

⑦聚类结果输出:最终输出节点形成了 1 个低维的网格,每个节点代表 1 个聚类簇。将数据点映射到相应的节点上,即可得到聚类结果(Chen et al.,2023b)。

在环流场分析中,可以将流场数据映射到二维或三维空间,形成特征地图,便于观察和分析。通过对 SOM 特征地图进行分析,可以将环流场划分为不同的区域,这些区域具有相似的流场特征,如速度、流向等,且相邻区域之间存在明显的过渡带,有助于识别流场的边界和变化趋势。各类型的环流场具有一定的稳定性,可以在一定程度上反映流场的本质特征。

SOM 环流场分型方法在气象(吴香华 等,2024)、海洋、环境科学、流体力学等领域具有广泛的应用价值。通过分析环流场分型,可以更好地了解流场的时空变化规律,为预测和控制流场提供科学依据。不过,SOM 环流场分型的准确性和可靠性取决于输入数据的质量和算法参数的选择,因此在实际应用中,应根据具体情况调整算法参数,并结合其他分析方法(如数值模拟、实测数据等)对分析结果进行验证。

12.8 谱聚类原理

谱聚类(spectral clustering)(林清水 等,2024)是一种广泛使用的聚类算法,相比传统的 K-Means 算法,谱聚类对数据分布的适应性更强,聚类效果也更优秀,同时计算量也小很多,实现起来也不复杂。在解决实际的聚类问题时,谱聚类是应该首先考虑的几种算法之一。

(1)基本原理

谱聚类是从图论中演化出来的算法,后来在聚类中得到了广泛的应用。它的主要思想是把所有的数据看作空间中的点,通过边将它们连接起来。距离较远的两个点之间的边权重较低,而距离较近的两个点之间的边权重较高,通过对所有数据点组成的图进行切图,让切图后不同的子图间边权重和尽可能低,而子图内的边权重和尽可能高,从而达到聚类的目的。

(2)谱聚类算法流程

常用的相似矩阵的生成方式是基于高斯核距离的全连接方式,最常用的切图方式是 Ncut。下面以 Ncut 总结谱聚类算法流程(冯添润 等,2024)。

输入:样本集 $\boldsymbol{D} = (x_1, x_2, \cdots, x_n)$,相似矩阵的生成方式,降维后的维度 k_1,聚类方法,聚类后的维度 k_2。

输出:簇划分 $\boldsymbol{C}(c_1, c_2, \cdots, c_{k2})$。

①根据输入的相似矩阵的生成方式构建样本的相似矩阵 $\boldsymbol{S}$;

②根据相似矩阵 $\boldsymbol{S}$ 构建邻接矩阵 $\boldsymbol{W}$,构建度矩阵 $\boldsymbol{D}$;

③计算出拉普拉斯矩阵 $\boldsymbol{L}$;

④构建标准化后的拉普拉斯矩阵 $\boldsymbol{D}^{-\frac{1}{2}} \boldsymbol{L} \boldsymbol{D}^{-\frac{1}{2}}$;

⑤计算 $\boldsymbol{D}^{-\frac{1}{2}} \boldsymbol{L} \boldsymbol{D}^{-\frac{1}{2}}$ 最小的 k_1 个特征值所各自对应的特征向量 $\boldsymbol{f}$;

⑥将各自对应的特征向量 $\boldsymbol{f}$ 组成的矩阵按行标准化,最终组成 $n \times k_1$ 维的特征矩阵 $\boldsymbol{F}$;

⑦对 $\boldsymbol{F}$ 中的每一行作为一个 k_1 维的样本,共 n 个样本,用输入的聚类方法进行聚类,聚类

维数为 k_2；

⑧得到簇划分 $C(c_1, c_2, \cdots, c_{k2})$。

12.9 模糊(C-means)原理

模糊控制是自动化控制领域的经典方法。其原理则是模糊数学、模糊逻辑。1965 年,Zadeh(1965)首次引入隶属度函数的概念,打破了经典数学"非 0 即 1"的局限性,用 $[0,1]$ 之间的实数来描述中间状态。很多经典的集合(即:论域 U 内的某个元素是否属于集合 A,可以用一个数值来表示。在经典集合中,要么 0,要么 1)不能描述很多事物的属性,需要用模糊性词语来判断。比如天气冷热程度、人的胖瘦程度等。模糊数学和模糊逻辑把只取 1 或 0 二值(属于/不属于)的普通集合概念推广到 0~1 区间内的多个取值,即隶属度。用"隶属度"来描述元素和集合之间的关系。

(1)模糊规则的设定

①专家的经验和知识——向经验丰富的专家请教,获得系统的知识后,将知识改为 IF⋯⋯THEN⋯⋯的型式。

②操作员的操作模式——记录熟练的操作员的操作模式,并将其整理为 IF⋯⋯THEN⋯⋯的型式。

③自学习——模糊控制器可以根据设定的目标,增加或修改模糊控制规则,以纠正可能存在偏差。

(2)模糊(C-Means)算法原理

模糊 C 均值聚类(FCM)融合了模糊理论的精髓。相较于硬聚类的 K-means,模糊 C 提供了更加灵活的聚类结果。在大部分情况下,数据集中的对象难以被明显划分为簇,将一个对象强行分配到一个特定簇可能不准确,也可能会出错。模糊 C 均值通过赋予每个对象和每个簇一个权值,来指明对象属于该簇的程度。与基于概率的方法相比,使用自然的、非概率特性的模糊 C 均值是一种更好的选择。简单来说,该算法是给每个样本赋予属于每个簇的隶属度函数,然后根据隶属度的大小来将样本归类。

(3)算法步骤(高云龙 等,2024)

①初始化:通常采用随机初始化来选取权值,而簇数则需要人为确定。

②计算质心:在 FCM 中,质心计算方式不同于传统质心,它是根据隶属度进行加权平均。

③更新模糊伪划分:更新权重(隶属度)。简单地说,如果样本点 x 距离质心 c 越近,那么它的隶属度就越高,反之则越低。

12.10 K-medoids 原理

K-Mediods 与 K-Means 最大的区别在于:K-Means 是寻找簇中的平均值作为质心。而 K-Mediods 在寻找到平均值之后,会选择离这个均值最近的实际数据点作为质心。换句话说,K-Mediods 会以数据集中真正存在的最优点来作为它的质心。所以对于同样的数据,在应用 K-Mediods 算法时,质心会选择与均值最为相近的数据点。

计算过程:

①首先确定 K 的值,这里很重要,决定要把数据聚合成多少类。

②输入想要聚类的数据。

③随机在数据中选择 K 个点作为质心。

④计算其他点与质心的距离,并聚合到距离紧的一类,得到簇。

⑤将簇之间每个点之间作为质心都计算一次距离,然后选择距离最小的点作为新的质心。注意这里的质心必须是确切存在的数据,和 K-Means 是不一样的。

⑥重复步骤④和⑤,知道质心不再偏移为止。

K-Mediods 的数学公式如下:

$$C = \sum_{C_i} \sum_{P_i \in C_i} \mid P_i - C_i \mid \tag{12.23}$$

式中,C_i 是质心,P_i 是非质心。所以 C 就是每一个非质心的点到质心的距离的和。最好要实现 C 是最小的哪一个,也就是 $\min(C)$

12. 11　Mean Shift 原理

对于 Mean Shift 算法,是一个迭代的步骤,即先算出当前点的偏移均值,将该点移动到此偏移均值,然后以此为新的起始点,继续移动,直到满足最终的条件。

Mean-Shift 算法是一个迭代的过程,在一组概率密度中(图 12.3),可以直观地描述为圆点表示特征点,圆圈为检测区域,中心点表示检测区域中心,细箭头为中心点到特征点向量,粗箭头为检测区域内中心点到所有特征点的向量和。Mean-Shift 向量算法的第一次迭代示意图如图 12.4 所示,圆圈中心点到其他圆点的细箭头是一个向量,这里称为 Mean-Shift 向量,即漂移向量。

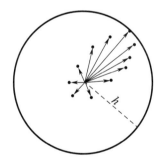

图 12.3　高维球的平面图(刘峰 等,2024)

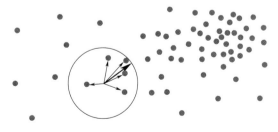

图 12.4　Mean-Shift 向量算法的第一次迭代(刘峰 等,2024)

经过 Mean-Shift 算法的一次迭代后,为了使圆圈中能包含更多的特征点,中心点向第一次迭代后特征向量之和的位置移动。如图 12.5 所示为 Mean-Shift 算法的第二次迭代。

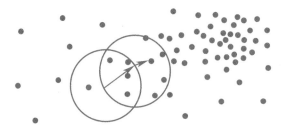

图 12.5 Mean-Shift 向量算法的第二次迭代(刘峰 等,2024)

中心点不断向上一次粗箭头的地方移动,直到包含的特征点最多为止,如图 12.6 中的圆点,最终可以得到概率密度最大的地方,便获取最优相似区域移动。

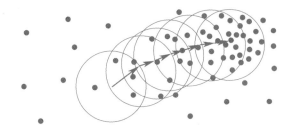

图 12.6 Mean-Shift 向量算法的迭代完成(刘峰 等,2024)

从上述过程可以看出,在 Mean-Shift 算法中,最关键的就是计算每个点的偏移均值,然后根据新计算的偏移均值更新点的位置。

(1)基本的 Mean-Shift 向量形式

对于给定的 d 维空间 R^d 中的 n 个样本点 x_i,$i=1,\cdots,n$,则对于 x 点,其 Mean-Shift 向量的基本形式为:

$$\boldsymbol{M}_h(x) = \frac{1}{k} \sum_{x_i \in S_h} (x_i - x) \tag{12.24}$$

式中,S_h 指的是一个半径为 h 的高维球区域,如图 12.6 中的圆形区域。S_h 的定义为:

$$S_h(x) = (y \mid (y-x)(y-x)^T \leqslant h^2) \tag{12.25}$$

这样一种基本的 Mean-Shift 形式存在一个问题:在 S_h 的区域内,每一个点对 x 的贡献是一样的。而实际上,这种贡献与 x 到每一个点之间的距离是相关的。同时,对于每一个样本,其重要程度也是不一样的。

(2)改进的 Mean-Shift 向量形式

基于以上的考虑,对基本的 Mean-Shift 向量形式中增加核函数和样本权重,得到如下的改进的 Mean-Shift 向量形式:

$$\boldsymbol{M}_h(x) = \frac{\sum_{i=1}^{n} G_H(x_i - x) W(x_i)(x_i - x)}{\sum_{i=1}^{n} G_H(x_i - x) W(x_i)} \tag{12.26}$$

$$\boldsymbol{G}_h(x_i - x) = |\boldsymbol{H}|^{-\frac{1}{2}} G(|\boldsymbol{H}|^{-\frac{1}{2}}(x_i - x)) \tag{12.27}$$

式中:$G(x)$ 是一个单位的核函数。$\boldsymbol{H}$ 是一个正定的对称 $d \times d$ 矩阵,称为带宽矩阵,其是一个对角阵。$W(x_i) \geqslant 0$ 是每一个样本的权重。对角阵 $\boldsymbol{H}$ 的形式为:

$$H = \begin{pmatrix} h_1^2 & 0 & \cdots & 0 \\ 0 & h_2^2 & \cdots & 0 \\ \vdots & \vdots & \vdots & \vdots \\ 0 & 0 & \cdots & h_d^2 \end{pmatrix}_{d \times d} \tag{12.28}$$

上述的 Mean-Shift 向量可以改写成：

$$\boldsymbol{M}_h(x) = \frac{\sum\limits_{i=1}^{n} G\left(\dfrac{x_i - x}{h_i}\right) W(x_i)(x_i - x)}{\sum\limits_{i=1}^{n} G\left(\dfrac{x_i - x}{h_i}\right) W(x_i)} \tag{12.29}$$

Mean-Shift 向量 $\boldsymbol{M}_h(x)$ 是归一化的概率密度梯度。

Mean-Shift 算法的算法流程如下：①计算 $\boldsymbol{M}_h(x)$。②令 $x = \boldsymbol{M}_h(x)$，如果 $|\boldsymbol{M}_h(x) - x| < \varepsilon$，结束循环，否则，重复上述步骤。通过这些步骤，Mean-Shift 算法可以有效地找到数据点的密度峰值，实现聚类。

12.12 本章算法实践

12.12.1 K-Means、凝聚层级、DBSCAN、混合高斯模型、谱聚类和 Mean Shift 算法实践

以下是一个综合程序，包含了 K-Means 聚类、凝聚层级聚类、DBSCAN 聚类（密度聚类）、混合高斯模型＋EM 算法、谱聚类和 Mean Shift 算法的实现。

```
import numpy as np
import matplotlib. pyplot as plt
from sklearn. cluster import AgglomerativeClustering,SpectralClustering
from sklearn. mixture import GaussianMixture
from sklearn. neighbors import KernelDensity
from minisom import MiniSom
import skfuzzy as fuzz
from sklearn. cluster import KMeans,AgglomerativeClustering,DBSCAN
from pylab import mpl
mpl. rcParams['font. sans-serif'] = ['Microsoft YaHei'] #指定默认字体:解决 plot 不能
显示中文问题
mpl. rcParams['axes. unicode_minus'] = False #解决保存图像是负号'-'显示为方块的问题
# 假设使用 3 个特征进行聚类:温度、湿度和风速
np. random. seed(0)
data = np. random. rand(300,3)   # 300 个样本,每个样本 3 个特征
# 为了可视化,只取前两个特征
X = data[:,:2]
# 1. K-Means 聚类
kmeans = KMeans(n_clusters = 3)
kmeans. fit(X)
```

```
y_kmeans = kmeans.predict(X)
# 2. 凝聚层级聚类
agglo = AgglomerativeClustering(n_clusters = 3,affinity ='euclidean',linkage ='ward')
y_agglo = agglo.fit_predict(X)
# 3.DBSCAN 聚类(密度聚类)
dbscan = DBSCAN(eps = 0.1,min_samples = 10)
y_dbscan = dbscan.fit_predict(X)
# 4. 混合高斯模型 + EM 算法
gmm = GaussianMixture(n_components = 3,random_state = 0)
gmm.fit(data)
y_gmm = gmm.predict(data)
# 5. 谱聚类
spectral = SpectralClustering(n_clusters = 3,affinity ='nearest_neighbors',assign_
labels ='kmeans')
y_spectral = spectral.fit_predict(data)
# 6.Mean Shift
# 注意:Mean Shift 的 bandwidth 需要根据数据调整
from sklearn.cluster import MeanShift,estimate_bandwidth
bandwidth = estimate_bandwidth(X,quantile = 0.2,n_samples = 10)
ms = MeanShift(bandwidth = bandwidth,bin_seeding = True)
y_ms = ms.fit_predict(data)
# 可视化结果(仅前两个特征)
plt.figure(figsize = (14,8))
plt.subplot(2,3,1)
plt.scatter(X[:,0],X[:,1],c = y_kmeans,s = 50,cmap ='viridis')
plt.title("K - Means")
plt.subplot(2,3,2)
plt.scatter(X[:,0],X[:,1],c = y_agglo,s = 50,cmap ='viridis')
plt.title("层次聚类")
plt.subplot(2,3,3)
plt.scatter(X[:,0],X[:,1],c = y_dbscan,s = 50,cmap ='viridis')
plt.title("密度聚类")
plt.subplot(2,3,4)
plt.scatter(X[:,0],X[:,1],c = y_gmm,s = 50,cmap ='viridis')
plt.title("混合高斯模型 + EM 算法")
plt.subplot(2,3,5)
plt.scatter(X[:,0],X[:,1],c = y_spectral,s = 50,cmap ='viridis')
plt.title("谱聚类")
plt.subplot(2,3,6)
plt.scatter(X[:,0],X[:,1],c = y_ms ,s = 50,cmap ='viridis')
```

```
plt.title("Mean Shift")
plt.show()
```

　　输出结果如图 12.7 所示。

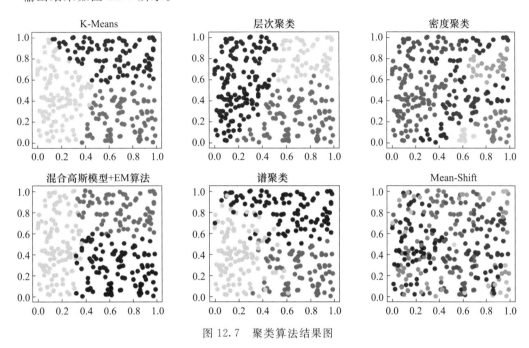

图 12.7　聚类算法结果图

12.12.2　SOM 算法实践

读入数据

```
# data 的 shape 为(时次,经向格点数 * 纬向格点数的乘积),这里是(len(index),761 *
1121)
# data normalization
data = (data - np.mean(data,axis = 0)) / np.std(data,axis = 0)
# data = data.values
print(data.shape)
# Initialization and training
data = np.array(data)
# Initialization and training
som_shape = (2,3)
som = MiniSom(som_shape[0],som_shape[1],data.shape[1],sigma = .5,learning_rate = .5,
              neighborhood_function ='gaussian',random_seed = 10)
som.train_batch(data,5000,verbose = True)
# each neuron represents a cluster
winner_coordinates = np.array([som.winner(x) for x in data]).T
# with np.ravel_multi_index we convert the bidimensional
# coordinates to a monodimensional index
```

```
cluster_index = np.ravel_multi_index(winner_coordinates,som_shape)
print(cluster_index)
data1 = dataa[cluster_index = = 0]
data1 = data1.reshape(data1.shape[0],761,1121)
data1_plot = np.nanmean(data1,axis = 0)
print(data1_plot)
#data2_plot——data6_plot 同理
#用 data1_plot——data6_plot 画图
```

第 13 章　马尔科夫链蒙特卡罗方法

马尔科夫链蒙特卡罗方法(Markov Chain Monte Carlo,MCMC)是统计学和计算科学中一种强大的计算工具,广泛应用于复杂系统的模拟和分析(朱新玲,2009)。作为一种数值计算方法,MCMC 通过构建一个马尔科夫链来采样多维概率分布,实现对复杂分布的估计和推断(刘书奎 等,2011)。这一方法在大气科学中具有重要应用,尤其在天气预报、气候模型优化和大气污染源追踪等方面表现出色(崔威杰 等,2020;Pan et al.,2017;Wang et al.,2022b)。本章将系统地介绍马尔科夫链蒙特卡罗方法的基本原理和应用。通过本章的学习,读者将掌握 MCMC 方法的核心思想和操作流程,并了解其在大气科学中的具体应用案例。

13.1　蒙特卡罗方法

13.1.1　蒙特卡罗方法介绍

蒙特卡罗方法是一种随机模拟的方法,最早是为了求解一些难以精确求解的求和或者积分问题(尹增谦 等,2002)。比如积分:

$$\theta = \int_a^b f(x)\mathrm{d}x \tag{13.1}$$

如果很难求解出 $f(x)$ 的原函数,那么这个积分比较难求解。但是可以通过蒙特卡罗方法来模拟求解近似值。如何模拟呢? 假设函数图像如图 13.1 所示:

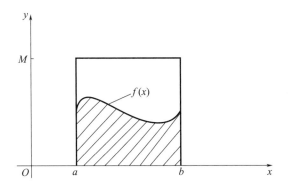

图 13.1　$f(x)$ 在区间 $[a,b]$ 上的图像及积分

则一个简单的近似求解方法是在 $[a,b]$ 之间随机的采样一个点,比如 x_0,然后用 $f(x_0)$ 代表在 $[a,b]$ 区间上所有的 $f(x)$ 的值。那么上面的定积分的近似求解为:

$$(b-a)f(x_0) \tag{13.2}$$

当然,用一个值代表 $[a,b]$ 区间上所有的 $f(x)$ 的值,这个假设太粗糙。那么可以采样 $[a,b]$ 区间的 n 个值: $x_0,x_1,\cdots,x_{n-1}$,用它们的均值来代表 $[a,b]$ 区间上所有的 $f(x)$ 的值。这样上面的定积分的近似求解为:

$$\frac{b-a}{n}\sum_{i=0}^{n-1}f(x_i) \tag{13.3}$$

虽然上面的方法可以一定程度上求解出近似的解,但是它隐含了一个假定,即 x 在 $[a,b]$ 之间是均匀分布的,而绝大部分情况,x 在 $[a,b]$ 之间不是均匀分布的。如果用上面的方法,则模拟求出的结果很可能和真实值相差甚远。

如果可以得到 x 在 $[a,b]$ 的概率分布函数 $p(x)$,那么定积分求和可以这样进行:

$$\theta = \int_a^b f(x)\mathrm{d}x = \int_a^b \frac{f(x)}{p(x)}p(x)\mathrm{d}x \approx \frac{1}{n}\sum_{i=0}^{n-1}\frac{f(x_i)}{p(x_i)} \tag{13.4}$$

(13.4)式最右边的这个形式就是蒙特卡罗方法的一般形式。尽管此处讨论的是连续函数形式的蒙特卡罗方法,但在离散情况下同样适用。假设 x 在 $[a,b]$ 之间服从均匀分布,那么在此假设下,$p(x_i)=1/(b-a)$。将这个概率分布代入蒙特卡罗积分的(13.4)式,可以得到:

$$\frac{1}{n}\sum_{i=0}^{n-1}\frac{f(x_i)}{\frac{1}{b-a}} = \frac{b-a}{n}\sum_{i=0}^{n-1}f(x_i) \tag{13.5}$$

也就是说,最初的均匀分布也可以作为概率分布函数 $p(x)$ 在均匀分布下的特例。

13.1.2　概率分布采样

对于不常见的概率分布,可以采用接受-拒绝采样来得到该分布的样本。既然 $p(x)$ 太复杂无法在程序中直接采样,因此可以设定一个可在程序中采样的分布 $q(x)$,比如高斯分布,然后按照一定的方法拒绝某些样本,以达到接近 $p(x)$ 分布的目的,其中 $q(x)$ 叫作提议分布(proposal distribution)。如图 13.2 所示。

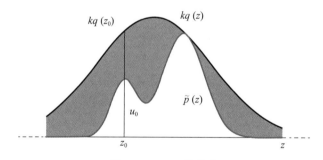

图 13.2　$p(x)$ 的分布

首先,采样得到 $q(x)$ 的一个样 z_0,从均匀分布 $(0, kq(z_0))$ 中采样得到一个值 u。如果 u 落在了图 13.2 中的灰色区域,则拒绝这次抽样,否则接受这个样本 z_0。重复以上过程得到 n 个接受的样本 $z_0, z_1, \cdots, z_{n-1}$,则最后的蒙特卡罗方法求解结果为:

$$\frac{1}{n}\sum_{i=0}^{n-1}\frac{f(z_i)}{p(z_i)} \tag{13.6}$$

整个流程中,通过一系列的接受-拒绝决策来达到用 $q(x)$ 模拟 $p(x)$ 概率分布的目的。

13.1.3　蒙特卡罗方法实践

蒙特卡罗方法是一种通过随机采样来解决计算问题的数值方法,特别适用于处理复杂系统的不确定性和概率分布。在大气科学中,蒙特卡罗方法广泛应用于气候模拟、天气预报、环境风险评估等领域(唐晓 等,2010;Wang et al.,2022a)。

示例：预测未来一个月的平均气温。

```
import numpy as np
import matplotlib. pyplot as plt
# 步骤 1：定义问题和确定输入变量的概率分布
# 假设气温服从正态分布，历史数据的均值和标准差如下：
mean_temp = 20 # 平均气温（℃）
std_temp = 5 # 气温标准差
# 步骤 2：生成随机样本
n_samples = 10000 # 随机样本数量
samples = np. random. normal(mean_temp, std_temp, n_samples)
# 步骤 3：计算输出结果
# 在这个例子中，输出结果即为随机生成的气温样本
# 步骤 4：统计分析
mean_simulated_temp = np. mean(samples)
std_simulated_temp = np. std(samples)
confidence_interval = np. percentile(samples, [2.5, 97.5])
print(f"模拟的平均气温：{mean_simulated_temp:.2f} ℃")
print(f"模拟的气温标准差：{std_simulated_temp:.2f} ℃")
print(f"95％ 置信区间：{confidence_interval[0]:.2f} - {confidence_interval[1]:.2f} ℃")
# 可视化模拟结果
plt. hist(samples, bins = 50, density = True, alpha = 0.6, color ='g')
plt. title('Monte Carlo Simulation of Monthly Average Temperature')
plt. xlabel('Temperature (℃)')
plt. ylabel('Probability Density')
plt. show()
```

13.2　马尔科夫链

13.2.1　基本定义

马尔科夫链定义本身比较简单，它假设某一时刻状态转移的概率只依赖于它的前一个状态。举个形象的比喻，假如每天的天气是一个状态的话，那么今天是不是晴天只依赖于昨天的天气，而和前天的天气无关。尽管这么说可能有些绝对，但这种假设可以大大简化模型的复杂度。因此，马尔科夫链在很多时间序列模型中得到广泛的应用，比如循环神经网络 RNN、隐式马尔科夫模型 HMM 等（Ding et al.，2023；孙才志 等，2003；侯孟阳 等，2018）。

如果用精确的数学定义来描述，则假设的序列状态是$\cdots X_{t-2}, X_{t-1}, X_t, X_{t+1}, \cdots$，那么在时刻 X_{t+1} 的状态的条件概率仅仅依赖于时刻 X_t，即：

$$P(X_{t+1} \mid \cdots X_{t-2}, X_{t-1}, X_t) = P(X_{t+1} \mid X_t) \tag{13.7}$$

既然某一时刻状态转移的概率只依赖于它的前一个状态,那么只要能求出系统中任意两个状态之间的转换概率,该马尔科夫链的模型就得以确立。

马尔科夫链是一种数学模型,用于描述系统在不同状态之间的随机转移过程。其基本特点是"无记忆性",即系统在某一时刻的状态只依赖于前一个时刻的状态,而与更早之前的状态无关。具体而言,马尔科夫链模型中的每一个状态转移都是基于当前状态的条件概率,而不受过去状态的影响。

在大气科学中,马尔科夫链可以用于建模和预测各种气象现象,例如:天气状态的转移:可以将天气状态(如晴天、阴天、雨天、雪天等)视为马尔科夫链的状态。通过历史天气数据,计算出从一种天气状态转移到另一种状态的概率,从而建立天气状态转移矩阵。这种方法可以帮助预测未来几天的天气变化模式。

13.2.2 马尔科夫链模型状态转移矩阵的性质

马尔科夫链模型的状态转移矩阵具有以下性质。

(1)矩阵的每一行之和为1

状态转移矩阵中的每一行表示从当前状态转移到所有可能的下一状态的概率之和。因为这些概率的总和必须为1,所以每一行的元素之和等于1。

(2)非负性

状态转移矩阵中的每个元素都是非负的,因为它们表示的是概率。

(3)时间齐次性

在时间齐次马尔科夫链中,状态转移矩阵在各时间步长之间是固定的,即从状态 i 到状态 j 的转移概率在任何时间步长都是相同的。

假设有一个简单的天气模型,天气状态可以是晴天(S)、阴天(C)和雨天(R)。定义一个状态转移矩阵来描述每天从一种天气状态转移到另一种天气状态的概率,如表13.1所示。

表 13.1　从一种天气状态转移到另一种天气状态的概率示例

状态	晴天(S)	阴天(C)	雨天(R)
晴天(S)	0.7	0.2	0.1
阴天(C)	0.3	0.4	0.3
雨天(R)	0.2	0.3	0.5

这个矩阵表示的是:

晴天转晴天的概率是0.7,晴天转阴天的概率是0.2,晴天转雨天的概率是0.1。

阴天转晴天的概率是0.3,阴天转阴天的概率是0.4,阴天转雨天的概率是0.3。

雨天转晴天的概率是0.2,雨天转阴天的概率是0.3,雨天转雨天的概率是0.5。

(4)矩阵乘法的闭包性

对于马尔科夫链,多个时间步的转移可以通过乘以相应的转移矩阵得到。例如,如果想知道从今天开始,经过两天后的转移概率,可以将转移矩阵乘以自身:

$$P^{(2)} = P \times P \tag{13.8}$$

如果转移矩阵 P 为:

$$P = \begin{bmatrix} 0.7 & 0.2 & 0.1 \\ 0.3 & 0.4 & 0.3 \\ 0.2 & 0.3 & 0.5 \end{bmatrix} \tag{13.9}$$

经过计算,可以得到两天后的转移矩阵:

$$\boldsymbol{P}^{(2)}=\boldsymbol{P}\times\boldsymbol{P}=\begin{bmatrix}0.62 & 0.25 & 0.13\\ 0.42 & 0.34 & 0.24\\ 0.34 & 0.29 & 0.37\end{bmatrix} \tag{13.10}$$

这表示,如果今天是晴天,两天后仍是晴天的概率为 0.62,两天后变为阴天的概率为 0.25,两天后变为雨天的概率为 0.13。

(5)稳态分布

在某些情况下,马尔科夫链会趋向于一个稳态分布,即经过足够多的时间步后,每个状态的概率分布趋于稳定,不再变化。

稳态分布可以通过求解以下方程得到:

$$\pi\boldsymbol{P}=\pi \tag{13.11}$$

假设稳态分布为 $\pi=(\pi_S,\pi_C,\pi_R)$,需要解以下方程组:

$$\begin{cases}\pi_S=0.7\pi_S+0.3\pi_C+0.2\pi_R\\ \pi_C=0.2\pi_S+0.4\pi_C+0.3\pi_R\\ \pi_R=0.1\pi_S+0.3\pi_C+0.5\pi_R\\ \quad\pi_S+\pi_C+\pi_R=1\end{cases} \tag{13.12}$$

通过解这个方程组,可以找到稳态分布向量 π。稳态分布可以用于长期天气预报和气候模式分析。例如,如果知道某地区的天气在气候中有 70% 的时间是晴天,20% 的时间是阴天,10% 的时间是雨天,这对于农业、旅游业和城市规划等都有重要意义。

13.2.3　基于马尔科夫链算法实践

假设有一个简单的天气模型,天气状态可以是晴天(S)、阴天(C)和雨天(R)。状态转移矩阵见式(13.9),可以使用马尔科夫链进行采样,模拟未来几天的天气情况。

```python
import numpy as np
# 定义状态和转移矩阵
states = ['Sunny', 'Cloudy', 'Rainy']
transition_matrix = np.array([
    [0.7, 0.2, 0.1],
    [0.3, 0.4, 0.3],
    [0.2, 0.3, 0.5]])
# 初始化状态
initial_state = 'Sunny'
current_state = states.index(initial_state)
# 采样参数
num_samples = 1000
samples = []
# 状态转移函数
def next_state(current_state, transition_matrix):
    return np.random.choice(len(states), p = transition_matrix[current_state])
```

```
# 马尔科夫链采样
for _ in range(num_samples):
    samples.append(states[current_state])
    current_state = next_state(current_state, transition_matrix)

# 统计结果
from collections import Counter
sample_counts = Counter(samples)
for state, count in sample_counts.items():
    print(f"{state}: {count / num_samples * 100:.2f}%")
# 可视化结果
import matplotlib.pyplot as plt
plt.bar(sample_counts.keys(), sample_counts.values())
plt.xlabel('Weather State')
plt.ylabel('Frequency')
plt.title('Weather State Frequency after Markov Chain Sampling')
plt.show()
```

13.3 马尔科夫链蒙特卡罗方法

13.3.1 马尔科夫链的细致平稳条件

细致平稳条件(Detailed Balance Condition)是马尔科夫链达到稳态分布时需要满足的一种条件。具体来说,如果一个马尔科夫链在稳态分布 π 下,任意两个状态 i 和 j 满足以下条件:

$$\pi(i)P(i,j)=\pi(j)P(j,i) \tag{13.13}$$

则称这个马尔科夫链满足细致平稳条件。这里,$\pi(i)$ 表示稳态分布下状态 i 的概率,$P(i,j)$ 表示从状态 i 转移到状态 j 的概率。

在大气科学中,细致平稳条件可以用于验证天气状态模型的合理性。例如,考虑一个简单的天气模型,其中天气状态可以是晴天(S)、阴天(C)和雨天(R)。假设有如式(13.9)的状态转移矩阵:

(1)细致平稳条件的验证

假设有一个稳态分布 $\pi=(\pi_S,\pi_C,\pi_R)$,其中 π_S 表示晴天的稳态概率,π_C 表示阴天的稳态概率,π_R 表示雨天的稳态概率。根据细致平稳条件,需要验证以下等式是否成立:

$$\begin{cases} \pi_S P(S,C)=\pi_C P(C,S) \\ \pi_S P(S,R)=\pi_R P(R,S) \\ \pi_C P(C,R)=\pi_R P(R,C) \end{cases} \tag{13.14}$$

将具体数值代入:

$$\begin{cases} \pi_S \cdot 0.2=\pi_C \cdot 0.3 \\ \pi_S \cdot 0.1=\pi_R \cdot 0.2 \\ \pi_C \cdot 0.3=\pi_R \cdot 0.3 \end{cases} \tag{13.15}$$

（2）计算稳态分布

通过解上述方程组，可以得到稳态分布：

从 $\pi_C = \dfrac{2}{3}\pi_S$ 和 $\pi_R = \dfrac{1}{2}\pi_S$：

考虑到概率的归一化条件

$$
\begin{cases}
\pi_S + \pi_C + \pi_R = 1 \\[2mm]
\pi_S + \dfrac{2}{3}\pi_S + \dfrac{1}{2}\pi_S = 1 \\[2mm]
\pi_S\left(1 + \dfrac{2}{3} + \dfrac{1}{2}\right) = 1 \\[2mm]
\pi_S\left(\dfrac{6+4+3}{6}\right) = 1 \\[2mm]
\pi_S \cdot \dfrac{13}{6} = 1
\end{cases}
\tag{13.16}
$$

于是：

$$
\begin{cases}
\pi_C = \dfrac{2}{3}\pi_S = \dfrac{2}{3} \cdot \dfrac{6}{13} = \dfrac{4}{13} \\[2mm]
\pi_R = \dfrac{1}{2}\pi_S = \dfrac{1}{2} \cdot \dfrac{6}{13} = \dfrac{3}{13}
\end{cases}
\tag{13.17}
$$

因此，稳态分布为：

$$
\pi = \left(\frac{6}{13}, \frac{4}{13}, \frac{3}{13}\right)
\tag{13.18}
$$

通过验证细致平稳条件和计算稳态分布，可以确认天气模型的合理性，并理解在长时间内不同天气状态的平均概率。

13.3.2　马尔科夫链蒙特卡罗方法

马尔科夫链蒙特卡罗（MCMC）方法是一种基于随机抽样的统计模拟技术，通过构建马尔科夫链来生成符合某一复杂概率分布的随机样本。

假设希望通过 MCMC 方法来估计某一天气模型中的参数，以及模拟未来的天气情况，可以以一个简单的天气状态模型为例进行说明。

（1）定义天气状态模型

假设天气状态可以分为晴天（S）、阴天（C）和雨天（R）。希望估计每种天气状态的转移概率以及每种状态下的天气特征（如温度、湿度等）。

（2）构建马尔科夫链

可以构建一个天气状态转移矩阵 $\boldsymbol{P}$，其 $P_{i,j}$ 表示从状态 i 转移到状态 j 的概率。例如式（13.9），这个矩阵描述了天气状态在不同时间步之间的转移概率。

（3）MCMC 采样过程

①初始化：随机选择一个初始状态（如晴天、阴天或雨天）。

②状态转移：根据转移概率矩阵 $\boldsymbol{P}$，从当前状态转移到下一个状态。

③接受或拒绝：根据接受准则（如 Metropolis-Hastings 算法）接受或拒绝候选状态，以保证生成的样本符合稳态分布。

④收集样本：在链达到平稳状态后，收集状态序列作为样本。

（4）参数估计与模型验证

利用生成的样本，可以估计天气状态转移概率 P，以及各个天气状态下的天气特征分布。这些估计值可以用来验证天气模型的合理性，并进一步优化模型参数。

13.4　Metroplis-Hastings 算法

13.4.1　基本原理

Metropolis-Hastings(MH)算法是一种马尔科夫链蒙特卡罗方法，用于从复杂的概率分布中抽样。在大气科学中，MH 算法可以应用于估计参数的后验分布、模拟天气模式中的随机变量等问题(Luo et al.，2023)。

MH 算法基于马尔科夫链的思想，通过定义一个转移核(transition kernel)，使得马尔科夫链在长时间稳定后能够收敛到目标分布。其基本步骤如下：

①目标分布：假设希望从目标分布 $\pi(x)$ 中抽样，其中 x 要估计的参数或变量。在大气科学中，可以将 $\pi(x)$ 理解为某个物理量的后验分布，例如温度的分布。

②转移核：定义一个转移核 $Q(x'|x)$，描述从状态 x 转移到状态 x' 的概率。通常 $Q(x'|x)$ 是一个简单的分布，如高斯分布。

③接受准则：对于每一次迭代，从当前状态 x_t 生成候选状态 x'，计算接受概率 $\alpha(x_t, x')$ 决定是否接受候选状态：

$$\alpha(x_t, x') = \min\left\{1, \frac{\pi(x')Q(x_t|x')}{\pi(x_t)Q(x'|x_t)}\right\} \tag{13.19}$$

式中，$\pi(x)$ 是目标分布，分母 $\pi(x_t)Q(x'|x_t)$ 是从状态 x_t 转移到 x' 的概率，分子 $\pi(x')Q(x_t|x')$ 是从状态 x' 转移到 x_t 的概率。

④迭代过程：重复进行上述步骤，直到获得足够数量的样本或达到收敛条件。

13.4.2　Metroplis-Hastings 算法实践

假设气温服从正态分布，并使用 Metropolis-Hastings 算法来从这个分布中抽样。

```python
import numpy as np
import matplotlib.pyplot as plt
# 模拟生成气温数据(假设真实气温为 20,标准差为 2)
np.random.seed(42)
true_mean = 20
true_std = 2
observed_data = np.random.normal(true_mean, true_std, size=100)
# 目标分布的概率密度函数(正态分布)
def target_distribution(x, true_mean, true_std):
    return np.exp(-0.5 * ((x - true_mean) / true_std) ** 2) / (true_std * np.sqrt(2 * np.pi))
# 提议分布的概率密度函数(标准正态分布)
```

```python
def proposal_distribution(x, std):
    return np.exp(-0.5 * (x ** 2) / (std ** 2)) / (std * np.sqrt(2 * np.pi))

# Metropolis-Hastings 算法
def metropolis_hastings(target, proposal, observed_data, num_samples, burn_in=1000, std=1.0):
    samples = []
    current_x = np.random.randn()  # 初始状态从标准正态分布中随机选择
    for i in range(num_samples + burn_in):
        # 从建议分布中生成候选样本
        candidate_x = current_x + np.random.randn() * std
        # 计算接受比率
        acceptance_ratio = (target(candidate_x, true_mean, true_std) * proposal(current_x, std)) / (target(current_x, true_mean, true_std) * proposal(candidate_x, std))
        # 接受或拒绝候选样本
        if np.random.rand() < acceptance_ratio:
            current_x = candidate_x
        # 燃烧期后开始收集样本
        if i >= burn_in:
            samples.append(current_x)
    return samples

# 运行 MH 算法来抽样
samples = metropolis_hastings(target_distribution, proposal_distribution, observed_data, num_samples=10000, burn_in=1000, std=1.0)
# 绘制抽样结果的直方图
plt.figure(figsize=(10, 6))
plt.hist(samples, bins=30, density=True, alpha=0.7, color='blue', edgecolor='black')
plt.title('Samples from Metropolis-Hastings Algorithm (Temperature)')
plt.xlabel('Temperature')
plt.ylabel('Density')
plt.grid(True)
plt.show()
```

13.5 吉布斯抽样

吉布斯抽样(Gibbs sampling)是一种用于从多维联合分布中抽样的马尔科夫链蒙特卡罗方法(MCMC)(Zhao et al.,2020)。它的核心思想是通过依次更新每个变量的条件分布来构造马尔科夫链,使其收敛到目标联合分布。下面重点阐述吉布斯抽样的基本原理,并寻找合适的细致平稳条件。

13.5.1 基本原理

吉布斯抽样适用于多维分布,假设希望从联合分布 $\pi(x_1, x_2, \cdots, x_n)$ 中抽样,其中 $x = (x_1, x_2, \cdots, x_n)$ 是多维随机变量。

①初始化:选择初始值 $x^{(0)} = (x_1^{(0)}, x_2^{(0)}, \cdots, x_n^{(0)})$。

②迭代更新:对于每一次迭代 t,依次更新每个变量 x_i 的值,条件于其他变量的当前值 $x_{-i}^{(t)}$。

对于变量 x_i,从其条件分布 $\pi(x_i | x_{-i}^{(t)})$ 中抽样一个新值 $x_i^{(t+1)}$。

重复步骤②直到达到所需的抽样数量或满足收敛条件。

③细致平稳条件:吉布斯抽样的细致平稳条件是确保构造的马尔科夫链收敛到目标联合分布 $\pi(x_1, x_2, \cdots, x_n)$ 的必要条件。对于吉布斯抽样,细致平稳条件可以表述为:

$$\pi(x_i^{(t+1)} | x_{-i}^{(t)}) P(x_{-i}^{(t+1)} | x_i^{(t+1)}) = \pi(x_i^{(t)}) P(x_{-i}^{(t)} | x_i^{(t)}) \tag{13.20}$$

式中,$\pi(x_i^{(t+1)} | x_{-i}^{(t)})$ 是给定 $x_{-i}^{(t)}$ 条件下 x_i 的新采样的概率密度(即条件分布)。

$P(x_{-i}^{(t+1)} | x_i^{(t+1)})$ 是在给定 $x_i^{(t+1)}$ 的情况下更新其他变量 x_{-i} 的转移概率。

$\pi(x_i^{(t)})$ 是当前状态 $x_i^{(t)}$ 的概率密度。

$P(x_{-i}^{(t)} | x_i^{(t)})$ 是在给定 $x_i^{(t)}$ 的情况下原始状态 $x_{-i}^{(t)}$ 的转移概率。

吉布斯抽样的每一步都遵循这个平衡条件,确保最终收敛到目标联合分布 $\pi(x_1, x_2, \cdots, x_n)$。

13.5.2 二维 Gibbs 采样

二维 Gibbs 采样是 Gibbs 抽样方法的一种特例,用于从二维联合分布中抽样。它通过依次从联合分布的条件分布中采样每个变量,来构造一个马尔科夫链,使得最终的样本可以从目标分布中生成。

假设有一个二维联合分布 $\pi(x, y)$,希望从中抽样。Gibbs 采样的基本思路是依次更新每个变量 x 和 y 的值,每次更新都基于当前的另一个变量值。

①初始化:选择初始值 $(x^{(0)}, y^{(0)})$。

②迭代更新:

根据当前 $y^{(t)}$ 的值,从条件分布 $\pi(x | y^{(t)})$ 中抽样得到 $x^{(t+1)}$。

根据更新后的 $x^{(t+1)}$ 的值,从条件分布 $\pi(y | x^{(t+1)})$ 中抽样得到 $y^{(t+1)}$。

重复上述步骤直到达到所需的抽样数量或满足收敛条件。

通过这种交替更新的方式,Gibbs 采样最终会收敛到目标分布 $\pi(x, y)$。

13.5.3 Gibbs 算法实践

在大气科学中,假设希望从一个二维正态分布中抽样,模拟大气中的温度 x 和湿度 y。假设目标分布如下:

$$\pi(x, y) = \frac{1}{2\pi \sqrt{1-\rho^2}} \exp\left(-\frac{x^2 - 2\rho xy + y^2}{2(1-\rho^2)}\right) \tag{13.21}$$

式中 ρ 是相关系数。

```
import numpy as np
import matplotlib.pyplot as plt
```

```python
# 目标联合分布的概率密度函数(二维正态分布)
def target_distribution(x, y, rho):
    mean = np.array([0.0, 0.0])
    cov = np.array([[1.0, rho], [rho, 1.0]])
    normalization = 1.0 / (2 * np.pi * np.sqrt(1 - rho ** 2))
    exponent = -0.5 * (x ** 2 - 2 * rho * x * y + y ** 2) / (1 - rho ** 2)
    return normalization * np.exp(exponent)
# Gibbs 采样函数
def gibbs_sampling(target, num_samples, initial_x, initial_y, rho):
    samples_x = [initial_x]
    samples_y = [initial_y]
    current_x = initial_x
    current_y = initial_y
    for _ in range(num_samples):
        # 从 x 的条件分布中采样 y
        mean_y_given_x = rho * current_x
        current_y = np.random.normal(mean_y_given_x, np.sqrt(1 - rho ** 2))
        samples_y.append(current_y)
        # 从 y 的条件分布中采样 x
        mean_x_given_y = rho * current_y
        current_x = np.random.normal(mean_x_given_y, np.sqrt(1 - rho ** 2))
        samples_x.append(current_x)
    return samples_x, samples_y

# 设置初始值和相关系数
initial_x = 0.0
initial_y = 0.0
rho = 0.8
num_samples = 1000
# 运行 Gibbs 采样来抽样
samples_x, samples_y = gibbs_sampling(target_distribution, num_samples, initial_x, initial_y, rho)
# 绘制采样结果的散点图
plt.figure(figsize=(8, 6))
plt.scatter(samples_x, samples_y, alpha=0.5)
plt.title('Samples from Gibbs Sampling (Correlation Coefficient = {})'.format(rho))
plt.xlabel('Temperature (x)')
plt.ylabel('Humidity (y)')
plt.grid(True)
plt.show()
```

第四部分
深度学习基础篇

第 14 章　前馈神经网络

在人工智能的诸多领域中,神经网络以其处理复杂、非线性数据的独特能力,在模式识别、数据挖掘和决策制定等方面发挥着核心作用。前馈神经网络(Feedforward Neural Network,FNN)是一种结构简单且功能强大的神经网络模型,它通过模拟人脑神经元的连接与交互机制来高效处理信息。作为最经典的神经网络架构,FNN 具备强大的数据处理和分析能力。本章首先介绍前馈神经网络的基础知识,包括神经网络的数学模型、多层感知机和激活函数等基础概念;并基于 Python 介绍 FNN 中张量和变量、层和模块等术语,展示如何使用 Python 中的深度学习库(如 Pytorch、TensorFlow)来构建前馈神经网络模型;阐述模型训练的过程和优化方法,讨论 FNN 在训练过程中的可能出现的梯度问题。

14.1　前馈神经网络(FNN)

前馈神经网络(FNN),作为一种模拟生物神经网络行为特征的算法,通过精细调整内部节点间的连接关系来实现信息的高效处理,在模式识别、数据挖掘和决策制定中扮演着重要角色。前馈神经网络的基本构成单元是神经元,这些神经元以特定的网络结构相互连接,通常包括输入层、隐藏层和输出层。凭借卓越的并行处理能力和非线性转换特性,FNN 能够实现复杂的非线性映射,并具备大规模的计算潜力。

14.1.1　模拟神经元与前馈神经网络

模拟神经元是构成前馈神经网络的基本单元,用于模拟生物神经元的功能。在模拟神经元中,输入信号首先通过加权求和进行线性组合,然后通过非线性激活函数转换成输出信号。这个过程类似于生物神经元中的突触传递、膜电位变化和神经递质释放等过程。一个模拟神经元的基本组成部分包括:

①输入端:接收来自其他神经元或外部环境的输入信号。

②权重:表示输入信号对神经元输出的影响程度,通常通过训练得到。

③加权求和:将输入信号与对应的权重相乘并求和,得到神经元的净输入。

④激活函数:将神经元的净输入转换为输出信号。常见的激活函数包括 Sigmoid 函数、ReLU 函数等。

前馈神经网络是一种层次化的计算模型,由输入层、多个隐藏层和输出层组成。这种网络的特点是信息仅沿输入层到输出层的单一方向流动,不形成反馈循环。在 FNN 中,每个神经元都与前一层的所有神经元相连,形成了一个完全连接的密集的连接模式。这种连接方式意味着每个神经元都接收到前一层所有神经元的输出,并且通过学习调整连接权重来学习输入和输出之间的复杂关系,从而能够捕捉输入数据的复杂特征和模式。

前馈神经网络具有以下几个特点:

①结构简单:前馈神经网络的连接方式较为简单,层次结构清晰,易于构建和理解。

②学习能力强：通过多个隐藏层，前馈神经网络能够学习到数据中的复杂特征和规律，具有较好的泛化能力。

③参数众多：由于前馈神经网络中每个神经元都与下一层的所有神经元相连，因此参数数量较多，可能导致过拟合问题。为了解决这个问题，可以采用正则化、dropout 等技术来减少过拟合。

14.1.2　多层感知机模型

多层感知机（Multilayer Perceptron，MLP）是一种经典的基于前馈神经网络的深度学习模型，它由多个神经元层组成，每层神经元与前一层全连接（图 14.1）。MLP 可以用于解决分类、回归和聚类等各种机器学习问题。每个神经元层由许多神经元构成，其中输入层接收输入特征，输出层给出最终的预测结果，中间的隐藏层用于特征提取和非线性变换。每个神经元接收前一层的输出，进行加权和激活函数运算，生成当前层的输出。通过不断迭代训练，MLP 可以自动学习输入特征之间的复杂关系，并对新的数据进行预测。

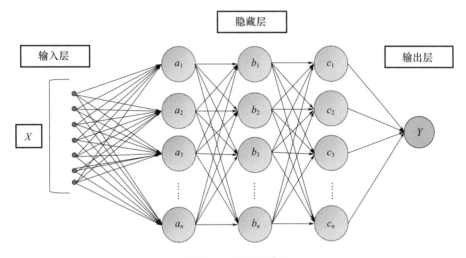

图 14.1　MLP 示意图

以下是关于多层感知机模型的详细介绍。

（1）层次结构

输入层（Input Layer）：输入层接收来自数据集的特征向量作为输入，每个特征都对应着输入层中的一个节点。这些节点将输入的特征值传递到隐藏层；

隐藏层（Hidden Layers）：隐藏层是在输入层和输出层之间的一层或多层网络。每个隐藏层由多个神经元（节点）组成，每个神经元都与前一层的所有节点相连。隐藏层的主要作用是对输入数据进行特征提取和表示学习，通过权重和偏置的调整来逐渐学习数据中的复杂特征；

输出层（Output Layer）：输出层接收来自最后一个隐藏层的激活值，并将其转换为模型的输出结果。输出层的节点数取决于问题的类型，对于分类问题通常使用 Softmax 激活函数输出类别的概率分布，对于回归问题则直接输出预测值。

（2）权重和偏差

在多层感知机中，每个连接都有一个权重，用于调整输入的影响。此外，每个神经元还有一个偏差项，用于调整神经元的输出。

（3）激活函数

激活函数是神经网络中每个节点（神经元）的输出函数。它在神经元内部引入非线性，允许网络学习复杂的映射。常见的激活函数包括 Sigmoid 函数、Tanh 函数和 ReLU 函数等。

工作原理：多层感知机的工作原理是通过前向传播和反向传播来训练网络。在前向传播过程中，输入数据经过输入层、隐藏层和输出层，逐层计算得到输出结果。然后，通过比较输出结果与真实标签之间的误差，利用反向传播算法更新网络的权重和偏置，以最小化预测结果与真实标签之间的误差。

MLP 是一种强大的神经网络模型，通过构建多层神经元结构并引入激活函数来模拟复杂的非线性映射关系。凭借较强的表达能力和泛化能力，它在许多领域都有广泛的应用前景。由于其隐藏层中引入了非线性激活函数，它能够学习复杂的非线性关系，具有较强的拟合能力。同时，MLP 的结构和参数可以根据任务的需要进行调整和优化，具有较强的灵活性。MLP 模型的参数和结构相对简单，模型的预测结果相对容易解释和理解。然而，MLP 模型也存在一些局限性，如对输入数据的尺度和分布敏感，容易过拟合等。为了克服这些问题，人们提出了各种改进和扩展的模型，如正则化、dropout、批量归一化等。

14.1.3　激活函数

激活函数（Activation Function）在人工神经网络中扮演着至关重要的角色。它们被定义在神经网络中的神经元上，负责将神经元的输入映射到输出端。具体来说，激活函数主要具有以下几个作用：

①完成数据的非线性变换：激活函数通过引入非线性元素，解决了线性模型在表达和分类能力上的不足。这使得神经网络能够学习并逼近复杂的非线性函数，从而适应现实世界中许多非线性现象。

②增加网络的能力：激活函数的存在使得神经网络的"多层"结构有了实际的意义。它使网络更加强大，能够学习复杂的事物、复杂的数据，以及表示输入输出之间非线性的复杂的任意函数映射。

③执行数据的归一化：激活函数将输入数据映射到某个范围内，然后向下传递。这样做的好处是可以限制数据的扩张，防止数据过大导致的溢出风险。

④作为预测概率输出：某些激活函数，如 Sigmoid 函数，其输出范围为 $[0,1]$，适用于作为预测概率输出。

常见的激活函数包括：

（1）Sigmoid 函数

Sigmoid 函数也称为 S 型生长曲线，是一个在生物学中常见的 S 型函数。在信息科学中，由于其单增以及反函数单增等性质，Sigmoid 函数常被用作神经网络的阈值函数，将变量映射到 0，1 之间。Sigmoid 函数由下列公式定义：

$$\text{Sigmoid}(X) = \frac{1}{1+e^{-x}} \tag{14.1}$$

Sigmoid 函数的导数如下所示：

$$\frac{d}{dx}\text{Sigmoid}(X) = \frac{e^{-x}}{(1+e^{-x})^2} = \text{Sigmoid}(x)(1-\text{Sigmoid}(x)) \tag{14.2}$$

（2）Tanh 函数

Tanh 函数是双曲函数中的一个,也称为双曲正切函数。它的输出范围在－1 到 1 之间。Tanh 函数由下列公式定义：

$$\mathrm{Tanh}(x) = \frac{1-\mathrm{e}^{-2x}}{1+\mathrm{e}^{-2x}} \tag{14.3}$$

Tanh 函数的导数如下所示：

$$\frac{\mathrm{d}}{\mathrm{d}x}\mathrm{Tanh}(x) = 1 - \mathrm{Tanh}^2(x) \tag{14.4}$$

（3）ReLU 函数

ReLU 函数是一个分段线性函数,具有计算简单、收敛速度快等优点。ReLU 函数由下列公式定义：

$$\mathrm{ReLU}(x) = \max(x, 0) \tag{14.5}$$

ReLU 函数通过将相应的活性值设为 0,仅保留正元素并丢弃所有负元素。当输入为负时,ReLU 函数的导数为 0;而当输入为正时,ReLU 函数的导数为 1。当输入值等于 0 时,ReLU 函数不可导。如下为 ReLU 函数的导数：

$$\frac{\mathrm{d}}{\mathrm{d}x}\mathrm{ReLU}(x) = \begin{cases} 1, & x \geqslant 0 \\ 0, & x < 0 \end{cases} \tag{14.6}$$

图 14.2 为 Sigmoid、Tanh 和 ReLU 函数的图像表示。

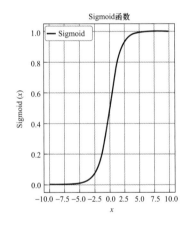
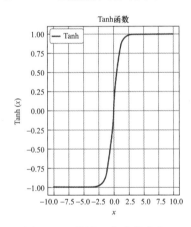
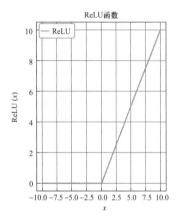

图 14.2　激活函数曲线分布

此外,还有其他一些常用的激活函数,如 Leaky ReLU、P-ReLU、ELU、R-ReLU、GeLU、Swish 和 SeLU 等。这些函数各有特点,适用于不同的应用场景。激活函数是神经网络中不可或缺的一部分,它们增加了神经网络的信息存储和处理能力,使其能够更好地适应复杂任务并提高模型的表达能力。

14.2　基于 Python 的 FNN 构建

14.2.1　层和模块的基本概念

层(Layer):神经网络的基本组成部分,执行某种特定类型的计算。常见的层类型包括全连接层(也称为线性层或密集层)、卷积层、池化层、激活层、批归一化层等。这些层接收输入数据,执行计算,然后输出数据到下一层。

模块(nn. Module):在 PyTorch 等深度学习框架中,nn. Module 是一个基类,用于构建神经网络的组件(包括层和其他模块)。它提供了一种结构化和模块化的方式来定义神经网络。

当自定义层或网络结构时,可以通过继承 nn. Module 类来实现。

nn. Module 的主要特点包括:

①模块化设计:通过 nn. Module 类,可以轻松实现不同层的组合,构建复杂的神经网络结构。

②参数管理:对网络的参数进行自动管理,包括初始化和保存。当定义一个新的 nn. Module 子类时,可以使用 nn. Parameter 来声明网络中的参数,这些参数会在训练过程中被优化。

③ GPU/CPU 支持:支持 GPU 计算,提升运算效率。可以将模型和数据移动到 GPU 上,以加速训练和推理过程。

④前向传播函数:nn. Module 子类必须定义一个 forward 方法,该方法描述了如何将输入数据转换为输出数据。在前向传播过程中,输入数据首先通过输入层,然后依次通过各个隐藏层,最后通过输出层产生输出结果。

以下是一个简单的例子,演示了如何使用 nn. Module 定义一个包含全连接层的简单神经网络:在这个例子中,SimpleNeuralNetwork 类继承了 nn. Module 类,并定义了一个全连接层(fc1)、一个 ReLU 激活层(relu)和另一个全连接层(fc2)。在 forward 方法中,输入数据 x 首先通过第一个全连接层,然后经过 ReLU 激活函数,最后通过第二个全连接层产生输出结果。

```
import torch
import torch. nn as nn


    class SimpleNeuralNetwork(nn. Module):
    def _____ init _____ (self,input_size,hidden_size,output_size):
        super(SimpleNeuralNetwork,self). _____ init _____ ()
        self. fc1 = nn. Linear(input_size,hidden_size)
        self. relu = nn. ReLU()
        self. fc2 = nn. Linear(hidden_size,output_size)
    def forward(self,x):
        x = self. fc1(x)
        x = self. relu(x)
        x = self. fc2(x)
        return x
```

14. 2. 2   自定义模块

自定义模块是编程中一种非常有用的工具,它允许开发者将一组相关的函数、类或其他代码组织到一个单独的文件中,以便在其他程序或脚本中重复使用。在 Python 中,自定义模块通常是一个 . py 文件,其中包含了可以在其他 Python 程序中导入和使用的代码。

自定义模块是编程中一种非常有用的工具,它允许开发者将一组相关的函数、类或其他代码组织到一个单独的文件中,以便在其他程序或脚本中重复使用。

创建自定义模块:

①新建 Python 文件:首先,需要新建一个 Python 文件,该文件将作为自定义模块。

②编写代码:这些代码将在模块被导入到其他程序时执行。注意,在模块级别(即不在函数或类内部)定义的变量和函数将成为模块的公共接口,可以在导入模块后被直接访问。

③保存文件:完成代码编写后,保存文件。这个文件现在就是一个自定义模块了。

使用自定义模块:

在其他 Python 程序中,可以使用 import 语句来导入自定义模块。例如,如果自定义模块名为 my_module. py,可以使用以下代码来导入它。

```
import my_module
from my_module import my_function
```

导入模块后,可以在程序中访问模块中定义的函数、类等。例如,如果 my_module. py 中定义了一个名为 my_function 的函数,可以通过 my_module. my_function()来调用它。

自定义模块的作用:

①代码重用:自定义模块允许编写一次代码并在多个地方重复使用,从而提高编程效率。

②代码组织:通过将相关的代码组织到模块中,可以更好地管理代码库,使其更加清晰、易于理解和维护。

③封装复杂性:模块可以将复杂的代码封装起来,只暴露必要的接口给外部使用。这有助于隐藏实现细节,降低代码的耦合度。

④扩展性:通过导入和使用其他开发者编写的自定义模块,可以轻松地扩展程序的功能。

14. 2. 3　顺序模块

顺序模块在编程和工程设计中是一个重要的概念,特别是在处理复杂任务或系统时。以下是关于顺序模块的一些介绍。

(1)定义与功能

顺序模块可以看作是一个函数或一组指令的集合,其中的算子或指令会按照预定的顺序执行。模块外的数据可以传输到模块内,同时模块内的数据也可以传输到模块外。当工程或系统变得复杂时,使用顺序模块可以帮助整合功能,使整体结构更加简洁清晰。此外,顺序模块还可以增加程序的可读性,便于后续的维护和修改。

(2)在控制系统中的应用

在控制系统(如 DCS 系统)中,顺序模块常用于实现设备的顺序控制。例如,起动功能模块用于启动设备,将其从停止状态转变为运行状态;停止功能模块则用于停止设备的运行;循环功能模块用于控制设备的工作循环,实现设备的自动循环运行;保护功能模块则用于实现对设备的各种保护控制。

(3)顺序功能图

在顺序模块的设计和实现过程中,顺序功能图是一个重要的工具。它主要由步、动作、转换、转换条件和有向连线组成。在顺序功能图中,步表示将一个任务周期划分的不同延续阶段。当转换实现时(即前级步为活动步且转换条件得到满足),步便变为活动步,同时该步对应的动作被执行。顺序功能图的设计必须包含初始步,以确保系统的正确运行。

顺序模块是一个强大的工具,可以帮助更好地组织和管理复杂的任务或系统。通过合理的设计和使用顺序模块,可以提高系统的效率和可靠性,降低开发和维护的成本。

14.2.4　自定义层

自定义层(Custom Layer)允许用户根据自己的需求来定义神经网络的层结构,从而实现特定的功能。

定义:自定义层是神经网络中用户自定义的层,它可以根据特定的任务或需求来实现特定的功能。自定义层可以包含各种计算逻辑,如自定义的激活函数、权重初始化方式、正则化方法等。

实现方式:在深度学习框架(如 TensorFlow、PyTorch 等)中,自定义层通常是通过继承框架提供的基类(如 tf.keras.layers.Layer、torch.nn.Module 等)来实现的。在基类的基础上,用户需要定义自己的初始化方法(_____ init _____)和前向传播方法(forward 或 call)。在初始化方法中,用户可以定义层中需要的参数(如权重、偏置等),并在前向传播方法中定义数据的计算逻辑。

应用场景:自定义层在深度学习中有广泛的应用场景。例如,当现有的层结构无法满足特定任务的需求时,用户可以通过自定义层来实现所需的功能。此外,自定义层还可以用于实现一些特殊的神经网络结构,如循环神经网络、长短时记忆网络等。

注意事项:在定义自定义层时,需要注意以下几点:

①确保自定义层的输入和输出形状与预期一致。

②正确处理可训练参数(如权重、偏置等),确保它们能够在训练过程中被更新。

③如果自定义层包含复杂的计算逻辑,需要考虑其计算效率和可并行性。

④在使用自定义层时,要确保其与所使用的深度学习框架的版本兼容。

示例:以 TensorFlow 为例,定义一个简单的自定义全连接层可以如下所示。

```python
import tensorflow as tf

class CustomLinear(tf.keras.layers.Layer):
    def _____ init _____(self, units, **kwargs):
        super(CustomLinear, self). _____ init _____(**kwargs)
        self.units = units

    def build(self, input_shape):
        self.kernel = self.add_weight("kernel", (input_shape[-1], self.units), initializer="random_normal")
        self.bias = self.add_weight("bias", (self.units,), initializer="zeros")
        super(CustomLinear, self).build(input_shape)

    def call(self, inputs):
        return tf.matmul(inputs, self.kernel) + self.bias
```

在上面的示例中,定义了一个名为 CustomLinear 的自定义全连接层。在初始化方法中,定义了层的输出单元数(units)。在 build 方法中,根据输入的形状定义了权重和偏置参数,并使用 add_weight 方法将它们添加到层的可训练参数中。在 call 方法中,定义了前向传播的计算逻辑,即使用矩阵乘法来计算输出。

14.3 模型训练

模型训练是机器学习和深度学习中的关键环节,它涉及使用大量数据和计算资源来优化模型的参数,以便模型在新的数据上能够表现出更好的性能。

14.3.1 损失函数

损失函数(Loss Function)是用于衡量模型预测结果与真实结果之间的误差程度。它是模型性能的度量标准,直接影响着模型的性能评估和优化过程。一般而言,损失函数越小说明模型的性能越好。损失函数可以定义为 $L(y, f(x))$,其中 y 是真实值,$f(x)$ 是模型输出值。

损失函数在模型训练过程中起着至关重要的作用,它指导模型如何最小化误差。通过比较预测值和真实值,损失函数量化了模型的表现,使模型能够在训练过程中根据误差信号进行参数调整和优化。在机器学习中,损失函数不仅仅是一个度量标准,更是学习算法的核心组成部分。它与优化问题密切相关,通过最小化损失函数来寻找最优的模型参数,从而实现对数据的更好拟合和预测能力。选择合适的损失函数通常依赖于具体的问题类型和模型的特性。常见的损失函数包括均方误差(Mean Squared Error,MSE)、交叉熵损失(Cross-Entropy Loss)、对数损失(Log Loss)等,它们各自适用于不同类型的任务,如回归、分类或神经网络训练等。

损失函数根据不同的应用场景和模型类型,有多种不同的形式。以下是一些常见的损失函数类型:

①0-1 损失:用于分类问题,衡量误分类的数量。但由于该函数是非凸的,在最优化过程中求解不方便,因此使用不多。

②绝对值损失:也称为 L1 损失,度量了预测值和真实值之间的绝对差值。它对偏离真实值的输出不敏感,因此在观测中存在异常值时有利于保持模型稳定。

③平方损失:也称为 L2 损失,常用于线性回归问题。它通过平方计算放大了估计值和真实值的距离,因此对偏离观测值的输出给予很大的惩罚。L2 损失是平滑函数,在求解其优化问题时有利于误差梯度的计算。

④对数损失(Log Loss):常用于模型输出每一类概率的分类器,如逻辑回归。它也被称为交叉熵损失(Cross-entropy Loss),用于衡量两个概率分布的差异性。

⑤ Hinge 损失函数:常用于支持向量机。

此外,还有平均绝对误差(MAE)和均方误差(MSE)等常用于回归问题的损失函数。MAE 是预测值和真实值之间的绝对差的平均值,当数据有异常值时,它比 MSE 更稳定。MSE 是预测值和真实值之差的平方的平均值,对偏离观测值的输出给予很大的惩罚。

不同的损失函数适用于不同的应用场景和模型类型,选择合适的损失函数对于模型的性能至关重要。

14.3.2 前向传播、反向传播和计算图

前向传播(Forward Propagation)、反向传播(Backward Propagation)和计算图(Computation Graph)是深度学习中的三个核心概念,它们在神经网络的训练和优化过程中起着关键作用。

(1)前向传播(Forward Propagation)

前向传播是神经网络计算和输出结果的过程。在这个过程中,输入数据沿着网络的前向路径传播,通过隐藏层逐层处理,直到最终产生输出。具体来说,前向传播包括以下步骤:

①输入层:将输入数据传入神经网络的输入层。

②加权求和:输入数据通过连接输入层的神经元到下一层的连接权重,进行加权求和。每个神经元都有一个偏置项,用于调整加权求和的结果。

③激活函数:对每个神经元的加权求和结果应用激活函数,将其转换为非线性的输出。这个非线性变换是神经网络引入非线性映射的关键。

④层间传输:将激活函数的输出作为下一层的输入,继续进行加权求和和激活函数操作。

⑤重复直至输出层:重复上述步骤,直到数据通过所有隐藏层(中间层)传递到输出层。输出层的输出即为神经网络的最终预测结果。

前向传播的主要作用是基于网络从输入数据中计算输出结果,它不会变动网络中的参数。而反向传播则负责根据网络输出和实际结果之间的差异来更新网络的参数,从而让网络学习到数据中的模式和关联。

(2)反向传播(Backward Propagation)

反向传播(详见 16.2 节)是深度学习中用于训练神经网络的算法。它的核心在于通过计算图的反向路径,根据损失函数对输出结果进行求导,将梯度沿着图的边传回到每个节点,从而实现参数的优化和更新。具体来说,反向传播包括以下步骤:

①计算损失函数:根据神经网络的输出和真实标签计算损失函数。

②反向传播梯度:通过链式法则计算损失函数关于每个参数的梯度。

③更新参数:使用优化算法(如梯度下降)更新神经网络的权重和偏置。

反向传播的主要作用是优化损失函数,这也是训练神经网络的目标。

图 14.3 为前向传播和反向传播的示意图。

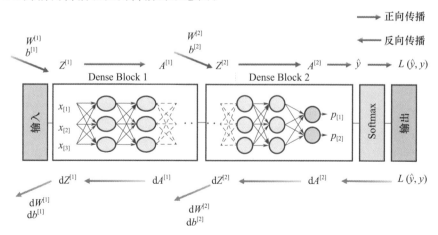

图 14.3 前向传播和反向传播示意图

前向传播就是从 input,经过一层层的 layer,不断计算每一层的 z 和 a,得到输出 $\hat{y}$ 的过程,计算出了 $\hat{y}$,就可以根据它和真实值 y 的差别来计算损失 loss。反向传播就是根据损失函数 $L(\hat{y},y)$ 来反方向地计算每一层的 z、a、W、b 的偏导数(梯度),从而更新参数。

(3)计算图(Computation Graph)

深度学习中的计算图是一种用于描述和组织神经网络模型运算的图结构。它由节点(Nodes)和边(Edges)组成,节点表示操作(例如加法、乘法、激活函数等),边表示数据流向(即输入和输出)。

计算图中主要分为前向传播和反向传播两个主要阶段。在前向传播中,输入数据通过网络,沿着图的边逐层传递,经过一系列计算和激活函数处理,最终得到输出结果。在反向传播中,通过计算图的反向路径,根据损失函数对输出结果进行求导,将梯度沿着图的边传回到每个节点,从而实现参数的优化和更新。

14.3.3　梯度消失和梯度爆炸

在深度神经网络的训练过程中,梯度消失(Vanishing Gradient)(Huang et al.,2017)和梯度爆炸(Exploding Gradient)(Kim et al.,2016)是两个常见且严重的问题。这两种现象极大影响了网络学习长距离依赖的能力。

梯度消失(图 14.4a)是指在反向传播过程中,随着梯度逐层传递,梯度值逐渐变小,而导致前层权重几乎得不到更新的问题。主要原因是激活函数的导数较小,直接导致链式法则计算过程中梯度被不断压缩。

梯度消失问题使得深层网络难以训练,尤其是前几层权重更新缓慢,导致训练过程非常低效。以下以 sigmoid 激活函数为例讲解梯度消失的过程。sigmoid 函数定义为:

$$\sigma(z)=\frac{1}{1+e^{-z}} \tag{14.7}$$

其导数为:

$$\sigma'(z)=\sigma(z)(1-\sigma(z)) \tag{14.8}$$

注意到 x 取正负极值时,有 $\sigma(z)\approx1$ 或 0,即 $\sigma'(z)\approx0$。

假设一个 L 层简单神经网络,在反向传播中,需要计算损失函数 L 对每一层权重的梯度。根据链式法则,梯度可以分解为多层的导数乘积;在反向传播中,梯度逐层传递时,每层激活函数的导数都会乘到梯度上。例如,对于第 l 层的梯度:

$$\delta^{(l)}=\frac{\partial L}{\partial z^{(l)}}=\left(\frac{\partial L}{\partial a^{(l+1)}}\cdot\frac{\partial a^{(l+1)}}{\partial z^{(l+1)}}\right)\cdot\frac{\partial z^{(l+1)}}{\partial a^{(l)}} \tag{14.9}$$

则在反向传播过程中,每层的梯度更新都会乘上一个接近于 0 的导数。当网络层数 k 较大时,梯度 $\delta^{(l)}$ 会非常小,接近于 0,导致梯度消失。从而在深层网络中,靠近输入层的权重几乎得不到有效更新。

相对地,梯度爆炸(图 14.4b)则是梯度在反向传播过程中逐层增大,最终梯度变得异常大,这通常导致网络权重的大幅波动(甚至是数值溢出),从而使得训练过程变得不稳定甚至无法收敛。梯度爆炸通常在梯度的每一步乘积大于 1 时发生,其结果是梯度的幅度急剧增加。

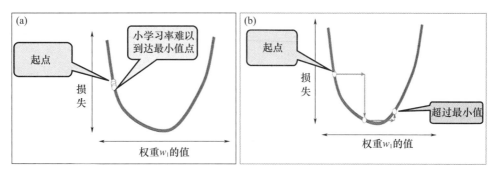

图 14.4　梯度消失(a)和梯度爆炸(b)(吴明晖,2019)

14.3.4　模型初始化

模型初始化是指在训练深度学习模型之前,对模型的参数进行初始赋值的过程。这个过程对于模型的性能有着重要影响,因为良好的初始化方法可以帮助模型更快地收敛到最优解,提高模型的性能。

常见的模型初始化方法有以下几种。

①随机初始化:随机初始化是最简单的初始化方法,它通常从均匀分布或正态分布中随机采样来初始化模型的参数。这种方法可以避免模型参数陷入局部最优解,使得模型能够更好地探索参数空间。

②Xavier 初始化(也称为 Glorot 初始化):Xavier 初始化方法根据每一层的输入和输出的维度来确定参数的初始值。对于具有 n 个输入和 m 个输出的层,参数可以从均匀分布或高斯分布中采样,并将方差设置为 $2/(n+m)$。这种方法可以有效地缓解梯度消失和梯度爆炸问题。

③He 初始化(也称为 Kaiming 初始化):He 初始化是 Xavier 初始化的一种变体,针对 ReLU 激活函数的情况进行了优化。对于具有 n 个输入的层,参数可以从均匀分布或高斯分布中采样,并将方差设置为 $2/n$。

④正态分布初始化:正态分布初始化将权重初始化为来自正态(或高斯)分布的随机数。该分布通常以 0 为均值,其标准差(或方差)可以根据网络的特定需求进行调整。这种方法在保证权重不会开始时过大或过小的同时,允许模型自行学习适合的权重分布。

⑤预训练初始化:对于一些复杂的模型,可以使用预训练的参数作为初始化。这些预训练的参数可以是在相似任务上训练得到的、使用迁移学习得到的或者是已经公开发布的模型权重。

需要注意的是,不同的初始化方法适用于不同的模型结构和任务需求。在实际应用中,需要根据具体情况选择合适的初始化方法。同时,也需要通过实验来验证不同初始化方法对模型性能的影响。

14.3.5　正则化

正则化(Regularization)是用于防止模型过拟合,提高模型的泛化能力的处理方法。它的主要思想是在损失函数中添加一个正则项,以惩罚模型的复杂度,从而引导模型在训练过程中选择更简单的参数。

正则化的具体实现方式有多种,其中最常见的包括 L1 正则化和 L2 正则化。L1 正则化通过在损失函数中添加模型参数的绝对值之和(即 L1 范数)来实现,它会使得模型参数向 0

靠近,从而产生稀疏解,有助于特征选择。L1 正则化的损失函数为:

$$L_{L1} = L_{\text{data}} + \lambda \sum_{i=1}^{n} |W_i| \qquad (14.10)$$

式中,L_{data} 是模型的数据损失,通常是模型的预测值与真实标签之间的误差,如均方误差(MSE)或交叉熵损失(Cross-entropy loss)。λ 是正则化参数,用于控制正则化项的强度。$|W_i|$ 表示模型的权重的绝对值。

L2 正则化,也称为 Ridge 正则化。L2 正则化则通过在损失函数中添加模型参数的平方和(即 L2 范数)来实现,它会使得模型参数在更新时尽可能小,有助于防止模型过于复杂。L2 正则化的损失函数为:

$$L_{L2} = L_{\text{data}} + \lambda \|W_i\|_2^2 \qquad (14.11)$$

式中,L_{data} 是模型的数据损失,通常是模型的预测值与真实标签之间的误差。λ 是正则化参数,用于控制正则化的强度。$\|W_i\|_2^2$ 是权重向量的 L2 范数的平方,表示为权重向量中各个参数的平方和。

使用 L2 正则化的损失函数时,优化算法在优化过程中会同时考虑数据损失和正则化项,从而在保持对训练数据的拟合能力的同时,尽可能减小模型参数的大小,降低模型的复杂度。

正则化技术被广泛应用于数据清洗、特征选择和模型评估等方面。通过引入正则项,可以减少模型的复杂性,从而减少过拟合的风险,提高模型的泛化能力。同时,正则化还可以提高模型的可解释性,使得模型更加简洁明了。除了上述的 L1 和 L2 正则化,还有一些其他的正则化方法,如 Dropout 和 Batch Normalization 等。这些方法在神经网络中得到了广泛应用,并取得了很好的效果。

14.3.6　Dropout

Dropout 是一种在深度学习中常用的正则化技术,主要用于防止过拟合和提高模型的泛化能力。它是在训练神经网络时,随机地关闭(或称为"丢弃")一部分神经元(或节点)以及它们与下一层神经元之间的连接。

具体来说,Dropout 的工作原理如下(图 14.5):

①在前向传播过程中,以一定的概率(这个概率通常是一个超参数,比如 0.5 或更小)随机地将一部分神经元的输出设置为 0,意味着这些神经元在该次迭代中不会参与计算。这个过程是随机的,每次迭代都会有所不同。

②为了保持每个神经元的输入总和不变,Dropout 会对保留的神经元的输出进行权重缩放。具体来说,通常是乘以一个系数,这个系数是 1 除以(1 减去 dropout 率)。

③在反向传播过程中,使用梯度下降等优化算法,根据误差的梯度更新权重和偏置。同时,将权重和偏置的值乘以一个小的常数(即 dropout 率),以减小对网络其他部分的影响。

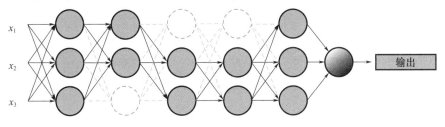

图 14.5　Dropout 示意图

Dropout 通过在训练过程中随机地"丢弃"一部分神经元,减小了网络对特定神经元的依赖,增加了网络的鲁棒性。这样,模型就不会过于依赖某些特定的神经元或神经元组合,从而减小了过拟合的风险。在测试时,所有的神经元都会参与计算。为了保持训练和测试的一致性,需要对各个神经元的输出乘以训练时的 Dropout 率。需要注意的是,Dropout 通常只在训练过程中使用,而在测试或推理过程中则不使用。此外,Dropout 的丢弃率是一个需要调整的超参数,需要根据具体的任务和数据集来确定。

14.3.7 模型参数的访问、加载与保存

在深度学习中,模型参数的访问、加载与保存是模型训练和部署过程中的重要环节。

(1)模型参数的访问

对于使用深度学习框架(如 PyTorch、TensorFlow 等)构建的模型,可以通过特定的方法或属性来访问模型的参数。以 PyTorch 为例,对于使用 nn.Sequential 或 nn.Module 类构建的模型,可以通过以下两种方式访问参数:

①使用 named_parameters()方法:这个方法返回一个迭代器,其中包含了模型中的每个参数(权重和偏置)的名称和值。通过遍历这个迭代器,可以访问到模型中的所有参数。

②使用索引下标的方式:对于 nn.Sequential 类构建的模型,可以通过索引下标(从 0 开始)来访问网络中的任意层,进而访问该层的参数。例如,model[0].weight 和 model[0].bias 分别表示第一层的权重和偏置。

(2)模型参数的保存

在训练结束后,通常需要将模型的参数保存下来,以便在后续的推理或继续训练中使用。不同的深度学习框架提供了不同的保存参数的方式,但通常都支持将参数保存为文件。以 PyTorch 为例,可以使用 torch.save() 函数将模型的参数保存为 .pth 文件。具体步骤如下:

使用 model.state_dict() 方法获取模型的状态字典(包含了模型的参数)。使用 torch.save() 函数将状态字典保存为文件。

```
torch.save(model.state_dict(),'model.pth')
```

(3)模型参数的加载

在加载模型参数时,首先需要构建与原始模型结构相同的模型实例,然后使用特定的函数或方法将保存的参数加载到模型中。以 PyTorch 为例,可以使用 torch.load() 函数加载保存的参数文件,然后使用 model.load_state_dict() 方法将参数加载到模型中。注意,在加载参数之前,需要确保模型的结构与保存参数时的结构完全一致,否则会出现错误。

```
model = TheModelClass(*args,**kwargs)  #与原始模型结构相同的模型实例
model.load_state_dict(torch.load('model.pth'))
model.eval()   #切换模型为推理模式
```

此外,有些深度学习框架还支持保存整个模型(包括结构和参数),这样可以更方便地在不同的环境中加载和使用模型。以 TensorFlow 为例,可以使用 model.save() 方法保存整个模型为一个 HDF5 文件(.h5 文件),然后使用 tf.keras.models.load_model() 函数加载模型。

```
model.save('model.h5')
model = tf.keras.models.load_model('model.h5')
```

总之,模型参数的访问、加载与保存是深度学习中的基础操作之一,掌握这些操作可以帮助更好地管理和使用深度学习模型。

以下是一个使用 PyTorch 进行模型参数保存和加载的示例程序案例:

```
import torch
import torch.nn as nn
import torch.optim as optim
#定义一个简单的神经网络
class SimpleNet(nn.Module):
    def ——init——(self):
        super(SimpleNet,self).——init——()
        self.fc = nn.Linear(10,1)
    def forward(self,x):
        return self.fc(x)
    #实例化模型
model = SimpleNet()

#假设有一些训练数据
dummy_input = torch.randn(32,10)
dummy_target = torch.randn(32,1)

#定义损失函数和优化器
criterion = nn.MSELoss()
optimizer = optim.SGD(model.parameters(),lr = 0.01)

#假设进行了训练(这里省略训练过程)
# ...

#保存模型参数
torch.save(model.state_dict(),'model_parameters.pth')

# 实例化一个新的模型对象
new_model = SimpleNet()

#加载之前保存的模型参数
parameters = torch.load('model_parameters.pth')
new_model.load_state_dict(parameters)
```

这个示例展示了如何使用 PyTorch 保存和加载模型的参数。注意,在加载参数时,需要确保新的模型实例与保存参数时的模型结构完全一致。如果结构不同,load_state_dict()方法会显示错误。

14.4 算法优化

14.4.1 优化问题的基本定义及作用

优化问题本质是要选择一组变量或参数,在满足一系列有关的约束条件下,使设计目标达到最优值。这通常涉及数学上的最小化或最大化某个函数(通常称为目标函数或损失函数)。在优化问题中,有几个关键组成部分:

①决策变量(Decision Variables):这些是要寻找其最优值的变量。

②目标函数(Objective Function):这是一个标量函数,表示要最大化或最小化的值。在机器学习中,这通常与模型的性能或损失相关。

③约束条件(Constraints):这些条件限制了决策变量的可能取值范围,可以是等式约束或不等式约束。

在机器学习中,优化起着至关重要的作用。以下是优化在机器学习中的一些主要作用:

①参数优化:机器学习的模型通常包含一些可调整的参数。优化算法用于找到这些参数的最优配置,以最小化模型的预测误差或最大化模型的性能。例如,在神经网络中,优化算法(如梯度下降法)用于更新神经元的权重和偏置项。

②损失函数最小化:机器学习问题通常涉及最小化损失函数,使模型的预测结果与真实值之间的差异最小。优化算法帮助找到最小化损失函数的参数配置。

③约束优化:在某些机器学习问题中,可能需要考虑额外的约束条件。例如,参数可能需要满足某些约束条件,或者优化过程可能需要在给定的资源限制下进行。优化算法可以在满足这些约束条件的情况下找到最优解。

④超参数调优:机器学习算法中有一些超参数需要设置,如学习率、正则化参数等。优化算法可以用于在超参数空间中搜索最优的超参数配置,以提高模型性能。

⑤特征选择:在机器学习中,选择适当的特征对于构建高性能模型至关重要。优化算法可以用于从大量特征中选择最具信息量的特征子集,以提高模型的泛化能力和效率。

14.4.2 牛顿法

牛顿法(Newton's Method)是一种用于求解数值优化和非线性方程求解问题的迭代数值方法。其基本原理是利用迭代点处的一阶导数(梯度)和二阶导数(Hessian 矩阵)对目标函数进行二次函数近似,然后把二次模型的极小点作为新的迭代点,并不断重复这一过程,直至求得满足精度的近似极小值。

基本原理:

①泰勒展开:对目标函数在迭代点处进行泰勒展开到二阶,得到一个二次函数近似。

②求导并令为 0:对这个近似二次函数求导并令其为 0,得到新的迭代点。

③迭代更新:不断重复上述过程,直至满足终止条件(如达到预设的精度或迭代次数)。

优点:

①收敛速度快:牛顿法具有局部二阶收敛性,对于正定二次函数,一步迭代即达最优解。

②高效性:在机器学习、数值分析和优化领域广泛应用,特别适用于求解高维优化问题。

局限性：

①计算复杂：每一步迭代都需要求解目标函数的 Hessian 矩阵的逆矩阵，计算量大。

②对初始值敏感：牛顿法是局部收敛的，当初始点选择不当时，可能导致不收敛。

③对函数要求苛刻：要求目标函数二阶连续可微，且 Hessian 矩阵可逆。如果 Hessian 矩阵非正定，牛顿法不能保证产生下降方向。

④全局性问题：基本牛顿法需要初始点足够"靠近"极小点，否则可能陷入局部最优或导致算法不收敛。

⑤稳定性问题：当 Hessian 矩阵接近奇异时，牛顿法的迭代过程可能变得不稳定。

牛顿法是一种强大的优化算法，具有收敛速度快、高效性等优点，但也存在计算复杂、对初始值敏感、对函数要求苛刻等局限性。在实际应用中，需要根据问题的特点和需求选择合适的算法。

14.4.3　凸性

（1）凸函数

定义：凸函数是数学函数的一类特征，它是指函数的曲线图形向上凸起的函数。具体来说，凸函数是一个定义在某个向量空间的凸子集 C 上的实值函数 f，且对于凸子集 C 中任意两个向量 x_1 和 x_2，以及任意的实数 $\lambda(0<\lambda<1)$，都有 $f(\lambda x_1 + (1-\lambda)x_2) \leqslant \lambda f(x_1) + (1-\lambda)f(x_2)$。

特点：凸函数的导数是单调递增的。凸函数的一阶导数是非递减的。函数的每条切线都在函数图像的下方。对于两个点的连线，连接点之间的函数图像上的每一个点都在这条直线的下方。

应用：凸函数在优化问题中有广泛的应用，特别是在凸优化中，函数的目标函数和约束条件都是凸函数。

（2）非凸函数

定义：非凸函数是指函数图像不能呈现向上凸起的形状的函数。

特点：非凸函数的导数不一定是单调递增或递减的；非凸函数的一阶导数可以是非递增或非递减的；函数的某些区间上的切线在函数图像的下方，但并非所有。

优化问题：非凸函数的最优化问题相对于凸函数的最优化问题要复杂许多。在某些情况下，局部最小值和全局最小值之间的差别可能是极小的，这就给最优化问题的求解带来了困难。例如，在机器学习中，损失函数往往是非凸的，而它的全局最小值可能很难被找到。

（3）凸优化问题

定义：凸优化问题是指优化目标函数是凸函数的优化问题，即需要在满足一定约束条件下，最大化或最小化一个凸函数的值。

解的性质：凸优化问题的解具有很好的性质，例如目标函数的局部最优解就是全局最优解，且最优解是唯一的。

数学形式：一般数学形式为 $\min f_0(x)$，其中 x 是决策变量，$f_0(x)$ 是目标函数，同时可能包含不等式约束 $f_i(x) \leqslant 0$ 和等式约束 $h_j(x) = 0$。

应用：凸优化问题在现实生活中有广泛的应用，特别是在金融、工程、机器学习等领域。例如，在机器学习中，很多模型的训练问题都可以转化为凸优化问题。

14.4.4 梯度下降

（1）基本原理

梯度下降法是一种优化算法，主要用于寻找函数的最小值。它的基本原理可以归纳为以下几个步骤：

①初始化参数：选择一个初始点作为起始点，即确定函数的初始参数。

②计算梯度：在当前参数点处，计算函数的梯度。梯度表示函数在某一点上升最快的方向。

③更新参数：根据梯度的信息，更新参数点。最常见的更新方法是通过将参数点减去学习率乘以梯度来进行。

④判断收敛：通过设定一个阈值，判断当前参数的变化是否小于该阈值，从而决定是否停止迭代。

⑤迭代更新：如果参数不满足收敛条件，则重复步骤②至步骤④，直到满足收敛条件为止。

需要注意的是，梯度下降法只能保证找到局部最小值，并不一定能找到全局最小值。

（2）学习率的选择与调整

学习率是梯度下降法中的一个关键超参数，它决定了参数更新的步长，直接影响算法的收敛速度和模型的最终性能。学习率的选择与调整策略至关重要，以下是一些常见的方法：

①固定学习率：这是最简单直接的方法，即在整个训练过程中保持学习率不变。但它可能难以适应训练的不同阶段，因为初期可能需要较大的学习率来快速接近最优解，而后期需要较小的学习率进行精细调整。

②学习率衰减：一种常用的学习率调节方法，即在训练过程中逐渐减小学习率。这种方法可以兼顾训练的不同阶段，如初期使用较大的学习率，后期使用较小的学习率。常见的衰减策略包括指数衰减、多项式衰减等。

③自适应学习率：这类方法根据模型训练的实际情况动态调整学习率。通常会在每次迭代时根据梯度的大小、方向等信息来调整学习率。常见的自适应学习率算法包括 Adam、RMSprop 等。

④网格搜索与随机搜索：这两种方法是超参数优化的常用手段，也适用于学习率的调节。网格搜索通过遍历预定义的学习率取值范围来找到最优的学习率。随机搜索则在预定义的学习率取值范围内随机采样，通过多次试验找到较优的学习率。

合适的学习率能够使梯度下降法更高效地找到函数的最小值，而学习率的调整策略则需要根据具体问题和数据情况进行选择和调整。

14.4.5 随机梯度下降

（1）基本原理

随机梯度下降（Stochastic Gradient Descent，SGD）是一种在梯度下降算法基础上引入随机性的优化算法。

①初始化参数：首先，随机初始化模型的参数。

②选择学习率：设定一个学习率，该学习率决定了参数更新的步长。

③随机选择样本：从训练数据集中随机选择一个样本（而不是使用整个数据集）。

④计算梯度：计算所选样本的损失函数关于模型参数的梯度。

⑤更新参数:使用计算得到的梯度和学习率来更新模型的参数。

⑥迭代:重复步骤③至步骤⑤,直到模型参数收敛或达到预设的迭代次数。

(2)优缺点分析

随机梯度下降的优点:

①速度快:由于 SGD 每次只使用一个样本进行梯度计算和参数更新,因此其计算速度非常快。特别是在处理大规模数据集时,SGD 通常比批量梯度下降算法更快。

②占用内存少:SGD 每次只需要处理一个样本,因此其内存占用量非常小。这使得 SGD 能够处理大规模数据集,而不需要将整个数据集存储在内存中。

③能够逃离局部最优解:由于 SGD 的随机性,它有可能跳出局部最优解,从而找到全局最优解。

④可以在线学习:SGD 可以用于在线学习,因为它可以动态地更新参数,而不需要重新训练整个模型。

随机梯度下降的缺点:

①收敛速度慢:由于 SGD 每次仅使用一个样本进行梯度计算和参数更新,其梯度估计通常比批量梯度下降算法更不准确,因此其收敛速度通常较慢。

②不稳定:由于 SGD 的随机性,其参数更新方向可能不稳定,导致模型在训练过程中出现震荡或发散。

③需要调节学习率:SGD 需要调节学习率以确保模型能够收敛。学习率设置得太高可能导致模型发散,而设置得太低则可能导致模型收敛速度过慢。

④对数据的依赖性强:SGD 对数据集的依赖性强,如果数据集中存在噪声或异常值,SGD 可能会受到影响,导致模型学习得不够准确。

14.4.6　小批量随机梯度下降

(1)基本原理

小批量梯度下降(Mini-batch Gradient Descent)是介于批量梯度下降(Batch Gradient Descent)和随机梯度下降(Stochastic Gradient Descent)之间的一种优化算法。其基本原理是,在每次参数更新时,从训练集中随机选择一个小批量(mini-batch)的样本进行学习,而不是对整个数据集进行一次更新,也不是只使用一个样本进行更新。

具体步骤如下:

①初始化参数:随机初始化模型的参数。

②划分数据集:将训练数据集随机打乱,并划分为多个小批量(mini-batch)。

③计算梯度:对于每个小批量,计算当前小批量数据的损失函数值,并计算损失函数相对于模型参数的梯度。

④更新参数:根据梯度和学习率,更新模型参数。

⑤迭代更新:重复步骤③和④,直到满足停止条件(如达到最大迭代次数或损失函数收敛)。

(2)优势

①节省内存:与批量梯度下降算法相比,小批量梯度下降算法每次只需加载一小部分样本到内存中,从而在处理大规模数据集时能够节省内存。

②加速收敛:相对于随机梯度下降算法,小批量梯度下降算法每次使用一小批量样本进行参数更新,能够更稳定地收敛,并且可以通过并行计算加速训练过程。

③更好的学习率调整：在实际应用中，小批量梯度下降算法通常能够更有效地利用学习率调整方法，从而更有效地优化模型参数。

14.4.7　动量法及学习率调度器

（1）动量法的基本概念

动量法（Momentum）是梯度下降算法的一种改进方法，它引入了物理中的动量概念来加速优化过程。动量法的核心思想在于它不仅仅依赖于当前位置的梯度，还引入了历史梯度的信息，使得参数更新具有了一定的惯性。具体来说，动量法在每次更新时，都会根据前一次更新的方向和大小，对当前梯度进行一定的调整。

动量法的数学表达形式如下：

初始化速度变量 v 为 0。在第 t 次迭代中，计算目标函数关于参数的梯度 g_t。更新速度变量 $v_{t+1} = \mu v_t - \gamma g_t$，其中 μ 是动量系数（通常接近于 1，如 0.9），γ 是学习率。更新参数 $\theta_{t+1} = \theta_t + v_{t+1}$。通过这种方法，动量法能够在一定程度上缓解梯度下降算法在训练过程中的震荡问题，加速模型的收敛速度。

（2）学习率调度器的类型

学习率调度器是深度学习训练过程中用于动态调整学习率的重要工具。根据任务特点和需求，可以选择不同类型的学习率调度器来优化模型的训练过程。以下是几种常见的学习率调度器类型：

①Step Scheduler：按照固定的间隔（如每 N 个 epoch）降低学习率。这种调度器简单易用，但需要手动设置降低频率和降低比例。

②Exponential Scheduler：学习率按指数函数下降。这种调度器参数设置较少，但下降速度难以控制。

③ReduceLROnPlateau Scheduler：根据评估指标（如验证集上的准确率）来动态调整学习率。当评估指标停止提升时，降低学习率。这种调度器能够自适应地调整学习率，但需要设置触发条件。

④Cosine Annealing Scheduler：学习率按余弦函数周期性变化。初始高学习率有利于跳出局部最优，后期降低有利于收敛。需要设置周期长度和最小学习率。

⑤OneCycle Scheduler：学习率先升后降，形成一个 U 型曲线。这种调度器可以自动设置最高学习率和周期长度。在训练初期使用较高学习率有利于快速收敛。

⑥CosineAnnealingWarmRestarts Scheduler：在余弦退火的基础上，引入周期性的"热重启"机制。这种调度器可以在局部最优附近来回振荡，提高最终性能。需要设置初始学习率、周期长度和重启周期。

14.4.8　常用优化算法

在 PyTorch 中，torch. optim 模块是用于实现各种优化算法的工具包，这些优化算法主要用于训练神经网络和其他机器学习模型。torch. optim 模块提供了多种常用的优化器（Optimizer），这些优化器能够自动根据计算出的梯度更新模型参数。下面介绍一些常用的优化算法。

（1）SGD（随机梯度下降）：torch. optim. SGD

实现了基本的随机梯度下降算法。SGD 在每次迭代中只使用一个样本来计算梯度并更新参数，因此其更新速度很快，但可能导致参数更新不稳定。

（2）Adagrad：torch. optim. Adagrad

Adagrad 是一种自适应学习率的优化算法，它根据参数梯度的历史平方和来调整每个参数的学习率。对于频繁更新的参数，Adagrad 会赋予较小的学习率，而对于更新较少的参数，会赋予较大的学习率。

（3）Adadelta：torch. optim. Adadelta

Adadelta 是 Adagrad 的一种扩展，旨在解决 Adagrad 中学习率单调递减的问题。它通过使用梯度平方的指数衰减平均值来调整每个参数的学习率。

（4）Adam：torch. optim. Adam

Adam（Adaptive Moment Estimation）结合了 Adagrad 善于处理稀疏梯度和 RMSprop 善于处理非稳态目标的优点。它通过计算梯度的一阶矩估计和二阶矩估计来调整每个参数的学习率。

（5）AdamW：torch. optim. AdamW

AdamW 是带有权重衰减（weight decay）的 Adam 优化算法。权重衰减是一种正则化方法，用于防止模型过拟合。

（6）SparseAdam：torch. optim. SparseAdam

SparseAdam 是适用于稀疏梯度的 Adam 优化算法。在处理具有大量零值的梯度时，SparseAdam 可以提高计算效率。

（7）Adamax：torch. optim. Adamax

Adamax 是 Adam 的一个变种，它使用了无穷范数（infinity norm）来更新学习率，从而在某些情况下可能比 Adam 具有更好的性能。

这些优化器均源自 torch. optim. Optimizer 基类，它为优化器设定了一套标准行为和通用接口，定义了诸如累积梯度、动量项以及自适应学习率等相关变量。在构建和使用优化器时，可以通过设定学习率、权重衰减等参数，以调整优化器的策略来满足特定任务的需求。

选择合适的优化器对于模型的训练效果至关重要。不同的优化器可能适用于不同的数据和模型结构，因此在实际应用中需要根据具体情况进行优化器的选择和调整。

以下是 SGD（随机梯度下降）的程序案例：

```
import torch
import torch. nn as nn
import torch. optim as optim
#假设有一个简单的线性模型
model = nn. Linear(10,1)
#输入维度为 10,输出维度为 1
#创建一个损失函数
criterion = nn. MSELosso
#使用 SGD 优化器,并设置学习率为 0.01
optimizer = optim. sGD(model. parameters,lr = 0.01)
#假设有一些输入数据和目标数据
inputs = torch. randn(16,10)#16 个样本,每个样本 10 个特征
targets = torch. randn(16,1)#16 个样本的目标值
```

```
#训练循环(这里只是一个简单的示例)
for epoch in range(100):
#前向传摇

    outputs = model(inputs)
    loss = criterion(outputs,targets)
    #反向传摇和优化
    optimizer. zero_grad()    #清空之前的梯度
    loss. backward()          #计算当前梯度
    optimizer. stepo          #更新权重

    #打印损失(可选》
    if (epoch + 1) %10 == 0:
      print(f'Epoch [{epoch + 1}/{100}],Loss:{loss. item()}')
```

```
#使用 Adam 优化器,并设置学习率为 0.001
optimizer = optim. Adam(model. parameters(),lr = 0.001)
#其余代码与 SGD 相同
```

以下是 RMSprop 的程序案例:

```
#使用 RMSprop 优化器,并设置学习率为 0.01
optimizer = optim. RMSprop(model. parameters(0),lr = 0.01)
#其余代码与 SGD 相同
```

以下是 AdamW 的程序案例:

```
#使用 AdamW 优化器(带有权重衰减的 Adam),并设置学习率为 0.001,权重衰减为 0.01
optimizer = optim. AdamW(model. parameters(),ln = 0.001,weight_decay = 0.01)
#其余代码与 SGD 相同
```

以下是 Adagrad 的程序案例:

```
#使用 Adagrad 优化器,并设置学习率为 0.01
optimizer = optim. Adagrad(model. parameters(,lr = 0.01)
#其余代码与 SGD 相同
```

14.5 超参数调优

14.5.1 Sklearn 网格搜索

(1)基本原理

网格搜索(Grid Search)是一种参数优化方法,用于在机器学习模型中选择最优的超参数。其基本原理是:对于指定的超参数,设定一个取值范围或候选值列表,网格搜索会穷举这些参数的所有可能组合,然后使用交叉验证或其他评估方法来确定哪一组参数能够使得模型的性能达到最优。

网格搜索就像是在一个网格(grid)上遍历搜索,每个网格点代表一组超参数值。以有两个参数的模型为例,如果参数 A 有 3 种取值可能,参数 B 有 4 种取值可能,那么网格搜索将测试这 $3 \times 4 = 12$ 种参数组合,以找出最佳的超参数组合。

(2)使用 Sklearn 实现网格搜索调优

在 Python 的机器学习库 scikit-learn(简称 Sklearn)中,可以使用 GridSearchCV 类来实现网格搜索调优。以下是使用 Sklearn 进行网格搜索调优的基本步骤:

①定义参数网格:首先,需要定义一个参数字典,其中包含要调优的超参数和它们的取值范围或候选值列表。例如,对于一个支持向量机模型,可能需要调整其 C 和 gamma 参数,可以定义一个参数字典如下:

```
param_grid = {'C':[0.1,1,10],'gamma':[0.01,0.1,1]}
```

②选择评估指标:选择一个或多个评估指标来衡量模型的性能。在 sklearn 中,可以使用交叉验证来评估模型的性能。交叉验证将数据集划分为训练集和验证集,并多次重复这个过程,最终得到一个平均的性能评估指标。

③实例化 GridSearchCV:使用定义的参数网格和评估指标来实例化 GridSearchCV 对象。还需要指定一个分类或回归的学习器,以及交叉验证的策略。

```
from sklearn.svm import SVC
# 假设 X_train,y_train 是训练数据
model = SVC()
grid_search = GridSearchCV(estimator = model,param_grid = param_grid,cv = 5)
```

④执行网格搜索:调用 GridSearchCV 的 fit 方法,传入训练数据,开始网格搜索。

```
grid_search.fit(X_train,y_train)
```

⑤获取结果:网格搜索完成后,可以通过 GridSearchCV 的属性来获取最佳参数、最佳评分等信息。

```
best_params = grid_search.best_params_
best_score = grid_search.best_score_
best_estimator = grid_search.best_estimator_
```

⑥使用最佳参数进行模型训练:使用网格搜索找到的最佳参数重新训练模型,并在测试集上进行评估。

14.5.2　使用 Optuna 进行调优

Optuna 是基于 Python 的自动化超参数调优框架。它专为机器学习设计,致力于通过自动化和智能化的搜索策略,帮助用户找到最优的超参数组合,从而优化模型的性能和泛化能力。

Optuna 的工作原理是通过使用一种称为“多臂赌博机”的算法来选择下一个要尝试的超参数组合,逐步优化模型性能。它支持多种优化算法,包括随机搜索、网格搜索、贝叶斯优化

等,用户可以根据自己的需求选择合适的算法。Optuna 的最大优点在于其使用贝叶斯统计的智能搜索,能在快速搜索的基础上找到模型的最佳参数。

此外,Optuna 还提供了可视化工具,帮助用户更直观地了解超参数搜索的过程和结果。

使用 Optuna 进行自动化超参数调优的流程:

①定义目标函数:目标函数是评估模型性能的函数,它接受超参数作为输入,并返回模型的性能指标(如准确率、损失值等)。

②定义超参数空间:在 Optuna 中,用户需要定义超参数的搜索空间。这可以包括连续参数(如学习率、正则化强度等)、离散参数(如决策树的最大深度、随机森林中树的数量等)以及分类参数(如激活函数的选择等)。

③编写优化器代码:使用 Optuna 的优化器函数,用户需要设置搜索的目标(最小化还是最大化)以及需要优化的目标函数。

④运行超参数搜索:调用优化器的 optimize 方法开始超参数搜索。Optuna 会根据选择的搜索算法(如 TPE、随机搜索等)自动选择超参数组合,并调用目标函数进行评估。

⑤评估结果:Optuna 会记录每次试验的结果,并提供最佳参数组合以及相应的性能指标。用户可以通过 Optuna 提供的可视化工具查看搜索过程和结果。

⑥使用最佳参数训练模型:根据 Optuna 找到的最佳参数组合,用户可以重新训练模型,并在测试集上评估其性能。

通过以上流程,Optuna 能够帮助用户自动化地进行超参数调优,提高模型的性能和泛化能力。同时,由于其智能化的搜索策略,Optuna 通常能够在较短的时间内找到较优的超参数组合。

14.5.3　Optuna 调优实践

```
import optuna
from sklearn. datasets import make_regression
from sklearn. model_selection import train_test_split
from sklearn. metrics import mean_squared_error
from sklearn. ensemble import RandomForestRegressor
# 生成一个简单的回归数据集
X,y = make_regression(n_samples = 100,n_features = 4,noise = 0. 1)
X_train,X_test,y_train,y_test = train_test_split(X,y,test_size = 0. 2,random_state
= 42)


# 定义目标函数,它接受超参数作为输入,并返回模型的性能
def objective(trial):
    # 选择超参数
    n_estimators = trial. suggest_int('n_estimators',10,100,step = 10)
    max_depth = trial. suggest_int('max_depth',2,10)
    min_samples_split = trial. suggest_int('min_samples_split',2,10)
    min_samples_leaf = trial. suggest_int('min_samples_leaf',1,5)
```

```
#创建模型
model = RandomForestRegressor(n_estimators = n_estimators,
                              max_depth = max_depth,
                              min_samples_split = min_samples_split,
                              min_samples_leaf = min_samples_leaf,
                              random_state = 42)


#训练模型
model.fit(X_train,y_train)


#预测
y_pred = model.predict(X_test)


#计算损失(这里使用均方误差作为性能指标)
loss = mean_squared_error(y_test,y_pred)


#返回损失作为评估指标
return loss
#创建 Optuna 的研究对象
study = optuna.create_study(direction ='minimize')  #运行优化
study.optimize(objective,n_trials = 100)  #输出最佳参数和对应的性能
print("Best parameters:",study.best_params)
print("Best value:",study.best_value)
```

14.6　算法实践

14.6.1　全连接神经网络分类算法实践

```
import tensorflow as tf
from tensorflow.keras.layers import Dense
from keras.optimizers import SGD
from sklearn.model_selection import train_test_split
import numpy as np
from keras import initializers
from sklearn.preprocessing import LabelBinarizer
a = np.load('云标签.npy')
b = np.load('云模型输入.npy')
x_train,y_train,x_label,y_label = train_test_split(b,a,test_size = 0.2,random_
state = 90,shuffle = True)  #将数据集划分为训练集和测试集
lb = LabelBinarizer()
```

```
x_label = lb.fit_transform(x_label)    #标签转换为 one-hot 数据
INIT_LR = 0.01      #设置学习率
EPOCHS = 2000
# 2、构建全连接神经网络
model = tf.keras.models.Sequential([tf.keras.layers.Flatten(input_shape = (20,)),
        tf.keras.layers.Dense(256,
activation ='relu',kernel_initializer = initializers.TruncatedNormal(mean = 0.0,std-
dev = 0.05,seed = None)),tf.keras.layers.Dropout(0.2),
        tf.keras.layers.Dense(256,
activation ='relu',kernel_initializer = initializers.TruncatedNormal(mean = 0.0,std-
dev = 0.03,seed = None)),tf.keras.layers.Dropout(0.2),
        tf.keras.layers.Dense(256,
activation ='relu',kernel_initializer = initializers.TruncatedNormal(mean = 0.0,std-
dev = 0.05,seed = None)),tf.keras.layers.Dropout(0.2),
        tf.keras.layers.Dense(64,  activation ='sigmoid'),
        Dense(2,
activation ='softmax',kernel_initializer = initializers.TruncatedNormal(mean = 0.0,
stddev = 0.05,seed = None))])   #识别云和非云区域,二分类
model.summary()
# 3、编译模型
opt = SGD(lr = INIT_LR)
model.compile(loss ='categorical_crossentropy',
              optimizer = opt,
              metrics = ['acc'])
# 4、拟合模型
H = model.fit(x_train,x_label,epochs = EPOCHS,batch_size = 32,validation_data = (y_
train,y_label))
model.evaluate(y_train,y_label)   #对预测集进行评估
model.save('云识别模型.h5')
```

14.6.2 全连接神经网络回归算法实践

```
from tensorflow.keras.models import Sequential
from tensorflow.keras.layers import Dense
from tensorflow.keras.optimizers import SGD
import numpy as np
#假设有以下简单的线性数据
X_train = np.array([[1],[2],[3],[4],[5]],dtype = np.float32)
y_train = np.array([[2],[4],[6],[8],[10]],dtype = np.float32)

#创建一个简单的线性回归模型
```

```python
model = Sequential([
    Dense(1,input_shape=(1,),activation=None)   #线性回归不需要激活函数])
#编译模型
model.compile(optimizer=SGD(learning_rate=0.01),loss='mean_squared_error')
#训练模型
history = model.fit(X_train,y_train,epochs=1000,verbose=0)

#评估模型(对于线性回归,评估通常是通过查看损失)
loss = model.evaluate(X_train,y_train)
print('Training loss:',loss)

#使用模型进行预测
X_test = np.array([[6],[7]],dtype=np.float32)
predictions = model.predict(X_test)
print('Predictions:',predictions)

#查看模型的权重和偏置项
weights,biases = model.layers[0].get_weights()
print('Weights:',weights)
print('Biases:',biases)
```

第 15 章　卷积神经网络

卷积神经网络(Convolutional Neural Networks,CNN)是一种具有深度结构和卷积计算的前馈神经网络,在深度学习领域中占据重要地位。这种网络设计灵感源自生物的视觉感知机制,具备强大的表征学习能力,能够实现对输入信息的平移不变分类,因此也被称为"平移不变人工神经网络(Shift-Invariant Artificial Neural Networks,SIANN)"。CNN 在许多领域都有广泛的应用,包括但不限于图像识别、物体识别、图像处理、语音识别、自然语言处理等。在计算机视觉领域,CNN 已成为许多任务的首选方法,如目标检测、图像分割、人脸识别等。在大气科学领域,CNN 展现出巨大的应用潜力。它们可以用来分析卫星云图、气候模型输出和气象雷达数据,从而识别天气模式、预测极端天气事件,甚至模拟气候变化。CNN 的引入为大气科学中的数据分析和模式识别提供了新的视角和强大的工具。本章将详细介绍卷积神经网络的关键构件,包括二维卷积层、池化层、深度卷积网络架构、批量标准化技术以及残差网络等。

15.1　卷积神经网络(CNN)概述

15.1.1　卷积运算的基本原理

卷积运算是一种重要的特征提取方式,该运算涉及输入数据和卷积核(或称为过滤器、kernel)两个主要元素。输入数据通常是一个二维的图像矩阵,也可以是多通道的图像矩阵。卷积核则是一个小型矩阵,如 3×3 或 5×5,其中每个元素对应于输入数据的一个滤波器系数。

卷积核在输入数据上滑动,通常每次移动一个像素或一个步长(图 15.1)。在每个滑动窗口内,卷积核与输入数据进行逐元素相乘,并求和得到一个输出值。通过在输入数据的每个滑动窗口上将卷积运算得到的输出值矩阵进行归一化处理,可以生成一系列的特征图。这种卷积运算是通过局部感知和参数共享来提取输入数据的局部特征,从而帮助模型学习更有效地表示。

(1)特点与优势

①局部特征提取:卷积运算能够提取输入数据的局部特征,这对于图像处理中的许多任务(如边缘检测、纹理分析等)非常重要。

②空间结构信息学习:卷积运算可以自动学习到图像中的空间结构信息,这有助于理解图像的整体内容和上下文关系。

③参数调整:通过调整卷积核的大小、步长和滑动方式等参数,可以实现对不同特征的提取和识别,从而适应不同的任务需求。

(2)扩展的卷积操作

①深度可分离卷积:这种卷积操作将标准的卷积过程分解为两个步骤。首先进行深度卷

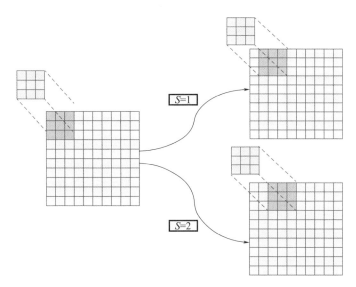

图 15.1 卷积步长设置

积,对每个输入通道单独进行卷积操作;然后进行逐点卷积,对深度卷积的结果进行逐点点积操作。此方法可以显著减少参数量和计算量,提高模型效率。

②分组卷积:分组卷积将输入特征图分为多个组,每个组独立进行卷积操作,最后通过通道融合等方式将各组的结果合并。这种操作同样可以减少参数量和计算量,且在某些网络架构(如 ResNeXt)中表现出色。

③空洞卷积:空洞卷积在卷积核的元素之间插入零值,从而在不增加参数量的情况下扩大感受野。这种操作特别适用于实时图像分割等任务中,可以更好地捕捉多尺度的信息。

④双线性卷积:双线性卷积常用于图像超分辨率和图像风格转换等任务。它通过线性插值对输入图像进行上采样或下采样,然后与卷积核进行卷积运算。这种方法能够在图像处理过程中保留更多细节信息。

15.1.2 局部性、平移性和不变性

在 CNN 中,局部性、平移性和不变性在特征提取、模式识别和图像处理等方面发挥着重要作用。以下是对这三个概念的详细讨论。

(1)局部性(Locality)

局部性指的是 CNN 在处理图像数据时,主要聚焦于局部区域的特征。卷积操作通过卷积核(通常大小为 3×3 或 5×5 像素块)覆盖输入数据的一小部分区域,从这个局部区域中提取特征。这样可以有效捕捉图像的局部模式,如边缘和角点等特征。

通过堆叠多个卷积层,CNN 能够逐渐捕获更全局的特征,因为随着网络层次的加深,每个神经元的感受野(能够感知的输入区域)会逐渐增大。局部性不仅有助于减少网络参数数量和提高计算效率,还能降低过拟合风险,使模型在训练过程中更为稳定。

(2)平移性(Translation)

平移性指的是当输入图像中的目标发生平移时,CNN 的输出结果应保持不变。这在目标位置信息的重要性低于目标的形状、大小和其他属性时尤为关键。

卷积操作本身具有平移等变性,这意味着当输入图像发生平移时,输出特征图也会相应地

平移。通过池化操作(如最大池化或平均池化),CNN 可以实现近似的平移不变性(Translation Invariance)。池化操作聚合局部区域的信息,能够在小范围内的平移情况下保持稳定输出,从而增强 CNN 在处理目标检测、图像分割等任务时对目标位置变化的鲁棒性。

(3)不变性(Invariance)

不变性指的是 CNN 在处理输入数据时,对某种变换(如平移、旋转、缩放等)具有鲁棒性,即输入数据经过某种变换后,CNN 的输出结果应保持不变或相似。

除了平移不变性,CNN 还可以通过数据增强和特定网络结构(如旋转不变网络、尺度不变网络等)实现对其他变换的不变性。数据增强方法包括对训练数据进行旋转、缩放、翻转等操作,以增加模型对各种变换的适应能力。这些不变性有助于 CNN 适应复杂的输入数据,提高模型的泛化能力,从而在实际应用中表现出更好的鲁棒性。

15.1.3　特征图和感受野

(1)特征图(Feature Map)

特征图表示卷积层或其他类型层(如池化层)的输出结果。特征图通常是一个或多个二维数组,每个数组包含输入数据在不同空间位置上的特征信息。

在卷积层中,特征图是通过将卷积核(也称为过滤器或滤波器)与输入数据进行卷积操作得到的。每个卷积核提取输入数据中的某种特定特征(如边缘、纹理等),因此卷积层中的每个卷积核都会对应一个特征图。

随着网络深度的增加,特征图的数量(即通道数)也会逐渐增加。这是因为每个卷积层能够学习到更多的复杂特征,这些特征在后续的网络层中会被进一步组合和变换。特征图的增加意味着模型在处理图像时可以捕捉到更丰富的特征,从而提高其分类、检测等任务的性能。

(2)感受野(Receptive Field)

感受野是指卷积神经网络中每个神经元在输入空间上的影响区域。换句话说,感受野是 CNN 中某一层输出的一个特征图上某个像素点在原始输入图像上映射的区域大小。

由于卷积层和池化层的存在,随着网络层数的增加,特征图的尺寸会逐渐减小,而感受野的大小则会逐渐增加。这是因为每个神经元能够"看到"输入图像中更大范围的区域。感受野的大小对于理解网络如何做出决策至关重要,因为它决定了每个神经元能够获取多少上下文信息。

感受野的计算通常与网络的层数、卷积核的大小、步长以及是否使用填充等因素有关。一般来说,感受野的计算公式:$R_l = R_{l-1} + (k_l - 1) \times s_l$,其中 R_l 是第 l 层的感受野大小,R_{l-1} 是第 $l-1$ 层的感受野大小,k_l 是第 l 层的卷积核大小,s_l 是第 l 层的步长。通过合理设置这些参数,可以在保持计算效率的同时,尽可能增大感受野,从而提高网络的性能。

特征图反映了输入数据在不同空间位置上的特征信息,感受野则描述了每个神经元在输入图像上的感知范围。理解这两个概念有助于更好地设计和优化卷积神经网络,提高模型的性能和泛化能力。

15.2　二维卷积层

15.2.1　二维卷积的数学模型

二维卷积层专门用于处理二维数据,如图像和矩阵。通过二维互相关运算将输入数据(通常是一个二维数组,也称为特征图)与一个二维的卷积核(或称为过滤器、kernel)进行运算,输出也是一个二维数组。在二维卷积操作中,卷积核在输入数据上滑动,并在每个位置上将卷积核与对应的输入子数组进行点乘并求和,从而得到输出数组中的对应元素(图 15.2)。

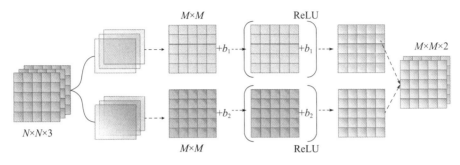

图 15.2 卷积运算示意图

在实际应用中,卷积操作通常会配合一些其他技术来增强其效果,包括填充(Padding)、步长(Stride)和池化(Pooling)。通过这些技术的结合,二维卷积层能够高效地提取和处理图像中的局部特征,逐层捕捉更高层次的抽象特征,从而在图像识别、目标检测等任务中表现出色。

15.2.2 填充(Padding)

在 CNN 中,填充(Padding)对于控制输出特征图的大小、保持空间维度以及减少信息损失等方面具有关键作用。填充是指在输入数据的边界周围添加额外的值(通常是 0),以便在卷积过程中保持空间维度不变或减小空间维度的减小速度。

在卷积过程中,如果卷积核的大小大于 1 且步长为 1,那么输出特征图的空间维度(宽度和高度)通常会小于输入特征图。通过添加填充,可以确保输出特征图与输入特征图具有相同的空间维度。此外,在卷积过程中,边缘像素只被卷积核访问一次,而中心像素则可能被多次访问。这可能导致边缘信息在卷积过程中丢失。通过添加填充,可以确保边缘像素也被多次访问,从而减少信息损失。

在深度学习和卷积神经网络中,填充通常是在卷积操作之前进行的,通过在输入数据的边界周围添加额外的值来控制输出特征图的大小或保持空间维度。以下是填充的基本步骤:

①确定填充方式:首先,需要确定使用哪种填充方式。常见的填充方式有"VALID"和"SAME"。在"VALID"方式下,不对输入进行填充,直接进行卷积操作;而在"SAME"方式下,会根据卷积核的大小和步长自动计算并添加填充,使得输出特征图的空间维度与输入特征图相同(或尽可能接近)。

②计算填充大小:如果使用"SAME"方式,则需要根据卷积核的大小、步长以及输入特征图的大小来计算所需的填充大小。填充的大小通常是沿着输入数据的高和宽两侧添加的像素数。

③添加填充:在确定了填充大小和方式后,就可以在输入数据的边界周围添加填充了。填充的值通常是 0,但也可以根据需要设置为其他值。在添加填充时,要确保在输入数据的高和宽两侧都添加了相应数量的像素。

④进行卷积操作:添加填充之后便可以对输入数据进行卷积操作。卷积核会在添加了填充的输入数据上滑动,并与对应位置的像素进行点乘和求和运算,从而得到输出特征图。

需要注意的是,填充的大小和方式需要根据具体的任务和数据集来确定。在某些情况下,可能需要进行多次实验和调整才能找到最优的填充参数。此外,填充也可以用于解决一些实际问题,如边缘信息的丢失和保持空间维度等。

15.2.3 通道(Channel)

在图像处理中,通道通常指的是图像的不同颜色分量或特征图。对于彩色图像,最常见的通道是红、绿、蓝(RGB)三个颜色通道,它们分别表示图像中的红色、绿色和蓝色成分。每个通道都是一个二维数组(或称为矩阵),其大小与图像的高度和宽度相同。

在卷积神经网络中,通道的概念得到了扩展。在卷积层中,每个卷积核都会生成一个特征图,这些特征图可以看作是新的通道。因此,一个卷积层的输出通常包含多个通道,每个通道都对应一个特征图。随着网络深度的增加,通道的数量(即特征图的数量)也会逐渐增加,因为每个卷积层都可以学习到更多的复杂特征。

通道在图像处理和深度学习中扮演着重要的角色,其主要作用包括:

①颜色表示:对于彩色图像,RGB 通道用于表示图像中的颜色信息。通过组合这三个通道,可以得到完整的彩色图像。

②特征提取:在卷积神经网络中,每个通道都对应一个特征图,这些特征图包含了输入数据在不同方面的特征信息。通过堆叠多个卷积层,网络可以逐渐学习到更复杂的特征表示。

③信息分离:通道可以用于分离图像中的不同信息。例如,在图像分割任务中,可以使用不同的通道来表示不同的物体或区域,这有助于网络更好地理解和处理输入数据。

④计算效率:通过将图像数据划分为不同的通道,可以并行处理这些通道,从而提高计算效率。这在深度学习框架(如 TensorFlow 和 PyTorch)中得到了广泛应用。

在卷积神经网络中,通道和特征图密切相关。每个特征图都可以看作是一个通道的输出。当谈论一个卷积层的输出时,通常指的是该层输出的所有特征图(即所有通道)。同样地,当说一个卷积层有 N 个通道时,实际上是指该层输出了 N 个特征图。

15.2.4 1×1 卷积层

1×1 卷积层在结构上类似于传统的全连接层,它在输入数据的每一个位置(即每一个像素点)上都执行一个全连接操作,以在空间维度上保持不变性。这种卷积操作使用 1×1 的卷积核,对输入特征图的每个元素独立进行操作,实质上是将输入数据在通道维度上进行线性变换。1×1 卷积层的主要作用包括:

①降维与升维:1×1 卷积层可以通过调整输出通道的数量来改变输入数据的通道数,这使得它成为调整网络层通道数量的有效手段。

②减少计算量:通过在卷积层之间添加 1×1 卷积层,可以先对通道数进行降维,从而减少后续卷积层的计算量。这在不改变图像高度和宽度的情况下,达到了减少计算成本的效果。

③增加非线性:在 1×1 卷积层后通常会添加激活函数(如 ReLU),这可以为网络引入非线性因素,提高模型的表达能力。

④融合通道信息:1×1 卷积层可以看作是在通道维度上的全连接层,因此它可以融合不同通道的信息,使得模型能够学习到更加复杂的特征。

此外,1×1 卷积层在多种深度学习模型中都有广泛应用。例如,在 Inception 结构中,1×1 卷积层被大量使用来构建不同尺度的特征提取模块,以实现多尺度信息融合。在残差网络

(ResNet)中,1×1卷积层也被用于调整通道数量和控制模型复杂性,从而提升网络的性能和训练效率。

15.3　池化层

在深度学习和 CNN 中,池化(Pooling)用于降低数据的维度、减少计算量,并增强模型的鲁棒性(图 15.3)。而最大池化层和平均池化层是两种常见的池化层类型。

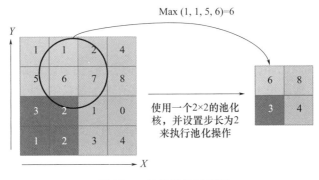

图 15.3　池化操作示意图

15.3.1　最大池化层

最大池化层(Max Pooling Layer)将输入的图像或特征图划分为若干个矩形区域(通常称为"池化窗口"或"子区域"),然后对每个子区域输出最大值。这个最大值代表了该子区域的主要特征。

最大池化能够捕捉图像的边缘和纹理结构,因为它关注的是每个子区域内的最大值,这些值通常对应于图像中的显著特征。此外,由于只保留了最大值,最大池化能有效降低信息冗余,提升模型的尺度不变性和旋转不变性。

最大池化是卷积神经网络中最常用的池化方法,特别适用于处理图像和视觉任务。它常被用于提取图像中的显著特征,减少数据维度,同时增强模型对不同变换的鲁棒性。

15.3.2　平均池化层

平均池化层(Average Pooling Layer)也将输入的图像或特征图划分为若干个矩形区域,但与最大池化不同,它对每个子区域内的所有值取平均值,并将这个平均值作为输出。

平均池化能够减少因估计均值的偏移误差带来的误差累积,更多地保留图像的背景信息。此外,它有助于平滑图像,减少噪声和失真。

虽然最大池化在许多应用中更为常见,但平均池化在某些情况下也具有独特优势。例如,在处理需要保留更多全局信息的任务时,平均池化可能更为合适。

最大池化层和平均池化层都是有效的降维和减小计算量的方法,它们的选择取决于具体任务和数据集的特点。在构建卷积神经网络时,可以根据需求选择适合的池化层类型,以达到最优的性能。

15.4 批量标准化

批量标准化(Batch Normalization)是一种通过对神经网络中各层的输入进行规范化处理,以确保它们具有接近零的均值和单位方差分布的技术。这种操作自适应地形成标准化数据,从而优化神经网络的训练过程。在训练期间,批量标准化会计算每个批次的激活值的均值和方差,并使用这些统计信息来实时调整网络的激活值。这一过程有助于激活值的分布在一个稳定的范围内,减少"内部协变量偏移",从而加快收敛速度并提高模型的性能。

15.4.1 批量标准化的原理

批量标准化通过将激活值的分布拉回到标准化的分布,使得激活函数的输入值落在对输入比较敏感的区域,从而避免了梯度消失的问题。这有助于加快学习的收敛速度,提高模型的训练效率。

批量标准化能够减少对学习率的严格要求,使得模型可以使用较大的初始学习率进行训练,并且快速收敛。此外,它还可以减少对局部响应归一化的依赖,进一步简化网络结构。通过破坏原来的数据分布,批量标准化有助于缓解过拟合问题,同时提高模型的精度和鲁棒性。

批量标准化广泛应用于各种深度学习模型,特别是卷积神经网络中。它通常与卷积层或全连接层一起使用,以提高模型的性能和稳定性。当遇到神经网络收敛速度慢或梯度爆炸等无法训练的问题时,可以尝试使用批量标准化来解决。通过引入批量标准化层,可以有效地改善这些问题并提高模型的性能。

15.4.2 批量标准化在神经网络中的应用

(1)全连接层

在全连接层中,批量标准化主要体现在对输入特征向量进行归一化处理。对于每个样本,批量标准化会对该样本的特征进行归一化处理。具体而言,它会计算当前批次中所有样本的某个特征的均值和方差,然后使用这些统计量对该特征进行标准化,使其具有零均值和单位方差。

全连接层中的批量标准化包含两个可学习的参数:缩放因子和偏移量。这两个参数允许网络在必要时恢复一些原始数据的特征分布,从而增强模型的表达能力。

(2)卷积层

在卷积层中,对于每个特征通道(Feature Channel),批量标准化会对该通道的输入进行归一化操作。具体来说,它会计算当前批次数据在该特征通道上的均值和方差,然后使用这些值来标准化输入数据,使其具有零均值和单位方差。

为了避免简单的标准化操作可能改变网络能够表示的内容,批量标准化引入了可学习的缩放和偏移参数。这些参数允许网络在需要时恢复一些原始输入数据的特征。具体来说,标准化后的数据会经过缩放和偏移,得到最终的输出。

(3)批量标准化的作用

通过归一化处理,批量标准化可以使网络中的激活值分布在更稳定的范围内,从而加快训练速度。这是因为当输入数据的分布稳定时,网络中的参数更新也会更加稳定,从而加速收敛过程。

批量标准化可以作为一种正则化手段,有助于减少模型对特定训练数据的依赖,从而提高模型的泛化能力。这是因为它可以使网络中的每一层输出都具有相似的分布,从而减轻过拟合现象。使用批量标准化后,网络对学习率等超参数的敏感度会降低,从而更容易进行参数调整和优化。

15.5 图像分类和特征提取的深度 CNN

15.5.1 AlexNet 模型

(1)AlexNet 的基本结构

深度卷积神经网络(AlexNet)是由 Alex Krizhevsky、Ilya Sutskever 和 Geoffrey Hinton 在 2012 年的 ImageNet 图像分类竞赛中提出的一种典型卷积神经网络模型,并取得了显著的性能提升。以下是 AlexNet 的详细介绍。

网络结构:AlexNet 由五个卷积层和三个全连接层组成。每个卷积层后都紧跟着一个 ReLU 激活函数和一个局部响应归一化(Local Response Normalization,LRN)层,以增强模型的非线性表达能力和泛化能力。在卷积层和全连接层之间,还有两个最大池化层,用于降低数据的维度和减少计算量。

特点:①ReLU 激活函数:AlexNet 在激活函数上选用了 ReLU 函数,相比于传统的 sigmoid 函数和 tanh 函数,ReLU 函数在训练阶段梯度衰减更快,有助于加速模型的训练过程。②双 GPU 并行计算:AlexNet 采用双 GPU 并行计算的方式,每个 GPU 负责一半网络的运算,这种并行化设计提高了计算效率,使得训练大规模数据集变得更加可行。③LRN 技术:AlexNet 在卷积层中使用了 LRN 技术,这种技术可以形成某种形式的横向抑制,从而提高网络的泛化能力。④重叠池化:AlexNet 采用了重叠池化的方式,即池化窗口的大小大于步长,使得每次池化都有重叠部分。这种池化方式有助于保留更多的图像信息,提高模型的性能。

AlexNet 在图像识别、物体检测、图像分割等计算机视觉任务中取得了显著的性能提升。由于其强大的特征提取能力和泛化能力,AlexNet 也被广泛应用于其他领域。

(2)AlexNet 的创新点

①ReLU 激活函数的成功应用:AlexNet 首次在深度 CNN 中大规模采用 ReLU 作为激活函数,并通过实践验证了其在深层网络中的效果远超传统的 Sigmoid 函数。ReLU 有效解决了 Sigmoid 在网络较深时遇到的梯度消失问题,为后续深度学习模型的发展奠定了坚实基础。

②Dropout 技术的实用化:为了避免模型过拟合,AlexNet 引入了 Dropout 技术,在训练过程中随机忽略一部分神经元。虽然 Dropout 技术之前已有单独的论文论述,但 AlexNet 将其成功实用化,并在网络中的全连接层广泛采用,显著提升了模型的泛化能力。

③重叠最大池化的创新应用:在 AlexNet 中,所有的池化层都采用了重叠的最大池化策略。与传统的平均池化相比,最大池化能够避免模糊化效果,并保留更多的图像细节。更重要的是,AlexNet 提出的让步长小于池化核尺寸的设计,使得池化层的输出之间存在重叠和覆盖,进一步丰富了特征的多样性。

④LRN 层的引入:AlexNet 提出了 LRN 层,该层对局部神经元的活动进行归一化处理,创建了一种竞争机制。在这种机制下,响应较大的神经元会变得更加活跃,而响应较小的神经元则会被抑制。这种设计有助于增强模型的泛化能力,提升其对不同数据集的适应能力。

⑤GPU 加速训练:AlexNet 充分利用了 GPU 强大的并行计算能力,通过 CUDA 技术加速深度卷积网络的训练过程。这一创新使得 AlexNet 能够在短时间内完成大量数据的训练,并大大缩短了模型的训练周期。同时,GPU 加速也为后续深度学习模型的发展提供了重要的技术支持。

15.5.2 AlexNet 模型实践

以下展示了 AlexNet 模型的代码案例,这个 AlexNet 模型只包含了主要的卷积、池化和全连接层。它没有包括原始的 LRN 层,因为现代深度学习框架(如 TensorFlow)通常推荐使用更简单的网络结构,并通过正则化(如 Dropout)和其他技术来提高模型的泛化能力。

```python
import tensorflow as tf
from tensorflow.keras.layers import Conv2D,MaxPooling2D,Flatten,Dense,Dropout
from tensorflow.keras.models import Sequential


def create_simplified_alexnet_model(input_shape = (227,227,3),num_classes = 1000):
    model = Sequential()
    # 第一层:卷积层 + ReLU + 最大池化层
    model.add(Conv2D(filters = 96,kernel_size = (11,11),strides = (4,4),padding = 'valid',activation ='relu',input_shape = input_shape))
    model.add(MaxPooling2D(pool_size = (3,3),strides = (2,2)))
    # 第二层:卷积层 + ReLU + 最大池化层
    model.add(Conv2D(filters = 256,kernel_size = (5,5),padding = 'same',activation ='relu'))
    model.add(MaxPooling2D(pool_size = (3,3),strides = (2,2)))
    # 简化后的第三层:只包含一个卷积层 + ReLU
    model.add(Conv2D(filters = 384,kernel_size = (3,3),padding = 'same',activation ='relu'))
    # 第四层:最大池化层
    model.add(MaxPooling2D(pool_size = (3,3),strides = (2,2)))
    # 第五层:全连接层 + ReLU + Dropout
    model.add(Flatten())
    model.add(Dense(4096,activation ='relu'))
    model.add(Dropout(0.5))
    # 第六层:输出层(使用 softmax 激活函数)
    model.add(Dense(num_classes,activation ='softmax'))
    return model


simplified_alexnet_model = create_simplified_alexnet_model()
# 编译模型
simplified_alexnet_model.compile(optimizer ='adam',loss ='categorical_crossentropy',metrics = ['accuracy'])
simplified_alexnet_model.summary()
```

15.5.3 ResNet 模型

残差网络(Residual Network,ResNet)是一种新颖的卷积神经网络(CNN)架构,其核心思想是通过引入残差连接来解决深层网络训练中的退化问题。这个设计允许网络学习残差函数,而不是直接学习输入和输出之间的映射,从而缓解随着网络深度增加而性能下降的问题。ResNet 由何凯明等人在 2015 年提出(He et al.,2016),并在多个视觉识别竞赛中证明了其卓越性能。ResNet 不仅简化了深层网络的训练过程,还推动了对更深层次网络架构的探索和发展。

(1)ResNet 的基本结构

ResNet 的核心思想是学习残差函数,通过在网络中添加跳跃连接来捕捉残差信息。在传统的神经网络中,每一层的输出仅来自于前一层的输出。而在残差网络中,每一层的输出是由前一层的输出与该层的输入之和得到的。这种跳跃连接的方式可以有效地将前一层信息直接传递给后层,使网络更容易学习到恒等映射,从而提高网络的性能。

在 ResNet 中,关键组件是残差块(Residual Block)。每个残差块由多个卷积层组成,并引入跳跃连接。残差块由两个主要部分组成:恒等映射(Identity Mapping)和残差映射(Residual Mapping)。恒等映射即将输入直接传递到输出,而残差映射则对输入进行非线性变换,并与恒等映射相加,从而形成残差。这样的设计使得模型可以学习到残余的信息和特征,而不仅仅是对输入的变换。

(2)残差模块

①残差模块的结构

残差模块(Residual Block)是 ResNet 的核心组成部分,旨在解决深度神经网络在训练过程中的梯度消失和表示受限的问题。残差模块包含一个或多个卷积层,以及一个关键的跳跃连接。跳跃连接将模块的输入直接与卷积层的输出相加,形成一个残差连接。设模块的输入为 x,卷积层的输出为 $F(x)$,则残差模块的输出为 $H(x) = F(x) + x$。其中,$F(x)$ 是残差映射,x 是跳跃连接。

②残差模块的类型

基本残差块:主要用于浅层的 ResNet 模型(如 ResNet-18 和 ResNet-34)。这种残差模块包含两个卷积层,每个卷积层后都跟有批归一化和 ReLU 激活函数。跳跃连接直接将输入 x 与第二个卷积层的输出相加。

瓶颈残差块:用于更深的 ResNet 模型(如 ResNet-50、ResNet-101 和 ResNet-152)。这种残差模块包含三个卷积层,第一个和第三个卷积层是 1×1 的卷积,用于减少和恢复特征图的维度(从而减少计算量),中间的卷积层是 3×3 的卷积。在该模块中同样将输入 x 与第三个卷积层的输出以跳跃连接的方式相加。

(3)残差模块优势

①解决梯度消失问题:残差模块通过引入跳跃连接,使得梯度在反向传播时可以直接回传到较前的层,有效地解决了深度神经网络在训练过程中可能出现的梯度消失问题。这种机制允许网络构建得更深,同时保持较好的训练效果。

②提高模型的表达能力:残差模块可以有效地学习数据之间的残差信息,提高模型的表达能力。在传统的卷积神经网络中,随着网络层数的增加,信息在前向传播过程中容易丢失,导致模型的表达能力受限。而残差模块通过保留输入信息并直接将其传递到输出,使模型能够更好地捕捉数据中的特征,提高模型的性能。

③提升模型训练速度和效果:残差模块具有简单的结构,易于实现和优化。同时,由于残差连接的存在,模型在训练时可以更加关注于学习输入和输出之间的残差,即它们之间的差异,这有助于网络更快地收敛。此外,残差连接不会给网络增加多余的参数和计算复杂度,从而保持较快的计算速度。

④增强模型的泛化能力:残差模块具有较强的泛化性能,适用于各种复杂场景。通过堆叠多个残差模块,可以构建非常深的网络结构,提高模型的表达能力和性能。同时,残差模块的设计也减少了模型的参数数量,降低了过拟合的风险,从而增强了模型的泛化能力。

⑤降低噪声影响:在处理含有噪声的数据时,残差模块可以通过跳跃连接保留输入信息,同时利用卷积层学习数据中的残差信息。这种机制使得模型能够更好地应对数据中的噪声和异常值,提高模型的鲁棒性。

通过引入跳跃连接和残差学习的思想,残差模型有效地解决了深度神经网络在训练过程中可能遇到的诸多问题,如梯度消失和模型表达能力受限。同时,残差模块具有简单的结构、快速的计算速度和较强的泛化能力,使得残差网络取得了优异的性能。

15.5.4 ResNet 模型实践

以下是一个使用 TensorFlow(假设为 TensorFlow 2. x)构建简单残差网络(ResNet)的示例。在这个示例中,展示了如何构建一个包含两个残差块的残差网络,每个残差块包含一个瓶颈层(bottleneck layer)设计。

```
from tensorflow. keras import layers,models
#定义残差块(Bottleneck block)
def bottleneck_block(inputs,filters,strides = 1,expansion = 4):
    #第一个 1x1 卷积,降低通道数
    x = layers. Conv2D(filters//expansion,1,strides = strides,padding ='same',use_bias = False)(inputs)
    x = layers. BatchNormalization()(x)
    x = layers. ReLU()(x)
    #第二个 3x3 卷积,保持通道数
    x = layers.Conv2D(filters // expansion,3,strides = 1,padding ='same',use_bias = False)(x)
    x = layers. BatchNormalization()(x)
x = layers. ReLU()(x)
#第三个 1x1 卷积,扩展通道数
    x = layers. Conv2D(filters,1,strides = 1,padding ='same',use_bias = False)(x)
    x = layers. BatchNormalization()(x)
    #短路连接(如果步长不为 1,则需要额外的 1x1 卷积来调整通道数和尺寸)
    if strides ! = 1 or inputs. shape[ - 1] ! = filters:
        shortcut = layers. Conv2D(filters,1,strides = strides padding ='same',use_bias = False)(inputs)
        shortcut = layers. BatchNormalization()(shortcut)
    else:
        shortcut = inputs
```

```
    ♯合并输出
    output = layers.add([x,shortcut])
    output = layers.ReLU()(output)
    return output
♯定义 ResNet 模型
def ResNet(input_shape,num_classes):
    inputs = layers.Input(shape = input_shape)
    ♯初始卷积层
    x = layers.Conv2D(64,7,strides = 2,padding = 'same',use_bias = False)(inputs)
    x = layers.BatchNormalization()(x)
    x = layers.ReLU()(x)
    x = layers.MaxPooling2D(3,strides = 2,padding = 'same')(x)
    ♯添加残差块
    x = bottleneck_block(x,64,strides = 1)
    x = bottleneck_block(x,64,strides = 2)
    x = bottleneck_block(x,128,strides = 1)
    x = bottleneck_block(x,128,strides = 2)
    ♯全局平均池化
    x = layers.GlobalAveragePooling2D()(x)
    ♯输出层
    outputs = layers.Dense(num_classes,activation = 'softmax')(x)
    model = models.Model(inputs = inputs,outputs = outputs)
    return model


♯示例:构建一个输入形状为(224,224,3),输出类别为 10 的 ResNet 模型
model = ResNet(input_shape = (224,224,3),num_classes = 10)
model.compile(optimizer = 'adam',loss = 'categorical_crossentropy',metrics = ['accura-
cy'])
model.summary()
```

在残差块中使用了三个卷积层,其中第一个和最后一个卷积层用于改变通道数和空间尺寸,中间的卷积层则用于保持通道数和空间尺寸不变。该算法中还使用了短路连接(shortcut connection)来确保信息可以顺利地在网络中传递。通过这种方式,最终构建了一个包含初始卷积层、残差块、全局平均池化层和输出层的简单 ResNet 模型。

15.6 目标检测的深度 CNN

目标检测技术主要基于监督学习,每张待检测图像的监督信息包含 N 个对象,每个对象的信息包括四类:对象的中心位置(x,y)、高度(h)、宽度(w)和类别(class)。目标检测的任务不仅是识别输入图像中的目标物体,还需要给出目标物体在图像中的确切位置。语义分割进一步在像素级别进行分类,将输入图像的每个像素分配到语义类别,从而实现像素级的密集分类。

在深度学习成为计算机视觉领域的主流之前,由于早期计算资源的限制及图像表征方法的局限性,传统手工特征图像算法一直是该领域的主要方法。自 2013 年以来,神经网络和深度学习逐渐代替传统算法,成为主流方法。近年来,深度学习目标检测的发展历程可以大致分为 R-CNN 系列算法和 YOLO 系列算法。

R-CNN 系列算法属于两阶段(Two-stage)算法,即先生成候选区域,再进行 CNN 分类。YOLO 系列算法则属于一阶段(One-stage)算法,能够直接对输入图像应用算法并输出类别和相应的定位信息。

15.6.1　两阶段目标检测模型(R-CNNs)

CNNs 系列将深度学习引入目标检测领域,在目标检测的发展历史上具有重大意义。该算法的特点在于生成候选区域(Region Proposal),并利用卷积神经网络进行识别和分类。由于候选区域的选择对于算法性能至关重要,该方法被命名为"R"-CNN,因其基于区域的卷积神经网络,也称为区域卷积神经网络(Region-based CNNs,或 Regions with CNN feature,R-CNNs)。

R-CNNs 系列算法通过采用 Selective Search 预先提取可能是目标物体的候选区域,显著提升了运算速度并减少计算成本。广义上,R-CNNs 包括一系列用于目标检测和语义分割的深度学习模型(如 R-CNN、Fast R-CNN、Faster R-CNN 和 Mask R-CNN),通过结合候选区域和卷积神经网络识别图像中的对象。

(1)基础模型 R-CNN

R-CNN(Girshick et al.,2014)作为 R-CNNs 中的基础模型,通过以下步骤(图 15.4)实现目标检测。

①提取候选区域:使用 Selective Search 从输入图像中提取高质量的候选区域。

②特征提取:对每个候选区域使用预训练的 CNN 提取特征,这些特征可以捕捉到图像中的局部和全局信息。

③分类与定位:将每个区域的特征送入分类器(如 SVM、softmax 分类器)中进行目标分类,并进行边界框位置回归,以更准确地定位目标在候选区域中的位置与尺寸。

尽管 R-CNN 模型能够有效提取图像特征,但其运行速度较慢,因为每个生成的候选区域都需要独立进行特征提取,导致大量重复运算,限制了算法的性能和实际应用。

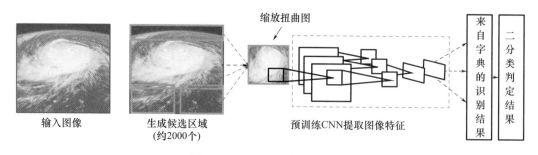

图 15.4　R-CNN 目标检测流程

(2)Fast R-CNN 和 Faster R-CNN

Fast R-CNN(Girshick et al.,2015)改进了 R-CNN 的主要性能瓶颈。Fast R-CNN 通过以下方式优化了原始 R-CNN 模型(图 15.5)。

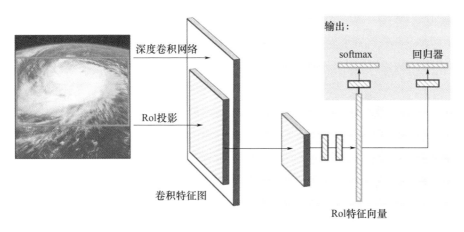

图 15.5　Fast R-CNN 结构

①整体特征提取:使用整个图像作为 CNN 的输入进行特征提取,而不是对每个候选区域独立提取特征。

②区域兴趣池化(RoI Pooling):引入 RoI 池化结构,将不同大小的区域候选转换为固定大小的特征图。

③多任务损失:联合训练分类和边界框回归,改进了模型的性能。

然而,Fast R-CNN 对候选框生成算法并未改进,仍需生成大量候选区域。Faster R-CNN (Ren et al.,2017)通过引入区域候选网络(RPN)取代了 Selective Search,直接从图像特征中提出区域,显著加速了候选生成过程,并与 Fast R-CNN 结合进行端到端的训练,其整体架构如图 15.6 所示。

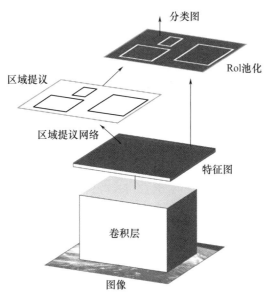

图 15.6　Faster R-CNN 为用于物体检测的统一网络

Faster R-CNN 的优点在于 CNN 提取的特征信息能够在整个网络实现权值共享,解决了上述提到的 R-CNNs 早期算法中大量候选框导致的速度慢的问题。然而,由于 RPN 网络可在固定尺寸的卷积特征图中生成多尺寸的候选框,导致 Faster R-CNN 存在可变目标尺寸和固定感受野不一致的缺陷。

（3）Mask R-CNN

Mask R-CNN 在 Fast R-CNN 的基础上进一步发展，增加了一个分支用于预测分割掩码（mask）。其整体框架如图 15.7 所示。

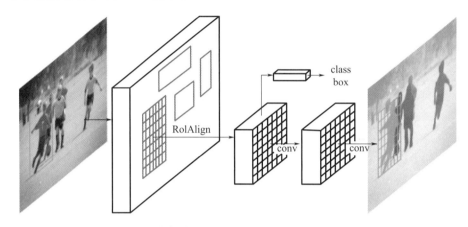

图 15.7　用于实例分割的 Mask R-CNN 框架（He et al.，2017）

通过对图像中的每个目标的像素位置进行标记训练数据，Mask R-CNN 模型可以有效利用这些详细标签来进一步提高目标检测的精度。Mask R-CNN 的工作流程包括特征提取、区域候选网络、Rol Align、分类和边界框回归与掩码预测。模型首先使用卷积神经网络（例如 ResNet 加上特征金字塔网络 FPN）提取图像的特征图；其次在特征图上运行 RPN，得到对象的候选区域，为每个候选区域精确地提取特征，并使用 RoI Align 技术保持空间精度，随后对每个候选的区域进行分类并微调边界框位置；最后并行地为每个候选的区域预测分割掩码，掩码是一个二值图像，用于区分对象的前景和背景。

Mask R-CNN 将 Fast R-CNN 的 ROI 池化层升级为 ROI Align 层，并在边界框识别的基础上添加了一个分支 FCN 层，即 mask 层，用于语义掩码识别。通过 RPN 网络生成目标候选框，对每个目标候选框分类判断和边框回归，同时利用全卷积网络对每个目标候选框预测分割。

Mask R-CNN 通过在边界框检测的基础上添加一个全卷积层，用于语义掩码识别，进一步提高了目标检测的精度。其优势在于高精度、实例分割和广泛用途，但其复杂性和较高的计算资源需求仍然是挑战。最后，在同一个框架中，Mask R-CNN 模型可以同时进行对象检测和语义分割。

R-CNNs 系列算法从 R-CNN 到 Fast R-CNN，再到 Faster R-CNN 和 Mask R-CNN，逐步提高了目标检测的效率和精度。但 Mask R-CNN 仍存在以下局限性：从运行速度上来看，相较于 YOLO 等模型，Mask R-CNN 更为复杂，在推理时不够快速。从计算资源的角度分析，Mask R-CNN 需要相对较高的计算资源，尤其是在处理高分辨率图像时。

15.6.2　一步检测方法模型（YOLO）

YOLO（You Only Look Once）是一种流行的 One-Stage 目标检测算法，其名称意指"只需浏览一次便可进行图像物体与位置的识别"。YOLO 因不需要生成候选区域，也被称为 Region-free 方法，可以直接产生物体的类别概率和位置，通过单次检测即可输出最终检测结果。YOLO 因运行速度快且准确率高而著名。YOLO 将目标检测任务视为单个回归问题，直接从图像像素映射到边界框坐标和类别概率(如图 15.8)。这与将任务分成两步的传统方法(先区域候选,再分类)具有显著差别。

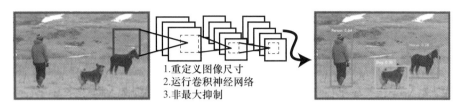

1.重定义图像尺寸
2.运行卷积神经网络
3.非最大抑制

图 15.8　YOLO 图像检测系统(Redmon et al.,2016)

YOLO 的任务是基于整个图片进行预测,并一次性输出所有检测到的目标信息(包括对象类别与位置)。YOLO 模型的核心思想是利用整张图像作为网络的输入,直接在输出层回归边界框(bounding box)的位置与类别。

其网络结构分为三部分:卷积层、目标检测层和 NMS(非极大值抑制;Non-maximal suppression)筛选层。卷积层采用了 Google Inception V1 网络进行特征提取,从而提高模型的泛化能力。目标检测层将卷积层提取的特征图经过 4 个卷积层和 2 个全连接层处理。YOLO 将 448×448 大小的原图分割成 7×7 个网格,每个网格进行边界框和物体类别概率的预测。构建后验概率 $P_r(\text{Class}_i | \text{Object})$ 以表示每个网络预测的类别信息,而后通过设置阈值,过滤掉得分低的框,对剩余框进行 NMS 处理进而得到最终检测结果。

YOLO 模型的工作原理主要分为网格划分、边界框预测、类别预测、最终预测和非极大值抑制等。首先,YOLO 将输入图像划分为一个 $S \times S$ 的网格。每个网格单元负责预测位于该单元中心的目标。其次,每个网格单元预测 B 个边界框及其置信度,边界框包含 4 个信息量:中心位置 (x, y)、高(h)和宽(w)。置信度反映了预测框包含目标的概率和预测框的准确度。每个网格单元还预测 C 个条件类别概率(前提是该单元中存在目标),并使用 one-hot 编码表示预测类别。在测试时,这些预测被组合成类别置信度分数,等于网格单元中存在目标的置信度和特定类别的条件概率的乘积。最后,使用 NMS 去除重叠的边界框,保留具有最高类别置信度分数的框,以解决同一对象被多框识别的问题。YOLO 在识别种类、精度、定位准确度等方面得到了验证(图 15.9)。

图 15.9　YOLO 算法基本准确的图像定性结果(Redmon et al.,2016)

YOLO 的优缺点显著。由于 YOLO 在单次运行中同时进行边界框和类别预测,因此比基于区域候选的方法快得多。同时,YOLO 查看整个输入图像,在网络预测目标窗口时使用的是全局信息,因此能够学习目标的全局特征和上下文,这使得假目标的比例大幅降低。然而,YOLO 在检测小尺寸目标方面表现不佳,因为多个小目标可能落在同一个网格单元中,从而影响其整体准确性。与两步法相比,YOLO 生成的边界框可能不够精确。

为进一步提升 YOLO 模型对物体定位工作的精准性和召回率,YOLO 的构建者在原始模型的基础上提出了 YOLO 9000 模型(Redmon et al.,2017)。该模型引入了 Faster R-CNN 中的 anchor box 思想,使用卷积输出层来代替原始模型中的全连接层。改进后的 YOLO 9000 在识别种类、精度、速度和定位准确度等方面的性能都得到了显著提升。

15.7 用于语义分割的深度 CNN

近年来,现代计算机视觉技术在人工智能的推动下发生了巨大变化,并被广泛应用于图像分类、人脸识别、物体检测、视频分析和自动驾驶等领域。图像分割(image segmentation)作为计算机视觉的重要研究课题和应用方向,其主要任务是根据分类规则将图片中的像素分割为对应部分并打上相应标签,主要包括图像分类、目标检测、语义分割和实例分割等,任务的难度逐渐增加。

以下分节介绍几种常用于图像语义分割和场景解析的模型:U-Net、DeepLab、FPN。这些模型通过深度学习技术理解图像中每个像素的类别。各模型的区别和独特之处如下:

①U-Net:通过结合局部信息和全局信息来提高分割精度,适用于需要精确边界的场景。②DeepLab:利用空洞卷积(Atrous Convolution)增大感受野,并通过条件随机场(CRF)改善分割边界,适用于复杂背景下的对象分割。③FPN(Feature Pyramid Network):在目标检测和分割中利用多尺度特征表示来捕获不同大小的对象,适用于需要处理多尺度对象的任务。这些模型各自的独特结构和优势,代表了图像处理领域内技术的进步和深度学习在视觉任务中应用的拓展(图 15.10)。

15.7.1 U-Net 模型

U-Net 是一种广泛应用的全卷积神经网络算法,最早于 2015 年被提出用于医学图像分割。在医学影像处理领域,图像的类别标签与各组织位置分布是期望获得的,U-Net 网络能够实现对每个像素点进行分类,从而输出根据像素点类别分割好的图像(Ronneberger et al.,2015)。其模型基于编码器-解码器架构,编码器逐渐降采样以捕捉上下文信息,解码器逐渐上采样以恢复图像细节,并在编码器和解码器之间使用跳跃连接(skip connections)以保留更多的空间信息(Zhou et al.,2024)。由于其结构呈现出 U 形,因此称为 U-Net 模型(图 15.11)。

该结构包含一个收缩路径(编码器)和一个对称扩展路径(解码器)。示例 U-Net 模型共有四层,分别对输入图像进行了四次下采样和四次上采样。模型每一层都会进行两次卷积来提取特征,每上采样一层都会将图像扩大一倍,同时卷积核数量减少一半。

其中,ReLU 函数负责将神经元的输入映射到输出端。卷积层是对图像进行特征(如边缘特征、纹理特征等)提取的过程,卷积核实际上是一系列具有特定分布的权重矩阵,通过对原图不同位置的像素点进行特定分布的加权。上采样层也称为反卷积(deconvolution),可以将图像扩大,增大图像分辨率。下采样层则是池化层,用于减少参数的计算量。

(a) 原始输入图像　　(b) FCN-8s分割结果　　(c) DeepLab分割结果　　(d) 前端模型分割结果　　(e) 真实标签

图 15.10　由 FCN-8s、DeepLab 等语义分割模型输入图像分割结果与实况对比（Yu et al.，2016）

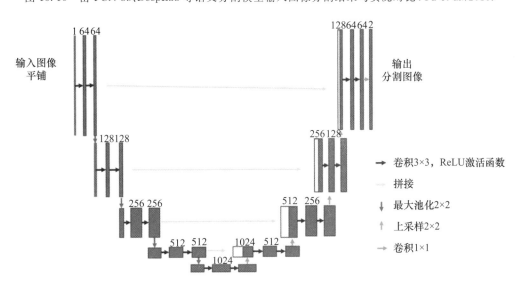

图 15.11　U-Net 模型工作框图（以最低分辨率 32×32 像素为例）

15.7.2　DeepLab 模型

DeepLab 是一系列深度学习模型,结合深度卷积神经网络(DCNNs)和概率图模型(DenseCRFs)的组合,主要用于图像语义分割。它通过空洞卷积增大感受野,并结合条件随机场(CRF)来提高分割边界的准确性(图 15.12)。目前,DeepLab 共推出四个版本,第一个版本于 2014 年发布,随后推出了 DeepLab v2、DeepLab v3 和 DeepLab v3+,不断提高语义分割的性能。

第一个版本(DeepLab v1)基于 VGG16 网络改写。相比于之前网络信息下采样导致分辨率降低和空间不敏感等问题,DeepLab 系列模型通过使用空洞卷积来增加感受野并保持空间分辨率。此外,利用空洞卷积金字塔(Atrous Spatial Pyramid Pooling,ASPP)来捕捉多尺度信息。

条件随机场是模型中的重要组成部分,DeepLab 采用 CRF 提高模型捕获细节的能力。在分类一个像素时,不仅考虑 DCNN 的输出,还考虑该点周围像素点的值,从而提高分割精度。

DeepLab v2 基于 v1 版模型,去除了 DCNN 最后的最大池化层,以空洞卷积取代,从而以更高采样密度计算特征映射。DeepLab v3 和最新版 DeepLab v3+ 通过多比例的空洞卷积级联或并行来捕获多尺度背景,并引入编码器-解码器架构,融合多尺度信息,提高分割精度和速度(图 15.13)。

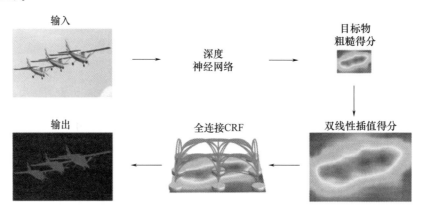

图 15.12　DeepLab 模型流程(Yuille,2016)

15.7.3　自顶向下的特征金字塔网络 FPN

识别多尺寸物体是目标检测中的基本挑战之一。特征金字塔是多尺度目标检测中的基本组成部分,其结构如图 15.14 所示,主要包含自下而上(Bottom-up)、自顶向下(Top-down)和横向连接(Lateral connection)三部分。自下而上是典型 ConvNet 中提取特征的过程,自顶向下将高层特征图进行上采样,然后往下传递,使底层特征也包含丰富语义信息。横向连接将输出特征图降低维度,再与上采样特征图加和后继续卷积的过程。

由于特征金字塔计算量大,会拖慢检测速度。高层特征虽包含丰富的语义信息,但分辨率较低,难以准确保存物体位置信息。而低层特征虽语义信息较少,但由于分辨率高,可以辅助模型准确获取物体位置信息。通过融合低层和高层特征,能得到识别和定位均准确的目标检测系统。

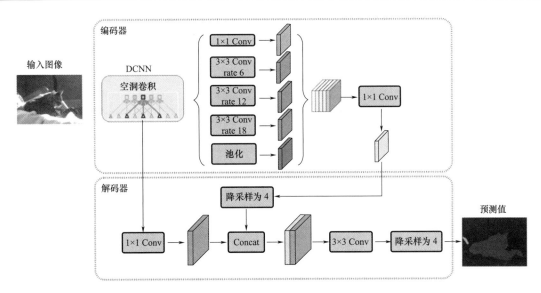

图 15.13 DeepLab v3+模型设计框图(Chen et al.,2018a)

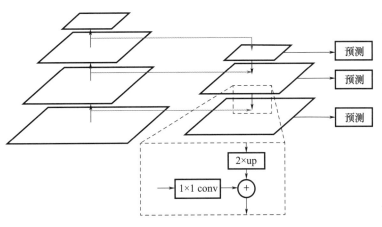

图 15.14 特征金字塔结构示意图

FPN(Feature Pyramid Networks)是一种用于目标检测和分割的深度神经网络结构,于 2017 年被提出。它改进了传统的金字塔特征提取方式,使模型能更有效地利用多尺度信息(Zhao et al.,2017)。FPN 通过建立一个具有不同分辨率的特征层金字塔来检测不同尺度的对象,在目标检测中融入了特征金字塔,提高了目标检测的准确率,尤其在小物体检测上表现突出。

15.8 本章算法实践

本章算法实践部分将实现多云、下雨、晴、日出四种天气状态的识别。

```
# TensorFlow2;matplotlib 3.4.3;PIL 1.1.6;
import tensorflow as tf
import matplotlib.pyplot as plt
import os,PIL
#设置随机种子尽可能使结果可以重现
```

```
import numpy as np
np. random. seed(1)
#设置随机种子使结果重现
import tensorflow as tf
tf. random. set_seed(1)
from tensorflow import keras
from tensorflow. keras import layers,models
import pathlib
#训练数据下载链接:https://pan. baidu. com/s/19qMLFyl-ZALB608gTqxL4g? pwd = vae3 提
取码:vae3
data_dir = " " #输入数据路径
data_dir = pathlib. Path(data_dir)
```

下一步旨在检查训练数据,数据集一共分为多云(cloudy)、下雨(rain)、晴(shine)、日出(sunrise)四类,分别存放于 weather_photos 文件夹中以各自名字命名的子文件夹中。

```
batch_size = 32
img_height = 180
img_width = 180
train_ds = tf. keras. preprocessing. image_dataset_from_directory(
    data_dir,
    validation_split = 0. 2,
    subset = "training",
    seed = 123,
    image_size = (img_height,img_width),
    batch_size = batch_size)
val_ds = tf. keras. preprocessing. image_dataset_from_directory(
    data_dir,
    validation_split = 0. 2,
    subset = "validation",
    seed = 123,
    image_size = (img_height,img_width),
    batch_size = batch_size)
#可视化训练数据
plt. figure(figsize = (20,10))

for images,labels in train_ds. take(1):
    for i in range(20):
        ax = plt. subplot(5,10,i + 1)
        plt. imshow(images[i]. numpy(). astype("uint8"))
        plt. title(class_names[labels[i]])
        plt. axis("off")
```

天气图像检测训练数据展示如图 15.15 所示。

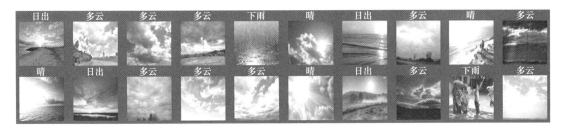

图 15.15　天气图像检测训练数据展示

而后构建 CNN 网络，CNN 的输入是张量形式的（image_height，image_width，color_channels），包含了图像高度、宽度及颜色信息。

```
num_classes = 5
model = models.Sequential([
    layers.experimental.preprocessing.Rescaling(1./255,input_shape = (img_height,
img_width,3)),
    layers.Conv2D(16,(3,3),activation ='relu',input_shape = (img_height,img_width,
3)),  #卷积层 1,卷积核 3 * 3
    layers.AveragePooling2D((2,2)),              #池化层 1,2 * 2 采样
    layers.Conv2D(32,(3,3),activation ='relu'),   #卷积层 2,卷积核 3 * 3
    layers.AveragePooling2D((2,2)),              #池化层 2,2 * 2 采样
    layers.Conv2D(64,(3,3),activation ='relu'),   #卷积层 3,卷积核 3 * 3
    layers.Dropout(0.3),

    layers.Flatten(),                           # Flatten 层,连接卷积层与全连接层
    layers.Dense(128,activation ='relu'),      #全连接层,特征进一步提取
    layers.Dense(num_classes)                  #输出层,输出预期结果
])
model.summary()   #打印网络结构
#编译过程,设置优化器
opt = tf.keras.optimizers.Adam(learning_rate = 0.001)
model.compile(optimizer = opt,
              loss = tf.keras.losses.SparseCategoricalCrossentropy(from_logits =
True),
              metrics =['accuracy'])
epochs = 10
history = model.fit(
  train_ds,
  validation_data = val_ds,
  epochs = epochs
)
```

```
#模型评估
acc = history.history['accuracy']
val_acc = history.history['val_accuracy']

loss = history.history['loss']
val_loss = history.history['val_loss']

epochs_range = range(epochs)

plt.figure(figsize=(12,4))
plt.subplot(1,2,1)
plt.plot(epochs_range,acc,label='Training Accuracy')
plt.plot(epochs_range,val_acc,label='Validation Accuracy')
plt.legend(loc='lower right')
plt.title('Training and Validation Accuracy')

plt.subplot(1,2,2)
plt.plot(epochs_range,loss,label='Training Loss')
plt.plot(epochs_range,val_loss,label='Validation Loss')
plt.legend(loc='upper right')
plt.title('Training and Validation Loss')
plt.show()
```

模型摘要输出如图 15.16 所示。

```
Model: "sequential"
_____
Layer (type)                  Output Shape              Param #
===============================================================
rescaling (Rescaling)         (None, 180, 180, 3)       0
_____
conv2d (Conv2D)               (None, 178, 178, 16)      448
_____
average_pooling2d (AveragePo  (None, 89, 89, 16)        0
_____
conv2d_1 (Conv2D)             (None, 87, 87, 32)        4640
_____
average_pooling2d_1 (Average  (None, 43, 43, 32)        0
_____
conv2d_2 (Conv2D)             (None, 41, 41, 64)        18496
_____
dropout (Dropout)             (None, 41, 41, 64)        0
_____
flatten (Flatten)             (None, 107584)            0
_____
dense (Dense)                 (None, 128)               13770880
_____
dense_1 (Dense)               (None, 5)                 645
===============================================================
Total params: 13,795,109
Trainable params: 13,795,109
Non-trainable params: 0
_____
```

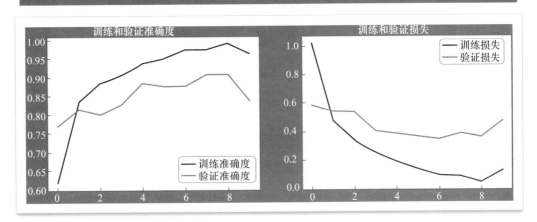

图 15.16　分类模型训练性能展示

第16章　循环神经网络

循环神经网络(Recurrent Neural Network,RNN)是一种擅长处理序列数据的人工神经网络,凭借独特的短期记忆能力,具备捕捉序列数据时间依赖性的强大能力。本章将深入探讨RNN的基本结构和训练过程,阐述其独特的内部循环机制;此外,还将详细介绍RNN的反向传播过程,并揭示训练过程中潜在的梯度问题和处理方式;进一步地介绍了RNN的三个变体网络,即长短期记忆网络(Long Short-term Memory,LSTM)、门控循环单元(Gated Recurrent Unit,GRU)和双向循环神经网络(Bi-directional Recurrent Neural Network,Bi-RNN),并结合大气科学中的降水问题进行算法实践。

16.1　循环神经网络(RNN)概述

循环神经网络(Recurrent Neural Network,RNN)是一种专门为处理序列数据而设计的神经网络架构(Song et al.,1998)。这种网络通过其独特的循环连接机制,能够将前一时刻的隐藏状态传递到下一时刻,从而实现对时间序列数据的动态捕捉和理解。RNN在训练过程中,基于输出结果与真实值的误差通过时间反向传播算法更新网络权重。RNN的核心特点是在模型中引入"记忆"元素,允许网络保持前一状态的信息,并利用这些信息影响当前及未来的决策。这种优势和特点使得RNN在处理时间序列预测、自然语言处理等需要考虑时间序列依赖性的任务中表现出色。

16.1.1　RNN的基本结构

在网络中的循环连接中,当前隐藏层的输出不仅依赖于当前输入,还依赖于前一时刻的隐藏层状态。具体的表现形式为:循环神经网络会在时间维度上基于先前的信息更新神经元状态,隐藏层的输入不仅包括输入层的输出,还包括上一时刻隐藏层的输出,换句话说,隐藏层之间的神经元在时间上是相互连接的。

不同于传统的前馈神经网络(Huang et al.,2017),RNN引入了定向循环,其能够处理输入之间前后关联的问题。RNN之所以称为循环神经网路,主要由于一个序列当前输出与先前输出也有关,如图16.1所示。在此图中,RNN被用来处理含有"离开""某地点""到达"和"某地点"这样的词汇序列,每个单词被表示为一个输入向量$(x_1,x_2,\cdots)$。RNN通过其循环结构,能够在处理每个词时记住之前的信息,这种记忆通过隐藏状态$(a_1,a_2,\cdots)$来实现,这些状态$(a_1,a_2,\cdots)$存储并传递了之前所有输入的累积信息。例如,当处理单词"某地点"时,隐藏状态a_2包含了"离开"和"某地点"的信息。综上所述,每个时间点的隐藏状态都依赖于前一个时间点的隐藏状态和当前输入的词汇,使得网络能够维持一个内部状态(记忆)。

RNN的基本公式可以表示为:

$$h_t = f(W_{hh}h_{t-1} + W_{xh}x_t + b_h) \tag{16.1}$$

$$y_t = W_{hy}h_t + b_y \tag{16.2}$$

式中，x_t 是时间步 t 的输入，W_{hy}、W_{hh}、W_{xh} 和 b_h，b_y 分别代表隐藏矩阵、输出状态的权重和偏置，其中，W_{hy} 表示隐藏到输出的权重矩阵，W_{hh} 表示隐藏到隐藏的权重矩阵，W_{xh} 表示输入到隐藏的权重矩阵，b_h 是隐藏偏置项，b_y 是输出偏置项。h_t 是隐藏状态，由前一隐藏状态 h_{t-1} 和当前输入共同决定，y_t 是输出。f 是激活函数，通常是非线性函数如 tanh 或 ReLU。

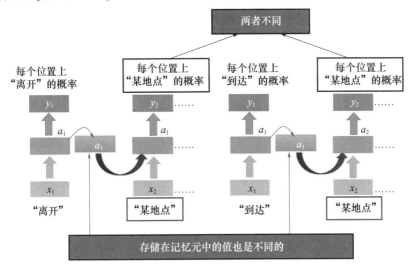

图 16.1　RNN 结构(李宏毅，2022)

　　RNN 的优势在于它能够处理任意长度的序列数据，并且可以捕捉长期的依赖关系，因此在需要考虑时间动态特性的应用中非常有效。虽然理论上 RNN 能够处理任何长度的序列数据，但在实际应用中，标准 RNN 常常面临梯度消失或梯度爆炸的问题，这限制了其学习长距离依赖的能力。因此，在具体实践中，为了降低复杂性，相关应用往往假设当前状态只与前几个状态相关。

16.1.2　RNN 的训练过程

　　循环神经网络的训练过程关键在于有效处理网络中因序列依赖而产生的复杂梯度流。RNN 模型通常采用时间反向传播(Back Propagation Through Time，BPTT)方法，这是一种适用于处理序列数据的反向传播技术(Chen et al.，2016)。它首先将时间序列展开成一个全连接神经网络，每个时间点对应网络中的一层，即每处理完一个样本就需要对参数进行更新，因此当执行完一个序列后，总的损失函数是各个时刻所得的损失之和。

　　在训练过程中，RNNs 首先前向传播计算每个时间步的输出，而后计算损失函数。假设使用交叉熵损失函数计算，对于整个序列的损失可以表示为：

$$L = \sum_{t=1}^{T} L_t(y_t, \hat{y}_t) \tag{16.3}$$

式中 T 是序列的长度，y_t 是时间步 t 的真实输出，$\hat{y}_t$ 是模型预测输出，L_t 是在时间步 t 的损失。

　　在计算出损失后，BPTT 从最后一个时间步开始，逐步向前计算每一步的梯度。对于每个时间步 t，梯度的计算不仅取决于当前步的直接误差，还包括之前步骤中的累积误差，反映了循环神经网络中状态的连续依赖性，表示为权重 W 的梯度 $\dfrac{\partial L}{\partial W}$ 的累积：

$$\frac{\partial L}{\partial W} = \sum_{t=1}^{T} \frac{\partial L_t}{\partial W} \tag{16.4}$$

在计算出梯度后,使用优化算法(如 SGD、Adam 等)来更新网络的权重,以最小化损失函数。由上节所述,RNN 容易遇到梯度消失与梯度爆炸问题,因此在实际训练过程中常常需要采取梯度裁剪(Gradient Clipping)等方法来缓解这些问题,这是一种在更新步骤前对梯度进行规范化的方法,以确保梯度在合理的阈值范围内,以免训练过程中的数值不稳定现象。总之,RNN 的训练是一个涉及时间依赖性处理、梯度计算和优化算法应用的复杂过程,其对有效学习序列数据特征和依赖关系至关重要。

16.2 反向传播

反向传播(Backpropagation)是训练人工神经网络的核心技术之一(Schmidhuber,2015)。它通过计算损失函数相对于每个权重的梯度来更新网络中的权重,从而最小化输出误差。反向传播的基本思想是利用链式法则(Chain Rule),通过从输出层向输入层逐层计算误差梯度,高效求解神经网络参数的偏导数,以实现网络参数的优化和损失函数的最小化。反向传播算法的广义详细步骤包括前向传播、计算损失函数、反向传播与更新权重。

16.2.1 反向传播的原理

反向传播算法基于微积分中的链式法则,通过逐层计算梯度来求解神经网络中参数的偏导数。首先,输入数据通过神经网络从输入层传递到输出层,计算每个神经元的输出值。而后计算输出层的预测结果,并通过损失函数计算预测结果与真实值之间的误差,选择适当的损失函数来衡量预测值和真实值之间的差距。常见的损失函数有均方误差(Mean Squared Error,MSE)、交叉熵损失(Cross-Entropy Loss)等。以均方误差损失函数为例,样本量为 n 的真实值 y_i 和预测值 $\hat{y}_i$ 的损失被定义为:

$$L = \frac{1}{n} \sum_{i=1}^{n} (y_i - \hat{y}_i)^2 \tag{16.5}$$

而后通过链式法则,计算损失函数相对于每个权重的梯度,对于输出层的每个神经元,计算损失函数相对于该神经元输出的偏导数。同样以均方误差损失函数为例,输出层神经元的梯度可表示为:

$$\frac{\partial L}{\partial \hat{y}_i} = 2(\hat{y}_i - y_i) \tag{16.6}$$

利用输出层的梯度计算隐藏层神经元的梯度。通过链式法则,将输出层的梯度逐层向前传递。例如,对于隐藏层的神经元 j 和输出层的神经元 k,以 a_j 为隐藏层神经元 j 的激活值,隐藏层的梯度可表示为:

$$\frac{\partial L}{\partial a_j} = \sum_k \frac{\partial L}{\partial \hat{y}_k} \cdot \frac{\partial \hat{y}_k}{\partial a_j} \tag{16.7}$$

对于每个权重,计算损失函数相对于该权重的偏导数。例如,对于隐藏层神经元 j 和输出层神经元 k 之间的权重 W_{jk},权重的梯度为:

$$\frac{\partial L}{\partial W_{jk}} = \frac{\partial L}{\partial \hat{y}_k} \cdot \frac{\partial \hat{y}_k}{\partial a_j} \cdot \frac{\partial a_j}{\partial W_{jk}} \tag{16.8}$$

最后,使用梯度下降法或其变种(如随机梯度下降,Adam 等),根据计算出的梯度更新每个权重。若以 η 为学习率控制权重更新的步长,根据计算得到的梯度信息,使用梯度下降或其他优化算法来更新网络中的权重和偏置参数,以最小化损失函数,使用梯度下降法更新权重可表示为：

$$W_{jk} = W_{jk} - \eta \frac{\partial L}{\partial W_{jk}} \tag{16.9}$$

16.2.2　截断反向传播与梯度裁剪

梯度消失和梯度爆炸问题可以通过截断反向传播（Truncated Backpropagation Through Time，TBPTT）（Al-Rfou et al.，2019）和梯度裁剪（Gradient Clipping）（Kim et al.，2016）两种技术来缓解。这些方法旨在提高训练稳定性与效率，特别是在处理长序列数据时。

截断反向传播是一种特殊的反向传播技术，主要用于处理长序列数据的 RNN 模型。它不会让梯度反向传播穿过整个序列，而是在一定数量的时间步后停止，即截断反向传播限制反向传播的时间步长，防止梯度在长时间步长的序列中传播。这样做的目的是减少计算资源的消耗，从而缓解梯度消失和爆炸问题。

具体来说，其实现方法分为三步：选择截断长度、分批处理和更新权重。首先，选择一个适当的截断长度 T，决定反向传播的时间步数。其次，将输入序列分成长度为 T 的小批次，每次仅对一个小批次进行反向传播。而后对每个小批次进行反向传播，计算梯度并更新权重。

梯度裁剪是另一种针对梯度爆炸问题的技术。它通过设定一个阈值来限制梯度的最大值，在反向传播过程中对梯度进行缩放或截断，使其保持在一个合理的范围内，从而防止训练过程中出现数值稳定性问题。当计算得到的梯度超过所设定阈值时，梯度将被按比例缩减，以保持其在合理的范围内（即按照梯度范数进行裁剪）。以 g 是原始梯度，$\|g\|$ 是梯度范数，裁剪后的梯度 $\hat{g}$ 可以表示为：

$$\hat{g} = \min\left(\frac{\text{threshold}}{\|g\|}, 1\right) g \tag{16.10}$$

截断反向传播通过减少需要反向传播的时间步，降低了模型训练的计算负担，而梯度裁剪则有效控制了因梯度爆炸而带来的不稳定风险，共同提升了 RNN 处理复杂、长距离依赖任务的能力。

16.3　LSTM 模型

长短时记忆网络（Long Short-term Memory，LSTM）是 RNN 的一种变体，传统 RNN 由于梯度消失的原因只能进行短期记忆，而 LSTM 网络能通过门控制将短期记忆和长期记忆结合起来，在从根源上解决了梯度消失的问题（Hochreiter et al.，1997）。与传统前馈神经网络不同，LSTM 模型具有能存储与更新信息的记忆单元。这使得其能学习输入序列中的特征与依赖关系。

LSTM 内部机制（图 16.2）包括引入一个复杂网关控制系统来维持、调节信息流，此系统包括三部分：输入门（Input Gate）、遗忘门（Forget Gate）和输出门（Output Gate）。输入门负责决定新进入的信息中哪些部分是重要的，并应当被保留在单元状态（Cell state）中；遗忘门决定上一时刻的单元状态有多少保留到当前单元状态中；输出门控制单元状态有多少输出到 LSTM 的当前输出值。

每个门可用下列公式表示：

$$i_t = \sigma(W_i \cdot [h_{t-1}, x_t] + b_i) \tag{16.11}$$

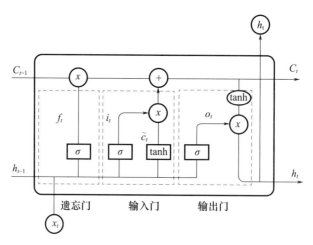

图 16.2　LSTM 架构

$$f_t = \sigma(W_f \cdot [h_{t-1}, x_t] + b_f) \tag{16.12}$$

$$o_t = \sigma(W_f \cdot [h_{t-1}, x_t] + b_o) \tag{16.13}$$

$$c_t = f_t \cdot c_{t-1} + i_t \cdot \tanh([h_{t-1}, x_t] + b_c) \tag{16.14}$$

$$h_t = o_t \cdot \tanh(c_t) \tag{16.15}$$

式中，σ 表示 Sigmoid 激活函数，tanh 是双曲正切激活函数，用于创建新候选值，左侧变量分别是输入门（i_t）、遗忘门（f_t）和输出门（o_t）的激活值，c_t 是细胞状态，h_t 是该时间步长输出。

　　LSTM 模型由于具有捕捉长期依赖关系、处理可变长度序列和非线性建模等能力而被广泛应用于大气科学领域（Chen et al.，2024a）。有研究基于 LSTM 网络结构，构建了 5 层深度学习神经网络模型预测海表面温度短期变化，根据可预报天数的评估指标（预报和观测 SST 相关系数在预报第几天仍大于 0.6）来确定该预报点的预报技巧，赤道太平洋大部分地区可预报天数可达到 10 d 以上（张桃林 等，2024）。

16.4　GRU 模型

　　门控循环单元（GRU，Gated Recurrent Unit）是另一种 RNN 变体，它简化了 LSTM 的结构（Dey et al.，2017）。GRU（图 16.3）有两个门，重置门（upset gate）和更新门（update gate），其主要通过合并遗忘门和输入门为一个单一的更新门，同时混合了单元状态和隐藏状态，以简化模型、减少参数。GRU 的关键可表示为：

$$z_t = \sigma(W_z \cdot [h_{t-1}, x_t]) \tag{16.16}$$

$$r_t = \sigma(W_r \cdot [h_{t-1}, x_t]) \tag{16.17}$$

$$\tilde{h}_t = \tanh(W \cdot [r_t \cdot h_{t-1}, x_t]) \tag{16.18}$$

$$h_t = (1 - z_t) \cdot h_{t-1} + z_t \cdot \tilde{h}_t \tag{16.19}$$

式中，更新门负责决定从过去到当前的隐藏状态需要保留多少信息，而重置门则决定需要忽略多少过去的信息。z_t 是时间步 t 的更新门，r_t 是重置门，W_z 和 W_r 是权重矩阵，σ 是 Sigmoid 激活函数，保证输出值在 0 和 1 之间，h_{t-1} 是前一时间步的隐藏状态，x_t 是当前时间步的输入。GRU 利用重置门输出 r_t 来调制隐藏状态 $\tilde{h}_t$ 的计算，以决定在当前状态应该忘记多少之前的信息。其由当前输入和经过重置门计算后的前一隐藏状态共同决定。最后，更新门用以确定

最终隐藏状态 h_t 应由多少比例的前一隐藏状态 h_{t-1} 和多少比例的当前候选隐藏状态 $\tilde{h}_t$ 组成。

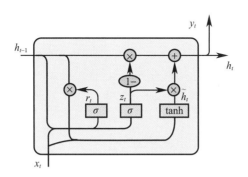

图 16.3　GRU 架构

GRU 由于其结构上的轻量级优势和灵活性在序列处理领域中有广泛应用。它适合处理需要捕捉长期依赖关系的任务,有效缓解 RNN 常见的梯度消失问题。GRU 在大气科学特别是天气预报领域中扮演重要角色。构建 GRU 模型通常涉及输入层、GRU 层、输出层等步骤,首先选择合适的时间窗口(如过去 8 h 的要素资料)作为模型输入,最后根据预测目标,输出层为预测未来一定提前期的污染物浓度(黄春桃 等,2021)。

16.5　Bi-RNN 模型

标准 RNN 仅能利用前向传播的信息,即每个时刻的隐藏状态仅依赖于过去的输入。这限制了其对序列中未来信息的捕获,尤其在处理含有长期依赖和复杂上下文关系的问题时,可能导致性能瓶颈。为克服这一局限,双向循环神经网络(Bi-directional Recurrent Neural Network,Bi-RNN)被提出,它是循环神经网络的扩展,其设计允许同时捕捉前向(正时序)和后向(逆时序)的依赖关系,以便更全面地理解数据中的上下文信息(Abgeena et al.,2022)。

在传统的单向 RNN 中,信息的传递是单向的,即从序列的开始到结束。然而,Bi-RNN 通过在每个时间点同时运行两个独立的 RNN:一个沿时间正向传递信息(前向 RNN),另一个沿时间逆向传递信息(后向 RNN)。这两个 RNN 的输出通常在每个时间步通过连接、求和或平均等操作被合并,形成该时间步的最终输出。

具体来说,对于给定的输入序列 $x_i(i=1\cdots T)$,Bi-RNN 分别计算前向隐藏状态序列 $\overrightarrow{h_i}(i=1\cdots T)$ 和后向隐藏状态序列 $\overleftarrow{h_i}(i=1\cdots T)$,以 f 和 g 分别表示前向和后向 RNN 的递归函数。以 θ,ϕ 是相应的参数集,通过以下公式表达:

$$\overrightarrow{h_t} = f(\overrightarrow{h_{t-1}}, x_t, \theta) \tag{16.20}$$

$$\overleftarrow{h_t} = f(\overleftarrow{h_{t-1}}, x_t, \phi) \tag{16.21}$$

最终在时间步 t 和输出 y_t 可以是前向和后向隐藏状态的某种组合,以 h 函数作为可将两方向隐藏状态合并的函数:

$$y_t = h(\overrightarrow{h_t}, \overleftarrow{h_t}) \tag{16.22}$$

这种前向和后向信息流的结合使得双向 RNN 能利用上下文中的所有可用信息,改进对数据特征的理解和学习。然而,由于需要处理两个方向的信息流,双向 RNN 的计算成本和参数数量通常难免比单向 RNN 更高,这在实际应用中可能需要特别考虑。

16.6 Bi-LSTM 模型实践——预测降水量

本章算法实践部分基于 TensorFlow 实现 Bi-LSTM,数据使用 Kaggle 之澳大利亚天气预测数据中的 weather.csv 数据集,经过检查 nan 值、批量去除 nan 值并进行数据最大最小规范化的操作,选用降雨量数据列作为研究目标。使用 95% 作为训练数据、5% 作为验证数据。

```
# 更新训练集和测试集分割代码,使用规范化后的数据
split_idx = int(len(rainfall_scaled) * 0.95)
train_data = rainfall_scaled[:split_idx]
test_data = rainfall_scaled[split_idx:]


# 创建时间序列数据集
def create_dataset(data,time_step = 1):
    X,y = [],[]
    for i in range(len(data) - time_step - 1):
        a = data[i:(i + time_step),0]
        X.append(a)
        y.append(data[i + time_step,0])
    return np.array(X),np.array(y)
time_step = 1
X_train,y_train = create_dataset(train_data,time_step)
X_test,y_test = create_dataset(test_data,time_step)
# 重塑为 LSTM 接受的输入格式[samples,time steps,features]
X_train = X_train.reshape(X_train.shape[0],X_train.shape[1],1)
X_test = X_test.reshape(X_test.shape[0],X_test.shape[1],1)
# 模型定义
model = Sequential([
    Bidirectional(LSTM(128,return_sequences = True,kernel_initializer = 'glorot_uniform'),input_shape = (time_step,1)),
    Dropout(0.5),
    Bidirectional(LSTM(64,kernel_initializer = 'glorot_uniform')),
    Dropout(0.5),
    Dense(1)])
# 编译模型
model.compile(optimizer = 'adam',loss = 'mean_squared_error')
from keras.callbacks import EarlyStopping
early_stopping = EarlyStopping(monitor = 'val_loss',patience = 10,restore_best_weights = True)
model.fit(X_train,y_train,epochs = 100,batch_size = 64,validation_data = (X_test,y_test),callbacks = [early_stopping])
```

```
# 进行预测
train_predict = model.predict(X_train)
test_predict = model.predict(X_test)
```

Bi-LSTM 模型预测降水量与真实降水量对比如图 16.4 所示。

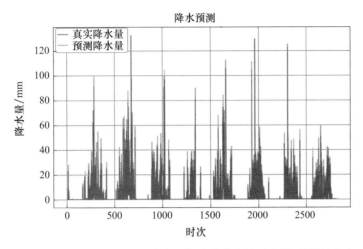

图 16.4 Bi-LSTM 模型预测降水量与真实降水量对比图（彩图见书末）

第 17 章　注意力机制与 Transformer 模型

近年来,注意力机制(Attention Mechanism,AM)和 Transformer 模型在深度学习领域取得了显著进展,广泛应用于自然语言处理、计算机视觉和语音识别等领域(Niu et al.,2021)。这些技术显著提升了模型的性能和效率,并推动了许多创新研究和应用。注意力机制通过动态调整模型对输入数据不同部分的关注度,使模型能够更有效地捕捉时空数据中的长期依赖关系。Transformer 模型作为基于注意力机制的先进模型,凭借其卓越的并行化和特征捕捉能力,在处理长序列数据上比 RNN 更精准和高效。这使得 Transformer 在大气数据的预处理、特征提取、模式识别和预测建模方面具有巨大的应用潜力。本章将探讨注意力机制的原理及其在深度学习中的实现方式,介绍一般形式的注意力机制、注意力评分函数、多头注意力等关键技术细节。随后,介绍 Transformer 模型的架构和运作原理,展望其在大气科学中的应用前景。

17.1　注意力机制

17.1.1　生物学中的注意力机制

在人类的视觉系统中,并不会对整个视野中的所有信息给予同等的关注。相反,人类会选择性地集中注意力在那些与当前任务最相关的区域。例如,当观测天气现象/云时,会集中注意力同学过的云种类进行比对(图 17.1)。这种视觉注意力的选择性机制主要由大脑中的多个区域,包括视皮层、顶叶和前额叶皮层的协同作用实现。视皮层负责处理视觉输入,其中初级视皮层处理基本特征(如边缘和颜色),而高级视皮层则处理更复杂的特征(如形状和物体识别)。顶叶参与空间注意力的分配,帮助将注意力集中在特定的空间区域。前额叶皮层与注意力的执行控制相关,负责选择和维持注意力的焦点。

在深度学习领域,注意力机制借鉴了这一选择性注意的特性,在处理长序列数据时动态地分配注意力权重。传统的神经网络在处理长序列数据(如文本或视频)时,容易出现信息过载和长程依赖难以有效捕捉的问题,导致模型建模能力不佳。注意力机制通过引入选择性注意的机制,允许模型在处理每个时间步时,重点关注输入序列中最相关的部分。具体来说,深度学习中的注意力机制通过计算一组注意力权重来选择性地强调输入数据的不同部分。

深度学习中的注意力机制的灵感直接来源于生物学中的注意力系统。在人类大脑中,选择性注意通过增强目标区域神经元的活动和抑制非目标区域神经元的活动来实现。类似地,深度学习中的注意力机制通过为输入数据的不同部分分配不同的权重,来增强对重要部分的处理,减小不相关信息的影响。另外,注意力机制在深度学习中还引入了动态调节的能力,根据输入数据的不同,来实时调整注意力权重。这种动态调节能力使得模型能够灵活应对复杂和多变的输入数据,提高预测的准确性。

图 17.1 观云时人们的注意力

17.1.2 注意力机制原理

注意力机制赋予了序列模型一种类似于人类视觉注意力的功能,使模型能够聚焦于输入数据中的关键部分,从而提升处理信息的效率和准确性。在数学上,这种机制可被表示为一个加权求和过程,其中每个输入部分的权重代表了其对于当前任务的重要性。具体来说,注意力机制的工作流程可以概括为以下两步:

①注意力分布的计算。在这一步,模型会引入一个查询向量 Q(通常与当前任务紧密相关),来评估输入序列中各个元素的重要性。模型使用注意力评分函数(如点积、缩放点积等)来衡量查询向量与序列中每个键 K 的相关性,这可以被视为模型对输入序列的初步"审视",以确定哪些部分更值得关注。

②加权求和的计算。根据得到的关注分布,随后计算输入信息的加权和。权重的大小直接来源于注意力分布,体现模型对关键信息的关注程度,同时反映每个输入部分对于最终输出的贡献度。

在注意力机制中,输入信息通常被表示为键值对 (K, V) 形式,其中 K 代表键的集合,V 是值的集合。注意力机制通过评分函数评估查询向量 Q 与 K 中每个键的相关性,生成一组注意力分数。这些分数随后用于对 V 中的值进行加权平均,以生成模型的最终输出结果。这个过程不仅捕捉了输入数据的动态特征,还增强了模型对序列中长距离依赖关系的学习能力。

注意力机制的引入,使得模型能够更加灵活地处理序列数据。与传统的循环神经网络相比,注意力机制不受序列长度的限制,在更有效地捕捉长程依赖关系的同时,有效避免了梯度消失和梯度爆炸问题。此外,注意力权重也能为模型的决策过程提供了可解释性结论,帮助理解模型的运行机制。

17.1.3 注意力机制一般形式

注意力机制代表了模型对输入数据不同部分的关注程度,这一机制的形式化定义为:

$$\text{Attention}(\boldsymbol{Q}, \boldsymbol{K}, \boldsymbol{V}) = \sum_{i=1}^{n} \alpha_i \boldsymbol{V}_i \tag{17.1}$$

式中,Q 是查询向量,K 是键向量,V 是值向量,n 是键的数量,α_i 是第 i 个键对应的权重,且 α_i 通常由 Q 和 K_i 通过某种注意力评分函数和 Softmax 归一化计算得出:

$$\alpha_i = \frac{\exp(\text{score}(\boldsymbol{Q}, \boldsymbol{K}_i))}{\sum_{j=1}^{n} \exp(\text{score}(\boldsymbol{Q}, \boldsymbol{K}_j))} \tag{17.2}$$

这里,权重 α_i 由注意力评分函数 $\mathrm{score}(\boldsymbol{Q},\boldsymbol{K}_i)$ 计算得到,该函数通过对查询 $\boldsymbol{Q}$ 和键 $\boldsymbol{K}_i$ 进行比较,从而衡量查询和键之间的匹配程度。随后,对所有计算得到权重进行 Softmax 归一化,使得模型可以在这组键中分配不同级别的关注度。如图 17.2 所示。

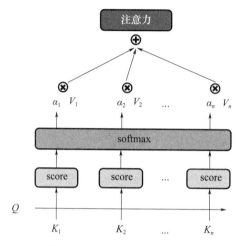

图 17.2　注意力结构示意图

Softmax 函数的输出不仅确保了权重的合理性,还增强了模型对输入数据中最重要部分的聚焦能力。注意力评分函数 $\mathrm{score}(\boldsymbol{Q},\boldsymbol{K}_i)$ 可以采用不同的形式,例如点积、缩放点积或其他自定义函数,以适应不同的任务需求和数据特性。

通过这种注意力机制,模型能够动态地聚焦于输入序列中最有价值的信息,从而在处理时间序列预测、图像识别等任务时,实现更加精准和高效的学习。

17.1.4　自注意力机制

自注意力机制(Self-Attention Mechanism),亦称为内部注意力机制,突破了传统注意力机制的局限性,为序列数据的分析提供了一种全新的方法。与传统注意力机制相比,自注意力模型不仅能够处理不同序列之间的信息对齐,还能够在单个序列内部实现更为复杂的信息交互。

在自注意力模型的框架中,每个序列元素都会通过具有可学习参数的线性映射,从输入数据中自适应地生成查询、键和值向量。具体来说,给定输入序列 $\boldsymbol{X}=[x_1,x_2,\cdots,x_n]$,模型可以通过以下线性变换生成查询矩阵 $\boldsymbol{Q}$、键矩阵 $\boldsymbol{K}$ 和值矩阵 $\boldsymbol{V}$:

$$\boldsymbol{Q}=\boldsymbol{X}\boldsymbol{W}_Q,\boldsymbol{K}=\boldsymbol{X}\boldsymbol{W}_K,\boldsymbol{V}=\boldsymbol{X}\boldsymbol{W}_V \tag{17.3}$$

式中,$\boldsymbol{W}_Q$、$\boldsymbol{W}_K$ 和 $\boldsymbol{W}_V$ 是可学习的权重矩阵。这些权重矩阵将输入数据映射为三个不同的向量空间。

随后,模型利用这些向量计算注意力分数,并通过 Softmax 函数进行归一化处理,确保所有元素的注意力权重之和为 1。将归一化的权重 α_i 与相应的值向量相乘并求和,得到模型的最终输出。这一过程在实现序列内部复杂信息交互的同时,还实现了序列元素的动态加权。

自注意力模型的显著优势在于其能够捕捉序列中的长距离依赖关系。事实上,由于序列化数据的元素之间常存在相隔较远距离的语义关联,因此这一优势使得自注意力模型一经提出,便得到了自然语言处理和时间序列分析等领域广泛关注。与传统 RNN 相比,自注意力模型能够并行处理所有序列元素,显著提高了模型的计算效率,同时有效避免了 RNN 在处理长序列时的梯度消失或爆炸问题。

此外,自注意力模型的并行化特性使其在硬件加速和大规模数据处理方面具有天然优势,这为处理大规模序列数据集,如复杂代码库或大规模气象时间序列,提供了强大的支持。

17.2　注意力评分函数

注意力评分函数是深度学习中注意力机制的核心组件。它们通过计算查询向量 Q 与键向量 K 之间的相似度,来确定每个值向量 V 应当给予的权重。这些函数引导模型在处理输入数据时,动态地关注最相关的部分,增强模型对长程依赖信息的捕捉能力。通过这种方式,注意力机制能够在处理长序列数据时,有效地集中关注最相关的输入部分,避免信息过载和长程依赖问题。下面详细介绍常用几种注意力评分函数。

17.2.1　点积注意力

点积注意力(Dot-Product Attention)是一种常用的注意力评分函数,尤其适用于序列模型和神经网络中。它通过计算查询向量和键向量之间的点积来衡量它们的相似度或匹配程度。公式如下:

$$\text{score}(\boldsymbol{Q}, \boldsymbol{K}_i) = \boldsymbol{Q} \cdot \boldsymbol{K}_i = \sum_{d=1}^{D} \boldsymbol{Q}_d \cdot \boldsymbol{K}_{i,d} \tag{17.4}$$

式中,D 是向量的维度,$\boldsymbol{Q}_d$ 和 $\boldsymbol{K}_{i,d}$ 分别是 $\boldsymbol{Q}$ 和 $\boldsymbol{K}_i$ 在第 d 维上的元素。

点积注意力具有直观性、可解释性、高计算效率等优势,它在 Transformer 模型中作为自注意力(Self-Attention)机制的核心部分,用于捕捉序列内部的依赖关系。但点积注意力对向量的维度非常敏感,高维时可能会导致梯度消失或爆炸的问题,同时由于点积操作是一种线性操作,可能在有些任务中无法捕捉更复杂的数据模式。

17.2.2　缩放点积注意力

缩放点积注意力(Scaled Dot-Product Attention)引入了一个缩放因子 $\sqrt{d_k}$ 来解决点积注意力在高维度下存在的梯度问题,其中 d_k 是键的维度。通过这种方式可以避免点积值过大,从而稳定梯度。缩放点积注意力的数学表达式如下:

$$\text{score}(\boldsymbol{Q}, \boldsymbol{K}_i) = \frac{\boldsymbol{Q} \cdot \boldsymbol{K}_i}{\sqrt{d_k}} \tag{17.5}$$

式中,d_k 是键向量的维度。缩放因子 $\sqrt{d_k}$ 的引入是为了解决维度增长导致 Softmax 梯度变小的问题。事实上,在点积注意力中,随着键向量维度 d_k 的增加,点积的数值也会增加,这可能导致 Softmax 函数的梯度非常小,从而减缓或阻止有效学习。通过除以 $\sqrt{d_k}$,可以降低这种维度效应,使得梯度保持在合理的范围内。通过简单的缩放操作解决了维度效应,使得模型能够更好地学习数据中的复杂模式。

17.2.3　Bahdanau 注意力

由 Dzmitry Bahdanau 等(2015)提出的 Bahdanau 注意力,是一种加权求和的注意力评分函数,因此又被称为加性注意力(Additive Attention)。它通常用于序列到序列模型,尤其是机器翻译任务中。加性注意力通过一个可学习的参数向量与查询和键的线性组合,然后使用非线性激活函数来计算匹配分数,可被表示为:

$$\text{score}(\boldsymbol{Q}, \boldsymbol{K}_i) = \boldsymbol{V}\tanh(\boldsymbol{W}_Q\boldsymbol{Q} + \boldsymbol{W}_K\boldsymbol{K}_i) \tag{17.6}$$

式中，$\boldsymbol{W}_Q$ 和 $\boldsymbol{W}_K$ 是可学习的权重矩阵，$\boldsymbol{V}$ 是另一个可学习的参数向量。

Bahdanau 注意力提供了一种灵活的方式来计算注意力权重，可以捕捉查询和键之间的复杂关系，在处理不同维度的查询和键时表现良好。同时，由于涉及可学习的权重和偏置，Bahdanau 注意力可以通过训练数据进行端到端的学习。尽管它的参数量和计算复杂性略高于点积注意力，但它的灵活性和可训练性使其在处理复杂的序列依赖关系时具备优势。

17.2.4　广义注意力

广义注意力（Generalized Attention）是一种更为灵活的注意力评分函数，它不限定于特定的评分方式，而是允许使用不同的函数来计算注意力权重。这种机制可以适应各种不同的输入和任务需求，从而实现更个性化和多样性的注意力分配。广义注意力可以表示为一个通用的公式：

$$\text{score}(\boldsymbol{Q}, \boldsymbol{K}, \boldsymbol{V}) = \text{softmax}\left(\frac{1}{\sqrt{d}}\sum_{i=1}^{n}f(\boldsymbol{Q}, \boldsymbol{K}_i)\cdot\boldsymbol{V}_i\right) \tag{17.7}$$

式中，d 是缩放因子，用于控制 Softmax 的平滑程度，$f(\boldsymbol{Q}, \boldsymbol{K}_i)$ 是一个可学习的函数，用于计算查询 $\boldsymbol{Q}$ 和键 $\boldsymbol{K}_i$ 之间的相似度或匹配分数。

广义注意力中的 f 函数可以根据任务需求选择或定义一种形式，包括但不限于线性模型、非线性激活函数和深度学习模型等，从而有助于捕捉更复杂的查询-键之间关系，来提升模型的性能和适应性。

这些注意力评分函数各有优势和适用场景。点积和缩放点积注意力因其简单直观而被广泛使用。加性注意力能够捕捉更复杂的模式，而广义注意力则最为灵活。在实际应用中，选择哪种注意力机制取决于特定任务的需求和数据特性。

17.3　多头注意力

多头注意力（Multi-Head Attention）通过在多个不同的表示子空间中并行地计算注意力，来增强模型捕获信息的能力（图 17.3）。这种机制允许模型同时关注序列的不同方面。

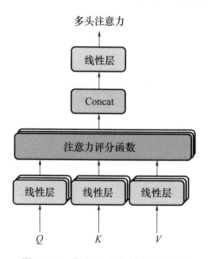

图 17.3　多头注意力结构示意图

在多头注意力中，输入序列首先被分割成多个头，每个头独立地执行注意力操作。具体来说，输入序列的查询 Q、键 K 和值 V 首先被线性映射到不同的子空间中。假设输入序列 U 被分割成 h 个头，每个头的注意力计算可以表示为：

$$\text{Attention}_h(Q, K, V) = \text{softmax}\left(\frac{Q_h K_h}{\sqrt{d_k}}\right) V_h \tag{17.8}$$

式中，Q_h、K_h 和 V_h 是输入序列在第 h 个头的映射，d_k 是键向量的维度。每个头计算得到的注意力输出 Attention_h 然后被拼接起来，并通过另一个线性层 W_O 进行整合，产生最终的输出：

$$\text{MultiHead}(Q, K, V) = \text{Concat}(\text{Attention}_1, \cdots, \text{Attention}_h) W_O \tag{17.9}$$

多头注意力允许模型在多个子空间中并行地捕获信息，极大增强了模型处理序列数据的能力。在 Transformer 模型中，多头注意力是使其实现高性能的关键技术之一。

17.4　Transformer 模型

Transformer 模型是由 Vaswani 等在 2017 年提出的一种基于自注意力机制的神经网络结构，这一在自然语言处理领域取得巨大成功的技术，正逐渐在大气科学中展现出其独特的潜力和价值（Vaswani et al.，2017）。大气科学作为一门研究地球大气现象及其与环境相互作用的学科，其数据具有天然的序列特征，如时间序列数据、空间分布数据等，这使得 Transformer 模型成为分析和预测大气现象的理想工具。

17.4.1　Transformer 架构

Transformer 模型由位置编码（Positional Encoding）、编码器（Encoder）和解码器（Decoder）等部分组成，其中编码器和解码器部分都包含多个相同的层，每层包括一个多头自注意力和一个前馈神经网络（图 17.4）。

①位置编码：由于自注意力机制本身不包含序列中元素的位置信息，因此需要位置编码来提供这种信息。位置编码通常是一个可学习的向量，它被添加到每个输入序列元素的嵌入向量中。其目的是确保序列中元素之间的相对位置关系被模型学习。一种常见的位置编码方式是使用正弦和余弦函数的组合：

$$\text{PE}_{(\text{pos}, 2i)} = \sin(\text{pos}/10000^{2i/d_{\text{model}}}) \tag{17.10}$$

$$\text{PE}_{(\text{pos}, 2i+1)} = \cos(\text{pos}/10000^{2i/d_{\text{model}}}) \tag{17.11}$$

式中，pos 是位置索引，i 是嵌入维度索引，d_{model} 是模型的总维度。

②编码器：Transformer 的编码器是模型中的一个关键组件，它负责将输入序列转换为一个表示序列，这个表示序列将用于后续的解码器或作为模型的输出。编码器由多个编码器层组成，每个层都包含多头自注意力和前馈神经网络，以及残差连接（Residual Connection）和层标准化（Layer Normalization）。具体公式可以表示为：

$$\text{Encoder}(X) = \text{LayerNorm}(X + \text{FFN}(\text{MultiHead}(X))) \tag{17.12}$$

式中，X 是输入序列，$\text{MultiHead}(X)$ 表示多头自注意力机制的输出，FFN 是前馈神经网络，LayerNorm 是层归一化操作。

③解码器：解码器是 Transformer 模型中的一个关键组件，用于生成目标序列。它接收编码器的输出作为输入，并通过自注意力机制和编码器-解码器注意力机制来理解输入序列的上下文信息，并生成目标序列。同样，解码器也由多个解码器层组成，每个解码器层包含掩码多

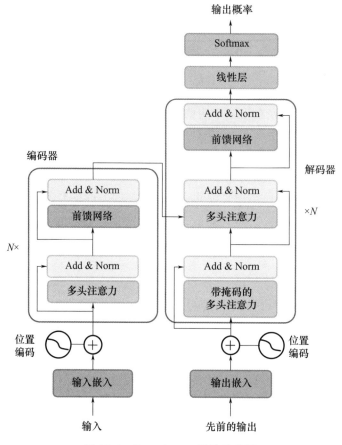

图 17.4　Transformer 结构示意图

头自注意力(Masked Multi-Head Self-Attention)、多头注意力和前馈神经网络三个子层。具体可被表示为:

$$\text{Decoder}(Y, \text{Encoder}_O) = \text{LayerNorm}(Y + \text{FFN}(\text{MMultiHead}(Y) + \text{MultiHead}(Y, \text{Encoder}_O)))$$

$$(17.13)$$

式中,Y 是解码器的输入序列,Encoder_O 是编码器的输出序列,$\text{MMultiHead}(Y)$ 表示掩码多头自注意力机制的输出,FFN 是前馈神经网络,LayerNorm 是层归一化操作。在 Transformer 模型的解码器阶段,通过掩码多头自注意力机制来处理输入序列,在生成序列中每个位置的输出时,必须排除未来位置的信息,以防止信息泄露并降低模型过拟合的风险。这种机制通过应用一种特殊设计的掩码实现,掩码通常是一个二维矩阵,在该矩阵中,所有未来位置的信息均被有效屏蔽,仅允许当前位置之前的数据参与到注意力计算中。

最终,对于从 Decoder 中得到的输出,首先经过一次线性变换把解码组件产生的向量投射到一个对数概率向量中,然后利用 Softmax 得到输出的概率分布,并从词典中输出概率最大的结果。

在大气科学中,Transformer 模型的应用开辟了新的研究方向,它能够处理复杂的气候模式,识别和预测天气变化,以及模拟气候变化的长期趋势。通过引入位置编码来捕捉空间和时间上的相关性,以及利用自注意力机制来处理序列数据中的长距离依赖关系,Transformer 模型为大气科学家提供了一种全新的视角来理解和预测大气行为。

17.4.2　Transformer 算法实践

以下是一个使用 Transformer 模型进行降雨预测的示例。

```python
# 读取 CSV 文件
data_csv = 'Rainfall.csv'
data = pd.read_csv(data_csv,sep = ',',parse_dates = ['date'],dayfirst = True)

# 数据归一化
scaler = MinMaxScaler(feature_range = (0,1))
data['monthly_tp_scaled'] = scaler.fit_transform(data[['monthly_tp']])

# 创建输入输出序列
sequence_length = 12

    # 划分训练集和测试集
train_size = int(len(data) * 0.8)
train_data = data.iloc[:train_size]
test_data = data.iloc[train_size:]

# 创建数据集
def create_dataset(data,sequence_length):
    X,y = [],[]
    for i in range(len(data) - sequence_length):
        X.append(data.iloc[i:i + sequence_length]['monthly_tp_scaled'].values)
        y.append(data.iloc[i + sequence_length]['monthly_tp_scaled'])
    return np.array(X),np.array(y)


train_X,train_y = create_dataset(train_data,sequence_length)
test_X,test_y = create_dataset(test_data,sequence_length)

# 创建数据加载器
batch_size = 32
train_dataset = tf.data.Dataset.from_tensor_slices((train_X,train_y)).shuffle(len
(train_X)).batch(batch_size)
test_dataset = tf.data.Dataset.from_tensor_slices((test_X,test_y)).batch(1)

# 定义位置编码
class PositionalEncoding(Layer):
    def _____ init _____ (self,d_model,max_len = 5000):
        super(PositionalEncoding,self)._____ init _____()
        self.pos_encoding = self.positional_encoding(d_model,max_len)
```

```python
    def get_config(self):
        config = super().get_config().copy()
        config.update({'d_model':self.d_model,'max_len':self.max_len,})
        return config

    def positional_encoding(self,d_model,max_len):
        angle_rads = self.get_angles(np.arange(max_len)[:,np.newaxis],np.arange
(d_model)[np.newaxis,:],d_model)
        angle_rads[:,0::2] = np.sin(angle_rads[:,0::2])
        angle_rads[:,1::2] = np.cos(angle_rads[:,1::2])
        pos_encoding = angle_rads[np.newaxis,...]
        return tf.cast(pos_encoding,dtype = tf.float32)

    def get_angles(self,pos,i,d_model):
        angle_rates = 1 / np.power(10000,(2 * (i // 2)) / np.float32(d_model))
        return pos * angle_rates

    def call(self,inputs):
        seq_len = tf.shape(inputs)[1]
        return inputs + self.pos_encoding[:,:seq_len,:]

# 模型定义
def transformer_model(input_dim,d_model,nhead,num_encoder_layers,num_classes):
    inputs = Input(shape = (sequence_length,input_dim))
    x = PositionalEncoding(d_model)(inputs)
    for _ in range(num_encoder_layers):
        x = MultiHeadAttention(nhead,d_model // nhead)(x,x)
        x = LayerNormalization(epsilon = 1e - 6)(x)
        x = Dropout(0.1)(x)
    x = tf.reduce_mean(x,axis = 1)
    outputs = Dense(num_classes)(x)
    return Model(inputs,outputs)

# 实例化模型
input_dim = 1    # 特征维度
d_model = 128
nhead = 4
num_encoder_layers = 3
num_classes = 1
model = transformer_model(input_dim,d_model,nhead,num_encoder_layers,num_classes)
```

```
# 编译模型
model.compile(optimizer = Adam(0.002),loss = MeanSquaredError())

# 训练模型
num_epochs = 100
history = model.fit(train_dataset,epochs = num_epochs,validation_data = test_dataset)

# 在测试集上评估模型
test_predictions = model.predict(test_dataset)
test_labels = np.concatenate([y for x,y in test_dataset],axis = 0)

# 反归一化测试集的标签和预测结果
test_labels_unscaled = scaler.inverse_transform(test_labels.reshape(-1,1))
test_predictions_unscaled = scaler.inverse_transform(test_predictions.reshape(-1,1))

# 计算 MSE 和 R²
mse = mean_squared_error(test_labels_unscaled,test_predictions_unscaled)
r2 = r2_score(test_labels_unscaled,test_predictions_unscaled)

print(f"Test MSE:{mse}")
print(f"Test R²:{r2}")
```

运行结果如图 17.5 所示。

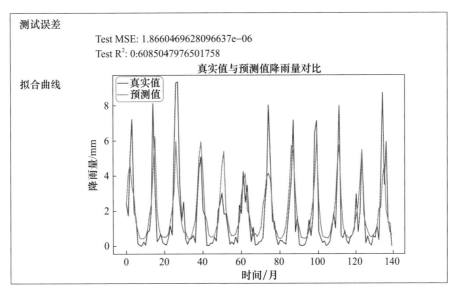

图 17.5　Transformer 算法降雨预测结果(彩图见书末)

第18章　图神经网络

在大气科学领域,分布在不同地理位置上的气象监测站点,自然构成了复杂的图结构。这些站点,通过收集不同地理位置的温度、湿度、风速、空气质量指数等关键气象参数,形成了一个在空间和时间上都具有强关联性的网络。在这个网络中,每个监测站点表示一个节点,而节点之间的地理邻近性、气候相似性或数据相关性则被定义为边。图神经网络(Graph Neural Network,GNN)作为深度学习的前沿分支,在图结构数据的表示、建模和分析方面展现出强大的能力。GNN能够有效处理和分析这些站点数据,揭示站点间的复杂相互作用。本章将探讨图神经网络的基础概念和核心理论,并给出它们在实际问题中的应用案例。

18.1　图的概念和定义

在大气科学中,许多问题都涉及使用复杂的网络结构来表示的关联,如气象站网络、气候模式网络和污染物传播网络等。

18.1.1　图的基本定义

图(Graph)是一种数学结构,它抽象地表示了实体间的相互关系。在图的构造中,顶点(Vertices)和边(Edges)是最基本的组成元素。

顶点是图的节点,它们代表网络中的实体或对象。在大气科学领域,这些顶点可以是遍布各地的气象监测站点,代表不同地理位置的城市,或者是各种气象现象,如气旋、锋面等。每个顶点都具备独特的属性和特征,蕴含着丰富的局部信息。

边则代表顶点间的联系或作用。在气象监测网络中,边可以表示站点之间的数据交换关系;在城市网络中,边可以表示城市间的交通连接或信息流动;在气象现象的分析中,边可以表示不同现象之间的相互作用,如天气现象或天气系统的相互影响。边的存在不仅定义了顶点之间的关系,还为整个网络的结构和动态提供了关联线索。

数学上,图可以形式化为 $G=(V,E)$,其中 V 代表顶点集合 $\{v_1,v_2,\cdots,v_n\}$,E 代表边集合,且 $E\subseteq V\times V$。对于每一条边 e_{ij},它连接了顶点 v_i 和顶点 v_j,这种连接可以是有向的,也可以是带权重的,这取决于图的性质。

18.1.2　图的划分

图可以根据其性质进行不同的划分。常见的图的类型包括(图18.1):

①无向图(Undirected Graph):如果图中的每一条边没有方向性,即边 e_{ij} 表示 v_i 和 v_j 之间的关系是双向的,则称该图为无向图。无向图中的边可以表示对称关系,如城市间的双向交通连接。

②有向图(Directed Graph):如果图中的每一条边有方向性,即边 e_{ij} 表示从顶点 v_i 到顶点 v_j 的单向关系,则称该图为有向图。有向图中的边可以表示不对称关系,如污染物从一个城

市输送到另一个城市。

③带权图（Weighted Graph）：在带权图中，每条边都与一个权重相关，权重表示连接的强度、距离或其他量化的关系。带权图可以是无向的或有向的。数学上，带权图可以表示为 $G = (V, E, W)$，其中 W 是权重集，每个边 e_{ij} 对应一个权重 w_{ij}。

④稀疏图与稠密图（Sparse and Dense Graphs）：如果一个图的边数远少于顶点数的平方，则称为稀疏图；如果边数接近于顶点数的平方，则称为稠密图。

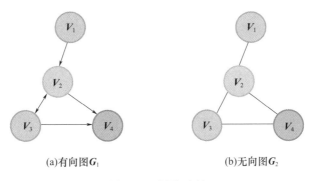

(a)有向图 G_1　　　　　　　　(b)无向图 G_2

图 18.1　图的示例

18.1.3　图的表示方法

在计算机科学领域，图结构数据由于具备关联关系和方向性，因此难以在计算机中直接处理。为了提高效率和简化处理过程，图数据需要转换成适合计算机处理的格式。以下是几种常见的图数据表示方法：

①邻接矩阵（Adjacency Matrix）：这是一种二维数组表示法，其中矩阵 A 的尺寸为 $n \times n$，表示含有 n 个顶点的图。邻接矩阵中每个元素的数学表示为：

$$A[i][j] = \begin{cases} 1, & \text{如果 } v_i \text{ 和 } v_j \text{ 之间存在边连接} \\ 0, & \text{其他} \end{cases} \tag{18.1}$$

矩阵中的元素 $A[i][j]$ 为 1 时，表示顶点 v_i 和顶点 v_j 之间存在边连接；$A[i][j]$ 为 0 时，表示没有边连接。对于带权图，矩阵中的元素则存储边的权重，使得从顶点到顶点的权重信息可以快速检索。邻接矩阵的实现简单直观，尤其适合于稠密图或者需要频繁进行邻接关系查询的场景。

②邻接表（Adjacency List）：使用一个列表来表示图，其中每个顶点对应一个包含其相邻顶点的列表。列表中包含与该顶点直接相连的顶点，以及相应边的权重（对于带权图）。邻接表的空间效率较高，特别是在处理稀疏图时，它避免了邻接矩阵中大量零值所占用的空间。此外，邻接表的结构非常适合图遍历算法，如深度优先搜索（DFS）或广度优先搜索（BFS）。顶点 v_i 对应的邻接表 $\text{Adj}(v_i)$ 可以被表示为：

$$\text{Adj}(v_i) = \{(v_j, w_{ij}) \mid e_{ij} \in E\} \tag{18.2}$$

式中 v_j 是与 v_i 相邻的顶点，e_{ij} 表示 v_i 与 v_j 之间的边，w_{ij} 表示 v_i 与 v_j 之间边的权重，E 表示图中所有边的集合。

③边列表（Edge List）：边列表通过一个一维数组来表示图，数组中的每个元素是一个顶点对，表示图中的一条边。如果图是带权的，每条边还可以附带一个权重值。边列表的优势在于其简洁性和灵活性，特别是在图的边集合需要频繁更新或图的边数量远小于顶点数量时。

边列表可被表示为：

$$E = \{(v_i, v_j, w_{ij}) \mid e_{ij} \in E\} \tag{18.3}$$

式中边列表 E 包含图中每条边 e_{ij} 的信息，每条边由它的两个端点 v_i 与 v_j 以及这条边的权重 w_{ij} 组成。

边列表具备简洁性和灵活性的优势，特别是在图的边集合需要频繁更新或图的边数量远小于顶点数量时，边列表被优先考虑使用。

选择合适的图表示方法应基于实际应用的需求。如果图具有较高的稠密度，或者需要快速访问两个顶点之间的连接关系，则邻接矩阵是较好的选择。相反，如果图是稀疏的，或者需要考虑存储空间的情况下，则邻接表可能更为合适。对于动态图，即边的集合会频繁变动的情况，边列表提供了一种灵活且高效的数据结构。每种表示方法都有其独特的用途和优化点，选择合适的表示方法可以显著提高算法的性能和效率。

18.2　图信号处理和拉普拉斯矩阵

图信号处理（Graph Signal Processing, GSP）是一门研究如何在图结构上定义、操作和分析信号的领域，它将传统信号处理的工具和方法推广到图结构的数据上。这一领域的发展，能对复杂网络中的信号进行有效的定义、操作和分析。在图信号处理中，拉普拉斯矩阵（Laplacian Matrix）是一个用于描述图的结构和信号特性的核心数学工具。

18.2.1　图信号处理的基本概念

在图信号处理中，每个信号的信号值被定义在图的顶点上。具体来说，给定一个图 $G = (V, E)$，其中 V 是顶点集，E 是边集。一个图信号 x 可以表示为一个长度为 $|V|$ 的向量，向量中每个元素 x_i 对应于顶点 v_i 的信号值。例如，在气象监测网络中，图信号可能代表每个站点记录的温度或湿度。

18.2.2　拉普拉斯矩阵

定义：拉普拉斯矩阵是图论中用于描述图拓扑结构的一种数学工具，也称为图拉普拉斯或图拉普拉斯算子，它是图信号处理的基础。对于一个给定的无向图 $G = (V, E)$，其拉普拉斯矩阵 L 可以被定义为：

$$L = D - A \tag{18.4}$$

式中，度矩阵（Degree Matrix）D 是一个对角矩阵，其对角线元素 D_{ii} 表示顶点 i 的度，即与顶点 i 相连的边的数量。A 是邻接矩阵，其元素 D_{ij} 表示顶点 v_i 与 v_j 之间是否存在边。如图 18.2 所示。

性质：拉普拉斯矩阵具有以下性质。

①对称性：L 是对称的，即 $L = L^T$。

②实数特征值：L 的所有特征值都是实数。

③半正定性：L 是半正定的，即对于任何非零向量 x，都有 $x^T L x \geqslant 0$。

④零特征值：L 至少有一个零特征值，对应于图的连通分量数量。

⑤迹：L 的迹（即对角线元素之和）等于图中所有顶点的度数之和。

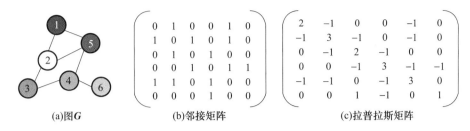

图 18.2 图的邻接矩阵与拉普拉斯矩阵示例

拉普拉斯矩阵是理解和分析图结构的基础工具,它在图论的研究和应用中扮演着重要角色。比如,拉普拉斯矩阵的特征向量和特征值可以用于图的聚类和分割,也可用于将图嵌入到低维空间,或对图信号进行处理和分析。

18.3 图傅里叶变换

图傅里叶变换(Graph Fourier Transform,GFT)是一种将传统傅里叶变换的概念推广到图结构上的方法(Sandryhaila et al.,2013)。它通过拉普拉斯矩阵的特征分解,将图信号分解到频域中,实现信号的频率分析和处理。图傅里叶变换在图信号处理、图卷积神经网络等领域中具有重要应用。

18.3.1 拉普拉斯矩阵的特征分解

在经典信号处理领域,傅里叶变换将时间域信号分解到频域,用于揭示信号的频率成分。类似地,为在图信号处理中实现频率特征分解,可以使用基于图拉普拉斯矩阵特征分解的图傅里叶变换来实现。

给定一个图 $G=(V,E)$,其拉普拉斯矩阵 L 的特征分解可以表示为:

$$L=U\Lambda U^{\mathrm{T}} \tag{18.5}$$

式中,U 是由拉普拉斯矩阵 L 的特征向量组成的矩阵,$U=[u_1,u_2,\cdots,u_n]$,Λ 是一个对角矩阵,对角元素为拉普拉斯矩阵 L 的特征值,$\Lambda=\mathrm{diag}(\lambda_1,\lambda_2,\cdots,\lambda_n)$。

18.3.2 图傅里叶变换

图傅里叶变换将图信号投影到由拉普拉斯矩阵特征向量构成的频域基上。对于一个给定的图信号 $x\in R^n$,其图傅里叶变换 x' 可被定义为:

$$x'=U^{\mathrm{T}}x \tag{18.6}$$

式中 x' 是图信号 x 在图傅里叶基 U 上的表示,类似于经典傅里叶变换中的频域表示。

逆图傅里叶变换用于将频域信号转换回图的顶点域。给定频域信号 x',其逆图傅里叶变换 x 定义为:

$$x=Ux' \tag{18.7}$$

通过图傅里叶变换和逆图傅里叶变换,可以在顶点域和频域之间自由转换,实现信号的频率分析和处理。

示例:

考虑一个简单图的拉普拉斯矩阵 L 及其特征分解:

$$L=\begin{bmatrix} 2 & -1 & 0 \\ -1 & 2 & -1 \\ 0 & -1 & 2 \end{bmatrix}, U=\begin{bmatrix} 1 & 0 & 1 \\ 0 & 1 & -1 \\ 1 & 1 & 0 \end{bmatrix}, \Lambda=\begin{bmatrix} 3 & 0 & 0 \\ 0 & 1 & 0 \\ 0 & 0 & 0 \end{bmatrix} \tag{18.8}$$

假设图上的一个信号 $x=[x_1, x_2, x_3]^T$，其图傅里叶变换为：

$$x'=U^T x=\begin{bmatrix} 1 & 0 & 1 \\ 0 & 1 & -1 \\ 1 & 1 & 0 \end{bmatrix}\begin{bmatrix} x_1 \\ x_2 \\ x_3 \end{bmatrix} \tag{18.9}$$

这样，信号 x 在图的频域表示 x' 可以通过 U^T 与 x 的矩阵乘法得到。

图傅里叶变换为图上的信号处理和分析提供了一个强大的框架，使得可以利用图的结构特性来设计有效的算法和模型。

18.3.3　图傅里叶变换的应用

图傅里叶变换在图信号处理和图卷积神经网络中有广泛的应用。

①频域滤波：通过图傅里叶变换，可以在频域中设计滤波器，对图信号进行平滑、去噪等操作。例如，低通滤波器可以用来平滑图信号，而高通滤波器可以用来检测图信号中的突变或边缘。

②图卷积：图卷积是图卷积神经网络的核心操作。基于图傅里叶变换，图卷积可以定义为在频域中的乘法操作，从而实现图结构数据的有效处理。

③谱聚类：谱聚类是一种基于图拉普拉斯矩阵特征分解的聚类方法，通过图傅里叶变换，可以在频域中分析图的结构特性，实现图的聚类和分割。

在实际应用中，拉普拉斯矩阵特征分解的计算复杂度在一定程度上限制了图傅里叶变换的应用。对于大规模图，这一计算可能非常耗时。因此，研究者们提出了许多加速特征分解的方法，如稀疏矩阵分解、近似分解等，以提高图傅里叶变换的计算效率。

18.4　图滤波器

图滤波器（Graph Filters）用于在图信号的频域或顶点域进行信号的处理和变换，是图信号处理中的核心概念之一。与经典信号处理中的滤波器类似，图滤波器可以对图信号进行平滑、增强和去噪等操作。图滤波器在图卷积神经网络中起着至关重要的作用，通过图滤波器的设计和应用，可以有效提取图结构数据中的特征。

18.4.1　图滤波器的定义

图滤波器通过对图信号进行线性变换来实现对信号的处理。给定一个图 $G=(V,E)$ 及其拉普拉斯矩阵 L，图滤波器 $h(L)$ 可以定义为拉普拉斯矩阵的多项式函数：

$$h(L) = \sum_{k=0}^{K} a_k L^k \tag{18.10}$$

式中，a_k 是滤波器的系数，K 是滤波器的阶数。通过对拉普拉斯矩阵的多项式变换，图滤波器可以对图信号进行局部或全局的处理。

（1）频域中的图滤波器

图滤波器可以在频域中定义和分析。通过图傅里叶变换，图滤波器 $h(L)$ 的频域表示为：

$$h(\boldsymbol{\Lambda}) = \sum_{k=0}^{K} a_k \boldsymbol{\Lambda}^k \tag{18.11}$$

式中，$\boldsymbol{\Lambda}$ 是拉普拉斯矩阵的特征值对角矩阵。频域中的图滤波器实际上是对图信号的频谱进行加权操作。给定图信号 $\boldsymbol{x}$ 的频域表示 $\boldsymbol{x}'$，图滤波器在频域中的作用可以表示为：

$$\boldsymbol{y}' = h(\boldsymbol{\Lambda})\boldsymbol{x}' \tag{18.12}$$

式中，$\boldsymbol{y}'$ 是滤波后的图信号的频域表示。

（2）时域中的图滤波器

在时域中，图滤波器通过拉普拉斯矩阵的多项式变换作用于图信号。给定图信号 $\boldsymbol{x}$，时域中的图滤波器 $h(\boldsymbol{L})$ 的作用可以表示为：

$$\boldsymbol{y} = h(\boldsymbol{L})\boldsymbol{x} = \sum_{k=0}^{K} a_k \boldsymbol{L}^k \boldsymbol{x} \tag{18.13}$$

式中，$\boldsymbol{y}$ 是滤波后的图信号。通过对拉普拉斯矩阵的多项式变换，图滤波器可以实现对图信号的平滑、增强或去噪等操作。

18.4.2　常见的图滤波器

根据滤波器的特性和设计目的，常见的图滤波器可以分为以下几类。

（1）低通滤波器（Low-Pass Filters）

低通滤波器用于平滑图信号，保留信号的低频成分，抑制高频噪声。这种滤波器对图信号中的缓慢变化部分（即低频部分）进行保留，而对快速变化部分（即高频部分）进行抑制。

设计方法：

· 选择拉普拉斯矩阵 $\boldsymbol{L}$ 的特征值较小的部分进行加权。

· 使用平滑矩阵（如 Laplacian Smoothing），将信号节点与其邻居节点的平均值进行混合。

公式：

$$h(\boldsymbol{L}) = \boldsymbol{I} - \alpha\boldsymbol{L} \tag{18.14}$$

式中 α 是一个小的正数，用来控制平滑程度。$\boldsymbol{I}$ 是单位矩阵。

（2）高通滤波器（High-Pass Filters）

高通滤波器用于增强图信号的高频成分，保留信号的边缘和突变。与低通滤波器相反，高通滤波器对图信号中的快速变化部分进行保留，而对缓慢变化部分进行抑制。

设计方法：

· 选择拉普拉斯矩阵 $\boldsymbol{L}$ 的特征值较大的部分进行加权。

· 通过对低通滤波器的补充实现。

公式：

$$h(\boldsymbol{L}) = \beta\boldsymbol{L} \tag{18.15}$$

式中 β 是一个正数，表示增强程度。

（3）带通滤波器（Band-Pass Filters）

带通滤波器用于保留图信号的特定频率范围，抑制其他频率成分。这种滤波器可以同时抑制低频和高频成分，只保留中频部分。

设计方法：

· 通过组合低通和高通滤波器实现。

· 对拉普拉斯矩阵 L 的中间特征值部分进行加权。

公式：

$$h(L) = \gamma(I - \alpha L) - \beta L \tag{18.16}$$

式中 γ, α, β 是设计参数，控制保留的频率范围。

（4）切比雪夫滤波器（Chebyshev Filters）

切比雪夫滤波器通过切比雪夫多项式来近似图滤波器，能够高效地计算和逼近拉普拉斯矩阵的多项式函数，适用于大规模图的滤波操作。

设计方法：

· 使用切比雪夫多项式来近似频域中的图滤波器。

· 通过递归公式计算多项式的值。

公式：

$$h(L) = \sum_{k=0}^{K} a_k T_k(\widetilde{L}) \tag{18.17}$$

式中 T_k 是第 k 阶切比雪夫多项式，$\widetilde{L}$ 是归一化后的拉普拉斯矩阵，a_k 是滤波器系数。

（5）卷积滤波器（Convolutional Filters）

卷积滤波器通过在邻域内进行卷积操作，来提取图信号中的局部特征，在图卷积神经网络中被广泛应用。

设计方法：

· 使用邻接矩阵 A 和度矩阵 D 来定义卷积操作。

· 对信号在邻域内进行加权求和。

公式：

$$Y = D^{-\frac{1}{2}} A D^{-\frac{1}{2}} X \Theta \tag{18.18}$$

式中 Y 是卷积后的信号，X 是输入信号，Θ 是可训练的权重矩阵。

上述图滤波器通过不同的方法在图信号的频域或时域进行操作，实现信号的平滑、增强、去噪等功能。

18.5 图卷积神经网络 GCN

图卷积神经网络（Graph Convolutional Network，GCN）是一种专门用于处理图结构数据的深度学习模型（Zhang et al.，2019）。GCN 通过在图上定义卷积操作来学习节点的表示，能够捕捉节点间的复杂关系，并广泛应用于节点分类、图分类、链接预测等多种任务。通过对图结构数据的学习和表征，GCN 有助于揭示大气现象的内在联系和动态演变过程。

18.5.1 GCN 的基本概念

GCN 的核心思想是通过卷积操作将每个节点的信息与其邻居节点的信息进行聚合，从而学习到节点的高阶特征表示。与传统的 CNN 在规则的网格结构（如图像）上进行卷积不同，GCN 在不规则的图结构上进行卷积，如图 18.3 所示。

（1）图卷积的数学定义

在图 $G = (V, E)$ 中，假设有 n 个节点，每个节点 v_i 有一个 d 维的特征向量 x_i。用邻接矩阵 A 表示图的连接关系，并用度矩阵 D 表示每个节点的度。GCN 的卷积操作可以表示为：

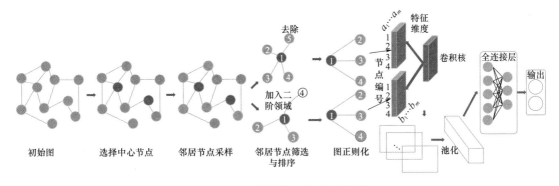

图 18.3　图卷积网络结构示意图(吴博 等,2022)

$$H^{(l+1)} = \sigma(\widetilde{D}^{-1/2}\widetilde{A}\widetilde{D}^{-1/2}H^{(l)}W^{(l)}) \tag{18.19}$$

式中,$\widetilde{A}=A+I$ 是邻接矩阵加上自环(self-loop),确保每个节点也包含自身的特征;$\widetilde{D}$ 是 $\widetilde{A}$ 的度矩阵;$H^{(l)}$ 是第 l 层的节点特征矩阵,初始为输入特征矩阵 X;$W^{(l)}$ 是第 l 层的可训练权重矩阵;σ 是非线性激活函数,如 ReLU。通过对节点特征进行加权求和并归一化,实现了结合邻居节点信息的特征更新。

(2)GCN 的层结构

GCN 通常由多层图卷积层堆叠而成。每一层通过上述卷积操作将节点特征从一个低维空间映射到一个高维空间,并通过非线性激活函数引入非线性。一个典型的两层 GCN 的前向传播过程可以表示为:

$$Z = \mathrm{softmax}(\widetilde{D}^{-1/2}\widetilde{A}\widetilde{D}^{-1/2}\mathrm{ReLU}(\widetilde{D}^{-1/2}\widetilde{A}\widetilde{D}^{-1/2}XW^{(0)})W^{(1)}) \tag{18.20}$$

式中,Z 是输出的概率分布,用于节点分类等任务。$W^{(0)}$ 和 $W^{(1)}$ 是两层的权重矩阵。

(3)GCN 的训练和损失函数

GCN 的训练过程与传统的神经网络类似,使用反向传播和梯度下降等优化方法。常用的损失函数包括交叉熵损失(用于分类任务)和均方误差损失(用于回归任务)。

18.5.2　GCN 的常见变体

为适应不同的应用场景和提高模型性能,GCN 可以通过不同的方式对图卷积操作进行改进或扩展,以下是一些常见的 GCN 变体。

(1)切比雪夫图卷积网络(ChebNet)

ChebNet 由 Defferrard 等(2016)提出,它利用切比雪夫多项式来近似图卷积核。这种方法基于图拉普拉斯矩阵的特征分解,并且只保留了前 K 个最大的特征值及其对应的特征向量,从而减少了计算复杂度。ChebNet 的图卷积操作可以表示为:

$$H^{(l+1)} = \sum_{i=0}^{K-1}\theta_i^{(l)}T_i\widetilde{D}^{-1/2}\widetilde{A}\widetilde{D}^{-1/2}H^{(l)} \tag{18.21}$$

式中,T_i 是切比雪夫多项式,$\theta_i^{(l)}$ 是对应阶数的权重参数。

(2)图注意力网络(GAT)

GAT 由 Veličković 等(2017)提出,它引入了注意力机制来加权邻居节点的特征。GAT 的核心思想是为每个节点对每个邻居分配一个不同的权重,来反映邻居节点对该节点的重要性。GAT 的计算过程如下:

$$H^{(l+1)} = \mathrm{Concat}(\mathrm{head}_1,\cdots,\mathrm{head}_h)W^{(l)} \tag{18.22}$$

式中,每个头 head_i 的计算为:

$$\text{head}_i = \boldsymbol{\sigma}\left(\sum_{j \in N(v)} \alpha_{ij}^{(l)} \boldsymbol{W}^{(l)} \boldsymbol{H}_j^{(l)}\right) \tag{18.23}$$

$$\alpha_{ij}^{(l)} = \frac{\exp(\text{LeakyReLU}(a^{(l)} \boldsymbol{H}_i^{(l)} \boldsymbol{H}_i^{(l)T}))}{\sum_{k \in N(v)} \exp(\text{LeakyReLU}(a^{(l)} \boldsymbol{H}_i^{(l)} \boldsymbol{H}_i^{(l)T}))} \tag{18.24}$$

这里 $N(v)$ 是节点 v 的邻居节点集合,$a^{(l)}$ 是可学习的注意力参数。

(3)图样本聚合网络(GraphSAGE)

GraphSAGE 由 Hamilton 等(2017)提出,它通过采样和聚合邻居节点的特征来处理大规模图数据。GraphSAGE 的核心思想是对每个节点 v 采样固定数量的邻居节点 $\boldsymbol{S}(v)$,然后聚合这些邻居节点的特征来更新节点 v 的表示:

$$\boldsymbol{H}_v^{(l+1)} = \text{AGGREGATE}^{(l)}(\{\boldsymbol{H}_u^{(l)} | u \in \boldsymbol{S}(v)\}) \tag{18.25}$$

AGGREGATE 是一个可学习的聚合函数,可以是平均、最大值或神经网络(如 LSTM)等。

(4)传播-卷积神经网络(DCNNs)

DCNNs 通过模拟节点间信息扩散过程来进行图卷积操作。DCNN 的核心思想是将信息从节点传播到其邻居,经过多轮扩散后,节点的表示将包含其局部邻域的信息。DCNN 的图卷积操作可以表示为:

$$\boldsymbol{H}^{(l+1)} = (1-\alpha)\widetilde{\boldsymbol{D}}^{-1/2}\widetilde{\boldsymbol{A}}\widetilde{\boldsymbol{D}}^{-1/2}\boldsymbol{H}^{(l)} + \alpha\boldsymbol{H}^{(l)} \tag{18.26}$$

式中,α 是控制信息保留的参数。

这些 GCN 变体通过不同的方法改进了图卷积操作,使得 GCN 能够适应不同的应用场景,提高了模型的性能和灵活性。随着图神经网络领域的不断发展,可以期待更多创新的 GCN 变体的出现。

18.6 GCN 与 CNN 的联系

图卷积神经网络和传统的卷积神经网络在很多方面有相似之处,但也存在一些关键的区别。理解 GCN 和 CNN 之间的联系有助于更好地把握图神经网络的特点和优势。

(1)相似之处

①层级结构:GCN 和 CNN 都采用了层级结构,每一层都会对输入数据进行转换和抽象,从而学习到更高级的特征表示。

②参数共享:在 GCN 中,卷积核的参数在所有节点和边上共享,与 CNN 中卷积核在不同位置的共享类似。

③聚合操作:GCN 通过聚合邻居节点的特征来更新每个节点的表示,类似于 CNN 中池化层的聚合操作。

④非线性激活:GCN 和 CNN 都会在卷积层之后使用非线性激活函数,如 ReLU,以引入非线性特性。

⑤特征学习:两者都旨在从数据中学习有用的特征表示,这些特征可以用于分类、回归或其他下游任务。

(2)区别

①数据结构:CNN 处理的是规则的网格数据,而 GCN 处理的是图结构数据,图数据的节点和边可能具有不同的连接模式和属性。

②卷积操作:在 CNN 中,卷积操作是在网格上局部定义的,而在 GCN 中,卷积操作是在图上定义的,需要考虑节点的邻居结构。

③空间维度:CNN 中的空间维度通常是固定的,如二维或三维,而 GCN 中的空间维度是由图的拓扑结构决定的。

④参数更新:在 CNN 中,参数更新通常依赖于梯度下降算法,而在 GCN 中,由于图结构的不规则性,参数更新可能需要考虑节点的连接关系。

⑤感受野:CNN 中的感受野是指卷积核覆盖的像素区域,而 GCN 中的感受野是指节点的邻居集合,这可以是任意形状和大小。

而在数学层面上,GCN 和 CNN 之间也存在一定联系,尤其是在频域上的卷积操作。GCN 的谱方法通过图傅里叶变换,将卷积操作视为在图拉普拉斯矩阵的特征向量上的变换,这与 CNN 在频域上的卷积操作有相似之处,后者可以表示为滤波器与输入数据的傅里叶变换的点乘。

18.7 GCN 模型实践

目标是使用模拟生成的历史监测数据来预测未来某个时间点各监测站空气污染的发生情况。

```python
def generate_graph_data(num_nodes,num_features):
# 生成邻接矩阵
adj_matrix = np.random.rand(num_nodes,num_nodes)
adj_matrix = (adj_matrix > 0.5).astype(float)  # 随机二值化
adj_matrix = adj_matrix + np.eye(num_nodes)  # 添加自连接

# 转换为 PyTorch Geometric 格式的边索引
edge_index = np.array(np.nonzero(adj_matrix))
edge_index = torch.tensor(edge_index,dtype = torch.long)

# 生成特征矩阵
features = torch.tensor(np.random.randn(num_nodes,num_features),dtype = torch.float)

# 生成标签
labels = torch.tensor(np.random.randint(0,2,num_nodes),dtype = torch.float)

return features,edge_index,labels

class GCNLayer(nn.Module):
def ____ init ____(self,in_channels,out_channels):
    super(GCNLayer,self). ____ init ____()
    self.conv = GCNConv(in_channels,out_channels)
```

```
    def forward(self,x,edge_index):
        x = self.conv(x,edge_index)
        return F.relu(x)

class GCN(nn.Module):
    def _____init_____(self,num_features,hidden_channels,out_channels):
        super(GCN,self)._____init_____()
        self.gcn1 = GCNLayer(num_features,hidden_channels)
        self.gcn2 = GCNLayer(hidden_channels,out_channels)

    def forward(self,data):
        x,edge_index = data.x,data.edge_index
        x = self.gcn1(x,edge_index)
        x = self.gcn2(x,edge_index)
        return x

# 模型参数
num_nodes = 100
num_features = 6
hidden_channels = 128
out_channels = 1

# 生成模拟数据
features,edge_index,labels = generate_graph_data(num_nodes,num_features)
visualize_graph(edge_index,num_nodes)

# 创建数据对象
data = Data(x = features,edge_index = edge_index,y = labels.unsqueeze(1))

# 实例化模型
model = GCN(num_features,hidden_channels,out_channels)

# 转换到设备
device = torch.device('cuda' if torch.cuda.is_available() else 'cpu')
model = model.to(device)
data = data.to(device)

# 训练模型
model.train()
```

```
optimizer = torch.optim.Adam(model.parameters(),lr = 0.001)

for epoch in range(1000):
    optimizer.zero_grad()
    out = model(data)
    loss = F.mse_loss(out,data.y)
    loss.backward()
    optimizer.step()
    print(f'Epoch {epoch + 1:03d},Loss:{loss.item():.4f}')

# 测试模型
model.eval()
with torch.no_grad():
    predictions = model(data)
    predicted_labels = predictions.round()    # 将预测值四舍五入到最近的整数

    print(f'Predicted labels:{predicted_labels}')
```

运行结果如图 18.4 所示。

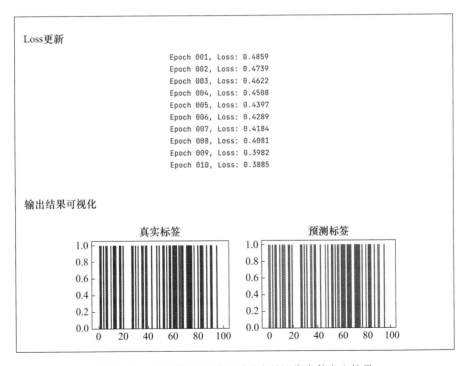

图 18.4　GCN 模型预测监测站点的污染事件发生结果

第 19 章　生成模型和扩散模型

在深度学习领域,生成模型(Generative Model,GM)正逐渐成为研究和应用的热点。与判别模型相比,这种生成模型不受限于分类和回归任务,而是通过精确地捕捉数据的内在概率分布,实现全新数据实例的生成,这为人工智能在大气科学中的应用开辟了新的视角和可能性。生成模型在数据模拟、预测分析、异常检测以及不确定性的量化评估等方面有着诸多潜在的应用价值。本章将探讨深度学习中的常用的生成模型,从自编码器架构开始,逐步深入到变分自编码器(Variational Autoencoder,VAE)、生成对抗网络(Generative Adversarial Networks,GAN)和扩散模型(Diffusion Models)等高级生成模型。

19.1　自编码器架构与去噪自编码器

19.1.1　自编码器

自编码器(Auto-Encoder,AE)是一种用于学习数据有效表示的无监督学习算法(Wang et al.,2016)。它由编码器(Encoder)和解码器(Decoder)两个主要部分组成,通过将输入数据编码为隐藏表示,并尝试重构原始数据来实现训练目标(图 19.1)。自编码器通常被用于数据降维、特征提取和去噪等任务。

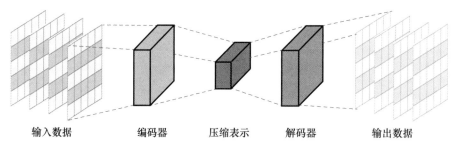

输入数据　　　编码器　　　压缩表示　　　解码器　　　输出数据

图 19.1　自编码器结构图

最简单的自编码器架构包括输入层、隐藏层和输出层三部分。在训练过程中,自编码器通过最小化重构误差来优化模型各层参数,从而学习到数据的有效表示。具体来说,这一过程包括前向传播和反向传播两个关键步骤。

在前向传播阶段,编码器将输入数据映射到低维度的隐藏表示,而解码器则将隐藏表示映射回原始数据空间。具体步骤如下:

①编码器处理:输入数据 x 通过编码器 f 映射到隐藏表示 h。编码器通常由一个或多个全连接层组成,每个隐藏层的节点数较少,以实现数据的压缩和提取重要特征。编码器的输出表示为:

$$h = f(xW + b) \tag{19.1}$$

式中,W 是编码器的权重参数,b 是偏置参数,f 是激活函数,常用的激活函数有 ReLU、Sigmoid 等。

②解码器处理:解码器 g 将隐藏表示 h 映射回原始数据空间,得到重构数据 $\hat{X}$。解码器同样也由一个或多个全连接层组成,并且结构往往与编码器相反,最后一层输出与输入数据维度相同,用以实现数据的重建。解码器的输出表示为:

$$\hat{X} = g(hW' + b') \tag{19.2}$$

式中,W' 是编码器的权重参数,b' 是偏置参数,g 是解码器的激活函数。

在前向传播完成后,通过比较重构数据 $\hat{X}$ 和原始数据 X 之间的差异,计算重构误差。然后利用反向传播算法调整模型参数,使得重构误差最小化。自编码器的训练目标是最小化重构误差,通常使用均方误差(Mean-Square Error,MSE)或交叉熵(Cross-Entropy,CE)作为损失函数,可以分别表示为:

$$L_{\mathrm{MSE}}(X, \hat{X}) = \| X - \hat{X} \|_2^2 \tag{19.3}$$

以及

$$L_{\mathrm{CE}}(X, \hat{X}) = -\sum_i X_i \log(\hat{X}_i) \tag{19.4}$$

式中,X_i 是原始数据的第 i 个样本,$\hat{X}_i$ 是重构数据的第 i 个样本。训练过程中,通过反向传播算法调整编码器和解码器网络的参数,以减小重构误差。通过反复迭代上述步骤,自编码器的模型参数逐渐优化,重构误差不断减小,最终学习到数据的有效表示。

19.1.2　去噪自编码器

去噪自编码器(Denoising Auto-Encoder,DAE)是一种改进的自编码器,它不仅能够重构原始数据,还能在重构过程中去除输入数据中的噪声(Li et al.,2015)。DAE 通过在训练过程中对输入数据引入噪声,迫使模型学习如何恢复干净的数据,从而提高模型的鲁棒性和泛化能力。

与标准自编码器类似,DAE 的基本架构也包括编码器和解码器两部分。不同之处在于,去噪自编码器的输入数据是添加了噪声的数据,通过这种方式,模型可以学习到如何从噪声数据中提取有用的信息并重构出干净的数据。

去噪自编码器的训练过程如下:

①噪声注入:首先,对原始输入数据 X 添加噪声,得到噪声数据 $X_{\mathrm{noisy}} = X + \epsilon$。噪声 ϵ 可以是随机噪声,如高斯噪声,也可以是通过其他方式生成的噪声。

②编码器处理:噪声数据 X_{noisy} 通过编码器 f 映射到隐藏表示 h。编码器的结构和标准自编码器相同,通常由全连接层组成,每个隐藏层的节点数较少,以实现数据的压缩和特征提取。

③解码器处理:隐藏表示 h 通过解码器 g 映射回原始数据空间,得到重构数据 $\hat{X}$。解码器的结构与编码器相反,通常包括一个或多个全连接层,最后一层输出与输入数据维度相同,以实现数据的重建。

④损失函数:DAE 的损失函数通常也是基于重构误差,如均方误差或交叉熵。但是,由于输入数据是噪声数据,因此损失函数计算的是噪声数据 X_{noisy} 和重构数据 $\hat{X}$ 之间的差异。

⑤模型训练:通过反向传播算法,根据损失函数计算梯度,并更新编码器和解码器的参数。这个过程反复进行,直到模型参数收敛,即重构误差达到一个较小的值。

DAE 通过在训练过程中引入噪声来提高模型对噪声的鲁棒性,使其在处理实际气候数据时更加有效。这种模型不仅能够学习数据的有效表示,还能够从噪声数据中恢复出原始数据。

19.2 变分自编码器

生成模型在机器学习和数据处理中扮演着至关重要的角色,它们能够从数据中学习并生成新的、合理的样本。变分自编码器(Variational Auto-Encoders,VAE)是一种经典的概率生成模型,通过结合自编码器结构和变分贝叶斯方法的原理,能够学习到数据的潜在空间表示,并基于此生成新的数据样本(Davidson et al.,2018)。

VAE 的核心优势在于其对深度学习的非线性建模能力的利用,以及对概率图模型严格概率推断框架的继承。这种结合使得 VAE 在处理复杂数据分布时表现出色,尤其是对于图像或时空序列这种高维数据,VAE 能够有效地学习到数据的潜在结构,并在此基础上生成新的样本。

VAE 的架构由如下两个主要部分组成(图 19.2):

①推断网络:推断网络是 VAE 的编码器部分,负责从输入数据中推断出潜在变量的分布参数。这一过程涉及对数据的概率编码,即从观测数据中提取出潜在的、对数据生成有影响的因素。推断网络通常由多层全连接层或卷积层组成,用于捕捉数据的复杂模式。

②生成网络:生成网络是 VAE 的解码器部分,它负责根据推断网络输出的潜在变量生成新的数据样本。生成网络的结构通常与推断网络相对应,但其方向相反,目的是从潜在空间映射回数据空间,实现数据的重建或生成。

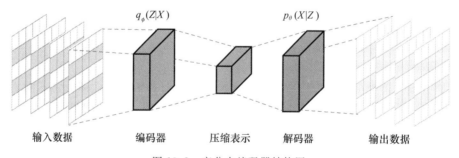

$$q_\phi(Z|X) \qquad p_\theta(X|Z)$$

输入数据　　　　编码器　　　　压缩表示　　　　解码器　　　　输出数据

图 19.2　变分自编码器结构图

在 VAE 的训练过程中,模型需要学习如何最小化重构损失和 KL 散度,这通过最大化证据下界(Evidence Lower Bound,ELBO)来实现。ELBO 为模型提供了一种平衡重构质量和潜在表示的方法,使得 VAE 能够在保持数据分布的多样性的同时,生成高质量的样本。

此外,VAE 的训练还涉及一些关键技术,如重参数化技巧,它允许模型在训练过程中有效地通过随机节点传递梯度,这种技巧是实现 VAE 端到端训练的关键。

19.2.1　推断网络

推断网络,也称编码器,通常由均值 μ 和对数方差 $\log \sigma^2$ 定义一个概率分布,用于反映给定观测数据条件下潜在变量的不确定性。这个负责从输入数据 X 中推断出潜在变量 Z 的分布参数的过程被称为推断,它试图理解生成观测数据的潜在因素。

在 VAE 中,推断网络参数化了一个条件概率模型 $q_\phi(Z|X)$,通常假设为高斯分布,以

便能够解析地处理概率计算。该分布的均值 μ 和对数方差 $\log \sigma^2$ 由编码器网络的参数 ϕ 确定：

$$q_\phi(Z|X) = N(Z|\mu_\phi(X), \sigma_\phi(X))$$

通过这种方式，推断网络能够捕捉数据的潜在特征，并将其编码为潜在变量的分布参数。

推断网络的网络结构设计取决于数据的特性和复杂度，可以根据处理的数据类型来选择全连接层、卷积层或其他类型的神经网络层。例如，在处理图像数据时，卷积层能够更好地捕捉空间特征；而在处理序列数据时，循环层或全连接层可能更为合适。推断网络的目标是提取出能够代表输入数据核心特征的低维潜在表示 Z。

推断网络的输出 Z 是对输入数据 X 的一种压缩和抽象，这种表示可以重建原始数据，生成新的数据样本。通过学习数据的潜在分布，推断网络使得 VAE 能够探索数据的潜在空间，并在此基础上生成与训练数据相似且具有多样性的新样本。

19.2.2　生成网络

生成网络，也称为解码器，负责根据潜在变量的值生成数据的概率分布。具体地，给定潜在变量 Z，生成网络能够生成观测数据 X 的概率分布 $p_\theta(X|Z)$。这意味着它能够生成新的数据样本，并提供关于这些样本的概率信息。

在 VAE 中，生成网络参数化了一个假设为高斯分布的条件概率模型 $p_\theta(X|Z)$，其均值 $\mu_\theta(Z)$ 和方差 $\sigma_\theta^2(Z)$ 由解码器网络的参数 θ 确定：

$$p_\theta(X|Z) = N(X|\mu_\theta(Z), \sigma_\theta^2(Z)) \tag{19.5}$$

生成网络的网络结构通常与编码器相对应，但方向相反。它可以包含多层全连接层、卷积层或其他类型的神经网络层，用于从潜在空间中重建出数据的特征。

生成网络是 VAE 中实现数据生成的关键组件。通过学习潜在空间到数据空间的映射，解码器能够生成新的数据样本，这些样本不仅与训练数据相似，而且能够捕捉到数据的潜在分布特性。随着深度学习技术的发展，生成网络的结构和优化方法也在不断进步，这将进一步增强 VAE 在数据生成和样本多样性方面的性能。

19.2.3　重参数化技巧

在神经网络中，梯度通常通过基于链式法则的反向传播算法进行计算，沿着网络的前向传播路径反向传递梯度。然而，在 VAE 中，推断网络（编码器）的目标是为每个输入数据 X 估计一个潜在变量 Z 的分布参数，即均值 μ 和对数方差 $\log \sigma^2$。若直接从这个分布中采样 Z，由于某些节点具备随机性破坏了梯度的计算路径，势必会导致梯度在反向传播过程中无法通过随机节点。

重参数化技巧的引入：

为了解决这个问题，VAE 采用了重参数化技巧。这个技巧涉及两个步骤：

①参数化随机性：首先，将随机性从潜在变量 Z 的采样过程中分离出来。这意味着不直接从 $q_\phi(Z|X)$ 采样 Z，而是引入一个从标准正态分布 $N(0, I)$ 中采样辅助随机变量 $\in$；

②确定性变换：接着，将 $\in$ 通过一个确定性的变换 $\mu + \sigma \odot \in$ 来获得 Z。这里，μ 和 σ 是由编码器网络参数化的，它们是输入数据 X 的函数。

上述步骤可以被描述为：

$$Z = \mu_\phi(X) + \sigma_\phi(X) \odot \in \tag{19.6}$$

式中 $\in \sim N(0, I)$ 是辅助随机变量，$\odot$ 表示逐元素乘积。

通过这种方式，Z 的生成过程变成了一个确定性的变换过程，而随机性 $\in$ 是可微分的。这样，梯度就可以通过 μ 和 σ 传递给前面的网络层，使得整个网络可以通过梯度下降算法进行训练。

19.2.4　损失函数

VAE 的损失函数通常被称为变分下界（Evidence Lower Bound，ELBO），提供了真实数据生成分布 $p(X)$ 下界的一个近似。这个下界由推断网络 $q_\phi(Z|X)$ 和生成网络 $p_\theta(X|Z)$ 的联合概率分布 $p_\theta(x,z)$ 给出，并且通过 KL 散度与真实生成分布 $p(x,z)$ 进行比较。

VAE 的变分下界损失函数由重构损失（Reconstruction Loss）和 KL 散度（Kullback-Leibler Divergence）两部分组成，这两部分共同指导 VAE 学习如何生成与真实数据相似的新样本。

重构损失衡量生成网络输出的重构数据 $\hat{X}$ 与真实数据 X 之间的差异。这部分损失确保解码器能够准确地从潜在变量 Z 中重构出输入数据，对于连续型数据（如图像），通常使用均方误差作为重构损失；对于离散型数据（如文本），则可能使用交叉熵损失。重构损失的公式可以表示为：

$$L_{\text{recon}} = \mathbb{E}_{q_\phi(Z|X)}\big[-\log p_\theta(X|Z)\big] \tag{19.7}$$

这里，$q_\phi(Z|X)$ 是推断网络输出的潜在变量 Z 的分布，$p_\theta(X|Z)$ 是生成网络定义的条件概率分布。

KL 散度衡量编码器输出的变分分布 $q_\phi(Z|X)$ 与先验分布 $p(Z)$ 之间的差异，它反映了推断网络给出的潜在变量分布与真实潜在变量分布之间的差异程度。VAE 通过最小化 KL 散度，鼓励推断网络学习到更接近真实潜在变量分布的参数。KL 散度的计算公式为：

$$\text{KL}(q_\phi(Z|X) \parallel p(Z)) = \mathbb{E}_{q_\phi(Z|X)}\big[\log q_\phi(Z|X) - \log p(Z)\big] \tag{19.8}$$

式中，$p(Z)$ 是潜在变量 Z 的先验分布，通常假设为标准正态分布。

VAE 的最终损失函数是重构误差和 KL 散度之和，表示为：

$$L_{\text{total}} = -\mathbb{E}_{q_\theta(Z|X)}\big[\log p_\theta(X|Z)\big] + KL(q_\phi(Z|X) \parallel p(Z)) \tag{19.9}$$

在训练过程中，VAE 通过最小化总损失函数来优化推断网络和生成网络的参数 ϕ 和 θ。通过调整这两部分损失的权重，可以控制模型在重构性能和潜在空间表示之间的权衡。值得注意的是，由于 KL 散度涉及对潜在变量分布的积分计算，通常无法直接计算其精确值。在实际应用中，通常使用蒙特卡洛估计（Monte Carlo Estimation）或重参数化技巧来近似计算 KL 散度。通过从推断网络输出的分布中采样多个潜在变量样本，并计算这些样本在先验分布下的概率密度，可以得到 KL 散度的一个近似值。

VAE 的损失函数是其能够生成高质量样本的核心。通过平衡重构损失和 KL 散度，VAE 能够在保持数据相似性的同时，学习到数据的潜在分布。这种平衡对于 VAE 在各种生成任务中的成功应用至关重要。随着研究的进展，损失函数的不同变体和改进可能会为 VAE 带来更高的灵活性和性能。

19.3　生成对抗网络（GAN）模型

生成对抗网络（Generative Adversarial Networks，GAN）是由 Ian Goodfellow 等在 2014

年提出的一种深度学习模型(Goodfellow et al.,2014)。GAN 的核心思想是通过两个神经网络——生成器(Generator)和判别器(Discriminator)之间的对抗过程来生成逼真的数据。这两个网络在一个零和博弈游戏框架中进行训练,通过相互对抗来不断提高各自的能力,最终使得生成器能够生成非常逼真的数据样本。GAN 在图像生成、文本生成、视频生成等多个领域取得了显著的成功(Creswell et al.,2018)。

19.3.1　GAN 概述

GAN 由生成器和判别器两个主要部分组成,其中生成器负责生成与真实数据相似的新数据,而判别器致力于区分生成数据和真实数据(图 19.3)。生成器和判别器通过一个对抗性过程进行训练。生成器的目标是生成尽可能逼真的数据以欺骗判别器,而判别器的目标是尽可能准确地区分真实数据和生成数据。这一过程可以形式化为一个极小极大(minmax)优化问题。

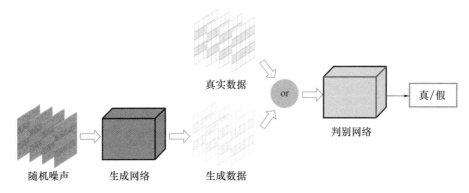

图 19.3　生成对抗网络结构图

数学上,GAN 的目标是求解以下优化问题:
$$\min_{G}\max_{D}V(D,G)=E_{x\sim p(X)}\big[\log D(x)\big]+E_{z\sim p(Z)}\big[\log(1-D(G(z)))\big] \tag{19.10}$$
式中,$p(X)$ 是真实数据的分布,$p(Z)$ 是生成网络的输入噪声的分布,$G(z)$ 是生成网络生成的数据,$D(x)$ 是判别网络对输入数据 x 的判别结果(即 x 是来自真实数据的概率)。

19.3.2　GAN 生成网络

生成网络接收一个噪声向量 z 作为输入,经过一系列非线性变换,生成逼真的数据样本。生成网络需要考虑如何从一个简单的分布(如标准正态分布)中抽样,并通过网络将其转换为复杂的、与真实数据分布相似的样本。生成网络通常采用以下结构组件:

①输入层:接收一个来自先验分布(例如正态分布)的低维噪声向量 z。

②全连接层:通常包括一个或多个全连接层,用于增加噪声向量的维度,并进行非线性变换。全连接层之后通常会加上批量归一化(Batch Normalization)和激活函数(如 ReLU)。

③反卷积层:使用反卷积(Transposed Convolutional Layers)或上采样(Upsampling)层将数据从低维空间逐步转换到高维空间,以生成高分辨率的输出数据。

④激活函数:在输出层,通常使用 Tanh 或 Sigmoid 函数将生成的数据约束在特定范围内。

生成网络的目标是最大化判别网络对其生成数据的误判概率,即:
$$\min_{G}V(G)=-E_{z\sim p(Z)}\big[\log D(G(z))\big] \tag{19.11}$$

在实际操作中,生成网络会不断调整其参数,使得生成的数据样本越来越难以被判别网络区分,从而达到以假乱真的效果。

19.3.3　GAN 判别网络

判别网络是一个二分类器,用于区分真实数据和生成数据。判别网络接收一个数据样本 X 作为输入,并输出一个表示该样本是来自真实数据的概率的标量。判别网络通常采用以下结构组件:

①输入层:接收一个从真实数据集中随机采样的真实数据,可以是图像、文本或其他形式的输入数据。

②卷积层:对输入数据进行特征提取,通常使用多个卷积层和池化层来逐步提取高级特征。

③全连接层:将卷积层提取的特征映射到一个低维空间,通常包含一个或多个全连接层。

④输出层:使用 Sigmoid 激活函数输出一个标量,表示输入数据为真实数据的概率。

判别网络的目标是最大化它对真实数据的正确判别概率,同时最小化它对生成数据的误判概率,即:

$$\max_D V(D) = E_{x \sim p(X)}\big[\log D(x)\big] + E_{z \sim p(Z)}\big[\log(1 - D(G(z)))\big] \tag{19.12}$$

通过多次迭代,判别网络能够不断提高其判别能力,从而更加准确地区分真实数据和生成数据。

19.3.4　训练过程

GAN 的训练过程是一场生成网络和判别网络之间的动态对抗。这种训练策略旨在通过两个网络之间的竞争来提升各自的性能,最终生成高质量、高逼真度的样本。以下是 GAN 训练过程的详细步骤。

（1）初始化生成器和判别器

·创建并初始化生成网络和判别网络的参数。

（2）判别器更新

·从真实数据集中随机采样一个小批量的真实数据样本 x_{real}。

·从先验分布中采样一个小批量的噪声向量 z,并通过生成网络 G 生成假样本 $x_{\text{fake}} = G(z)$。

·计算判别网络在真实数据上的损失 $\log D(x_{\text{real}})$ 和生成数据上的损失 $\log(1 - D(x_{\text{fake}}))$。

·将两个损失合并,进行反向传播来更新判别网络的参数,使其更好地区分真假样本。

（3）生成器更新

·从先验分布中采样一个小批量的噪声向量 z,并通过生成网络生成假样本 $x_{\text{fake}} = G(z)$。

·计算生成网络的损失,即判别网络对生成样本的判别结果为真的负对数似然:$-\log(D(x_{\text{fake}}))$。

·通过反向传播更新生成网络的参数,提升生成样本生成数据的可信性。

通过上述步骤的反复迭代,生成网络和判别网络在对抗训练中逐步提高各自的性能。生成网络学习如何生成越来越逼真的样本以欺骗判别网络,而判别网络则不断学习如何更准确地区分真实样本与生成网络生成的假样本。随着训练的进行,生成网络生成的样本质量会逐渐提高,越来越难以被判别网络识别出来。同时,判别网络的判别能力也会变得更加敏锐,能够捕捉到更细微的真假样本之间的差异。理想情况下,GAN 训练会达到一个平衡点,此时生成网络生成的样本将会无限接近于真实样本。

19.4　扩散模型

扩散模型(Diffusion Models)是近年来深度学习领域提出的一种生成模型,它是在 2015 年左右由 Sohl-Dickstein 等提出生成式建模扩散思想的基础上(Sohl-Dickstein et al.,2015),受 GAN 和 VAEs 的启发发展而来。扩散模型灵感来源于非平衡热力学中的扩散过程,通过模拟数据从完全随机状态逐渐“扩散”到完全确定的状态的过程,来实现数据的生成。这种方法允许模型学习数据的连续分布,并能够生成与真实数据相似的新样本。这种独特的训练方式使得扩散模型在图像生成等领域取得了显著的效果(Croitoru et al.,2023)。

扩散模型的基本思想是,通过定义一个从数据分布到噪声分布的扩散过程和一个从噪声分布到数据分布的逆扩散过程,以实现数据的生成。扩散过程逐步向数据样本添加噪声,使其变得越来越接近于某个已知的简单分布(如高斯分布);逆扩散过程则学习如何从噪声样本逐步去噪,还原出逼真的数据样本。

19.4.1　扩散过程

扩散过程是扩散模型中模拟数据从有序状态向无序状态转变的过程。在这个过程中,数据将从原始数据 X 逐渐“扩散”到符合高斯分布的完全随机状态 $\in$ 。在扩散的每一步,数据样本被逐渐注入少量来自标准正态分布的随机噪声,确保每一步的随机性和不可预测性。随着扩散的进行,数据的原始特征逐渐被噪声所掩盖,最终达到一个完全随机的状态,此时数据样本的分布与高斯分布相近。如图 19.4 所示。

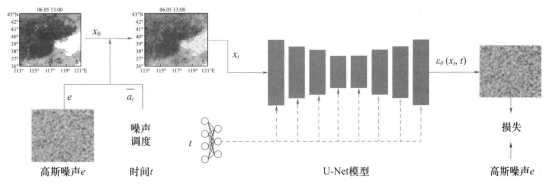

图 19.4　扩散过程示意图

扩散过程中每一步的状态转移仅依赖于前一步的状态和当前的随机噪声,它可以通过一个马尔可夫链来描述。这种无记忆性的特性简化了逆扩散过程的设计,因为逆过程只需要考虑如何从当前状态恢复到前一步的状态。扩散过程在数学上可以表示为:

$$x_t = \sqrt{\alpha_t}\,x_0 + \sqrt{1-\alpha_t}\in \tag{19.13}$$

式中,x_t 是第 t 步的扩散状态,x_0 是原始数据,$\in$ 是从标准正态分布中采样的噪声,α_t 是一个预定义的方差调度。

在扩散过程中,方差调度 α_t 控制着每一步噪声的相对大小,影响着数据向随机状态的过渡速度。为确保扩散过程的可逆性，方差调度 α_t 通常被设计为随时间递增，通常选择指数增长或幂律分布，例如：$\alpha_t = \sigma^t$ 或 $\alpha_t = (1/\sigma)^t$，其中 σ 用于控制方差增长速率。

19.4.2　逆扩散过程

逆扩散过程，也称为去噪过程。在该过程中，模型学习如何从扩散后的数据中去除噪声，逐步恢复出原始数据（图19.5）。逆扩散过程通常基于贝叶斯推断原理，来最大化原始数据 x_0 的后验概率。给定扩散后的数据 x_T，这个过程可以通过贝叶斯公式来表达：

$$p_\theta(x_0 \,|\, x_T) = \frac{p_\theta(x_T \,|\, x_0) \, p(x_0)}{p(x_T)} \tag{19.14}$$

式中，$p_\theta(x_T \,|\, x_0)$ 是在给定原始数据 x_0 的条件下，扩散后数据 x_T 的条件概率，它反映了扩散过程的可逆性。$p(x_0)$ 是原始数据的先验概率，通常假设为一个简单的分布，如标准正态分布。$p(x_T)$ 是扩散后数据的边缘概率，作为归一化常数。

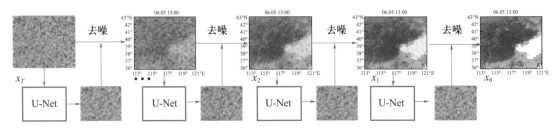

图 19.5　逆扩散过程示意图

逆扩散过程通过训练一个参数化的神经网络来实现，该网络学习如何从扩散后的数据 x_T 逐步去除噪声，恢复出原始数据 x_0。该过程可以被视为一个目标为最大化原始数据的对数概率的优化问题，可被表示为：

$$\log p_\theta(x_0 \,|\, x_T) = \log p_\theta(x_T \,|\, x_0) + \log p(x_0) - \log p(x_T) \tag{19.15}$$

在实践中，由于直接计算 $p(x_T)$ 可能较为困难，模型通常只优化与数据生成相关的项，即

$$\max_\theta \mathbb{E}_{x_T \sim q}[\log p_\theta(x_0 \,|\, x_T)] \tag{19.16}$$

式中，q 是扩散过程产生的数据分布，x_T 是从这个分布中采样的扩散后的数据。

19.4.3　主干网络

在扩散模型中，主干网络（Backbone Network）是实现从噪声到数据逆扩散过程的关键组件。它负责接收扩散过程中生成的噪声数据，并逐步预测并去除噪声，最终恢复出高质量的数据样本。主干网络的设计需要综合考虑数据的多样性和复杂性，通常由一系列精心设计的层组成，这些层可能包括但不限于全连接层、卷积层、循环层或 Transformer 层。每种类型的层都针对特定的数据处理任务进行了优化，以确保网络能够有效地从噪声数据中提取有用信息。

在数学上，主干网络可以被抽象为一个参数化函数 f_θ，它负责将扩散过程中的每一步状态 x_t 映射回原始数据空间，这个映射过程可以表示为：

$$\hat{x}_{t-1} = f_\theta(x_t) \tag{19.17}$$

这里，$\hat{x}_{t-1}$ 是在 $t-1$ 步的预测数据，x_t 是扩散过程中的第 t 步扩散状态，而 θ 表示网络的参数。这个函数的目标是最小化预测数据和原始数据之间的差异，从而逐步去除噪声并恢复数据的真实特征。

19.4.4　训练过程

训练扩散模型的核心在于学习前向过程和反向过程的转换机制。具体步骤如下：

（1）初始化参数

·训练的第一步是初始化主干网络的参数 θ。这些参数可以随机初始化，也可以使用预训练模型的参数。

（2）扩散过程

·数据准备：从原始数据集 X 中选取数据点，这些数据点将作为训练过程的输入。

·噪声添加通过马尔可夫链逐步向数据 X 添加噪声$\in$，生成扩散状态 x_t。这一步骤模拟了数据从有序到无序的自然退化过程。

（3）逆扩散过程

·主干网络训练：训练主干网络 f_θ 学习如何逆转扩散过程，即从噪声数据 x_t 恢复出原始数据。

·损失函数定义：采用适当的损失函数，如 MSE 或其他度量标准，来量化重构数据与原始数据之间的差异。

·反向传播与参数更新：利用反向传播算法根据损失函数的梯度更新网络参数。

重复执行逆扩散过程的参数更新，直到模型收敛或达到预定的迭代次数。通过上述训练过程，扩散模型的主干网络 f_θ 将学习到如何有效地从噪声数据中恢复出高质量的原始数据。在训练过程中，需要定期评估模型的性能，使用验证集或测试集来监控过拟合现象，并根据需要调整模型结构或训练策略。当模型在验证集上的性能不再提升，或者达到预设的迭代次数时，训练结束。此时，主干网络 f_θ 已经学习到了从噪声数据中恢复原始数据的有效机制。

19.5　GAN 模型实践

目标是将现有的低分辨率气象图像输入到 GAN 中，通过生成器生成对应的高分辨率图像，并通过判别器对生成的图像进行质量评估和优化。

代码实例：

```
def make_generator_model():
model = tf.keras.Sequential([
    layers.Dense(256,input_shape =(100,)),
    layers.LeakyReLU(alpha = 0.2),
    layers.Dense(512),
    layers.LeakyReLU(alpha = 0.2),
    layers.Dense(1024),
    layers.LeakyReLU(alpha = 0.2),
    layers.Dense(28 * 28,activation ='tanh'),
    layers.Reshape((28,28,1))
])
return model
```

```
def make_discriminator_model():
    model = tf.keras.Sequential([
        layers.Flatten(input_shape=(28,28,1)),
        layers.Dense(1024),
        layers.LeakyReLU(alpha=0.2),
        layers.Dropout(0.3),
        layers.Dense(512),
        layers.LeakyReLU(alpha=0.2),
        layers.Dropout(0.3),
        layers.Dense(256),
        layers.LeakyReLU(alpha=0.2),
        layers.Dense(1,activation='sigmoid')
    ])
    return model


# 实例化生成器和判别器
generator = make_generator_model()
discriminator = make_discriminator_model()


# 定义损失函数和优化器
cross_entropy = tf.keras.losses.BinaryCrossentropy(from_logits=True)
def discriminator_loss(real_output,fake_output):
    real_loss = cross_entropy(tf.ones_like(real_output),real_output)
    fake_loss = cross_entropy(tf.zeros_like(fake_output),fake_output)
    return real_loss + fake_loss


def generator_loss(fake_output):
    return cross_entropy(tf.ones_like(fake_output),fake_output)


generator_optimizer = Adam(1e-4)
discriminator_optimizer = Adam(1e-3)


# 训练 GAN
num_epochs = 500
batch_size = 128
latent_dim = 100   # 噪声向量的维度
fixed_noise = tf.random.normal([64,latent_dim])


dataset = load_dataset('Data',batch_size)
```

```
save_dir = 'generated_image'
if not os.path.exists(save_dir):
    os.makedirs(save_dir)


@tf.function
def train_step(images):
    noise = tf.random.normal([batch_size,latent_dim])

    with tf.GradientTape() as gen_tape,tf.GradientTape() as disc_tape:
        generated_images = generator(noise,training = True)

        real_output = discriminator(images,training = True)
        fake_output = discriminator(generated_images,training = True)

        gen_loss = generator_loss(fake_output)
        disc_loss = discriminator_loss(real_output,fake_output)

    gradients_of_generator = gen_tape.gradient(gen_loss,generator.trainable_variables)
    gradients_of_discriminator = disc_tape.gradient(disc_loss,discriminator.trainable_variables)

    generator_optimizer.apply_gradients(zip(gradients_of_generator,generator.trainable_variables))
    discriminator_optimizer.apply_gradients(zip(gradients_of_discriminator,discriminator.trainable_variables))
    return gen_loss,disc_loss


def train(dataset,epochs):
    for epoch in range(epochs):
        for image_batch in dataset:
            gen_loss,disc_loss = train_step(image_batch)

        if (epoch + 1) % 10 == 0:
            print(f'Epoch {epoch + 1},Generator Loss:{gen_loss.numpy()},Discriminator Loss:{disc_loss.numpy()}')
            show_generated_images(generator,fixed_noise,epoch)
```

输出结果如图 19.6 所示。

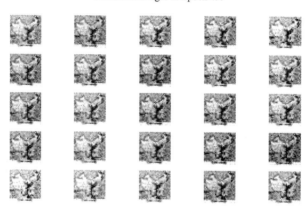

Loss 更新

```
Epoch 10, Generator Loss: 13.799863815307617, Discriminator Loss: 0.0002265199436806142
Epoch 20, Generator Loss: 2.889681339263916, Discriminator Loss: 0.29815196990966797
Epoch 30, Generator Loss: 5.134158134460449, Discriminator Loss: 0.08003543317317963
Epoch 40, Generator Loss: 6.281044960021973, Discriminator Loss: 0.0319334901869297
Epoch 50, Generator Loss: 4.427197456359863, Discriminator Loss: 0.07686679065227509
Epoch 60, Generator Loss: 1.3711800575256348, Discriminator Loss: 0.7003459334373474
Epoch 70, Generator Loss: 1.9084556102752686, Discriminator Loss: 0.6626479625701904
Epoch 80, Generator Loss: 5.44096040725708, Discriminator Loss: 0.11137518286705017
Epoch 90, Generator Loss: 9.784513473510742, Discriminator Loss: 0.04803119972348213
Epoch 100, Generator Loss: 4.657803535461426, Discriminator Loss: 0.18450826406478882
```

生成图像

Generated lmages at Epoch 499

图 19.6 机器学习(GAN 模型)降尺度结果

第五部分

人工智能拓展篇

第 20 章　表征学习

表征学习(Representation Learning)是机器学习中的关键任务,通过它,机器能够从原始数据中自动发现和理解有用的特征或表示。表征学习的目标是将原始数据转换为能够被机器理解和利用的形式,从而自动学习数据的潜在特征。随着输入数据的复杂性增加,算法对自动化处理的要求也越来越高。在这个背景下,表征学习应运而生。现实世界中的数据,例如图片、视频以及传感器的测量值,通常非常复杂、冗余且多变。有效地从这些复杂数据中提取特征并进行表示变得尤为重要。传统的手动特征提取不仅耗费大量人力,还依赖于专业知识,不便于自动化执行。表征学习则为高效、自动化地学习特征提供了全新的方法。本章将探讨表征学习的基本概念、方法及其在实践中的应用。

20.1　表征学习概述

20.1.1　表征学习定义

表征学习(Representation Learning)在机器学习中指的是将数据进行特征提取、抽象、表示和编码处理,使其转化为机器学习算法可以处理的形式。表征可以是原始数据的统计特征、频率特征、图像像素点、声音的声波等,也可以是通过深度学习提取的特征向量、CNN 中的特征图等。表征的选择和设计需要结合具体的应用场景、任务和算法模型,表征的质量直接影响机器学习的效果和性能。

随着大数据时代的到来,如何从海量、高维、复杂的数据中提取有用信息成为机器学习领域的重要挑战。传统的特征工程方法往往需要人工设计和选择特征,不仅耗时耗力,而且难以保证特征的有效性和泛化性。表征学习通过自动学习数据的表示方式,使机器学习算法能够更好地理解和利用数据中的信息。

表征学习的基本思想是通过模型将原始数据映射到一个低维空间,使数据的结构和关系在此空间中更加清晰和易于处理。通过不断学习和优化,模型能够学习到更有效、鲁棒的特征表示,从而提高在各种任务上的性能。

在实际应用中,表征学习被广泛应用于图像识别、语音识别、自然语言处理等领域。例如,卷积神经网络在图像识别中通过学习图像特征,实现对不同物体的分类和识别;循环神经网络在语音识别中通过学习语音信号特征,实现对语音的转录和识别;在自然语言处理中,利用词嵌入技术学习单词和短语的特征表示,有效地理解和分析文本。

20.1.2　表征学习与特征工程的区别

表征学习与特征工程在处理数据和构建模型时都扮演着关键角色,但二者存在显著区别。

(1)自动化程度

特征工程:需专家手动选择和构建特征,涉及数据清洗、归一化、特征选择等多个步骤。

表征学习:利用深度学习算法自动从数据中学习特征,无须人为干预。

(2)知识依赖性

特征工程:高度依赖领域专家的知识来识别重要特征。

表征学习:减少对领域知识的依赖,算法通过数据自我学习提取关键特征。

(3)数据处理能力

特征工程:处理高维数据时可能遇到维度灾难,需精心设计特征选择和降维技术。

表征学习:适合处理高维数据,能通过层次化结构自动学习复杂表征。

(4)模型泛化能力

特征工程:特征受限于专家见解,可能影响泛化能力。

表征学习:通过数据驱动的方式学习特征,提高模型泛化能力。

(5)应用范围

特征工程:适用于数据集较小、特征明确的情况。

表征学习:适用于数据量大、特征不明显或数据结构复杂的情况。

(6)计算资源

特征工程:计算成本较低,依赖简单数学运算和传统机器学习算法。

表征学习:需大量计算资源,深度学习模型需大量数据和计算能力训练。

(7)创新性

特征工程:依赖已知有效特征,创新性受限。

表征学习:算法自我创新,发现数据中新的模式和关联。

(8)可解释性

特征工程:由于手动和直观特性,决策过程易于解释。

表征学习:生成的高维、复杂特征,决策过程难以解释。

特征工程依赖于领域专家的先验知识来选择、构造和转换特征,是一个高度专业化和手动化的过程。表征学习则通过算法自动化地从数据中学习特征,减少了对领域知识的依赖,使得模型能够自适应地捕捉数据的统计特性和分布规律。此外,表征学习能够处理更加高维和复杂的数据结构,如非结构化文本和图像数据。它们在不同的应用场景下可以相互补充,共同推动数据科学和机器学习领域的发展。

20.1.3　表征学习挑战

表征学习的核心目标是发现数据的低维、稀疏和不变特征表示,揭示数据的潜在语义信息,提高模型的泛化能力。然而,实现这一目标面临以下挑战。

①维数灾难:随着数据维度增加,模型复杂度和计算成本急剧上升,需要有效应对高维数据。

②计算资源限制:深度学习模型通常需要大量计算资源和训练数据,可能限制其在资源受限环境中的应用。

③过拟合问题:模型可能会学习到与训练数据高度相关的特征,忽略数据的潜在分布,导致过拟合。

④可解释性挑战:深度学习模型通常被视为"黑箱",学习到的特征表示难以直观解释。

为了克服这些挑战,提出了正则化技术、降维方法和集成学习等策略,以提高表征学习的鲁棒性、泛化能力和可解释性。

20.2 特征提取与抽取

在实际应用中,单一任务往往包含多种特征。如果将所有特征作为模型的输入数据,可能导致"特征维数灾难",反而降低算法性能。因此,特征选择的目标是尽可能保留有效信息的同时减少特征维数。通过丢弃模棱两可等不易判别的特征,降低重复和相关性强的特征,避免信息损失。

相较于特征选择从 L 个度量值集合 $\{x_1, x_2, \cdots, x_L\}$ 中按一定准则选出供分类用的子集,作为降维的分类特征,特征提取旨在使一组度量值 $\{x_1, x_2, \cdots, x_L\}$ 通过某种变换 $h_i(\cdot)$ 产生新的 m 个特征 $\{x_1, x_2, \cdots, x_m\}$,其中 $i=1,2,\cdots,m; m \leqslant L$。

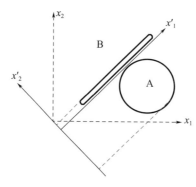

图 20.1 特征提取示意图

例如,在图 20.1 中,通过测量物体在两个坐标轴上的投影值进行特征提取。A、B 各有 2 个值域区间,但两个物体的投影有重叠,直接使用投影值无法区分它们。通过将坐标系旋转或物体旋转并平移,可以根据物体在轴上投影的坐标值区分两个物体。

20.2.1 单类模式特征提取

单类模式特征提取可压缩模式向量的维数,特征提取操作方法:若 $\{X\}$ 是 W_i 类的一个 n 维样本集,将 X 压缩成 m 维向量 X^*,并寻找一个 $m \times n$ 的矩阵 A,作变换 $X^* = AX$。

第一步:根据样本集求 W_i 类的协方差矩阵(类内散布矩阵)。

$$C = \frac{1}{N} \sum_{i=1}^{N} (X_i - M)(X_i - M)^{\mathrm{T}} \tag{20.1}$$

$$M = \frac{1}{N} \sum_{i=1}^{N} X_i \tag{20.2}$$

第二步:计算 C 的特征值,对特征值从小到大进行排队,选择前 m 个。

第三步:计算前 m 个特征值对应的特征向量 $\{u_1, u_2, \cdots, u_m\}$,并归一化处理。将归一化后的特征向量作为矩阵 A 的行。

$$A = \begin{bmatrix} u_1^{\mathrm{T}} \\ u_2^{\mathrm{T}} \\ \vdots \\ u_m^{\mathrm{T}} \end{bmatrix} \tag{20.3}$$

第四步:利用 A 对样本集 $\{X\}$ 进行变换。

则 m 维($m<n$)模式向量 $\boldsymbol{X}^*$ 就是作为分类用的模式向量。

20.2.2　多模式特征提取

多类模式特征提取的目的是在压缩维数的同时,突出类别的可分性。常用的方法是卡洛南-洛伊(Karhunen-Loeve,K-L)变换。K-L 变换是一种最小均方误差意义下的最优正交变换,适用于任意概率密度函数,能够有效消除模式特征之间的相关性并突出差异性。

K-L 展开式:设 $\{\boldsymbol{X}\}$ 是 n 维随机模式向量 $\boldsymbol{X}$ 的集合,对每一个 $\boldsymbol{X}$ 可以用确定的完备归一化正交向量系 $\{\boldsymbol{u}_j\}$ 中的正交向量展开:

$$\boldsymbol{X} = \sum_{j=1}^{\infty} a_j \boldsymbol{u}_j \tag{20.4}$$

式中 a_j 为随机系数。

用有限项估计 $\boldsymbol{X}$ 时:

$$\hat{\boldsymbol{X}} = \sum_{j=1}^{d} a_j \boldsymbol{u}_j \tag{20.5}$$

引起的均方误差:

$$\xi = E\big[(\boldsymbol{X}-\hat{\boldsymbol{X}})^{\mathrm{T}}(\boldsymbol{X}-\hat{\boldsymbol{X}})\big] \tag{20.6}$$

代入 $\boldsymbol{X}$、$\hat{\boldsymbol{X}}$,利用:

$$\boldsymbol{u}_i^{\mathrm{T}}\boldsymbol{u}_j = \begin{cases} 1, & j=i \\ 0, & j\neq i \end{cases} \tag{20.7}$$

$$\xi = E\Big[\sum_{j=d+1}^{\infty} a_j^2\Big] \tag{20.8}$$

由 $\boldsymbol{X} = \sum_{j=1}^{\infty} a_j \boldsymbol{u}_j$ 两边左乘 $\boldsymbol{u}_j^{\mathrm{T}}$ 得:

$$a_j = \boldsymbol{u}_j^{\mathrm{T}}\boldsymbol{X} \tag{20.9}$$

$$\begin{aligned} \xi &= E\Big[\sum_{j=d+1}^{\infty} \boldsymbol{u}_j^{\mathrm{T}}\boldsymbol{X}\boldsymbol{X}^{\mathrm{T}}\boldsymbol{u}_j\Big] \\ &= \sum_{j=d+1}^{\infty} \boldsymbol{u}_j^t E[\boldsymbol{X}\boldsymbol{X}^{\mathrm{T}}]\boldsymbol{u}_j \\ &= \sum_{j=d+1}^{\infty} \boldsymbol{u}_j^{\mathrm{T}}\boldsymbol{R}\boldsymbol{u}_j \end{aligned} \tag{20.10}$$

式中 $\boldsymbol{R}$ 为自相关矩阵。

不同的 $\{\boldsymbol{u}_j\}$ 对应不同的均方误差,$\boldsymbol{u}_j$ 的选择应使 ξ 最小。

利用拉格朗日乘数法求使 ξ 最小的正交系 $\{\boldsymbol{u}_j\}$,令

$$g(\boldsymbol{u}_j) = \sum_{j=d+1}^{\infty} \boldsymbol{u}_j^{\mathrm{T}}\boldsymbol{R}\boldsymbol{u}_j - \sum_{j=d+1}^{\infty} \lambda_j(\boldsymbol{u}_j^{\mathrm{T}}\boldsymbol{u}_j - 1) \tag{20.11}$$

式中 λ_j 为拉格朗日乘数

用函数 $g(\boldsymbol{u}_j)$ 对 $\boldsymbol{u}_j$ 求导,并令导数为 0,得

$$(\boldsymbol{R}-\lambda_j\boldsymbol{I})\boldsymbol{u}_j = 0, j=d+1,\cdots,\infty \tag{20.12}$$

矩阵 $\boldsymbol{R}$ 与其特征值和对应特征向量的关系式。当用 $\boldsymbol{X}$ 的自相关矩阵 $\boldsymbol{R}$ 的特征值对应的特征向量展开 $\boldsymbol{X}$ 时,截断误差最小。

选前 d 项估计 $\boldsymbol{X}$ 时引起的均方误差为:

$$\xi = \sum_{j=d+1}^{\infty} \boldsymbol{u}_j^{\mathrm{T}} \boldsymbol{R} \boldsymbol{u}_j = \sum_{j=d+1}^{\infty} \mathrm{tr}[\boldsymbol{u}_j \boldsymbol{R} \boldsymbol{u}_j^{\mathrm{T}}] = \sum_{j=d+1}^{\infty} \lambda_j \tag{20.13}$$

λ_j 为决定截断的均方误差,λ_j 的值小,那么 ξ 也小。

因此,当用 $\boldsymbol{X}$ 的正交展开式中前 d 项估计 $\boldsymbol{X}$ 时,展开式中的 $\boldsymbol{u}_j$ 应当是前 d 个较大的特征值对应的特征向量。

K-L 变换方法:

$$\boldsymbol{R} = E[\boldsymbol{X}\boldsymbol{X}^{\mathrm{T}}] \approx \frac{1}{N} \sum_{j=1}^{N} \boldsymbol{X}_j \boldsymbol{X}_j \tag{20.14}$$

对 R 的特征值由大到小进行排队:

$$\lambda_1 \geqslant \lambda_2 \geqslant \cdots \geqslant \lambda_d \geqslant \lambda_{d+1} \geqslant \cdots \tag{20.15}$$

均方误差最小的 $\boldsymbol{X}$ 的近似式:

$$\boldsymbol{X} = \sum_{j=1}^{d} a_j \boldsymbol{u}_j \tag{20.16}$$

矩阵形式:

$$\boldsymbol{X} = \boldsymbol{U}\boldsymbol{a} \tag{20.17}$$

式中,

$$\boldsymbol{a} = [a_1, a_2, \cdots, a_d]^{\mathrm{T}} \tag{20.18}$$

$$\boldsymbol{U}_{n \times d} = [\boldsymbol{u}_1, \cdots, \boldsymbol{u}_j, \cdots, \boldsymbol{u}_d] \tag{20.19}$$

式中

$$\boldsymbol{u}_j = [\boldsymbol{u}_{j_1}, \boldsymbol{u}_{j_2}, \cdots, \boldsymbol{u}_{j_n}]^{\mathrm{T}} \tag{20.20}$$

$$\boldsymbol{U}^{\mathrm{T}}\boldsymbol{U} = \begin{bmatrix} \boldsymbol{u}_1^{\mathrm{T}} \\ \boldsymbol{u}_2^{\mathrm{T}} \\ \vdots \\ \boldsymbol{u}_d^{\mathrm{T}} \end{bmatrix} [\boldsymbol{u}_1 \ \boldsymbol{u}_2 \cdots \boldsymbol{u}_d] = \boldsymbol{I} \tag{20.21}$$

$$\boldsymbol{u}_i^{\mathrm{T}} \boldsymbol{u}_j = \begin{cases} 1, & j = i \\ 0, & j \neq i \end{cases} \tag{20.22}$$

对 $\boldsymbol{X} = \boldsymbol{U}\boldsymbol{a}$ 式两边左乘 $\boldsymbol{U}^{\mathrm{T}}:\boldsymbol{a} = \boldsymbol{U}^{\mathrm{T}}\boldsymbol{X}$,这就是 K-L 变换,系数向量 $\boldsymbol{a}$ 就是变换后的模式向量。

利用自相关矩阵的 K-L 变换进行特征提取:设 $\boldsymbol{X}$ 是 n 维模式向量,$\{\boldsymbol{X}\}$ 总样本数目为 N。将 $\boldsymbol{X}$ 变换为 d 维($d < n$)向量的方法:

第一步:求样本集 $\{\boldsymbol{X}\}$ 的总体自相关矩阵 $\boldsymbol{R}$。

$$\boldsymbol{R} = E[\boldsymbol{X}\boldsymbol{X}^{\mathrm{T}}] \approx \frac{1}{N} \sum_{j=1}^{N} \boldsymbol{X}_j \boldsymbol{X}_j^{\mathrm{T}} \tag{20.23}$$

第二步:求 $\boldsymbol{R}$ 的特征值 $\lambda_j, j = 1, 2, \cdots, n$。对特征值由大到小进行排队,选择前 d 个较大的特征值。

第三步:计算 d 个特征值对应的特征向量 $\boldsymbol{u}_j, j = 1, 2, \cdots, d$,归一化后构成变换矩阵 $\boldsymbol{U}$。

第四步:对 $\{\boldsymbol{X}\}$ 中的每个 $\boldsymbol{X}$ 进行 K-L 变换,得变换后向量 $\boldsymbol{X}^*$:

$$\boldsymbol{X}^* = \boldsymbol{U}^{\mathrm{T}} \boldsymbol{X} \tag{20.24}$$

d 维向量 $\boldsymbol{X}^*$ 就是代替 n 维向量 $\boldsymbol{X}$ 进行分类的模式向量。

利用 K-L 变换进行特征提取的优点：

①低维逼近：K-L 变换在均方误差最小的意义下，变换在均方误差最小的意义下使新样本集 $\{\boldsymbol{X}^*\}$ 逼近原样本集 $\{\boldsymbol{X}\}$ 的分布，既压缩了维数又保留了类别鉴别信息。②突显差异性：变换后的新模式向量各分量相对总体均值的方差等于原样本集总体自相关矩阵的特征值。这表明变换突出了模式类之间的差异性，使得分类任务更为有效。③消除相关性：换后的样本各分量互不相关，变换矩阵 $\boldsymbol{C}^*$ 为对角矩阵，这消除了原特征之间的相关性，便于进一步进行特征选择和分析。

$$\boldsymbol{C}^* = E\{(\boldsymbol{X}^* - \boldsymbol{M}^*)(\boldsymbol{X}^* - \boldsymbol{M}^*)^{\mathrm{T}}\} = \begin{bmatrix} \lambda_1 & & & 0 \\ & \lambda_2 & & \\ & & \ddots & \\ 0 & & & \lambda_d \end{bmatrix} \tag{20.25}$$

K-L 变换的不足之处：①类别数量限制：K-L 变换在处理两类问题时效果较好，但随着类别数量的增加，其效果会逐渐下降。②样本量要求：需要大量样本来准确估计样本集的协方差矩阵或其他类型的散布矩阵。当样本数量不足时，矩阵的估计可能会非常粗糙，影响变换的效果。③计算成本高：计算矩阵的特征值和特征向量缺乏高效的算法，具有较高的计算成本。

特征选择方法分类如图 20.2 所示。

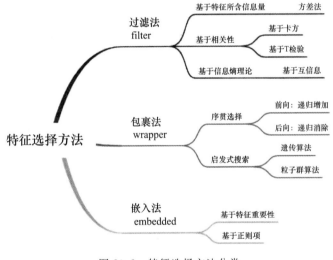

图 20.2　特征选择方法分类

K-L 变换作为一种特征提取方法，在压缩数据维数和保留类别鉴别信息方面表现出色，但也存在一定的局限性。了解和利用这种方法的优点，可以更好地理解和处理数据，提高预测性能和解释能力。

20.3　表征学习的关键技术

20.3.1　无监督学习

无监督学习是一种重要的表征学习方法，它从未标记的数据中学习数据的表征或结构，而无须依赖标签信息。无监督学习被用于发现数据的潜在模式、聚类相似样本、降低数据维度等。

常见的无监督学习方法有如下几种：

①聚类：将数据集中的样本分成若干组，使组内样本相似度高，组间相似度低。常见算法包括 K 均值聚类、层次聚类和 DBSCAN。

②降维：减少数据维度，保留尽可能多的信息，提高计算效率，去除冗余信息。常见方法有主成分分析（PCA）、t-SNE 和自编码器。

③生成模型：学习数据的生成过程，从而生成与原始数据相似的新样本。常见模型包括概率图模型、变分自编码器（VAE）和生成对抗网络（GAN）。

④异常检测：识别与大多数样本不同的异常样本。方法包括基于统计、密度和学习的方法。

20.3.2　监督学习

监督学习利用带标签的数据训练模型，以学习输入和输出之间的映射关系。虽然主要目标是拟合标签值，但监督学习也可用于表征学习。例如，CNN 在图像分类任务中不仅学习如何预测标签，还学习如何有效表示图像数据。

20.3.3　自监督学习

自监督学习利用数据自身结构或特点进行学习，不需要外部标签。它通过数据的内在属性（如顺序、相对位置等）生成伪标签，并训练模型逼近这些伪标签。自监督学习在没有真实标签的情况下学习有用特征表示，通过自生成任务引导模型学习数据特征。自监督学习在表征学习中应用广泛，帮助理解和建模数据，提高模型泛化能力和性能。

常见的自监督学习方法包括：①自编码器：将输入数据编码成低维表示，并尝试还原原始输入，学习数据特征表示。②对比学习：比较相似性，模型将同一数据样本的观察映射到相似表示，将不同数据样本的观察映射到不相似表示。③自监督预训练：在大规模未标记数据上进行初始训练，然后将学到的参数迁移到特定任务上进行微调。④生成式对比学习：结合生成模型和对比学习，通过综合学习生成数据分布和判别数据相似性进行表示学习。

20.4　表征学习在大气科学领域的应用

表征学习在大气科学中发挥重要作用，特别是在气候模拟、气象预测和空气质量监测等方面。表征学习通过有效的特征提取和表示，提升预测性能和解释能力。以下是一些应用实例：

①气候模拟和预测：提取气候系统要素的有效表示，如海洋表面温度，用于建立气候模型和参数调整，改善气候变化预测能力。

②天气预报：提取大气和海洋系统的重要特征，如风速、温度和湿度，建立预报模型，提高天气预报的准确性和精度。

③空气质量监测：提取空气污染物特征，如 $PM_{2.5}$、PM_{10} 和臭氧，监测和预测空气质量变化，识别影响空气质量的关键因素和机制。

④气候变化研究：提取气候系统的长期趋势和周期性变化，理解全球气候变化的原因和机制，识别异常事件和极端天气现象。

20.5　算法实践

(1)主成分分析

在这个示例中,生成了一个随机的气象数据矩阵,然后使用 PCA 进行主成分分析。通过设置 n_components 参数来指定保留的主成分数量。最后,输出了计算得到的主成分和解释方差比例。请注意,这只是一个简单的示例,实际应用中需要根据具体情况进行参数调整和数据预处理。

```python
import numpy as np
from sklearn. decomposition import PCA
# 创建示例气象数据,假设有 10 个气象变量,每个变量有 100 个样本
num_variables = 10
num_samples = 100
meteorological_data = np. random. rand(num_samples,num_variables)
# 使用 PCA 进行主成分分析
pca = PCA(n_components = 3)    # 假设只保留 3 个主成分
pca. fit(meteorological_data)
# 获取主成分和对应的解释方差比例
principal_components = pca. components_
explained_variance_ratio = pca. explained_variance_ratio_
# 输出结果
print("主成分:")
```

(2)编码器方法

使用 Python 的表征学习算法实例,该实例展示了如何使用自编码器(Autoencoder)进行特征提取。自编码器是一种无监督学习方法,通过将输入数据编码成一个低维表示,然后再解码回原始输入,从而学习到数据的特征表示。

```python
import numpy as np
import matplotlib. pyplot as plt
import tensorflow as tf
from tensorflow. keras. layers import Input,Dense
from tensorflow. keras. models import Model
from tensorflow. keras. datasets import mnist
# 加载 MNIST 数据集
(x_train,_),(x_test,_) = mnist. load_data()
x_train = x_train. astype('float32') / 255.
x_test = x_test. astype('float32') / 255.
x_train = x_train. reshape((len(x_train),np. prod(x_train. shape[1:])))
x_test = x_test. reshape((len(x_test),np. prod(x_test. shape[1:])))
# 定义自编码器架构
```

```
input_dim = x_train.shape[1]
encoding_dim = 32   #压缩后的维度
#编码器
input_img = Input(shape = (input_dim,))
encoded = Dense(encoding_dim,activation ='relu')(input_img)
#解码器
decoded = Dense(input_dim,activation ='sigmoid')(encoded)
#自编码器模型
autoencoder = Model(input_img,decoded)
#编码器模型
encoder = Model(input_img,encoded)
#编译自编码器
autoencoder.compile(optimizer ='adam',loss ='binary_crossentropy')
#训练自编码器
autoencoder.fit(x_train,x_train,
                epochs = 50,
                batch_size = 256,
                shuffle = True,
                validation_data = (x_test,x_test))
#使用编码器对测试数据进行编码
encoded_imgs = encoder.predict(x_test)
#使用自编码器对测试数据进行解码
decoded_imgs = autoencoder.predict(x_test)
#显示原始图像、编码后的表示和重建的图像
n = 10   #显示的图像数量
plt.figure(figsize = (20,6))
for i in range(n):
  #显示原始图像
  ax = plt.subplot(3,n,i + 1)
  plt.imshow(x_test[i].reshape(28,28))
  plt.gray()
  ax.get_xaxis().set_visible(False)
  ax.get_yaxis().set_visible(False)
  #显示编码后的图像(压缩表示)
  ax = plt.subplot(3,n,i + 1 + n)
  plt.imshow(encoded_imgs[i].reshape(8,4))   # 32 维压缩成 8×4 的 2D 式
  plt.gray()
  ax.get_xaxis().set_visible(False)
  ax.get_yaxis().set_visible(False)
  #显示重建后的图像
```

```
    ax = plt.subplot(3,n,i + 1 + 2 * n)
    plt.imshow(decoded_imgs[i].reshape(28,28))
    plt.gray()
    ax.get_xaxis().set_visible(False)
    ax.get_yaxis().set_visible(False)
plt.show()
print("\n 解释方差比例:")
```

第 21 章　迁移学习

2016 年,Landing · AI 和 DeepLearning · AI 的创始人吴恩达在 NIPS 会议上表示"在监督学习之后,迁移学习将引领下一波机器学习技术商业化浪潮"(Andrew,2016)。迄今为止,机器学习和深度学习在业界的广泛应用和成功主要由监督学习推动。然而,监督学习依赖于大量精心标注的数据来训练模型,这不仅成本高昂,还暴露了现有机器学习技术的局限性。人类可以利用在学习某一任务时获取的知识去解决另一件相关任务,并且这一能力随着任务间的相关性而增强。

21.1　迁移学习概述

随着科技的快速发展和数据的爆炸增长,面临大量高维、复杂的数据以及各种复杂问题。传统的机器学习和深度学习算法通常独立解决特定任务,当数据特征空间发生变化时,传统模型需要从头开始重建以适应新数据。迁移学习(Transfer Learning,TL)提供了一种强大的工具和方法,可以利用已有的知识和经验解决新领域中的任务和问题。在大气科学领域,偏远地区或特定时间段的观测数据往往有限,各类天气事件具有不同的时空特征,传统模型在新的环境中往往难以泛化,导致预测不准确。迁移学习通过将已有模型和知识迁移到新环境中,提升了模型的泛化能力和效率。

21.1.1　迁移学习思想

迁移学习的核心思想是将源任务(source task)中学到的信息在目标任务(target task)中重用,加快并优化目标任务的学习过程。迁移学习允许把在源域中解决源任务时获得的知识存储下来,并将其应用在目标域中的目标任务上,以减少由于任务间差异导致的学习开销,并利用已有知识提高新任务的学习效率和性能。

迁移学习在大气科学领域中具有重要意义,主要体现在以下几个方面:

①数据稀缺性:大气科学领域的数据往往受地域、气候等因素限制,导致某些地区或特定气象现象的数据稀缺。迁移学习可以利用大量已知数据中的特征表示,为数据稀缺区域提供有效解决方案。

②特征表达能力:迁移学习可以增强模型的特征表达能力,利用大数据和深度学习技术,学习更抽象、高级的特征表示,提高模型的预测性能。

③预测精度:通过从大量已知数据中学习有用的特征表示,迁移学习可以提高预测精度,减少误差和偏差。

④模型泛化能力:迁移学习可以提高模型的泛化能力,使其在面对新数据时能够更好地适应和预测。

21.1.2　迁移学习的历史

在传统机器学习中,每个任务通常是隔离和独立进行的,任务之间通常不共享知识。一个关键假设是,训练数据和测试数据必须来自相同的特征空间,并且遵循相同的数据分布。然而,在现实世界中,这种情况很少见。当数据分布发生变化时,模型需要重新训练,这非常耗时和费力。为了解决这些问题,迁移学习作为一种新的学习范式被提出。迁移学习的研究源于观察到人类可以将以前学到的知识应用于解决新问题。

自 1995 年以来,迁移学习吸引了众多研究者的关注,并被赋予了许多不同的名字,如学习去学习(Learning to Learn)、终身学习(Life-long Learning)、推导迁移(Inductive Transfer)、知识强化(Knowledge Consolidation)、上下文敏感性学习(Context-sensitive Learning)、基于知识的推导偏差(Knowledge-based Inductive Bias)、累计/增量学习(Incremental/Cumulative Learning)等。

虽然传统的半监督学习可以解决数据稀疏性问题,但它要求目标领域有一定量的标注数据。当标注数据非常稀缺且获取成本高昂时,仍需要从辅助领域迁移知识来提高目标领域的学习效果。总结来说,迁移学习与其他机器学习方法最大的区别在于它能够利用不同任务之间的先验知识来促进任务间的学习,克服数据稀缺和分布差异的问题。它与多任务学习、表示学习等技术的共通之处在于它们都能共享知识、提取泛化特征,并在多任务框架下进行联合优化。通过这些技术的结合使用,可以构建出更强大和适应性更强的学习模型。

迁移学习与其他机器学习方法之间的区别可见表 21.1。

表 21.1　传统机器学习和迁移学习的对比

比较项目	传统机器学习	迁移学习
目的与动机	假设训练数据和测试数据来自相同的特征空间和数据分布,方法专注于特定任务的性能优化	将一个任务(源任务)中学到的知识应用到另一个不同但相关的任务(目标任务)中,用于解决数据不足或差异性问题,并提高目标任务的学习效率
数据分布	训练和测试数据来自相同的特征空间和数据分布	训练和测试数据报从不同的分布
数据标注	需要足够的数据标注来训练模型	通过迁移相关任务中的知识来弥补目标任务数据的不足,特别适用于标注数据有限的场景
模型	每个任务分别建模	模型可以在不同任务之间迁移

21.2　迁移学习基本概念

21.2.1　领域和任务

在迁移学习中,有两个基本概念,即领域(Domain)和任务(Task)。根据 Pan 等(2010)的定义,详细介绍这两个概念如下。

(1)领域(Domain)

领域 $\mathcal{D}$ 是进行学习的主题,它包含了数据的特征空间 $\mathcal{X}$ 和生成这些数据的边缘概率分布 $P(X)$。其中 $x=\{x_1,x_2,\cdots,x_n\}\in\mathcal{X}$。比如学习任务是文本分类,每一个术语被用作一个二进制特征,然后 $\mathcal{X}$ 就是所有的术语向量的空间,x_i 是第 i 个与一些文本相关的术语向量。也就是说,如果两个域不同,那么它们会有不同的特征空间或者服从不同的边缘概率分布。源域(Source Domain)$\mathcal{D}_s$ 是有知识、有大量标注数据的领域,是要迁移的对象;目标域(Target Domain)$\mathcal{D}_t$ 是要赋予知识和标注的对象。

(2)任务(Task)

一个具体的任务 $\mathcal{T}=\{\mathcal{Y},f(\cdot)\}$,其中 $\mathcal{Y}$ 为标签空间,$f(\cdot)$ 为标签对应的学习函数。任

务由$\{x_i, y_i\}$组成,且$x_i \in X, y_i \in \mathcal{Y}$。函数$f(\cdot)$用于预测新的例子$x$的标签$f(x), f(x)$可被写为$P(y|x)$。给定源领域$\mathcal{D}_S$和源任务$\mathcal{T}_S$,目标领域$\mathcal{D}_T$和目标任务$\mathcal{T}_T$,迁移学习的目标是在$\mathcal{D}_S \neq \mathcal{D}_T$或者$\mathcal{T}_S \neq \mathcal{T}_T$的情况下,用$\mathcal{D}_S$的知识,来提升$\mathcal{D}_t$中学习函数$f_T(\cdot)$的预测效果。迁移学习的过程概述如图21.1所示。

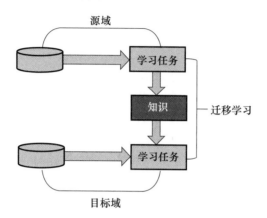

图 21.1　迁移学习的过程概述(Tan et al.,2018a)

$\mathcal{D}_S \neq \mathcal{D}_T$意味着$\mathcal{X}_S \neq \mathcal{X}_T$或者$P_S(X) \neq P_T(X)$,即源域和目标域特征空间(实例)不同,或者源域和目标域边缘概率分布不同。

$\mathcal{T}_S \neq \mathcal{T}_T$意味着$\mathcal{Y}_S \neq \mathcal{Y}_T$或者$P(Y_S|X_S) \neq P_T(Y_T|X_T)$,即源域和目标域标签不同或者源域和目标域条件概率分布不同。域间条件概率分布不同指在源领域和目标领域中,文本数据的特征与类别之间的关系可能不同。比如,在源领域中,某些词语可能与特定主题高度相关,但在目标领域中可能不再具有相同的相关性。这表明,即使在相似的任务中,不同领域的数据特征与类别之间的关联也可能截然不同。当源域和目标域相同$\mathcal{D}_S = \mathcal{D}_T$且源任务和目标任务相同$\mathcal{T}_S = \mathcal{T}_T$,则这个学习问题变成了一个传统机器学习问题。

21.2.2　领域泛化和领域适应

(1)领域泛化(Domain Generalization)

领域泛化是让模型在不同于训练数据的新领域中进行泛化。这意味着模型在未见过的领域中也能表现良好,而不仅仅是在训练时使用的领域中表现优异。领域泛化关注的是在多个领域中进行泛化,而不仅仅是一个特定的领域。解决源域和目标域的观测量和标签分布不一致的问题,同时训练时完全没有目标域的信息。

(2)领域适应(Domain Adaptation)

领域适应是将模型从一个领域(源域)适应到另一个领域(目标域)。这通常涉及在目标领域上进行微调或调整,以提高模型在目标领域中的性能。领域适应专注于从一个领域向另一个领域的知识转移。解决源域和目标域的观测量和标签分布不一致的问题,训练时有目标域的信息。领域适应在训练时可以使用少量目标域数据,这些数据可能是有标签的(有监督领域适应),也可能是无标签的(无监督领域适应)。

领域适应根据目标领域是否有标签,分为无监督(目标域无标签)和半监督(目标域有少量标签)。在无须大量标注数据的情况下,领域适应技术显著提升了模型在目标域的性能,尤其在图像分类、语义分割和情感分析等任务中取得了显著成果。

图 21.2a 显示了源域样本分布（带标签），图 21.2b 显示了目标域样本分布。虽然它们具有共同的特征空间和标签空间，但源域和目标域通常具有不同的分布，这意味着无法直接将源域训练好的分类器用于目标域样本的分类。因此，在领域适应问题中，尝试对两个域中的数据做一个映射，使得属于同一类（标签）的样本聚在一起。这样就可以利用带标签的源域数据，训练分类器供目标域样本使用。

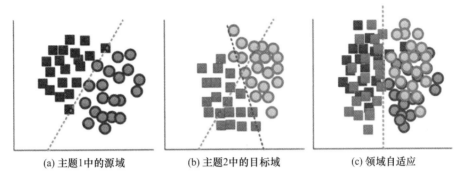

(a) 主题1中的源域　　　(b) 主题2中的目标域　　　(c) 领域自适应

图 21.2　领域自适应示意图（Chai et al.,2016）

21.2.3　迁移学习的分类

Pan 等（2010）提出了迁移学习的三个主要研究问题：迁移什么（What to transfer）、如何迁移（How to transfer）和何时迁移（When to transfer）。①迁移什么：涉及确定在源领域和目标领域之间哪些知识、特征或模型应该进行迁移，以提高目标任务的性能。②如何迁移：指实际进行迁移的方法，包括选择适当的迁移学习方法、调整模型参数和选择特征转换方法等。③何时迁移：确定在什么时候进行迁移学习，以实现最佳性能提升。有时，迁移学习在最初的模型训练阶段就需要考虑，而在其他情况下可能需要在模型训练的中间阶段进行动态适应。

迁移学习的分类如图 21.3 所示。

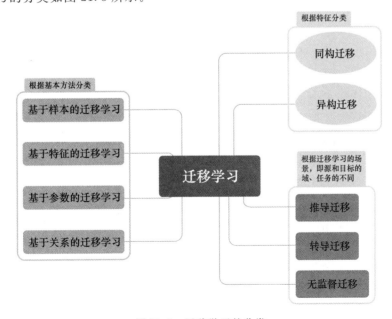

图 21.3　迁移学习的分类

（1）迁移学习根据特征分类，可分为同构迁移学习和异构迁移学习（表21.2）。

表 21.2 同构迁移和异构迁移对比

迁移学习方式	源域与目标域特征空间	需解决的问题
同构迁移	相同	域自适应学习
异构迁移	不同	特征空间对齐＋域自适应学习

同构迁移学习：源域和目标域的特征存在较大的重叠，并且标签完全一致（特征维度相同，分布不同）。

异构迁移学习：源域和目标域的特征存在很小的重叠或者不重叠，标签可能完全不一致（特征维度不同或本身就不同）。

（2）根据迁移学习的场景，即源和目标的域、任务的不同，迁移学习可以被归纳为以下三类：

推导迁移（Inductive Transfer）：目标域与源域可以相同或不同，但目标任务和源任务不同。

转导迁移（Transductive Transfer）：源任务和目标任务相似，但源域和目标域不同。源域有大量标注数据，而目标域无标注数据。

无监督迁移（Unsupervised Transfer）：源领域和目标领域都缺乏标签信息，目标任务与源任务不同但相关。

（3）迁移学习可以根据不同的迁移方式分为四类：基于实例的迁移、基于特征的迁移、基于模型参数的迁移和基于关系知识的迁移。

①基于实例的迁移

基于实例的迁移学习利用源域中的有标签数据来训练目标任务的模型。例如，在一个图像分类任务中，已经训练好的模型可以直接应用于新的图像分类任务，从而利用已有的知识来提高目标任务的性能。

传统的机器学习假设训练数据和测试数据来自同一个领域，但在实际应用中，测试数据可能来自不同的域。基于样本的方法通过权重调整将源领域中的特定实例应用于目标领域来改善目标领域的学习性能。这种方法简单易行，但权重选择和相似度度量依赖经验，且源域和目标域的数据分布往往不同。

②基于特征的迁移学习

基于特征的迁移学习通过在源领域中学习到的特征表示来改善目标领域中的学习任务。当源域和目标域含有一些共同的特征时，可以通过特征变换将源域和目标域的特征变换到相同空间，使它们具有相同的数据分布，然后进行传统的机器学习。

例如，在自然语言处理任务中，可以使用预训练的词嵌入模型（如 Word2Vec）来学习单词的语义表示，然后将这些学习到的特征表示用于目标任务，从而提高目标任务的性能。这种方法适用于大多数情况，但难于求解且容易过拟合。

③基于模型参数的迁移学习

基于模型参数的迁移学习通过在源领域中训练的模型参数来初始化目标领域中的模型，并在目标领域中进行微调来提高性能。例如，在计算机视觉任务中，可以使用在 ImageNet 上预训练的卷积神经网络模型来初始化目标任务的模型，并在目标任务上进行微调，从而提高性能。

这种方法可以加速目标检测模型的收敛并提高性能。常见的方法是在源领域上训练一个模型,然后将该模型的参数初始化为目标领域的模型,并在目标领域上进行微调(fine-tuning)。

④基于关系知识迁移学习

通过将源领域中学习到的关系知识应用于目标领域的学习任务。例如,在知识图谱中,可以通过学习实体之间的关系来构建一个知识图谱模型,然后将这个模型中学习到的关系知识迁移到目标任务中,从而提高目标任务的性能。

这种方法利用源领域的知识(如规则、约束、先验知识等)来指导目标领域任务。例如,在自然语言处理中,利用在一个领域上训练的语言模型的知识(如语法规则、词汇使用等)来指导目标领域的文本生成任务。

这些方法可以根据具体的迁移学习问题和任务需求进行选择和组合,以提高目标领域上的学习性能。

21.2.4　迁移边界和负迁移

迁移学习的基础在于发现源任务和目标任务之间的相关性。这些相关性可以在特征层面、数据分布,甚至在更抽象的知识层面上找到。关键在于如何选择、修改和使用源任务的知识,并将这些知识有效地应用于目标任务。然而,并非所有的迁移都是有益的,当源和目标任务差异性较大,或者源任务的知识对于目标任务不适用或有误导性时,可能会发生负迁移,即在目标任务上的性能会比没有迁移学习的情况下更差。

迁移边界(Transfer Boundary):是源领域和目标领域之间的决策边界或知识边界,它表示了迁移学习是否能够成功进行。如果源领域和目标领域在迁移边界内,意味着它们之间的知识和特征是可以迁移的;相反,如果在迁移边界外,迁移学习可能会面临挑战。

负迁移(Negative Transfer):在进行迁移学习时,目标任务的性能反而变差的情况。这通常发生在源领域和目标领域之间存在很大差异时,或者源领域的知识不适用于目标领域任务的情况下。例如,假设在一个识别任务上训练了一个模型,然后想将这个模型应用于温度分类任务。如果源领域(云)和目标领域(温度)之间的特征差异很大,且源领域的知识(云)不适用于目标领域任务(温度),负迁移可能发生。

负迁移产生的原因主要在两方面:①数据差异:源域和目标域数据不相似;②方法不当:源域和目标域是相似的,但是使用的迁移学习方法不好,没有找到合适的可迁移特征。克服"负迁移"的影响成为拓宽迁移学习应用范围的关键。

21.3　基于特征的迁移学习

基于特征的迁移学习假设源域和目标域的数据特征可能不完全重叠,因此,通过重新加权或重新采样样本无法有效减少源域与目标域之间的差异;基于特征的迁移学习通过学习映射函数将源域和目标域的数据映射到共同的特征空间,减少域之间的差异性,然后使用这些映射到新特征空间的数据训练目标分类器。

根据学习特征映射函数的动机和假设不同,基于特征的迁移学习方法可以分为三类:通过最小化域间差异来学习源域和目标域的可迁移特征。学习所有域通用的高质量特征。通过从数据中学到的额外相关性来扩展特征空间,以实现跨域特征增强。

21.3.1　最小化域间差异

最小化域间差异的动机是通过学习映射函数,使得源域和目标域的数据在新特征空间中的分布接近。常用的方法有:

(1)最大均值差异(Maximum Mean Discrepancy,MMD)

MMD 是域适应中最广泛使用的一种损失函数,用于度量两个不同但相关的分布之间的距离。如果均值差异达到最大,说明采样的样本来自完全不同的分布。在分别来自两个分布的目标域样本 x_s 和源域样本 x_t,其 MMD 的经验估计为:

$$\text{MMD}(x_s, x_t) = \parallel \frac{1}{n_s} \sum_{i=1}^{n_s} \phi(x_i^s) - \frac{1}{n_t} \sum_{i=1}^{n_t} \phi(x_i^t) \parallel_H \tag{21.1}$$

式中,$\phi(x)$ 将实例映射到与核 $k(x_i, x_j) = \phi(x_i)^T \phi(x_j)$ 相关联的希尔伯特空间 H,n_s 和 n_t 分别是源域和目标域的样本量。

(2)基于 Bregman 散度的正则化

另一种方法是基于 Bregman 散度的正则项来度量域在特征空间上的距离,其目标函数形式如下:

$$\min_{\phi} F(\phi) + \lambda D_w(\phi(X_s) \parallel \phi(X_t)) \tag{21.2}$$

式中,$F(\phi)$ 是定义的任务目标,$D_w(\phi(X_s) \parallel \phi(X_t))$ 是 $\phi(X_s)$ 和 $\phi(X_t)$ 之间的 Bregman 散度。

21.3.2　学习通用特征

最小化域间差异旨在学习给定的源域和目标域中域的不变性特征,还有一种方法即从若干个域中学习通用的特征。这主要包含了两个方法。

(1)学习通用编码

该方法主要分为两个步骤。首先从来自迁移学习环境中多个源域的大量无标签数据中学习更高级别的基向量组 $\boldsymbol{B} = \{b_1, \cdots, b_{n_s}\}$,形式化如下:

$$\min_{A,B} \sum_i \left\| x_i^s - \sum_j a_i^j b_j \right\|_2^2 + \beta \parallel a_i \parallel_1 \tag{21.3}$$

$$s.t. \parallel b_j \parallel_2 \leqslant 1, \forall j \in 1, \cdots, n_s$$

式中,$a_i = (a_i^1, \cdots, a_i^{n_s})^T$ 是 x_i^s 在基向量 $\boldsymbol{B}$ 上的坐标,$\sum_i \left\| x_i^s - \sum_j a_i^j b_j \right\|_2^2$ 是一个重建误差项,用于度量源域中第 i 个数据点 x_i^s 从源域 S 中通过基向量 $\boldsymbol{B}$ 进行重建的误差,表示了重建后的数据点与原始数据点之间的欧几里得距离的平方和。$\beta \parallel a_i \parallel_1$ 是一个正则化项,用于控制编码系数的稀疏性。通过加入 L1 范数($\parallel \ \parallel_1$),鼓励解的稀疏性,从而使得一些系数变为 0,这对于特征选择和模型简化有重要意义。β 是正则化参数。$\parallel b_j \parallel_2 \leqslant 1, \forall j \in 1, \cdots, n_s$ 是对基向量的约束条件,要求每个基向量的 L2 范数(即长度)不超过 1。这有助于控制基向量的规模,防止它们变得过大,从而影响模型的稳定性和性能。

第一步旨在通过无标签数据学习一组基向量 $\boldsymbol{B}$ 和相应的编码系数 A,从而在不同源域的数据上实现数据的有效表示。在学习了 $\boldsymbol{B}$ 之后,接着求解目标域在 $\{b_1, \cdots, b_{n_s}\}$ 空间上的表,即对于目标域中的每个数据点 x_i^s,找到其在基向量 $\boldsymbol{B}$ 上的编码系数 $\hat{a}_i$:

$$\hat{a}_i = \arg\min_{a_i} \left\| x_i^s - \sum_j a_j^i b_j \right\|_2^2 + \beta \| a_i \|_1 \tag{21.4}$$

类似于上一步的目标函数,这里我们最小化目标域数据点 x_i^s 在基向量 $\boldsymbol{B}$ 上的重建误差。最后,将所有数据映射到 $\{b_1, \cdots, b_{n_s}\}$ 空间上,基于具有关联标签的目标域的新表示 $\{\hat{a}_i\}$ 来学习模型。

（2）深度通用特征

深度通用特征通过深度神经网络学习得到,方法包括基于编码解码和重构损失的方法、基于聚类的方法。前者是利用深度编码器 $f(\cdot)$ 将输入 x 映射为隐藏特征空间,而深度解码器 $g(\cdot)$ 将隐藏特征空间还原到真实数据 $\hat{x} = g(h)$。由于编解码器是使用的不同的辅助域以及重构损失训练的网络,其输出 h 即可被视为输入样本的通用特征表示。与利用编解码器重构损失相比,聚类是在复杂性更轻量的无监督学习方法,同时它还可以增加学习到的特征表示的可解释性。

21.3.3　特征增强

在基于特征的迁移学习中,特征增强是一种可以提高模型性能的常用方法。特征增强可以按照以下几个步骤进行:

①特征选择:从源领域中选择一组相关性较高的特征。这可以通过特征选择算法（如方差选择法、相关性分析等）来完成。

②特征提取:将数据集中的原始特征转换为更具有区分度的表征,以增强特征的表达能力。一种常见的特征提取方法是使用深度神经网络进行自动编码器的训练,从而得到更具有区分度的特征向量。

③特征变换:通过对原始特征进行线性或非线性的变换来增强它们的表达能力。例如,可以使用主成分分析（PCA）或线性判别分析（LDA）等方法进行特征变换。

④数据增强:通过对源领域的数据进行扩增,产生更多的样本以增加训练集的多样性。常用的数据增强方法包括图像翻转、旋转、缩放、剪裁等,在文本领域中可以使用词汇替换、词汇插入等方法。

⑤特征合并:将源领域和目标领域的特征进行合并,得到一个包含更丰富信息的特征向量。可以通过将两个特征向量简单拼接,或者使用更复杂的特征合并算法（如多层感知机、支持向量机等）。

⑥特征映射:通过学习一个映射函数,将源领域的特征映射到目标领域中,以达到特征的匹配。可以使用领域自适应方法（如最大均值差异（MMD）和领域对抗神经网络（DANN）等）来实现特征的映射。

21.4　基于实例的迁移学习

21.4.1　实例加权

重标定（Re-weighting）:该方法通过重新计算源领域中的实例权重来进行加权。一种常见的重标定方法是使用源领域和目标领域之间的分布差异来计算实例权重。例如,可以使用最大均值差异来度量源领域和目标领域之间的差异,并根据差异程度对源领域中的实例进行加权。

迁移样本选择(Transfer Sample Selection):该方法通过选择源领域中与目标领域相关的实例来进行加权。例如,可以使用领域自适应方法(Domain Adaptation)中的领域间距离度量来评估源领域中的实例与目标领域之间的相似性,并根据相似性选择实例进行加权。

迁移聚类(Transfer Clustering):该方法通过将源领域中的实例聚类成不同的类别,并对每个类别中的实例进行加权。例如,可以使用谱聚类(Spectral Clustering)等聚类算法将源领域中的实例划分为不同的子集,然后对每个子集中的实例进行加权。

迁移示例生成(Transfer Instance Generation):该方法通过生成源领域中缺失的实例来进行加权。例如,可以使用生成对抗网络(Generative Adversarial Networks)等方法生成与目标领域相似的实例,并将这些生成的实例与源领域中的实例进行加权。

21.4.2　实例选择

基于实例的迁移学习中的实例选择方法主要用于在源领域和目标领域之间选择适当的实例进行迁移。这些方法旨在选择与目标领域相关的实例,以提高迁移学习的性能。常见的实例选择方法包括:

迁移相似性选择:在源领域和目标领域之间选择相似的实例以提高性能。这通常包括特征相似性选择和标签相似性选择两种方法。特征相似性选择中的度量方法可以使用诸如欧氏距离、马氏距离或余弦相似度等来计算特征之间的相似性。标签相似性选择可以利用标签信息的相似性来选择与目标领域相关的实例。

激活模式选择:应用于基于深度学习模型的迁移学习中。它利用神经网络中激活模式的相似性来选择实例。通过比较源领域和目标领域中神经网络的激活模式,选择相似的激活模式对应的实例进行迁移学习。

核心样本选择:基于核心样本的概念,选择对于目标领域有重要影响的样本进行迁移学习。核心样本通常是对整个数据集有重要代表性的样本,它们的变化对模型的性能影响较大。该方法通过识别源领域中的核心样本,并将其加权用于目标领域的学习过程。

多核学习方法:使用多个核函数来度量实例之间的相似性,并结合不同核函数的信息选择适当的实例进行迁移学习。多核学习方法可以提高模型对数据特征的适应性,从而提高迁移学习的性能。

21.5　深度网络迁移学习

深度学习算法能够从大量数据中学习高级特征,在许多领域的应用都有着出色的表现。然而深度学习对大量训练数据的依赖非常强烈。网络的前面几层学习到的是通用的特征(general feature);随着网络层次的加深,后面的网络更偏重于学习任务特定的特征(specifc feature),所以可将通用特征迁移到其他领域。深度迁移学习方法(BA,DDC,DAN)比传统迁移学习方法(TCK,GFK)精度高,如图 21.4 所示。

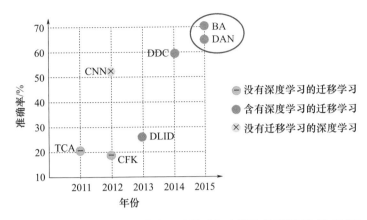

图 21.4　深度迁移学习比传统迁移学习方法精度高（谈继勇 等，2021）

（引自《深度学习 500 问》，https://github.com/scutan90/DeepLearning-500-questions）

21.5.1　深度网络迁移学习步骤

深度网络迁移学习的基本流程为：

①确定待解决的新任务，获得与该任务相关的数据集。这些数据可以是有标签或无标签的。如果有标签数据，则可以用于监督学习；如果没有标签数据，则可以使用无监督学习或半监督学习的方法。

②模型选择和预训练：根据新任务的特点，选择一个预训练的深度神经网络模型作为基础模型。这个预训练模型通常是在大规模数据集上进行训练的，通过在这样的大规模数据集上进行训练，预训练模型可以学习到一些通用的特征，这些特征可以在新任务上进行迁移。

③迁移策略：根据新任务的特点，设计合适的迁移策略。一种常见的迁移策略是冻结预训练模型的前几层或特定层的参数，只训练新任务相关的特定层或其他特定模块的参数。这样可以保留预训练模型已学到的通用特征，并在新任务上快速适应。

④微调和训练：通过微调和训练模型来适应新任务。微调是指在冻结的层之上对模型进行训练，以逐步调整模型的参数以适应新任务的特定特征。可以使用新任务的有标签数据来训练模型。此外，还可以使用无标签数据或其他数据增强技术来增加模型的泛化性能。

⑤模型评估和部署：在完成模型的微调和训练后，对模型进行评估，以确定其在新任务上的性能。可以使用测试集上的评估指标来度量模型的性能。如果模型的性能满足要求，则可以将其部署到实际应用中。

通过基于 CNN 的迁移学习初步了解深度网络迁移学习的基本流程。使用大规模图像数据集对深度 CNN 模型进行训练，由于样本和参数的数量都十分庞大，即使使用 GPU 加速也会花费较长的训练时间。但深度 CNN 体系结构的另一个优势便是经过预训练的网络模型可以实现网络结构与参数信息的分离，所以只要网络结构一致，便可以利用已经训练好的权重参数构建并初始化网络，极大地节省了网络的训练时间。

21.5.2　微调

在实际应用中，从头开始训练一个神经网络是非常耗时的，并且训练数据量可能不足。利用已经训练好的网络，固定前几层的参数，针对目标任务微调后面的层，可以更高效地完成任务。在微调过程中,使用较小的学习率、根据残差微调编码器的参数进行调整,以便模型适应新的任务。

微调通常会加速模型的收敛,有时会提升精度。假设在一个图像分类任务中使用迁移学习,但新任务的数据集与原始训练数据集有差异。进行特征提取后,可以选择解冻一些顶层或全部层,并在新数据集上进行微调,从而提高性能。

微调的优点在于无须从头开始训练网络,节省时间成本;预训练模型通常在大数据集上进行训练,模型更鲁棒,泛化能力更好,提升了训练精度。但微调无法处理训练数据和测试数据分布不同的情况,因为其假设是训练数据和测试数据服从相同的分布。如图 21.5 所示。

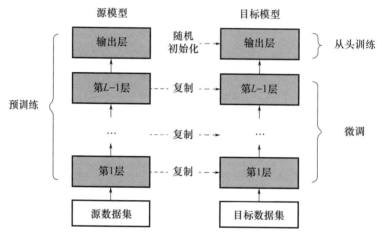

图 21.5　深度迁移学习的预训练和微调

21.5.3　深度特征提取和特征共享

深度学习的层级结构允许利用预训练模型的前几层作为其他任务的特征提取器,只改变最上面一层。特征提取是利用预训练的深度神经网络模型的前几层提取数据的特征表示,而不修改模型的权重。这些特征表示可以作为输入传递给新的分类器或回归器来解决新任务。假设有一个在大规模图像数据集上预训练好的卷积神经网络(如 VGG、ResNet),在新的任务中,需要对一组不同类别的图像进行分类,但训练数据较少。可以将这些图像通过预训练的卷积神经网络进行特征提取,然后使用提取到的特征作为输入,训练一个简单的线性分类器完成新的图像分类任务。

特征共享是指在源任务和目标任务之间共享部分模型参数或中间层特征表示,以帮助提高目标任务的性能。根据不同的目标任务,调整共享的特征层可以通过以下几种方式实现:

①底层特征共享:如果源任务和目标任务具有相似的低级特征,可以共享底层特征层提取共同的特征表示。这适用于源任务和目标任务之间有较高相似性的情况。

②中间层特征共享:通过共享中间层特征,可以提取源任务和目标任务共享的高级特征表示。这适用于源任务和目标任务在更高级别的特征上存在共性。

③顶层特征共享:如果源任务和目标任务在最终分类或回归问题上具有相似的输出空间,可以共享顶层特征层,以便更好地适应目标任务。

④联合训练:源任务和目标任务共享一部分或全部模型参数,同时在目标任务上进行微调。这样可以通过源任务的知识辅助目标任务的学习,提高目标任务的性能。

21.6　基于对抗的深度迁移学习

21.6.1　基本概念

首先简单回顾一下生成对抗网络(GAN),如图 21.6 所示。生成对抗网络是一个包含生成器(Generator)和判别器(Discriminator)的模型。生成器生成假图片,判别器则区分输入的图片是真实的还是生成的。生成器希望生成的图片能骗过判别器,而判别器则不断提升辨别能力,直到系统达到一个稳定状态(纳什平衡)。

基于对抗的深度迁移学习引入了 GAN 的对抗技术,以找到适用于源域和目标域的可转移表示。在域适应问题中,将目标域数据视为生成样本。生成器的目的是从源域和目标域中提取特征,使得判别器无法区分特征来源于哪个域,同时这些特征能很好地完成分类任务。

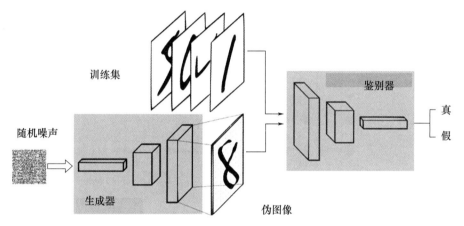

图 21.6　GAN 结构示意图(Goodfellow et al.,2014)

21.6.2　对抗迁移学习步骤

对抗式迁移学习的基本方法和流程如下:

(1)准备源领域和目标领域数据

利用深度神经网络等方法,对源领域和目标领域的数据进行特征提取,得到每个样本的特征表示。

(2)构建对抗生成网络

使用生成器和判别器组成对抗生成网络。生成器生成目标领域的样本,判别器判断样本是来自源领域还是目标领域。

(3)对抗训练

通过对抗训练,生成器和判别器在源领域和目标领域之间互相竞争。生成器试图生成逼真的目标领域样本,判别器则试图区分真实的目标领域样本和生成的样本,不断更新参数以更好地模拟源域和目标域的分布。

(4)特征迁移

生成器学习到的映射函数用于目标领域样本的特征迁移。通过将目标领域的样本输入生成器,得到在源领域上的特征表示,实现知识迁移。

（5）目标领域分类

使用迁移后的特征表示进行目标领域的分类任务训练和预测，提高分类准确性。

21.6.3　对抗特征学习

对抗特征学习一般指的是双向生成对抗网络（Bidirectional Generative Adversarial Networks，BiGAN）。GAN 由两个网络组成：用来拟合数据分布的生成网络 G 和用来判断输入是否"真实"的判别网络 D。生成器的目标是通过生成尽可能接近实际数据的样本来"欺骗"鉴别器。除了来自标准 GAN 框架的生成器 G 之外，BiGAN 还包括编码器 E，其将数据 x 映射到潜在表示 z。BiGAN 鉴别器 D 不仅在数据空间［x 与 $G(z)$］中进行区分，而且在数据和潜在空间［元组 $(x,E(x))$ 与 $(G(z),z)$］进行区分。即对于生成器生成的数据而言，其包含生成的数据和用以生成数据的噪声数据；而对于真实数据而言，其包含数据本身和经过生成器逆映射得到的值。如图 21.7 所示。

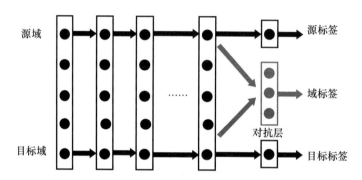

图 21.7　基于对抗的深度迁移学习

BiGAN 编码器学习预测给定数据 x 的特征，捕获数据的语义属性，生成器生成数据，判别器分辨真实和生成数据的区别。训练好的 BiGAN 编码器可作为相关任务的有用特征表示。在源域大规模数据集的训练过程中，网络的前几层作为特征提取器，从两个领域中提取特征并送入对抗层，对抗层试图区分特征的来源。

21.6.4　领域对抗神经网络（DANN）

领域对抗神经网络（DANN）的核心思想是在表示层面上减少训练集和测试集边缘分布的差异。通过引入判别器来刻画真实数据分布和生成数据分布之间的差异，DANN 能够用域判别器（Domain Discriminator）来区分不同数据域的特征。

DANN 网络架构由三个子网络组成：

①特征提取器（Feature Extractor）：首先将源域和目标域的样本进行映射和混合，使域判别器无法区分数据来自哪个域，并提取完成任务所需的特征。使标签分类器能够分辨出源域数据的类别。

②标签分类器（Label Classifier）：用于源域数据分类，尽可能分出正确的标签。

③域判别器（Domain Discriminator）：对特征空间的数据进行分类，尽可能区分数据来自哪个域。

特征提取器和标签分类器构成一个前馈神经网络。然后，在特征提取器后面加上一个域判别器，中间通过一个梯度反转层（Gradient Reversal Layer，GRL）连接。在训练过程中，对来自源域的带标签数据,网络不断最小化标签分类器的损失(loss)。对来自源域和目标域的全部数据,网络不断最小化域判别器的损失。

21.6.5　对抗训练

在对抗迁移学习中,对抗性训练可以应用于不同的场景,例如在目标领域中存在对手故意制造的对抗样本的情况。这时,可以使用对抗性训练来提高模型的鲁棒性,使其能够更好地适应这些对抗样本。通过对抗性训练,模型将在目标领域中更好地适应故意设计的对抗样本,提高对抗性和鲁棒性,从而实现更可靠的迁移学习。

21.7　异构迁移学习

21.7.1　异构迁移基本概念

传统的迁移学习假设源域和目标域的特征空间和分布相同,但在实际应用中,这种假设往往不成立。为了解决这一限制,异构迁移学习(Heterogeneous Transfer Learning)应运而生。异构迁移学习是在源任务和目标任务之间存在差异的情况下,通过利用源任务的知识来改善目标任务的学习性能。它旨在解决数据稀缺、标签不足或领域差异等问题,通过迁移源任务的知识来提升目标任务的学习效果。

例如,假设已经训练了一个用于识别不同土地类型的图像分类模型,现在希望将这个模型应用于识别降水云团。由于图像特征和标签不同,可以使用异构迁移学习的方法来解决这个问题。

21.7.2　异构迁移方法

在异构迁移学习的方法可以根据源领域和目标领域之间的特征分布差异分为基于对称特征和基于非对称特征的方法。

基于对称特征的方法(图 21.8):假设源领域和目标领域的特征空间相似。这些方法通过最大化源领域和目标领域特征空间的相似性来实现迁移学习。典型方法包括域对齐方法(Domain Alignment)和特征选择方法(Feature Selection),旨在通过调整特征空间和特征选择来减小源域与目标域之间的差异,从而提高迁移学习的性能。

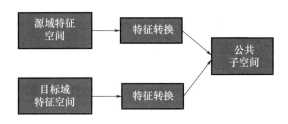

图 21.8　基于对称特征的方法

基于非对称特征的方法(图 21.9):假设源领域和目标领域的特征空间存在较大差异。这些方法通过处理源领域和目标领域之间的不平衡来实现迁移学习。典型方法包括领域自适应方法(Domain Adaptation)、领域归一化方法(Domain Normalization)和实例重构方法(Instance Reconstruction），旨在通过改变源域与目标域之间的分布，实现知识迁移。

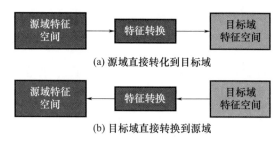

(a) 源域直接转化到目标域

(b) 目标域直接转换到源域

图 21.9　基于非对称特征的方法

21.8　元迁移学习

21.8.1　元学习基础概念

元学习（Meta-Learning），也称为"学会学习（Learning-to-Learn）"，是在多个学习阶段改进学习算法的过程。元学习在任务空间进行训练，而不是在实例空间进行训练。迁移学习在单个任务上进行优化，而元学习在任务空间中采样多个任务，然后在多个任务上学习。

元学习的基本单元是任务。元训练集、元验证集和元测试集都是由任务集合组成。元训练集和元验证集中的任务用于训练元学习模型，在元学习中，之前学习的任务称为元训练任务，遇到的新任务称为元测试任务。每个任务都有自己的训练集和测试集，内部的训练集和测试集一般称为支持集（Support Set）和查询集（Query Set）。

Meta-Learning 是处理小样本学习问题的有效方法，其目的是在学习不同任务的过程中积累经验，使模型能够快速适应新任务。然而，它需要大量相似的任务进行元训练，为了避免过拟合，通常由较低复杂度的 base-learner 进行建模，这可能导致模型无法使用更深更强的结构。

21.8.2　元迁移学习模型

2019 年，新加坡国立大学的 Sun 等（2019）在 CVPR 上提出了一种新的元迁移学习（Meta-Transfer Learning，MTL）方法，仅用少量数据就可以帮助深度神经网络快速收敛，并降低过拟合的概率。

MTL 包含三个阶段：

①预训练：在大规模数据集上训练一个深度神经网络（DNN），并固定较低层级的卷积层作为特征提取器（Feature Extractor）。

②元迁移学习：基于预先训练的特征提取器学习缩放和移位（Scaling and Shifting，SS）参数，以确保能够快速适应小样本任务。

③元测试：对看不见的任务进行元测试，包括基础学习者微调阶段和最终评估阶段。具体来说，SS 参数在元训练中学习，但在元测试期间是固定的。基本学习器参数针对每个任务进行了优化。

这种方法通过在大规模数据集上预训练深度神经网络，利用元迁移学习阶段快速适应新任务，显著提高了小样本学习的性能。

21.9　迁移学习算法实践

使用迁移学习通过预训练的深度学习模型进行特征提取和微调对林火图像进行检测分类。数据选取自开源林火数据集 DeepFire(Khan et al.,2022),林火(fire)和非林火(nofire)每一类的训练数据和验证数据各为 120、75。

```
import torch
import torch. nn as nn
import torch. optim as optim
from torch. optim import lr_scheduler
import numpy as np
import torchvision
from torchvision import datasets,models,transforms
import matplotlib. pyplot as plt
import time
import os
import copy
```

(1)数据预处理:数据增强和标准化

```
data_transforms = {
    #训练集处理
    'train':transforms. Compose([
```
　　　　transforms. RandomResizedCrop(224),#随机裁剪一部分图像,并对裁剪后的图像进行缩放到指定的尺寸 250 * 250 像素。

　　　　transforms. RandomHorizontalFlip(),#随机水平翻转图像,也是为了增加数据的多样性

　　　　transforms. ToTensor()#图像数据转换为 Tensor 格式,同时将像素值缩放到[0,1]范围内
```
    ]),
    #测试集处理
    'val':transforms. Compose([
```
　　　　transforms. Resize(256),#图像的短边调整为 256 像素,长边按比例缩放。为了保持图像的长宽比并减少计算量。

　　　　transforms. CenterCrop(224),#对图像进行中心裁剪,以保证图像最终尺寸为 250 * 250 像素

　　　　transforms. ToTensor()#图像转为 Tensor 格式,将像素值缩放到[0,1]范围内,与训练数据集一致。
```
    ]),
}
```

(2)创建数据生成器,以字典的形式保存

```
data_dir = r'E:\DataFire' #数据集存放路径
```

```
image_datasets = {x:datasets. ImageFolder(os. path. join(data_dir,x),
                                    data_transforms[x])
            for x in ['train','val']}
dataloaders = {x:torch. utils. data. DataLoader(image_datasets[x],batch_size = 4,
                                    shuffle = True,num_workers = 2)
            for x in ['train','val']}
```

(3)将 1 个批次的训练数据可视化,以便观察和分析数据的特征和变化

函数首先将张量转换为 NumPy 数组,像素值限制在 0 和 1 之间,最后使用函数将处理后的数组显示为图像。

```
def imshow(inp,title = None):
    """Imshow for Tensor."""
    inp = inp. numpy(). transpose((1,2,0))
    inp = np. clip(inp,0,1)
    plt. imshow(inp)
    if title is not None:
        plt. title(title)
dataset_sizes = {x:len(image_datasets[x]) for x in ['train','val']
class_names = image_datasets['train']. classes
inputs,classes = next(iter(dataloaders['train']))
out = torchvision. utils. make_grid(inputs)
imshow(out,title = [class_names[x] for x in classes])
# 数据集大小和标签
dataset_sizes = {x:len(image_datasets[x]) for x in ['train','val']}
print(dataset_sizes)
index_classes = image_datasets['train']. class_to_idx
print(index_classes)
```

结果如图:

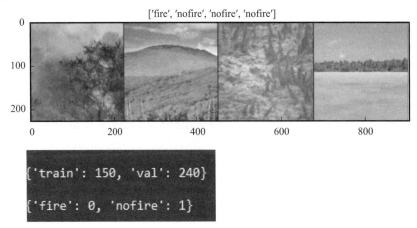

（4）模型训练和优化

进行训练和验证，并记录每个阶段的损失和准确率。在训练过程中，根据验证集的表现，保存了在验证集上表现最好的模型权重，并在训练完成后加载了最佳模型权重。

```python
device = torch.device("cuda:0" if torch.cuda.is_available() else "cpu")  #若有 GPU
就用 GPU
def train_model(model,criterion,optimizer,scheduler,num_epochs = 25):
    since = time.time()
    best_model_wts = copy.deepcopy(model.state_dict())  #用于保存在验证集上表现最
好的模型权重
    best_acc = 0.0  #用于保存最好的验证集准确率
    for epoch in range(num_epochs):
        print('Epoch {}/{}'.format(epoch,num_epochs - 1))
        print('-' * 10)
        #针对训练集和验证集进行迭代，
        for phase in ['train','val']:
            if phase == 'train':  #训练阶段
                scheduler.step()
                model.train()    #训练模式
            else:
                model.eval()    #评估模式
            running_loss = 0.0
            running_corrects = 0
            #对数据进行迭代
            for inputs,labels in dataloaders[phase]:
                inputs = inputs.to(device)
                labels = labels.to(device)
                #清零参数的梯度
                optimizer.zero_grad()
                #前向传播计算输出
                with torch.set_grad_enabled(phase == 'train'):
                    outputs = model(inputs)
                    _,preds = torch.max(outputs,1)
                    loss = criterion(outputs,labels)
                #训练阶段进行反向传输和优化
                    if phase == 'train':
                        loss.backward()
                        optimizer.step()

                running_loss += loss.item() * inputs.size(0)
                running_corrects += torch.sum(preds == labels.data)
```

```
        #计算每个阶段的平均损失（epoch_loss）和准确率（epoch_acc）。
        epoch_loss = running_loss / dataset_sizes[phase]
        epoch_acc = running_corrects.double() / dataset_sizes[phase]
        writer.add_scalar('loss_%s' % phase,epoch_loss,epoch)
        writer.add_scalar('acc_%s' % phase,epoch_acc,epoch)

        print('{} Loss:{:.4f} Acc:{:.4f}'.format(
            phase,epoch_loss,epoch_acc))

        # deep copy the model
        if phase == 'val' and epoch_acc > best_acc:
            best_acc = epoch_acc
            best_model_wts = copy.deepcopy(model.state_dict())

    print()
    time_elapsed = time.time() - since
    print('Training complete in {:.0f}m {:.0f}s'.format(
        time_elapsed // 60,time_elapsed % 60))
    print('Best val Acc:{:4f}'.format(best_acc))

    # load best model weights
    model.load_state_dict(best_model_wts)
    return model
model_ft = models.resnet18(pretrained = True)#加载预训练的 ResNet-18
from torch.utils.tensorboard import SummaryWriter
writer = SummaryWriter()
num_ftrs = model_ft.fc.in_features#获取模型最后一层全连接层（fc）的输入特征数。
#将模型的最后一层全连接层替换为一个新的线性层,输出维度为 2,用于二分类任务。
model_ft.fc = nn.Linear(num_ftrs,2)
model_ft = model_ft.to(device)
criterion = nn.CrossEntropyLoss()#定义交叉熵损失函数
#使用随机梯度下降（SGD）优化器,对模型的所有参数进行优化,学习率为 0.001,动量
为 0.9。
optimizer_ft = optim.SGD(model_ft.parameters(),lr = 0.001,momentum = 0.9)
#定义学习率调度器,每经过 7 个训练周期,将学习率乘以 0.1。
exp_lr_scheduler = lr_scheduler.StepLR(optimizer_ft,step_size = 7,gamma = 0.1)
model_ft = train_model(model_ft,criterion,optimizer_ft,exp_lr_scheduler,
                    num_epochs = 25)
writer.close()
#保存训练完成的模型权重到文件 'models/res18.pt'
```

```
#检查目录是否存在,不存在则创建
directory = 'models'
if not os. path. exists(directory):
    os. makedirs(directory)
torch. save(model_ft. state_dict(),'models/res18. pt')
```

（5）评估经过预训练并加载的 ResNet 模型在验证集上的准确率

```
model = models. resnet18()
num_ftrs = model. fc. in_features
model. fc = nn. Linear(num_ftrs,2)
model = model. to(device)
#加载了预训练的权重 res18. pt,并进入了评估模式 (model. eval()).
model. load_state_dict(torch. load('models/res18. pt'))
model. eval()
running_corrects = 0
#遍历验证集,通过模型进行推理,计算了预测值,并将正确预测的数量累加到 running_cor-
rects 变量中
for inputs,labels in dataloaders['val']:
    inputs = inputs. to(device)
    labels = labels. to(device)
    with torch. set_grad_enabled(False):
        outputs = model(inputs)
        _,preds = torch. max(outputs,1)
        running_corrects += torch. sum(preds == labels. data)
#通过除以验证集的总样本数 (dataset_sizes['val']) 来计算并打印出准确率 (epoch_acc)
epoch_acc = running_corrects. double() / dataset_sizes['val']
print(' Acc:{:. 4f}'. format(epoch_acc))
```

结果如图：

```
train Loss: 0.4116 Acc: 0.7867

val Loss: 0.2972 Acc: 0.8750


Training complete in 0m 9s

Best val Acc: 0.875000
```

```
In [55]: print(' Acc: {:.4f}'.format(epoch_acc))

 Acc: 0.8750
```

第 22 章　强化学习

在机器学习领域,尽管监督学习已经非常成熟,但并非所有问题都有预先定义的"正确答案"。强化学习(Reinforcement Learning,RL)提供了一种新的视角,与监督学习不同,强化学习不需要每个样本都有一个标签。监督学习的任务是让系统在训练集上根据每个样本的标签推断出应有的反馈机制,进而在未知标签的样本上计算出一个尽可能正确的结果。而强化学习则更注重智能体通过自身的经验来学习最优行为。尽管无监督学习同样擅长从无标签的数据集中发现隐藏的结构,但无法从根本上解决任务的最大化奖励问题。强化学习的核心在于智能体通过与环境的交互来学习如何最大化某种长期效益,不依赖于预先定义的"正确答案",而是通过不断试错来发现最优策略。作为一种独立的机器学习范式,强化学习与监督学习和无监督学习相辅相成(图 22.1)。它通过智能体与环境的交互,学习如何最大化长期效益,为解决复杂问题提供了新的可能性。

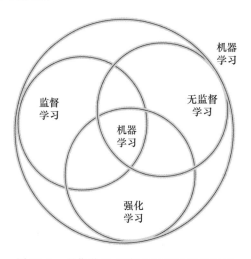

图 22.1　强化学习、监督学习和无监督学习

22.1　强化学习概述

22.1.1　强化学习(Reinforcement Learning)定义

强化学习是一种机器学习方法(刘全 等,2018),通过让智能体(Agent)与环境(Environment)进行交互,以试错的方式学习如何采取行动(Actions),以得到最大化累积奖励(Reward)。在强化学习中,没有固定的标签指示正确的答案,智能体必须根据从环境中获得的奖励来调整其策略(Policy)。

22.1.2　强化学习发展历史

强化学习作为机器学习的一个分支,其发展历史涉及多个重要的里程碑和关键事件:

(1)早期发展阶段(1950 年代—1980 年代)

起源和初步探索:强化学习的概念最早可以追溯到 20 世纪 50 年代和 60 年代的心理学和神经科学研究,尤其是动物学习行为的研究。早期的研究集中于建立动物行为学习的数学模型和理论(Agostinelli et al.,2018)。

马尔可夫决策过程:20 世纪 60 年代末到 70 年代初,Ronald A. Howard 和 Richard Bellman 等提出了马尔可夫决策过程(MDP)的数学框架,奠定了强化学习理论的基础(Matheson,2011)。MDP 提供了一种形式化的方法来描述决策问题中的状态、动作、奖励和转移概率之间的关系。

Q 学习:在 70 年代后期,Chris Watkins 提出了 Q 学习(Q-learning)算法,这是一种基于 MDP 的模型无关的强化学习方法,用于学习如何在不确定环境中做出最优决策策略(Watkins,1989;Watkins et al.,1992)。

(2)发展与应用(1990 年代—2000 年代)

强化学习的实际应用:从 90 年代开始,随着计算能力的提升和理论研究的深入,强化学习开始在机器学习领域引起更多关注,开始将强化学习应用于机器人控制、游戏智能体等领域,探索其在复杂环境下的应用和潜力(Sivamayil et al.,2023;Gronauer et al.,2022;Boutyour et al.,2023)。

策略梯度方法:90 年代中期,Sutton 等(1999)引入了策略梯度方法(Policy Gradient Methods),通过直接优化策略函数来学习最优策略,避免了对值函数的显式估计。

时序差分学习:时序差分学习(Temporal Difference Learning,TD 学习)也在 90 年代被广泛研究和应用,如 TD(λ)算法等,用于在有限数据下有效地进行强化学习(Sutton,1988)。

(3)深度强化学习的兴起(2010 年代至今)

深度强化学习:2010 年代初,随着深度学习的兴起,研究者们开始探索将深度神经网络与强化学习结合,形成了深度强化学习(Deep Reinforcement Learning,DRL)。DRL 利用深度学习模型来处理高维输入和复杂的非线性函数逼近,在各种复杂环境中实现了卓越的表现(Mnih et al.,2015)。

AlphaGo 的成功:2016 年,DeepMind 团队的 AlphaGo 击败了人类围棋冠军,这一事件引发了对深度强化学习潜力的广泛讨论和兴趣。AlphaGo 利用深度强化学习的方法,包括策略网络和价值网络,并结合蒙特卡洛树搜索等技术,实现了超越人类水平的表现(Silver et al.,2016)。

2010 年代后期至今,深度强化学习被应用于自动驾驶、自然语言处理、机器人控制等领域。研究者们也在不断探索新的算法改进和应用场景,如深度 Q 网络(Deep Q Network,DQN)、策略梯度方法、多智能体强化学习等(Silver et al.,2018;Lowe et al.,2017)。

22.1.3　强化学习主要概念

强化学习是机器学习的一个分支,具有以下特点:无特定数据,只有奖励信号;奖励信号不一定实时;主要研究时间序列的数据,而不是独立同分布的数据;当前行为影响后续数据。在机器学习中,监督学习和无监督学习都需要静态的数据,不需要与环境交互。监督学习强调通过标签指导学习过程,而无监督学习更多是挖掘数据中隐含的规律。与这两种方法不同,强化学习不需要给出"正确"标签作为监督信息,只需要给出策略的(延时)回报来指导学习过程,智能体通过与环境的交互,学习如何调整策略来取得最大化的期望回报。

深度强化学习是深度学习和强化学习的结合。DRL 一方面利用了深度学习的感知能力,来解决策略和值函数的建模问题,然后使用误差反向传播算法来优化目标函数;另一方面利用了强化学习的决策能力,来定义问题和优化目标。深度强化学习在一定程度上具备了解决复杂问题的通用智能,并在一些领域取得了成功。

环境(Environment):强化学习中的环境是智能体进行学习和决策的场所,可以是现实世界中的物理环境,也可以是虚拟的模拟环境。环境通常被建模为一个状态空间和一个动作空间的组合,智能体通过观察当前状态,选择合适的动作来影响下一个状态。

智能体(Agent):智能体是进行学习和决策的主体,它通过与环境的交互来学习适当的行为策略。智能体可以基于观察到的状态选择动作,并从环境中获得奖励或惩罚。

动作(Action):智能体在每个时间步骤可以执行的操作,通常是从动作空间中选择一个动作来影响环境的状态转移。

状态(State):描述环境在某一时间点的特定情况或配置,智能体的行为通常依赖于当前的状态。状态可以是完全可观察的(完全状态信息)或者部分可观察的(部分状态信息)。

奖励(Reward):在每个时间步骤,环境向智能体提供一个奖励信号,用来评估智能体当前动作的好坏。目标是使累积奖励最大化,智能体通过学习适当的策略来最大化预期的长期奖励。

策略(Policy):策略定义了从给定状态到动作的映射规则,是智能体决策的方法论。策略可以是确定性的(给定状态选择一个确定的动作)或者随机的(给定状态选择一个动作的概率分布)。

22.2 强化深度学习与其他深度学习的区别

深度强化学习与其他深度学习方法(如深度神经网络)之间存在几个重要区别。

(1)学习方式的区别

深度学习通常是监督学习的一种形式,其中模型被训练来学习输入数据和对应的标签之间的映射关系。在监督学习中,模型通过与标签的差异来调整自己的参数,以最小化目标损失。深度强化学习是一种学习范式,结合了深度学习和强化学习的思想。在强化学习中,智能体通过与环境的交互学习如何采取行动,以使得其在长期目标下获得最大的奖励。这种学习方式不需要标签,而是通过试错来学习。

(2)训练目标的区别

深度学习旨在通过对数据进行建模来进行预测、分类或生成,可被用于图像分类和自然语言处理等领域。而深度强化学习的目标是使智能体学会在不断尝试中最大化长期奖励,更适用于需要决策和行动的问题。

(3)反馈机制的区别

深度学习的反馈机制通常由标签数据提供,模型通过与标签的比较来调整自己的参数。而深度强化学习的反馈机制是由环境提供的奖励信号,智能体通过与环境的交互来学习何时采取何种行动以最大化累积奖励。

（4）训练方式的区别

深度学习通常使用大量标记数据进行离线训练。深度强化学习则通过智能体与环境的交互来进行在线训练，智能体根据所采取的行动和获得的奖励来更新自己的策略。虽然深度学习和深度强化学习都使用深度神经网络作为核心组件，但它们的目标、学习方式和反馈机制等方面存在显著差异。

22.3　马尔科夫决策

强化学习的核心框架是马尔科夫决策过程（MDP），它构成了所有强化学习算法的理论基石。没有马尔科夫决策过程，强化学习将无法形成一套完整的理论体系，也就难以发展处有效的算法来指导智能体的学习过程。

22.3.1　马尔科夫决策概念

马尔科夫决策过程是用于建模决策问题的一种数学框架（Sutton and Barto,1998）。它特别适用于描述那些在不确定性环境下进行决策的情境，是强化学习中的基础概念。MDP 由以下几个要素构成：

状态（State）：表示系统在某一时刻的具体状况。通常用 S 表示状态集合。

动作（Action）：表示在某个状态下，决策者可以选择的行为。通常用 A 表示动作集合。

状态转移概率（State Transition Probability）：表示从一个状态转移到另一个状态的概率，给定一个特定的动作，通常用 $P(s'|s,a)$ 表示，即在状态 s 选择动作 a 转移到状态 s' 的概率。

奖励（Reward）：表示在某个状态下采取某个动作所得到的即时回报。通常用 $R(s,a)$ 表示，即在状态 s 采取动作 a 所得到的奖励。

折扣因子（Discount Factor）：表示未来奖励的现值，通常用 γ 表示，取值范围在 $[0,1]$ 之间。折扣因子用于衡量当前奖励与未来奖励的重要性。

一个 MDP 可以表示为一个四元组 (S,A,P,R)，其中 S 是状态的集合，A 是动作的集合，P 是状态转移概率函数 $P:S\times S\times A\rightarrow[0,1]$，表示在状态 s 选择动作 a 后转移到状态 s' 的概率，R 是奖励函数 $R:S\times A\rightarrow\mathbb{R}$，表示在状态 s 采取动作 a 获得的即时奖励。

MDP 假设未来状态只依赖于当前状态和当前动作，而不依赖于过去的状态和动作。这种特性称为马尔科夫性质，即状态转移概率和奖励函数都仅依赖于当前状态和动作。此外，表示决策者在每个状态选择动作的规则被称为策略（Policy），它可以是确定性的，也可以是随机的。策略通常表示为 $\pi(a|s)$，表示在状态 s 选择动作 a 的概率。

22.3.2　马尔科夫过程

马尔科夫过程（Markov Process）是马尔科夫决策过程的一个子集，用于描述状态之间的随机转移，但不涉及具体的动作和奖励。

假设要建立一个用马尔科夫过程来描述的天气模型。可以将天气状态定义为几种离散的状态，例如晴天、多云、雨天和雪天，每个状态代表了某一时刻的天气情况。

状态集合（States）：晴天（Sunny）、多云（Cloudy）、雨天（Rainy）、雪天（Snowy）。

状态转移概率（State Transition Probability）：

在马尔科夫过程中，需要定义状态之间的转移概率。例如，如果今天是晴天，明天可能以一定概率变成多云或者雨天,而不依赖于前几天的天气情况。这些概率可以通过历史数据或者气象模型来估计。

状态转移示例:

假设有以下状态转移概率矩阵(表22.1):

表 22.1　在不同天气状态下,下一状态变为其他天气的概率

	晴天	多云	雨天	雪天
晴天	0.7	0.2	0.1	0.0
多云	0.3	0.4	0.2	0.1
雨天	0.1	0.3	0.4	0.2
雪天	0.0	0.1	0.3	0.6

该矩阵显示了在不同天气状态下,下一状态变为其他天气的概率分布。例如,如果今天是晴天,明天70%的概率还是晴天,20%的概率变成多云,10%的概率变成雨天,而不可能转变成雪天。

22.3.3　马尔科夫奖励过程算法实践

马尔科夫奖励过程(Markov Reward Process,MRP)是马尔科夫过程的一个扩展,它不仅描述状态之间的随机转移,还引入了每个状态上即时奖励的概念。假设要优化一个天气观测系统,系统中包括多个观测点,每个观测点的质量受到天气条件的影响。可以用MRP来建模每个观测点的状态和奖励情况。

```python
import numpy as np

# 定义状态集合
states = ['Excellent','Good','Fair','Poor']

# 定义状态转移概率矩阵 (这里使用简单的假设)
# P[state_index,next_state_index]表示从当前状态转移到下一个状态的概率
P = np.array([
    [0.7,0.2,0.1,0.0],   # Excellent -> Excellent,Good,Fair,Poor
    [0.3,0.4,0.2,0.1],   # Good -> Excellent,Good,Fair,Poor
    [0.1,0.3,0.4,0.2],   # Fair -> Excellent,Good,Fair,Poor
    [0.0,0.1,0.3,0.6]    # Poor -> Excellent,Good,Fair,Poor
])

# 定义奖励函数 (这里使用简单的假设)
# R[state_index]表示在当前状态下获得的即时奖励
R = np.array([10,5,2,-5])   # Excellent,Good,Fair,Poor

# 定义初始状态
initial_state = 'Excellent'
```

```
initial_state_index = states.index(initial_state)
#模拟 MRP 过程,计算累积奖励
def simulate_MRP(num_steps):
    current_state_index = initial_state_index
    cumulative_reward = 0

    for _ in range(num_steps):
        #在当前状态下选择下一个状态
        next_state_index = np.random.choice(len(states),p = P[current_state_index])

        #获得当前状态的奖励
        reward = R[current_state_index]
        cumulative_reward + = reward

        #更新当前状态为下一个状态
        current_state_index = next_state_index

    return cumulative_reward
#模拟多次 MRP 过程,计算平均累积奖励
num_simulations = 1000
total_rewards = 0

for _ in range(num_simulations):
    total_rewards + = simulate_MRP(10)   #每次模拟 10 步

average_reward = total_rewards / num_simulations
print(f"Average cumulative reward over {num_simulations} simulations:{average_reward}")
```

22.4　动态规划

动态规划(Dynamic Programming,DP)可以应用于在大气科学中多种问题,特别是与优化和决策相关的复杂问题(Li et al.,2024)。动态规划将问题分解为子问题,并通过有效地存储子问题解决方案,从而避免了重复计算,提高了计算效率。

22.4.1　动态规划概念

动态规划的核心思想是将复杂问题分解为更小的子问题,并通过递归地求解子问题来解决原始问题。为了减少重复计算,动态规划会将子问题的解存储在表格中,以便后续直接访问和利用已经计算出的结果。

基本思想和特点:

①分阶段求解:动态规划将复杂问题分解为若干个阶段或子问题,并按顺序求解这些子问

题,确保每个子问题只需求解一次。

②最优子结构:问题具有最优结构性质意味着问题的最优解可以通过其子问题的最优解来递归求解得到。

③重叠子问题:动态规划算法中的重叠子问题指的是在求解过程中会多次遇到相同的子问题。通过存储已解决的子问题的解,避免重复计算,节省时间。

④状态转移方程:动态规划通过定义状态以及状态之间的转移关系来建立问题的数学模型。状态转移方程描述了问题中当前阶段的决策如何影响下一阶段的状态。

22.4.2 动态规划性质

动态规划具有几个重要的性质,这些性质决定了它在解决优化问题中的有效性和适用性。

(1)最优子结构性质(Optimal Substructure)

问题的最优解可以通过其子问题的最优解来递归地构建得到。如果问题的最优解可以分解为子问题的最优解,那么该问题具有最优子结构性质。

(2)重叠子问题性质(Overlapping Subproblems)

在解决动态规划问题时,会反复遇到相同的子问题,通过存储已解决的子问题的解,避免重复计算,从而提高效率。这种性质是动态规划与其他方法的显著区别。

(3)状态转移方程(State Transition)

通过定义合适的状态以及状态之间的转移关系来建立问题的数学模型,描述如何从一个阶段(或状态)转移到下一个阶段,即当前阶段的决策如何影响下一个阶段的状态。通过明确的状态转移方程,可以将问题分解为可解决的子问题,并逐步求解最优解。

(4)存储中间结果(Memoization)

通过保存已经计算过的子问题的解来避免重复计算,通常使用数组、哈希表或者其他数据结构来存储中间结果,以便在需要时快速获取。这种技术有效地利用了重叠子问题性质,进一步提升了动态规划算法的效率。

22.4.3 动态规划步骤

动态规划通过将原问题分解为相对简单的子问题来求解复杂问题的方法,适用于具有重叠子问题和最优子结构性质的问题。以下是动态规划的一般步骤:

(1)定义状态

在大气科学中,状态可以是问题在某个时刻的局部描述。例如,在优化观测站布置中,可以定义每个地理位置是否安置观测站为一个状态。

(2)确定状态转移方程

状态转移方程描述了问题从一个状态到另一个状态的递推关系。这是动态规划问题的核心,通过状态转移方程,可以将复杂的问题分解为可递归求解的子问题。例如,在优化观测站布置问题中,可以定义当前状态下选择放置观测站或不放置观测站的决策,并根据观测站布置的影响计算下一个状态的收益或损失。

(3)初始化边界条件

确定问题的初始状态以及初始状态下的解决方案。这些初始条件对于动态规划算法的正确性和有效性至关重要。在观测站布置优化中,初始条件可以是没有任何观测站的情况下的基础预报质量。

（4）计算最优解

根据状态转移方程,使用递推或迭代的方法计算每个阶段的最优解,直至达到最终状态。通常,动态规划问题会建立一个表格或数组来存储中间计算结果,以便在计算过程中快速访问和更新。

通过这些步骤,动态规划能够有效地解决大气科学中的复杂优化问题,提升计算效率和准确性。

22.4.4　动态规划算法实践

假设需要优化观测站的布置以提高天气预报的准确性和覆盖范围。每个观测站的布置会影响整体预报质量,不同地点的观测成本和效益可能不同。假设有四个观测点,位于不同的地理位置。通过动态规划优化这些观测点的布置,以最大化天气数据的覆盖和质量。

```python
import numpy as np
#定义观测点的天气数据质量奖励
rewards = np.array([10,5,2,-5])   #对应观测点的奖励:优秀、良好、一般、差
#定义每个观测点在不同天气条件下的奖励值
def calculate_rewards(weather_quality):
    return rewards[weather_quality]
#动态规划求解最优布置问题
def optimize_observation_sites():
    num_sites = 4   #假设有4个观测点
    num_weather_qualities = 4   #假设有4种天气质量级别
    #定义DP数组,dp[i][j]表示前i个观测点在第j种天气质量级别下的最大累积奖励
    dp = np.zeros((num_sites + 1,num_weather_qualities))
    for i in range(1,num_sites + 1):
        for j in range(num_weather_qualities):
            max_reward = float('-inf')
            for k in range(num_weather_qualities):
                reward = calculate_rewards(k) + dp[i - 1][j - k]
                if reward > max_reward:
                    max_reward = reward
            dp[i][j] = max_reward
    #最终结果为dp[num_sites][num_weather_qualities-1],表示所有观测点在最差天气
质量下的最大累积奖励
    return dp[num_sites][num_weather_qualities - 1]


#执行动态规划优化
optimal_reward = optimize_observation_sites()
print(f"最优观测点布置的最大累积奖励为:{optimal_reward}")
```

22.5 时序差分学习

22.5.1 时序差分学习概念

时序差分(Temporal Difference,TD)方法结合了动态规划和蒙特卡洛方法的优点,用于估计状态值函数或者动作值函数(李银勇 等,2015;王强 等,2009)。

时序差分方法主要用于估计值函数,即状态值函数 $V(s)$ 或者动作值函数 $Q(s,a)$,通过观察当前状态和下一个状态之间的奖励差异(时序差分)来更新值函数。TD 学习的核心思想是利用当前的估计值 $V(s_t)$ 来逼近下一个状态 s_{t+1} 的实际回报或者估计值 $V(s_{t+1})$。具体来说,更新规则可以描述为:$V(s_t) \leftarrow V(s_{t+1}) + \alpha[r_{t+1} + \gamma V(s_{t+1}) - V(s_t)]$ 其中,α 是学习率(步长),r_{t+1} 是在状态 s_t 执行动作 a_t 后获得的即时奖励,γ 是折扣因子,$V(s_{t+1})$ 是下一个状态 s_{t+1} 的估计值。

TD 学习的经典算法包括 TD(0) 算法和 TD(λ)算法。TD(0)算法使用单步更新规则,即只考虑当前状态和下一个状态之间的差异;而 TD(λ)算法引入了资格迹(eligibility trace),考虑了未来多个状态之间的影响。

TD 学习与动态规划和蒙特卡洛方法有一定的关系,可以看作是两者的折中。相比于蒙特卡洛方法,TD 方法不需要等待整个序列结束,即可进行更新,因此更适合在线学习和实时决策。TD 学习在解决强化学习中的预测问题(即估计值函数)时表现出色,特别是在环境模型未知或部分可观测的情况下。它避免了动态规划需要完整模型的限制,同时也减少了蒙特卡洛方法的计算成本和延迟问题。

22.5.2 时序差分步骤

时序差分学习可以用于估计状态值函数或者动作值函数,例如用于气候模型中的状态预测或者决策优化。以下是应用时序差分学习的一般步骤:

(1)定义状态和动作空间

首先,需要定义在大气科学中所关注的具体问题中的状态和可能的动作。状态可以是系统当前的环境状态,如温度、湿度、气压等。动作则是在每个状态下可以采取的操作,如调整某些参数或执行某些控制策略。

(2)初始化值函数

在开始时,需要初始化状态值函数 $V(s)$ 或者动作值函数 $Q(s,a)$。这些值函数用于估计每个状态或状态-动作对的长期累积奖励(或价值)。

(3)设定环境交互和奖励机制

定义环境模型,包括状态转移概率和即时奖励。在大气科学中,状态转移可以表示为系统在不同时间步之间状态的演变。即时奖励可以表示为系统在每个时间步中获得的反馈,例如模型预测的准确性或者模拟环境下的物理量变化。

(4)实施时序差分更新

采用时序差分学习算法更新值函数的估计值。主要步骤包括:

①环境交互:在当前状态 s_t 采取动作 a_t,观察下一个状态 s_{t+1} 和即时奖励 r_{t+1}。

②计算时序差分误差:根据时序差分的更新规则计算时序差分误差 δ_t:

$$\delta_t = r_{t+1} + \gamma V(s_{t+1}) - V(s_t) \tag{22.1}$$

式中，γ 是折扣因子，用于权衡即时奖励和未来奖励的重要性。

③更新值函数：根据时序差分误差更新值函数的估计：

$$V(s_t) \leftarrow V(s_t) + \alpha \cdot \delta_t \tag{22.2}$$

式中，α 是学习率（步长），控制每次更新的幅度。

这一步骤反复进行，直到达到某个终止条件（如达到最大迭代次数或误差收敛）为止。

（5）评估和优化

通过模拟环境或实际数据进行多次迭代学习后，评估值函数的准确性和性能。

22.5.3　时序差分学习算法实践

时序差分学习可以用于改进气候模型的预测能力和准确性。通过建立状态空间和动作空间，可以利用 TD 学习算法优化模型参数或者调整模型输入，以提高对气候变化的预测精度。

```python
# 导入必要的库
import numpy as np


# 定义气候模拟和预测模型类
class ClimateModel:
    def __init__(self):
        # 初始化状态值函数 V(s)
        self.V = {}
        # 初始化学习率 alpha
        self.alpha = 0.1
        # 初始化折扣因子 gamma
        self.gamma = 0.9


    # 状态值函数更新方法（时序差分更新）
    def update_V(self, state, next_state, reward):
        if state not in self.V:
            self.V[state] = 0.0   # 初始估计值为 0, 可以根据实际情况调整

        if next_state not in self.V:
            self.V[next_state] = 0.0

        # 计算时序差分误差
        td_error = reward + self.gamma * self.V[next_state] - self.V[state]

        # 更新状态值函数估计
        self.V[state] += self.alpha * td_error
# 主程序示例
if __name__ == "__main__":
```

```
# 创建气候模拟和预测模型对象
climate_model = ClimateModel()

# 模拟状态和动作序列
states = ["State1","State2","State3","State4"]
actions = ["Action1","Action2","Action3"]

# 模拟环境交互和时序差分学习过程
for i in range(len(states) - 1):
    state = states[i]
    action = np.random.choice(actions)    # 随机选择一个动作
    next_state = states[i + 1]
    reward = np.random.normal(0,1)    # 模拟即时奖励,这里假设服从正态分布

    # 更新状态值函数估计
    climate_model.update_V(state,next_state,reward)

# 打印最终状态值函数估计结果
print("Final Estimated Value Function:")
for state,value in climate_model.V.items():
    print(f"{state}:{value}")
```

22.6 强化学习评估

22.6.1 累积奖励

累积奖励(Cumulative Reward)是强化学习中的基本评估指标,用于衡量智能体在整个情节中获得的总奖励。越高的累积奖励表明智能体越能够有效地执行任务。在气象观测系统优化中,累积奖励可以衡量智能体在多个情节中成功选择了高数据质量观测点的总数。例如,如果智能体选择了多个高质量观测点,那么累积奖励就会较高,表明智能体的选择策略是有效的。通过运行多个情节,记录每个情节中的累积奖励,然后计算所有情节的平均累积奖励,以评估智能体的总体表现。

```
total_rewards = []
for episode in range(100):
    obs = env.reset()
    total_reward = 0
    done = False
    while not done:
        action,_states = model.predict(obs,deterministic = True)
```

```
    obs,reward,done,info = env.step(action)
    total_reward + = reward
  total_rewards.append(total_reward)
print(f"平均累积奖励:{np.mean(total_rewards)}")
```

22.6.2　成功率

成功率(Success Rate)是指智能体在达到目标或完成任务时的比例。这个指标特别适用于有明确成功条件的任务,例如完成某项任务或达到某个标准。在灾害应对系统中,可以定义成功条件为智能体选择了最佳的应对策略,从而显著减少了灾害损失。通过统计智能体在多个情形中达到成功条件的次数,可以计算出成功率。

```
successes = 0
for episode in range(100):
    obs = env.reset()
    done = False
    while not done:
        action,_states = model.predict(obs,deterministic = True)
        obs,reward,done,info = env.step(action)
    if reward > threshold:  # 定义成功的条件
        successes + = 1
success_rate = successes / 100
print(f"成功率:{success_rate}")
```

22.6.3　预测误差

预测误差(Prediction Error)用于评估智能体在预测任务中的准确性,通常计算智能体预测结果与真实结果之间的差异。在天气预报和气候模拟中,智能体需要调整模型参数以最小化预测误差。通过计算智能体预测的模型参数与实际参数之间的差异,可以评估智能体的预测能力。

```
errors = []
for episode in range(100):
    obs = env.reset()
    done = False
    while not done:
        action,_states = model.predict(obs,deterministic = True)
        obs,reward,done,info = env.step(action)
    error = np.sum(np.abs(env.true_params - obs))
    errors.append(error)
print(f"平均预测误差:{np.mean(errors)}")
```

22.6.4 策略稳定性(Policy Stability)

策略稳定性(Policy Stability)评估智能体在不同情节中选择的策略的一致性和鲁棒性。一个高稳定性的策略在相似的情境下会做出一致的决策。在气象观测系统中,策略稳定性可以通过评估智能体在不同情节中选择观测设备位置的一致性来衡量。如果智能体在相似条件下选择了相同或相似的位置,那么策略是稳定的。记录智能体在多个情节中的选择动作,通过计算动作选择的方差或其他一致性指标,评估策略的稳定性。

```python
actions = []
for episode in range(100):
    obs = env.reset()
    done = False
    while not done:
        action,_states = model.predict(obs,deterministic = True)
        obs,reward,done,info = env.step(action)
        actions.append(action)
#计算选择的动作的方差来评估策略稳定性
action_variance = np.var(actions)
print(f"策略稳定性(动作方差):{action_variance}")
```

22.6.5 强化学习评估算法实践

综合上述评估方法,以下是一个完整的评估流程示例,用于气象观测系统优化。通过累积奖励、成功率和策略稳定性等指标,可以全面了解智能体的表现和稳定性。创建一个模拟气象观测系统的 Gym 环境,并使用 PPO(Proximal Policy Optimization)算法训练智能体。

```python
import gym
import numpy as np
from stable_baselines3 import PPO


class WeatherObservationEnv(gym.Env):
    def __init__(self):
        super(WeatherObservationEnv,self).__init__()
        self.grid_size = 5
        self.action_space = gym.spaces.Discrete(self.grid_size * self.grid_size)
        self.observation_space = gym.spaces.Box(low = 0,high = 1,shape = (self.grid_size,self.grid_size),dtype = np.float32)
        self.data_quality = np.random.rand(self.grid_size,self.grid_size)

    def reset(self):
        self.data_quality = np.random.rand(self.grid_size,self.grid_size)
        return self.data_quality
```

```python
    def step(self,action):
        x,y = divmod(action,self.grid_size)
        reward = self.data_quality[x,y]
        done = True
        return self.data_quality,reward,done,{}
# 创建环境和模型
env = WeatherObservationEnv()
model = PPO("MlpPolicy",env,verbose = 1)
model.learn(total_timesteps = 10000)


# 评估模型
total_rewards = []
successes = 0
actions = []
for episode in range(100):
    obs = env.reset()
    total_reward = 0
    done = False
    while not done:
        action,_states = model.predict(obs,deterministic = True)
        obs,reward,done,info = env.step(action)
        total_reward += reward
        actions.append(action)
    total_rewards.append(total_reward)
    if total_reward > threshold:   # 定义成功的条件
        successes += 1


# 输出评估结果
print(f"平均累积奖励:{np.mean(total_rewards)}")
print(f"成功率:{successes / 100}")
print(f"策略稳定性(动作方差):{np.var(actions)}")
```

22.7　强化学习经典模型

22.7.1　Deep Q-Networks

深度 Q 网络(Deep Q-Networks,DQN)是由 DeepMind 提出的一种结合了深度学习和强化学习的方法,旨在解决离散动作空间下的强化学习问题。DQN 在处理复杂的游戏环境中取得了显著的成功,如 AlphaGo。

在强化学习中,Q-learning是一种经典的基于值函数的学习方法,用于估计每个状态下每个动作的长期回报(Q值)。Q值满足贝尔曼方程,即当前状态的Q值可以通过下一个状态的最大Q值来更新。DQN通过引入深度神经网络来近似Q值函数。这使得DQN能够处理高维状态空间和复杂的非线性关系。深度神经网络通常使用卷积层和全连接层来提取和表示状态信息,并输出每个动作的Q值。

DQN的关键技术:①经验回放(Experience Replay):解决数据相关性问题。将代理在环境中的历史经验存储在经验回放缓冲区中,然后从中随机抽样进行训练。这样可以更有效地利用数据,并减少训练过程中数据的相关性。②固定Q目标网络(Fixed Q-targets):在更新Q网络参数时,使用一个旧的Q网络副本来计算目标Q值,而不是使用当前Q网络的值。这有助于减少目标值的变动,提高训练稳定性。

DQN算法步骤:

①初始化:初始化Q网络和固定Q目标网络,定义经验回放缓冲区。

②与环境交互:在每个时间步,根据当前策略(如ε-greedy策略)选择动作,并观察环境的反馈(下一个状态和奖励)。

③存储经验:将经验存储到经验回放缓冲区中。

④训练:从经验回放缓冲区中随机抽样一批数据。对于每个样本,计算当前Q网络的Q值和目标Q值(使用固定Q目标网络),使用均方误差或Huber损失来最小化预测Q值与目标Q值之间的误差,并更新当前Q网络的参数。

⑤定期更新目标网络:定期更新固定Q目标网络的参数,即将当前Q网络的参数复制给固定Q目标网络。

⑥收敛与评估:当Q网络收敛或达到预定的训练轮次后,评估学习到的策略的性能。

22.7.2 深度确定性策略梯度(DDPG)

深度确定性策略梯度(Deep Deterministic Policy Gradient,DDPG)是一种结合了深度学习和策略梯度方法的强化学习算法,适用于解决连续动作空间下的强化学习问题。它同样由DeepMind提出,主要用于解决高维状态和动作空间的挑战,例如机器人控制等。

DDPG基于Actor-Critic架构,其中Actor负责学习策略(策略网络),Critic负责评估策略的价值(值函数网络)。Actor网络直接输出动作,而Critic网络评估状态-动作对的Q值。DDPG适用于连续动作空间,通过Actor网络输出连续的动作值,可以使用确定性策略(Deterministic Policy)来优化连续动作选择的过程。Actor和Critic网络通常使用深度神经网络来近似策略和值函数,允许对复杂的状态空间和动作空间进行建模。使用深度神经网络可以处理高维度输入,并且能够学习复杂的非线性关系。

类似于DQN,DDPG也使用经验回放来解决数据相关性问题和提高样本利用率。经验回放缓冲区存储代理在环境中的历史经验,然后从中随机抽样进行训练。DDPG引入了目标策略网络(Target Actor)和目标值函数网络(Target Critic),用于稳定训练过程。目标网络的参数以软更新(Soft Update)的方式更新,即每次更新时,目标网络的参数向当前网络的参数稍微靠近。

算法步骤:

①初始化:初始化Actor网络、Critic网络、目标Actor网络和目标Critic网络,定义经验回放缓冲区。

②与环境交互：在每个时间步，根据当前策略（Actor 网络输出的动作）与环境交互，并观察环境的反馈（下一个状态和奖励）。

③存储经验：将经验存储到经验回放缓冲区中。

④训练：从经验回放缓冲区中随机抽样一批数据，计算当前状态下的目标 Q 值（使用目标 Critic 网络），更新 Critic 网络参数以最小化预测 Q 值与目标 Q 值之间的误差，计算 Actor 网络的策略梯度，并使用梯度上升法更新 Actor 网络参数，更新目标网络的参数。

⑤收敛与评估：当 Agent 的性能达到预设目标或训练轮次结束时，评估学习到的策略的性能。

22.7.3　最近邻策略优化（PPO）

最近邻策略优化（Proximal Policy Optimization，PPO）是一种由 OpenAI 提出的强化学习算法，旨在解决早期策略梯度方法的不稳定性问题，同时保持计算效率和易于实现的优点。

（1）PPO 的关键技术

策略优化：PPO 专注于直接优化策略函数，以最大化预期累积奖励。这里的策略函数通常是一个神经网络，接收环境状态作为输入，并输出动作的概率分布或直接的动作。

近端优化：PPO 引入了近端优化的概念，通过定义一个限制条件来控制每次更新策略的幅度，从而提高算法的稳定性。这个限制条件通常是克服策略更新时的 KL 散度或者是利用 Clip 方法。

重要性抽样：在 PPO 中，重要性抽样技术用于优化策略更新的效率。它通过比较新策略和旧策略在给定状态下选择动作的概率来调整更新的幅度，以确保策略更新不会导致性能下降。

多步回归：PPO 还包括对多步回归的支持，这意味着在计算策略更新时可以考虑多个时间步骤的奖励总和，而不仅仅是当前时间步的奖励。

无模型策略优化：PPO 属于无模型策略优化方法，因为它直接在与环境的交互中学习策略，而不依赖于环境动态模型的精确性。

（2）算法步骤

①初始化：初始化策略网络（Actor），定义优化器（如 Adam）和超参数（如学习率、折扣因子等）。

②与环境交互：使用当前策略从环境中收集样本数据，包括状态、动作、奖励和下一个状态。

③计算优势估计：使用 Critic 网络估计每个状态下的优势（Advantage），即当前策略相对于旧策略的预期累积奖励的改进程度。

④计算策略损失：计算当前策略的动作概率和旧策略的比率。并根据重要性抽样和近端优化计算策略损失，以确保策略更新的幅度在一定范围内。

⑤更新策略网络：使用策略损失优化策略网络的参数。

⑥重复以上步骤，直到达到预设的训练轮次或性能收敛。

这些经典的强化学习模型为解决复杂环境中的优化问题提供了强有力的工具，并在多个应用领域取得了显著的成果。

22.8　最近邻策略优化算法实践——灾害应对和决策评估

在应对气象灾害（如飓风、洪水）时，强化学习可以帮助制定最佳应对策略。智能体通过模拟不同应对方案及其结果，学习最有效的灾害应对措施，从而减少损失和提高应急响应效率。模拟一个灾害应对系统，智能体通过选择合适的应对措施来最小化灾害的损失。

```python
import gym
import numpy as np
from stable_baselines3 import PPO
#创建一个自定义的Gym环境
class DisasterResponseEnv(gym.Env):
    def __init__(self):
        super(DisasterResponseEnv,self).__init__()
        #动作空间:四个可能的动作
        self.action_space = gym.spaces.Discrete(4)
        #观察空间
        self.observation_space = gym.spaces.Box(low = 0,high = 1,shape = (4,),dtype
= np.float32)
        #初始状态
        self.state = np.random.rand(4)
    def reset(self):
        #重置状态
        self.state = np.random.rand(4)
        return self.state
    def step(self,action):
        impact_reduction = np.random.rand()
        #奖励基于动作的正确性
        reward = impact_reduction if action == np.argmax(self.state) else - im-
pact_reduction
        #更新状态
        self.state = np.random.rand(4)
        done = False   #连续情节
        return self.state,reward,done,{}
#创建环境
env = DisasterResponseEnv()
#创建PPO模型
model = PPO("MlpPolicy",env,verbose = 1)
#训练模型
model.learn(total_timesteps = 10000)

#测试模型
obs = env.reset()
for i in range(100):
    action,_states = model.predict(obs,deterministic = True)
    obs,reward,done,info = env.step(action)
    print(f"步骤 {i + 1}:动作 = {action},奖励 = {reward}")
    if done:
        break
```

第 23 章 小样本学习与零样本学习

在全球气候变化的大背景下,百年一遇或几十年一遇的极端天气呈现多发趋势,对人类的经济、生活和财产安全造成了严重威胁。然而,极端天气事件的可用观测数据相对较少,这使得在分析和预测极端天气事件时面临数据稀疏的挑战。同时,也由于极端天气事件的样本数量有限,传统的统计方法可能无法准确地捕捉到其复杂性和非线性特征。小样本学习方法可以利用有限的数据资源提取有效的信息,从而弥补数据不足的问题。小样本学习方法也能够通过建立更精确的模型来提高对极端天气事件的预测准确性,通过考虑不确定性因素,如置信区间和概率分布,来提供可靠的预测结果,从而更好地理解和应对极端天气的影响。

23.1 小样本学习与零样本学习介绍

23.1.1 小样本学习概述

小样本学习(Few-shot learning,FSL),有时也称为低样本学习(Low-shot learning,LSL),是一种在训练数据集仅包含有限信息的情况下训练模型的方法。其目的是在数据量非常有限的情况下,仍然能够有效地进行学习和预测。

在大多数机器学习应用中,增加数据量通常能显著提升模型的预测性能,特别是深度学习依赖于大量标注样本进行训练才能达到令人满意的效果。在实际应用场景中,获取大量精确标注数据通常非常困难。然而,人类通过极少量的样本就能识别新物体,受到人类快速学习能力的启发,希望机器学习也能够像人类一样,通过学习少量样本进行快速建模,对不同类别进行区分,并能在不改变模型参数的情况下识别新类别。简单来说,小样本学习的目标是使用数量较少的训练集来构建准确的机器学习模型。

小样本学习在大气科学领域的重要性主要体现在以下几个方面:

①**数据稀缺性**:大气科学领域,尤其是气象预报、气候预测等,需要大量的历史数据来训练模型。然而,在实际应用中,由于各种原因(如数据收集难度、数据质量等),往往导致数据稀缺。小样本学习能够利用有限的样本信息,通过迁移学习、元学习等技术,提高模型的泛化能力和预测性能。

②**模型复杂度**:大气科学模型通常比较复杂,需要考虑多种因素的影响。在小样本情况下,如果模型过于复杂,可能会导致过拟合,降低模型的泛化能力。而小样本学习通过简化模型结构、减少参数数量等方式,降低了模型的复杂度,提高了模型的鲁棒性和泛化能力。

③**实时性要求**:大气科学领域的研究往往需要对实时数据进行快速处理和分析。小样本学习能够利用有限的数据样本,快速生成有用的预测结果,满足实时性要求。这对于气象预报、环境监测等应用场景尤为重要。

④**对抗性攻击**:数据经常受到各种噪声的干扰。小样本学习通过提高模型的鲁棒性,可以更好地应对这些对抗性攻击,保护模型的稳定性和可靠性。

23.1.2　小样本学习原理

用 x 来表示输入数据，y 来表示监督信息，X 和 Y 分别表示输入数据和监督信息的空间。FSL 任务则被描述为 $D_T = (D_{trn}, D_{tst})$，其中：

$$D_{trn} = \{(x_i, y_i)\}_{i=1}^{N_{trn}}, D_{tst} = \{x_j\}, x_i, x_j \in X_T \subset X, y_i \in Y_T \subset Y \tag{23.1}$$

用于任务 T 的样本 x_i, y_i 来自一个特定的域 $D_T = \{X_T, P(X_T)\}$，该域由数据空间 X_T 和边际概率分布 $P(X_T)$ 组成。

在 D_{trn} 中有 C 个任务类，每个类有 K 个样本，"C-way, K-shot"任务即 $N_{trn} = CK$ 产生了一个目标函数 $f \in F : X \to Y$，预测 D_{tst} 中待预测样本。由于少量 D_{trn} 难以建立高质量模型，因此在大多数情况下，利用一个根据以往经验收集的有监督的辅助数据集 $D_A = (x_i^a, y_i^a)_{i=1}^{N_{aux}}, x_i^a \in X_A \subset X, y_i^a \in Y_A \subset Y$（$N_{aux}$ 是辅助数据集（Auxiliary data sets）中样本的总数量），且该数据集中有足够的类别和归属该类别的样本，即 $N_a \gg N_{trn}, |Y_A| \gg |Y_T|$，但 D_A 中不包含任务 T 中的样本类别，即 $Y_T \bigcap Y_A = \varnothing$。但 D_A 和 D_T 中的数据来自同一域即 $D_T\{X_T, P(X_T)\} = D_A\{X_A, P(X_A)\}$。在当今的大数据时代，可以从与任务相关的历史数据获取需要的辅助数据集。

而小样本学习（FSL）是指，给定一个有特定于任务 T 的包含少量可用的有监督信息的数据集 D_T 和 T 不相关的辅助数据集 D_A，小样本学习的目标是为任务 T 构建函数 f，该任务利用了 D_T 中很少的监督信息和 D_A 中的知识，将输入映射到目标的任务。D_A 和 D_T 中的类别是正交的，即 $Y_T \bigcap Y_A = \varnothing$。如果 D_A 覆盖了 T 中的任务，即 $Y_T \bigcap Y_A = Y_T$，则 FSL 问题将转为传统的大样本学习问题。

23.1.3　零样本学习概述

机器学习模型通常依赖标记数据来区分和分类相似对象，因此训练阶段的标记数据集非常重要。大多数方法通过有标签的训练集进行学习，然而，在现实场景中，许多问题没有足够的标注数据，或者获取标注数据的成本非常高。许多任务需要对模型从未见过的实例类别进行分类，这使得传统的训练方法不再适用。那么，模型在没有训练数据的情况下，是否仍能区分两个对象？答案是肯定的，这就是所谓的零样本学习（Zero-shot Learning, ZSL）。

零样本学习的核心思想是通过已知的训练数据和语义信息，让模型推断出未见过的类别，并对其进行准确预测。这涉及在已知类别的数据上训练一个视觉-语义交互模型，并将其泛化到未知类别的数据上。

23.1.4　零样本学习原理

零样本学习涉及的主要数据，包括已知类（"可见"类）、未知类（"不可见"类）、辅助信息。带有类别标签的训练实例所组成的类称为已知类 $s = \{c_i^s | i = 1, \cdots, N_s\}$，其中每个 c_i^s 是一个已知类。模型未标记的测试实例组成的类称为未知类 $u = \{c_i^u | i = 1, \cdots, N_u\}$，其中每个 c_i^u 是一个不可见类。且 $s \bigcap u = \varnothing$。$x$ 是特征空间，$D^{tr} = \{(x_i^{tr}, y_i^{tr}) \in x \times s\}_{i=1}^{N_{tr}}$ 是已知类的标记训练示例集，对于每个标记的实例 (x_i^{tr}, y_i^{tr}) 中 x_i^{tr} 是功能空间中的实例，y_i^{tr} 是相应的类标签。$X^{te} = \{x_i^{te} \in \chi\}_{i=1}^{N_{te}}$ 作为测试实例的集合，其中每个 x_i^{te} 是功能空间中的测试实例。$Y^{te} = \{y_i^{te} \in u\}_{i=1}^{N_{te}}$ 作为相应的 X^{te} 的可预测的类标签。给定属于已知类 s 的标记的训练实例 D^{tr}，零样本学习旨在学习分类器 $f^u(\cdot) : x \to u$，该分类器可以对未知类 u 的测试实例 X^{te} 进行分类，即预测 Y^{te}。辅

助信息是对已知类和未知类的描述、语义属性、词嵌入等信息。该信息充当了已知类和未知类之间的桥梁。

如图 23.1 所示,零样本模型在训练阶段中,使用辅助信息来建立类别标签与特征子空间之间的可逆映射,从而获得类别标签的特征表示 F^{tr}。再通过已知的 X^{tr} 和对应的特征表示 F^{tr},训练一个映射函数 $f^u(\cdot)$。在测试阶段,同样使用辅助信息将测试集中类别标签映射到特征表示 F^{te}。再利用函数 $f^u(\cdot)$ 将测试集特征 X^{te} 映射到相同的特征子空间,得到测试集的特征表示 $F^{te'}$。最终,通过这些特征表示进行相似性判别。

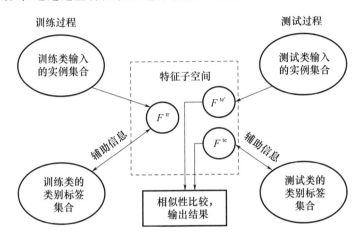

图 23.1　零样本学习的结构示意图(徐曼馨 等,2021)

零样本学习的一般思路是将训练实例中包含的知识转移到测试实例分类的任务中,其中训练实例和测试实例的标签空间是互不相交的。因此,零样本学习是迁移学习的一个子领域。在零样本学习中,源域特征空间指的是训练实例的特征空间,目标域特征空间是测试实例的特征集合。尽管两者在特征维度上是一致的,源标签空间是可见的类集(S),而目标标签空间是不可见的类集(U)。鉴于源域和目标域在标签空间上的差异,零样本学习可以被视为一种异构迁移学习问题。具体来说,它属于源域和目标域具有不同标签空间的异构迁移学习。这种类型的迁移学习要求模型不仅要从有限的源域数据中学习特征表示,还要能够将这些知识迁移到完全不同的目标域,即使目标域的类别在训练阶段是未知的。

23.1.5　小样本学习和零样本学习的区别

零样本学习(ZSL)是指在训练阶段没有包含目标类别的样本,但希望在测试阶段能够对这些未见过的类别进行准确的分类。例如,当出现新的气象灾害类型或特定的天气事件时,传统的监测系统可能无法提供足够的数据支持。通过零样本学习,可以利用已有的少量样本和相关的属性信息来推断并预测未见过的灾害类型或天气事件,从而提高预测和监测的准确性。

小样本学习(FSL)是指在训练阶段只有少量样本的情况下,通过学习样本之间的关系和特征,实现对新类别的准确分类。例如,对于云的分类和识别任务,传统的方法可能需要大量的样本数据进行训练,但在实际应用中获取大量准确的样本数据可能存在困难。使用小样本学习方法,可以通过学习已有的少量样本和相关的特征信息,来推断和分类新的云类型,提高云的分类准确性。

还有一种经常与零样本学习混淆的方法是单样本学习(One-shot Learning)。单样本学习属于小样本学习问题的一个特例,目的是从一个训练样本或图片中学习到有关物体类别的信息,例如智能手机中使用的人脸识别技术。

23.2 小样本学习策略

23.2.1 小样本学习的分类

随着深度学习的发展,特别是卷积神经网络(CNN)在视觉任务上的成功,许多小样本学习(FSL)方法开始利用深度模型的优势,解决小样本学习问题。

FSL方法主要分为判别模型和生成模型两类:

①判别模型:直接从数据中学习决策函数或条件概率分布,用于预测。

②生成模型:学习输入和输出的联合概率分布,然后通过后验概率进行预测。

两种方法在应用上各有优劣。判别模型注重输入与输出之间的映射关系,生成模型则强调理解数据的本质。实际应用中,生成模型可以用于生成额外数据样本,再利用判别模型进行预测,二者互为补充。

23.2.2 基于模型微调的小样本学习

基于模型微调的方法是小样本学习的传统方法,通常是在大规模数据上预训练好的模型,然后在目标小样本数据集上对神经网络模型的部分层进行参数微调。这种方法适用于目标数据集和源数据集分布相似的情况。微调阶段使用梯度下降法更新模型参数,以最小化目标领域上的损失函数。但若目标数据集和源数据集不相似,模型可能会过拟合。

23.2.3 基于数据增强的小样本学习

数据增强是提升小样本学习性能的重要方法,通过各种数据变换(如旋转、翻转、裁剪、平移、添加噪声)增加样本多样性,扩充训练数据。对于FSL任务,低层次的数据增强手段可能不足,因此需要定制更复杂的增强模型和算法。这些方法能帮助模型更好地泛化,而不仅仅是过拟合于少量训练样本。

23.2.4 基于度量学习的小样本学习

度量学习通过学习数据点之间的相似度度量,辅助小样本学习任务。其目标是设定一个度量函数(如欧氏距离、余弦相似度),用来计算数据点之间的相似度。在小样本学习任务中,设定支持集和查询集,通过学习一个映射函数,将数据点映射到一个表示空间,使得支持集中的数据点聚集在一起,与查询集中的数据点保持较大距离。最终的预测通过比较查询集和支持集的相似度来确定。

基于度量学习的小样本学习通过学习合适的相似度度量函数,帮助模型更好地捕捉数据之间的关系和特征,提高模型的泛化能力和性能。

23.2.5 基于元学习的小样本学习

元学习的概念最早在20世纪90年代被提出,随着深度学习的兴起,这一领域再次受到关注。元学习的核心思想是跨任务学习,然后快速适应新任务。这种方法强调在任务级别上进行学习,而不仅仅是在样本上学习。它训练一个能够学习如何有效学习新任务的模型,而不是构建特定任务的模型。在元学习中,算法在一组相关任务上训练模型,学习如何从数据中提取与任务无关的通用特征和特定任务的特征。任务无关的特征捕获一般知识,而任务特定的特征捕获当前任务的细节。算法通过少量标记示例来更新模型参数,使模型能够快速适应新任务。

学习到的元模型可以是各种形式的机器学习模型,如神经网络、支持向量机(SVM)等。常见的元学习方法包括模型无关的元学习和模型相关的元学习。

基于元学习的小样本学习通过训练元模型来学会如何快速适应新任务,从而在小样本学习任务中表现出色。通过在元训练阶段学习到的优化策略,元模型能够在元测试阶段利用少量训练数据迅速适应新任务,提高模型的泛化能力和性能。

元学习算法可以大致分为两种类型:基于度量的元学习和基于梯度的元学习。

(1)基于度量的元学习

基于度量的元学习算法学习一种特殊的方法来比较每个新任务的不同示例。它们通过将输入示例映射到一个特征空间,在这个空间中,相似的示例聚集在一起,而不同的示例则分开。模型使用这个距离度量将新的示例分类到正确的类别中。一种流行的基于度量的算法是Siamese Network,它使用两个相同的子网络来测量两个输入示例之间的距离。子网络为每个输入示例生成特征表示,然后使用距离度量(如欧几里得距离或余弦相似度)比较它们的输出。

(2)基于梯度的元学习

基于梯度的元学习算法学习如何更新参数,以便快速适应新任务。这些算法训练模型学习一组初始参数,使其能够通过少量示例快速适应新任务。MAML(Model-Agnostic Meta-Learning)是一种流行的基于梯度的元学习算法,它学习如何优化模型的参数以快速适应新任务。通过一系列相关任务训练模型,并使用每个任务中的一些示例更新模型的参数。一旦模型学习到这些参数,它就可以使用当前任务中的其他示例进行微调,提高其性能。

23.2.6　小样本学习算法实践

假设有一个小型图像分类任务,需要识别不同种类的云。由于数据采集困难,每个类别只有很少的训练样本(比如 5~10 张图像)。这种情况下,可以使用度量学习的方法来训练分类模型。下面给出一个基于 PyTorch 的简单实现代码:

```python
import torch
import torch.nn as nn
import torch.optim as optim
from torchvision.models import resnet18

# 1. 数据预处理
train_data,test_data = load_flower_data()

# 2. 度量学习模型构建
class CloudsMetricModel(nn.Module):
    def __init__(self,backbone = resnet18(pretrained = True)):
        super().__init__()
```

```
        self.feature_extractor = nn.Sequential(* list(backbone.children())[:-1])
        self.fc = nn.Linear(backbone.fc.in_features,128)

    def forward(self,x):
        feat = self.feature_extractor(x)
        feat = feat.view(feat.size(0),-1)
        out = self.fc(feat)
        return out

model = CloudsMetricModel()

# 3. 模型训练
criterion = nn.TripletMarginLoss()
optimizer = optim.Adam(model.parameters(),lr=1e-4)

for epoch in range(num_epochs):
    running_loss = 0.0
    for anc,pos,neg in train_data:
        optimizer.zero_grad()
        a_feat = model(anc)
        p_feat = model(pos)
        n_feat = model(neg)
        loss = criterion(a_feat,p_feat,n_feat)
        loss.backward()
        optimizer.step()
        running_loss += loss.item()
    print(f'Epoch [{epoch+1}/{num_epochs}],Loss:{running_loss / len(train_data)}')

# 4. 模型评估和部署
model.eval()
with torch.no_grad():
    accuracy = evaluate_model(model,test_data)
print(f'Test Accuracy:{accuracy:.2f}')
```

23.3　零样本学习策略

23.3.1　训练阶段和推理阶段

零样本学习的核心原理是通过将已知类别的知识迁移到高维向量空间中,使模型能够识别和处理未见过的类别。这种方法不依赖于标记数据进行训练,而是通过已有知识进行泛化。

零样本学习包含训练阶段和推理阶段两个关键阶段。

①训练阶段：模型通过已有数据和标签，捕获尽可能多的知识。这可以视为一个学习过程。模型学习到的知识可以包括特征提取和类别关系的表示。

②推理阶段：模型利用训练阶段学到的知识，将示例分类到一组新的类中。这可以视为做出预测的阶段。

以极端暴雨预警为例。①训练阶段：收集与极端暴雨预警相关的数据，如历史天气数据、地理位置信息、气象传感器数据等。从这些数据中提取有意义的特征，使用合适的零样本学习模型进行训练，如基于文本描述的模型或基于图像的模型。使用提取的特征和标签（即是否存在极端暴雨预警）来训练模型，并通过验证集评估模型性能，进行必要调整。②推理阶段：模型接收实际应用中的数据作为输入，如实时天气数据和地理位置信息。使用训练好的模型进行推理，以推断是否存在极端暴雨预警，并将结果转化为易于理解的形式，提供明确的建议。

推理阶段的数据分布可能与训练数据不同，因此模型必须具备鲁棒性，能在不同数据上保持稳定性能。尽管零样本学习在某些情况下可以处理无标签数据，但实际应用中仍需尽可能利用已知数据来提高模型性能，通过持续评估和优化，确保模型在各种条件下的准确性。

23.3.2 零样本学习的分类

零样本学习可以分为两大类：基于分类器的方法（classifier-based）和基于实例的方法（instance-based）（Wang et al.，2019）。

基于分类器的方法：这种方法直接学习一个用于未知类别分类的模型，旨在改进模型，而不改变训练数据。主要包括：①映射方法：将新类别映射到已知类别的空间中进行分类。②关系方法：利用已知类别之间的关系来推断新类别。③组合方法：结合多种策略，提高分类性能。

基于实例的方法：通过为未知类别构造样本，然后用这些样本训练分类器，从而改进数据。这种方法改变训练数据，使其包含未知样本。主要包括：①拟合方法：生成与未知类别相似的样本。②借助其他实例方法：利用已知类别样本的变形或组合构造新样本。③合成方法：通过数据生成技术合成新样本。

23.4 小样本学习与零样本学习的挑战

除了卷积神经网络（CNN）和循环神经网络（RNN），在大气科学领域还可以使用其他深度学习模型（Transformer、图神经网络、胶囊网络（Capsule Networks）、注意力机制）支持小样本学习和零样本学习。选择合适的模型取决于具体任务和数据特性，综合利用这些深度学习模型，可以进一步增强小样本学习和零样本学习的能力。

尽管近年来小样本学习被得到深入研究，并且取得了一定进展，但仍面临着一些挑战。

（1）强制的预训练模型

在现有的小样本学习方法中，无论是基于模型微调还是基于迁移学习的方法，都需要在大量的非目标数据集上对模型进行预训练。这使得"小样本学习"在某种程度上变成了一个伪命题，因为预训练依然需要大量标注数据，这与小样本学习的定义背道而驰。未来可以进一步研究利用其他先验知识的方法，不依赖预训练模型，从根本上解决小样本问题。

（2）深度学习的可解释性

深度学习模型本身是一个黑盒模型，在基于迁移学习的小样本深度学习模型中，人们很难了解特征迁移和参数迁移时保留了哪些特征,使得调整参数变得更加困难。提高深度学习的可解释性,可以帮助理解特征迁移,并在源领域和目标领域之间发现合适的迁移特征。

(3)不同任务之间复杂的梯度迁移

在基于元学习的小样本学习方法中,从不同任务中学习元知识的过程梯度下降较慢。将模型迁移到新任务时,由于样本数量较少,期望模型能在目标数据集上快速收敛,而在此过程中,梯度下降较快。针对基于元学习的方法设计合理的梯度迁移算法,也是目前需要研究并亟待解决的问题。

23.5　本章算法实践

使用 Omniglot 数据集训练一个孪生网络(相似网络),其可以用来判断两个图片的相似程度,通过该方式来实现小样本学习。

```
import as tf
from keras. models import Model
from keras. layers import Input,Flatten,Dense,Lambda
from keras. optimizers import Adam
import numpy as np


# 定义孪生网络模型
def build_siamese_network(input_shape):
    input = Input(input_shape)
    x = Flatten()(input)
    x = Dense(128, ='relu')(x)
    output = Dense(64, ='relu')(x)
    model = Model(input,output)
    return model


# 计算孪生网络模型的输出向量距离
def euclidean_distance(vectors):
    vector1,vector2 = vectors
    sum_square = tf. reduce_sum(tf. square(vector1 - vector2),axis = 1,keepdims = True)
    return tf. sqrt(sum_square)


# 构建整个孪生网络模型
input_shape = (28,28,1)   # 假设输入图像的大小为 28x28
siamese_network = build_siamese_network(input_shape)

input_image1 = Input(input_shape)
input_image2 = Input(input_shape)
```

```python
input_image3 = Input(input_shape)

output_vector1 = siamese_network(input_image1)
output_vector2 = siamese_network(input_image2)
output_vector3 = siamese_network(input_image3)

# 计算正负样本对之间的距离
positive_distance = Lambda(euclidean_distance)([output_vector1,output_vector2])
negative_distance = Lambda(euclidean_distance)([output_vector1,output_vector3])

# 定义 Siamese Triplet Loss
alpha = 0.2
loss = tf.maximum(positive_distance - negative_distance + alpha,0.0)
loss = tf.reduce_mean(loss)

# 构建模型
model = Model(inputs = [input_image1,input_image2,input_image3],outputs = loss)
model.compile(optimizer = Adam(),loss = lambda y_true,y_pred:y_pred)

# 生成一些虚拟的数据用于训练
X = np.random.rand(100,28,28,1)
y = np.random.randint(0,2,100)

# 生成正负样本对
anchor_indices = np.random.choice(100,10)
positive_indices = anchor_indices + np.random.randint(1,10,size = 10)
negative_indices = np.random.choice(np.setdiff1d(range(100),anchor_indices),10)

anchor_images = X[anchor_indices]
positive_images = X[positive_indices]
negative_images = X[negative_indices]

# 训练模型
model.fit([anchor_images,positive_images,negative_images],np.zeros((10,)),batch_size = 10,epochs = 10)

# 在测试集上评估模型
test_X = np.random.rand(24,28,28,1)
test_loss = model.evaluate([test_X,test_X,test_X],np.zeros((24,)))
print(f'Test loss:{test_loss}')
```

第 24 章 联邦学习

在人工智能领域的快速发展中,联邦学习(Federated Learning,FL)作为一种新颖的学习框架,在各个学科和领域中逐步展现出强大的应用潜力。特别是在大气科学领域,传统的数据分析和预测方法常常面临数据分散、隐私保护和模型更新滞后等挑战。联邦学习通过其独特的分布式学习方式,可以有效解决数据孤岛问题,允许参与方在不直接共享数据的情况下联合建模。本章探讨联邦学习在大气科学中的应用现状和前景,研究如何利用联邦学习技术,将分布在全球各地的气象数据进行整合,以改进天气预测的精确性和实时性(Chen et al.,2023d)。此外,分析联邦学习在环境监测、气候模拟和灾害预警等关键领域中的作用。

24.1 联邦学习概念

24.1.1 联邦学习定义

联邦学习是一种分布式机器学习框架,在保护数据隐私的前提下,利用分布式数据源进行模型训练。在联邦学习中,数据通常存储分布在多个地理位置的设备或数据中心中,而不是集中存储在单个中心位置。这种分布式存储方式不需要将数据传输到中心服务器,而是在本地设备上进行计算,只传输经过加密或汇总处理的模型更新,使得数据隐私得以有效保护(Li et al.,2021)。

在大气科学中,联邦学习可以应用在多个地理位置或不同组织管理的气象站数据上。每个气象站收集到的数据通常受到地理位置、当地气候条件和设备精度的影响,因此在单个地点收集的模型可能无法有效地泛化到其他地区(杨汪洋 等,2022;李宇 等,2021)。联邦学习允许各个气象站在本地训练模型,只将模型参数的更新(而非原始数据)传输到中央服务器,以整合成一个全局模型。这种方式有助于改进全球或区域气象预测的准确性,同时保护了每个气象站收集到的敏感数据,如具体的地理位置信息或环境条件(Han et al.,2024b;Xiao et al.,2024)。

24.1.2 联邦学习的分类

联邦学习可以按照数据来源、参与方角色或任务类型进行分类:

(1)按数据来源分类

横向联邦学习(Horizontal Federated Learning):不同地区或组织之间共享相同类型的数据,例如多个气象站收集的温度、湿度等数据。这种情况下,各地的数据可能在内容上相似,但在具体数值上有所不同。

纵向联邦学习(Vertical Federated Learning):不同地区或组织之间共享不同类型但相关的数据,例如一个地区的温度数据和另一个地区的风速数据。这种情况下,各地数据的类型不同,但存在某种关联性,通过联邦学习可以综合利用这些数据训练模型。

（2）按参与方角色分类

客户端联邦学习（Client-side Federated Learning）：在大气科学中，多个气象站或传感器可以作为客户端，每个客户端都能够本地训练模型，并将更新的模型参数发送到中央服务器。

服务器端联邦学习（Server-side Federated Learning）：中央服务器负责协调各个气象站或数据源之间的模型训练和参数整合，但不会接触原始数据，只接收加密或聚合后的模型更新。

（3）按任务类型分类

监督学习任务：可以利用各地气象站收集的数据训练全局模型进行气象预测，从而提高预测的准确性和覆盖范围。

无监督学习或强化学习任务：对于涉及未标记数据的聚类分析或者优化预测模型的任务，可以通过联邦学习框架进行协作和改进。

下面主要介绍横向联邦学习和纵向联邦学习。

24.2　横向联邦学习

24.2.1　横向联邦学习定义

横向联邦学习是联邦学习的一种形式，其特点是不同地理位置或组织之间共享相似类型的数据，但数据的具体数值可能有所不同（图 24.1）。在大气科学中，横向联邦学习可以应用于多个气象站或数据中心之间共享类似的气象数据。

具体来说，假设有多个地理位置分布的气象站，每个气象站收集并存储本地的气象数据。这些数据可能在类型和格式上相似，但由于地理位置、气候条件或设备精度的不同，具体的数据数值会有所差异。例如，同一时间段内，不同气象站记录的温度和湿度值可能会有轻微的偏差。在横向联邦学习中，每个气象站可以在本地进行模型训练，然后将训练得到的模型参数或梯度更新发送到中央服务器。中央服务器负责整合这些参数或梯度更新，并反馈全局模型的更新给各个气象站。通过这种方式，模型的训练和更新过程只涉及参数或权重，从而保护了每个气象站的原始数据隐私。

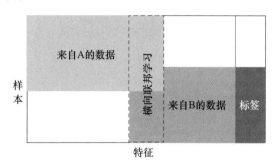

图 24.1　横向联邦学习

24.2.2　横向联邦学习算法实践

横向联邦学习在大气科学中的应用，主要涉及将不同地理位置或不同组织管理的气象站数据进行集成，以共同训练一个高效的模型。下面将简要介绍一个简单的伪代码示例。

```
# 初始化全局模型
global_model = initialize_global_model()

# 迭代轮数
num_epochs = 10

for epoch in range(num_epochs):
    global_model_params = global_model.get_parameters()

    for station in stations:
        # 分发全局模型参数给每个气象站
        station.receive_global_model_parameters(global_model_params)

        # 每个气象站使用本地数据进行训练,并生成更新后的模型参数
        local_model_params = station.train_local_model()

        # 发送更新后的模型参数或梯度给中央服务器
        station.send_updated_parameters_to_server(local_model_params)

    # 中央服务器聚合所有气象站的更新,更新全局模型
    aggregated_params = server.aggregate_parameters_from_all_stations()
    global_model.update_parameters(aggregated_params)

# 最终评估全局模型的性能
evaluate_global_model(global_model)
```

24.3　纵向联邦学习

24.3.1　纵向联邦学习定义

　　纵向联邦学习是联邦学习领域中的一种独特形式,其显著特点在于不同地理位置或不同组织之间能够共享不同类型但具有相关性的数据。在大气科学中,纵向联邦学习的应用尤为广泛。通过这种方式,不同气象站或数据中心可以共享具有关联性的气象数据,从而实现数据的深度整合和分析。例如,一个地区的温度数据可以与另一个地区的风速数据相结合,为气候模型提供更全面和精确的输入。

　　(1)定义和原理

　　纵向联邦学习的核心思想是在保护数据隐私的前提下,利用各地数据之间的关联性来训练全局模型。具体来说,在大气科学中,不同地区收集的数据可能包含不同类型的信息,但这些信息通常是相关的,可以通过联合训练来提升模型的效果。

　　假设有两个不同地区的气象站,其中地区 A 的数据为温度、湿度、气压等,地区 B 的数据

有风速、风向、降水量等。这些数据在类型上有所不同，但都同相似环流场相关，可以通过联合训练来提升预测模型的性能。

(2)纵向联邦学习的步骤

①数据收集与预处理：每个地区的气象站收集本地的气象数据，并进行数据预处理和清洗。

②模型初始化：中央服务器或协调者初始化全局模型，可以是一个适应于多种数据类型的机器学习模型。

③联邦学习迭代过程：

模型分发和本地训练：中央服务器将全局模型的初始参数分发给每个地区的气象站。

本地训练和参数更新：每个气象站使用本地数据对收到的模型参数进行训练，生成新的模型参数或梯度更新。

参数聚合和全局模型更新：每个气象站将更新后的模型参数或梯度发送回中央服务器。中央服务器收集并聚合所有地区的更新，计算出新的全局模型参数。

反馈和重新分发：中央服务器将更新后的全局模型参数重新分发给每个地区的气象站，以便下一轮迭代使用。

④收敛与评估：重复上述迭代过程，直到模型收敛或达到停止条件。最终评估全局模型的性能，可以在各个地区进行验证和测试。

(3)纵向联邦学习的优势和适用性

纵向联邦学习适用于类型不同但具有相关性的数据的集成和模型训练，通过联合训练，可以充分利用各地区的数据资源，特别是在大气科学中，可以利用多地气象数据的关联性来提升气象预测模型的精度和泛化能力。如图 24.2 所示。

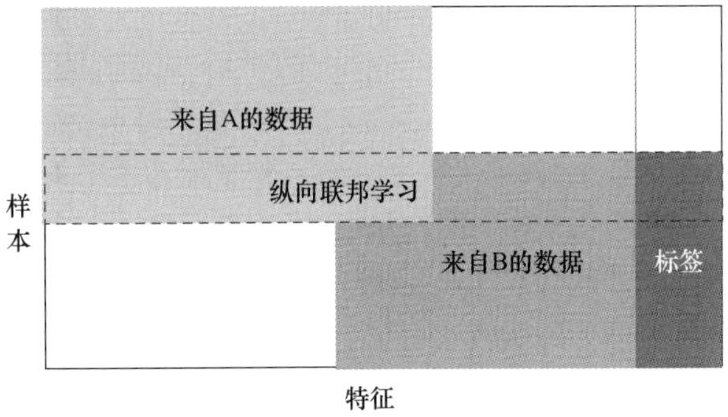

图 24.2　纵向联邦学习

24.3.2　纵向联邦学习算法实践

纵向联邦学习的核心原理是通过共享模型参数或梯度更新来实现模型训练。每个地区(或组织)管理其本地的数据集，这些数据集通常涵盖不同的特征或属性。联邦学习的过程中，中央服务器负责协调和整合各地区的模型训练过程，但不直接接触或暴露原始数据。

```
# 初始化全局模型
global_model = initialize_global_model()
```

```
# 迭代轮数
num_epochs = 10

for epoch in range(num_epochs):
    global_model_params = global_model.get_parameters()

    for region in regions:
        # 分发全局模型参数给每个地区
        region.receive_global_model_parameters(global_model_params)
        # 每个地区使用本地数据进行模型训练,并生成更新后的模型参数
        local_model_params = region.train_local_model()
        # 发送更新后的模型参数或梯度给中央服务器
        region.send_updated_parameters_to_server(local_model_params)
    # 中央服务器聚合所有地区的更新,更新全局模型
    aggregated_params = server.aggregate_parameters_from_all_regions()
    global_model.update_parameters(aggregated_params)
# 最终评估全局模型的性能
evaluate_global_model(global_model)
```

24.4 联邦迁移学习

24.4.1 联邦迁移学习介绍

联邦迁移学习(Federated Transfer Learning,FTL)是一种创新的机器学习范式,它融合了联邦学习和迁移学习的优势,旨在解决数据分布不均和标签不平衡等挑战。这种方法特别适用于不同地理位置或组织中的数据,通过有效利用分布式数据进行模型训练和知识共享,提升模型的预测能力和泛化能力。在大气科学领域,联邦迁移学习可以显著改善模型在不同地区或不同类型的气象数据上的预测性能。

(1)关键应用

数据异构性:不同地区或组织的数据可能具有不同的分布特征和数据类型,联邦迁移学习通过整合这些异构数据,增强模型的泛化能力。

标签稀缺性:数据标签可能不完整或不平衡,导致传统机器学习方法的性能下降。

隐私保护:要求在模型训练过程中保护各地数据的隐私。

(2)基本原理

模型初始化与知识迁移:利用一个或多个地区已有的模型或知识作为基础,通过迁移学习的方法将这些知识迁移到其他地区进行模型初始化或预训练。

联邦学习框架下的模型训练:在联邦学习的框架下,不同地区或组织管理的数据在本地进行模型训练,但共享或迁移部分模型的参数或知识,以提升全局模型的泛化能力和性能。

24.4.2　联邦迁移学习算法实践

联邦迁移学习实施步骤：

①初始化基础模型：在一个或多个地区进行初始化或预训练一个基础模型，利用已有的数据和标签进行模型参数的学习。

②迁移知识到其他地区：将基础模型的一部分参数或知识迁移到其他地区，作为这些地区本地模型的起点或初始参数。

③本地模型训练和联邦学习：各地区利用本地数据进一步训练模型，使用传输过来的部分知识或参数进行优化。这些本地模型通过联邦学习框架定期共享更新，从而在中央服务器上聚合并更新全局模型。

④评估和调优：对全局模型进行评估，检验其在各个地区数据上的泛化能力和预测性能。根据评估结果调整迁移学习策略和模型更新的频率。

```
# 初始化基础模型并进行预训练
base_model = initialize_base_model()
base_model.train_on_base_data()

# 将基础模型的部分参数或特征提取器迁移到其他地区
for region in regions:
    transferred_model = transfer_knowledge_to_region(base_model)

    # 在本地数据上进一步训练模型
    transferred_model.train_on_local_data(region.data)

    # 将更新后的模型参数或梯度发送到中央服务器
    region.send_updated_model(transferred_model)

# 中央服务器聚合各地区的更新,并更新全局模型
global_model = aggregate_models_from_regions(regions)
global_model.update()
# 最终评估全局模型的性能
evaluate_global_model(global_model)
```

24.5　联邦强化学习

24.5.1　联邦强化学习介绍

联邦强化学习(Federated Reinforcement Learning, FRL)是强化学习和联邦学习的结合,它致力于解决在共享全局目标的情况下,多个自治代理如何协作学习和优化各自的策略以达到全局最优的问题。这种方法特别适用于那些需要在保持数据隐私的同时,实现全局最优解

的复杂场景。

联邦强化学习的应用场景广泛,涉及多个气象站或数据中心的协同学习和优化。每个站点代表一个智能体,通过与环境(气象变量的变化)的交互,学习并优化其本地的气象预测或控制策略,并通过联邦学习框架共同学习和优化全局的预测或控制目标。

以多个气象站共同优化雷达观测的扫描策略为例。在这种情况下,每个气象站可以被视为一个智能体,其核心目标是通过调整雷达扫描参数(例如角度、速度等),以最大化观测到的降水量或风速的准确性。联邦强化学习允许不同气象站共享彼此的学习经验,从而提升全域雷达观测效果。

24.5.2　联邦强化学习算法实践

联邦强化学习的原理是通过联邦学习的方式,使得各个智能体能够在本地学习环境模型,并通过交互和共享经验来优化全局的决策策略。

联邦强化学习实现步骤:

①问题建模与环境定义:确定每个智能体(气象站)的强化学习问题和环境,包括状态(观测到的气象数据)、动作(调整雷达扫描参数)、奖励函数(观测数据的准确性或预测误差)等。

②联邦学习框架设计:设计联邦学习框架,包括如何在多个智能体之间共享经验和模型参数,以促进全局性能的提升。

③强化学习算法选择:选择适当的强化学习算法(如 Q-learning、Deep Q-Networks(DQN)等)来实现每个智能体的策略优化。

④联邦学习与模型聚合:每个智能体在本地进行强化学习过程,通过联邦学习框架将每轮的模型参数或经验分享给中央服务器,中央服务器负责聚合这些参数或经验,并更新全局的模型。

⑤评估与优化:周期性地评估全局模型的性能,根据评估结果调整每个智能体的策略优化过程和联邦学习的策略。

```
# 伪代码示例:简单的联邦强化学习框架
class Agent:
    def __init__(self,id):
        self.id = id
        self.local_model = initialize_model()
        self.experience_buffer = []

    def learn(self,environment):
        state = environment.get_state()
        action = self.local_model.select_action(state)
        reward = environment.execute_action(action)
        next_state = environment.get_state()
        self.experience_buffer.append((state,action,reward,next_state))

    def share_experience(self,other_agent):
        other_agent.receive_experience(self.experience_buffer)
```

```python
def receive_experience(self,experience):
    self.experience_buffer.extend(experience)

def train_local_model(self):
    #使用经验训练本地模型
    #这里可以使用深度 Q 网络或其他强化学习算法
    pass

#主程序
agents = [Agent(1),Agent(2),Agent(3)]

for episode in range(num_episodes):
    for agent in agents:
        agent.learn(environment)

    #在每个周期结束时,共享经验
    for i in range(len(agents)):
        for j in range(i + 1,len(agents)):
            agents[i].share_experience(agents[j])
            agents[j].share_experience(agents[i])

    #每个智能体训练本地模型
    for agent in agents:
        agent.train_local_model()
```

第 25 章 时间序列分析

在大气科学中,时间序列数据是描述大气变量变化和预测未来趋势的关键基础/前程。从温度、湿度、风速到降水量,这些变量的测量和记录形成了丰富的时间序列数据。通过时间序列分析,能够对这些数据进行建模和解析,从而揭示大气变化的内在规律。本章将介绍时间序列分析的基本概念、分析基础和预测方法等。最后,将任务扩展到时空序列角度,探讨其在解析复杂大气现象中的应用,并结合实际案例展示时间序列分析的实践过程。

25.1 时间序列基本概念

25.1.1 时间序列数据定义

时间序列数据是一种按照时间顺序索引或排列的数据点集合,它通过将同一统计指标的数值按其先后顺序排列,形成了一个有序的数列(图 25.1)。在大气科学和环境科学领域,时间序列分析同样发挥着关键作用。通过分析温度、降雨量等气象因素的时间序列,能够深入研究气候变化的趋势,并预测未来的大气变化。

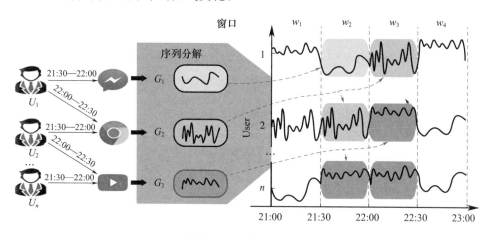

图 25.1 时间序列示例

时间序列数据的一个显著特点是其观测值之间具有显著的时间依赖性,即一个时间点的观测值 Y_t 可能受到之前或之后观测值的影响。这种时间上的连续性和相互关联性,使得时间序列分析成为揭示和理解这些依赖关系的关键工具。其核心目标在于识别和解释这些时间依赖性,并基于历史数据 Y_t 预测未来时间点的数据 Y_{t+1}。

数学上,时间序列可以表示为一组随机变量的序列 $\{Y_t\}_{t=1}^n$,其中 t 表示时间索引,Y_t 表示时间 t 的观测值。这些观测值通常是按等时间间隔记录的,例如每小时、每天或每年。时间序列的目标是通过建模过去的观测值 $\{Y_1, Y_2, \cdots, Y_{t-1}\}$ 来预测未来的观测值 Y_t。

时间序列分析的关键在于理解其内在的结构和模式。时间序列通常具有以下特点:

①有序性:数据点按时间顺序排列,每个数据点 Y_t 代表时间 t 的观测值。

②连续性:时间序列通常在连续的时间间隔内观测,如每小时 $\Delta t = 1\ \text{h}$,每天 $\Delta t = 1\ \text{d}$。

③可变性:序列中的数值会随时间变化,表现出不同的波动性。

④非独立性:序列中的观测值通常不是相互独立的,而是存在某种形式的相关性,即 $E[Y_t Y_{t-k}] \neq E[Y_t]E[Y_{t-k}]$,$k$ 是滞后数。

25.1.2　时间序列成分

时间序列数据的组成部分通常包括趋势(Trend)、季节性(Seasonality)、周期性(Cyclical)和随机性(Randomness)。

趋势成分:数据的长期变化方向,可以表示为 T_t,常用线性或非线性函数表示,如 $T_t = \beta_0 + \beta_1 t$。

季节性:反映了时间序列在一年内或特定周期内重复出现的模式,可以表示为 S_t,例如每年四季的气温变化。

循环成分:不规则且重复的波动,周期通常比季节性更长,可以表示为 C_t。

随机成分:不规则的噪声或误差,是指时间序列中无法通过趋势、季节性或循环成分解释的随机波动,可以表示为 R_t。

一个典型的时间序列模型可以表示为:

$$Y_t = T_t + S_t + C_t + R_t \tag{25.1}$$

通过时间序列数据模态分解方法(如经验模态分解(EMD)、集合经验模态分解(EEMD)、经验小段分解(EWT)等)对这些成分的分离和分析,可以揭示时间序列数据的内在规律。可以使用移动平均(Moving Average,MA)来平滑时间序列,或使用差分(Differencing)方法使非平稳时间序列变得平稳。

25.2　时间序列分析基础

25.2.1　时间序列的统计特性

时间序列分析是对随时间变化的数据点集合进行研究的统计方法。时间序列的统计特性是建立准确模型、进行有效预测以及解释数据的基础。

(1)中心趋势和离散程度

均值(Mean):时间序列数据集中所有观测值的算术平均,它反映了数据集的中心位置。

方差(Variance):度量时间序列中各观测值与均值之间差异的平方的平均值,反映了数据的波动或离散程度。

标准差(Standard Deviation):方差的平方根,提供了观测值偏离均值的量化度量。

(2)分布形态

偏度(Skewness):衡量时间序列数据分布的对称性,正偏度表示分布右偏,负偏度表示分布左偏。

峰度(Kurtosis):描述数据分布的尖峭程度,高峰度表示分布比正态分布更尖锐。

(3)动态特性

稳定性(Stationarity):是时间序列分析中的一个核心概念,指的是时间序列的统计特性,如均值、方差和自相关性，在时间上保持恒定，不受时间点的影响。稳定性的存在使得时间序列的长期行为可以预测，从而为建模和预测提供了坚实的基础。

稳定性分为两种类型：首先是弱稳定性（Weak Stationarity），也称为第二阶稳定性，它要求时间序列的均值和方差在时间上是恒定的，同时自相关性仅依赖于时间滞后的长度，而与时间点无关，弱稳定性是大多数时间序列模型的基本假设。其次是强稳定性（Strong Stationarity），即要求除了满足弱稳定性的条件外，还要求所有阶数的矩（不仅仅是一阶和二阶矩）在时间上保持恒定。这意味着时间序列的分布特性在时间上也是不变的。

周期性（Cyclicality）：描述了时间序列在较长时间尺度上的规律性波动，这些波动可能与经济周期或其他周期性因素相关。

长期记忆（Long-Memory）：指的是时间序列中自相关性衰减缓慢，表明历史观测值对当前值有持续影响。

（4）相关性

自相关性（Autocorrelation）：反映了时间序列中各时间点观测值之间的相关性，揭示了数据点之间的时间依赖性。

偏自相关性（Partial Autocorrelation）：在考虑其他滞后项的影响后，衡量特定滞后项的相关性。

（5）波动性

异方差性（Heteroscedasticity）：指时间序列的波动或方差随时间变化，可能导致模型估计的不稳定性。

波动聚集（Volatility Clustering）：描述了大的变化和小的变化都倾向于集中出现的现象。

（6）特殊结构

协整性（Cointegration）：描述了多个非稳定时间序列之间可能存在的长期均衡关系。

单位根（Unit Root）：表明时间序列具有随机游走特性，指示时间序列的非稳定性。

（7）频率特性

谱特性（Spectral Characteristics）：通过频率分析识别时间序列的周期性成分。

这些统计特性是时间序列分析的基础，它们帮助识别数据的结构特征，并为选择合适的分析方法提供指导。例如，稳定性（或平稳性）是应用 ARIMA 模型的前提条件，因为 ARIMA 模型假设数据的统计特性（如均值和方差）在时间上是恒定的；周期性和季节性特征可能需要进行季节性调整或采用特定的季节性模型，如 SARIMA，以捕捉数据的重复模式；长期记忆特性（或自相似性）可能需要使用分数阶差分（Fractional Differencing）来处理，这有助于捕捉数据的依赖结构；异方差性（即波动性变化）可能需要采用自回归条件异方差（ARCH）或广义自回归条件异方差（GARCH）模型来建模和预测波动性。

25.2.2　时间序列分析方法

在深入理解时间序列的统计特性后，选择合适的分析方法用于深入挖掘数据的深层信息、构建预测模型和解释现象。几种常用的时间序列分析方法如下：

（1）描述性分析方法

描述性分析方法是时间序列分析的基础方法，它们为提供对数据集基本特征的初步理解奠定了基础。描述性分析不仅帮助理解数据的基本特征，还能指导选择合适的分析方法和模型。

图形分析在描述性分析中扮演着关键角色。通过绘制时间序列图，研究者可以直观地观察数据随时间的变化趋势、季节性模式以及可能的周期性行为。此外,绘制直方图和箱线图可以帮助了解时间序列的分布特性,包括数据的集中趋势、离散程度以及潜在的异常值。

描述性统计量计算进一步提供了数据集的量化特征。计算均值可以揭示时间序列的中心位置,而方差和标准差则描述了数据的波动性或离散程度。偏度和峰度的计算可以揭示数据分布的形态特征,如对称性、尖峭程度以及尾部的厚度。

数据转换是另一种描述性分析工具,它可以帮助稳定时间序列的方差,或者使数据更加符合正态分布。常用的转换方法包括对数转换和 Box-Cox 转换,这些方法可以有效地处理数据的异方差性或偏度问题。

(2)相关性分析方法

相关性分析方法是探究时间序列数据中不同时间点观测值之间关系的重要工具。

自相关函数(Auto Correlation Function,ACF)量化了时间序列在不同滞后下的自相关性,其滞后 k 的自相关系数 $\rho(k)$ 定义为:

$$\rho(k) = \frac{\sum\limits_{t=1}^{N-k}(X_t - \overline{X})(X_{t+k} - \overline{X})}{\sum\limits_{t=1}^{N}(X_t - \overline{X})^2} \tag{25.2}$$

式中,X_t 是时间序列在时间点 t 的观测值,$\overline{X}$ 是均值,k 是滞后数,N 是样本大小。

偏自相关分析通过计算偏自相关函数(Partical Auto Correlation Function,PACF)来衡量在控制其他滞后值后,两个滞后观测值之间的相关性。偏自相关系数通常通过回归分析得到,并用于识别移动平均(Moving Average,MA)模型的阶数。

互相关分析评估两个时间序列 X 和 Y 之间的相关性,其互相关函数 $r_{XY}(k)$ 定义为:

$$r_{XY}(k) = \frac{\sum\limits_{t=1}^{N-k}(X_t - \overline{X})(Y_{t+k} - \overline{Y})}{\sqrt{\sum\limits_{t=1}^{N}(X_t - \overline{X})^2}\sqrt{\sum\limits_{t=1}^{N}(Y_t - \overline{Y})^2}} \tag{25.3}$$

这些方法为提供了量化和识别时间序列数据中相关性的工具,是构建预测模型和解释时间序列行为的基础。

(3)稳定性分析方法

稳定性分析方法是评估时间序列数据是否随时间的推移而保持统计特性不变。在众多非稳定性时间序列中,随机游走(Random Walk)是一个重要的例子。在随机游走序列中,每个观测值是前一个值加上一个随机扰动。随机游走序列的均值和方差随时间线性增长,因此不具备稳定性。然而,随机游走的差分(即连续观测值之间的变化)是稳定的,这使得随机游走序列可以通过一阶差分转化为平稳序列。

单位根检验是判断时间序列是否存在单位根,即是否具有随机游走特性的基本方法。单位根意味着序列是非平稳的,而 Dickey-Fuller 检验是检测单位根的常用方法,其检验统计量 D 定义为:

$$D = \frac{\hat{\beta}}{\text{SE}(\hat{\beta})} \tag{25.4}$$

式中,$\hat{\beta}$ 是确定性趋势(如时间趋势或常数项)回归系数的估计值,$\text{SE}(\hat{\beta})$ 是其标准误差。如果 D 值显著小于临界值,则拒绝原假设,认为序列存在单位根。

差分是处理非平稳时间序列的常用技术,通过差分来移除序列的趋势和季节性成分,实现序列的平稳化。一阶差分定义为：

$$\Delta X_t = X_t - X_{t-1} \tag{25.5}$$

对于季节性数据，还可以使用季节性差分：

$$\Delta_s X_t = X_t - X_{t-s} \tag{25.6}$$

式中，s 是季节周期的长度。

增广 Dickey-Fuller（ADF）检验是一种更为全面的单位根检验，它不仅考虑了时间趋势，还考虑了滞后项和可能的异方差性。ADF 检验的公式为：

$$\Delta X_t = \alpha_0 + \alpha_1 t + \sum_{i=1}^{k} \gamma_i \Delta X_{t-i} + \epsilon_t \tag{25.7}$$

式中，α_0 和 α_1 分别是截距和时间趋势项，γ_i 是滞后项的系数，k 是滞后阶数，ϵ_t 是误差项。

KPSS 检验是另一种检验时间序列稳定性的方法，与 ADF 检验不同，KPSS 检验的原假设是序列是平稳的。KPSS 检验统计量 T 的计算涉及序列的协方差：

$$T = \frac{\sum_{t=1}^{N} \Delta X_t}{\sqrt{\sum_{t=1}^{N-1} (\Delta X_t - \Delta \bar{X})^2}} \tag{25.8}$$

稳定性分析方法对于时间序列建模至关重要，因为许多统计模型和预测技术都要求序列是平稳的。通过这些方法，人们可以识别并处理非平稳性。

（4）季节性分析方法

季节性分析方法专注于识别、量化和调整时间序列数据中的季节性模式。

季节性分解是一种将时间序列分解为趋势、季节性和随机成分的方法。这种分解有助于理解数据的内在结构，通常使用如 X-12-ARIMA 等季节性调整工具来实现。

季节性自相关图（Seasonal ACF）和季节性偏自相关图（Seasonal PACF）是分析时间序列季节性模式的有力工具。这些图表可以揭示数据在特定季节滞后下的相关性，帮助确定季节性 ARIMA 模型的参数。

季节性单位根检验用于检测时间序列的季节性变化是否具有单位根特性。例如，Dickey-Fuller 季节性单位根检验考虑了季节性周期，以确定季节性变化是否为随机游走。

季节性调整是消除时间序列数据中季节性影响的过程。通过季节性调整，可以看到数据的趋势和周期性。季节性调整可以通过直接季节性调整方法或通过建立季节性差分的时间序列模型来实现。

（5）长期记忆和周期性分析方法

长期记忆和周期性分析方法专注于识别和分析时间序列中的长期依赖性和周期性模式。

长期记忆（Long-Memory）分析涉及识别时间序列中过去观测值对当前值有持续影响的特性。具有长期记忆的时间序列显示出自相关性衰减缓慢，这可以通过 ACF 和偏 PACF 的拖尾行为来识别。长期记忆可以通过分数阶差分来建模，其一般形式为：

$$(1-B)^d X_t = \epsilon_t \tag{25.9}$$

式中，B 是后退算子，d 是分数阶差分参数，ϵ_t 是误差项，d 的值在 0 到 1 之间时，表示序列具有长期记忆特性。

周期性（Cyclicality）分析旨在识别时间序列中非固定周期的规律性波动。周期性分析通常通过时间序列的频谱分析来实现，使用傅里叶变换来分析数据的频率成分。周期性可以通过谱密度函数来量化,它描述了序列在不同频率上的波动程度。谱密度函数 $f(\lambda)$ 可以通过周期图或傅里叶变换得到:

$$f(\lambda) = \frac{1}{2\pi} \left| \sum_{t=1}^{N} X_t \mathrm{e}^{-\mathrm{i}\lambda t} \right|^2 \qquad (25.10)$$

式中,λ 表示频率,X_t 是时间序列的观测值。

（6）波动性分析方法

波动性分析方法集中于量化和理解时间序列数据中的波动性特征。

异方差性(Heteroscedasticity)分析处理时间序列中波动性随时间变化的情况。异方差性可能由多种因素引起,如政策变动等。在存在异方差性时,传统的线性模型可能不再适用,需要使用广义最小二乘法(GLS)或其他稳健估计方法。

ARCH/GARCH 模型是分析和建模时间序列波动聚集现象的常用方法。波动聚集指的是大的变化倾向于被大的变化所跟随,小的变化被小的变化所跟随。GARCH 模型的一般形式为:

$$\sigma_t^2 = \omega + \sum_{i=1}^{p} \alpha_i \in_{t-i}^2 + \sum_{j=1}^{q} \beta_j \sigma_{t-j}^2 \qquad (25.11)$$

式中,σ_t^2 是时间点 t 的方差,ω 是常数项,α_i 和 β_j 是模型参数,$\in_{t-i}$ 是滞后误差项,p 和 q 是滞后阶数。

波动率建模涉及对时间序列波动率的建模,以预测未来的波动性。

滚动窗口标准差是一种简单有效的波动性度量方法,通过计算时间序列在给定窗口内的标准差来捕捉波动性随时间的变化。

历史模拟法和蒙特卡洛模拟法是评估和模拟时间序列波动性的两种方法。历史模拟法通过模拟历史市场条件来预测未来波动性,而蒙特卡洛模拟法则通过随机生成可能的条件来进行预测。

（7）协整分析方法

协整分析方法是研究多个非平稳时间序列之间是否存在长期稳定关系的统计技术。

协整(Cointegration)的概念提供了一种理解多个时间序列是否存在长期均衡关系的方法。如果两个或多个时间序列是各自非平稳的,但它们的某种线性组合是平稳的,则称这些序列是协整的。这表明尽管各个序列可能表现出随机游走的特性,但它们之间存在某种长期的依赖关系。

协整检验是确定协整关系的关键步骤。最常用的协整检验方法是 Engle-Granger 两步法,该方法首先对每个序列进行 ADF 单位根检验,然后在发现单位根的情况下,对线性组合进行平稳性检验。如果线性组合是平稳的,则原序列可能存在协整关系。

误差校正模型(Error Correction Model,ECM)是在发现协整关系后建立的模型,用于描述序列间的短期动态和长期均衡关系。ECM 通常包括一个长期均衡方程和一个或多个短期差分方程,其形式为:

$$\Delta X_t = \alpha + \beta(X_{t-1} - \theta) + \sum_{i=1}^{p} \gamma_i \Delta X_{t-i} + \in_t \qquad (25.12)$$

式中,X_t 是时间序列的向量,α 和 β 是模型参数,θ 表示长期均衡关系,γ_i 是短期动态的系数,p 是滞后阶数,$\in_t$ 是误差项。

Johansen 协整检验是另一种检测多个时间序列协整关系的统计方法。与 Engle-Granger

方法不同,Johansen 方法可以同时检验多个协整方程,并允许模型中存在多个协整关系。

25.2.3　时间序列模型

时间序列分析的目的是通过统计方法,研究时间序列的内在结构和规律来预测未来的变化。时间序列分析的关键在于理解数据组成部分,并选择适当模型进行预测。所以时间序列预测是时间序列分析中最重要分支,这种时序预测往往通过构建模型,使用历史数据来预测未来的数据点,以下是几种广泛使用的传统时间序列模型:

简单移动平均(Simple Moving Average,SMA)模型:简单移动平均模型是一种基本的预测方法,通过计算时间序列数据在特定时间窗口内的平均值来进行预测。它的公式可以表示为:

$$\text{SMA}_t = \frac{1}{n} \sum_{i=1}^{n} X_{t-i+1} \tag{25.13}$$

式中,X_{t-i+1} 是时间点 $t-i+1$ 的观测值,n 是移动平均的窗口大小。

指数平滑(Exponential Smoothing,ES)模型:指数平滑模型通过给过去的观测值赋予指数衰减的权重来进行预测,近期的观测值比远期的观测值拥有更高的权重。其基本形式为:

$$\hat{X}_{t+1} = \alpha X_t + (1-\alpha)\hat{X}_t \tag{25.14}$$

式中,$\hat{X}_{t+1}$ 是下一个时间点的预测值,X_t 是当前时间点的观测值,$\hat{X}_t$ 是之前预测的值,α 是平滑常数。

自回归(Auto Regression,AR)模型:自回归模型是一种线性模型,它将当前值表示为过去值的线性组合。模型中当前值 X_t 是前 p 个值的线性组合加上误差项 ϵ_t:

$$X_t = c + \phi_1 X_{t-1} + \cdots + \phi_p X_{t-p} + \epsilon_t \tag{25.15}$$

式中,c 是常数项,ϕ_i 是自回归系数,p 是模型阶数,ϵ_t 是误差项。

移动平均(Moving Average,MA)模型:移动平均模型考虑了过去的误差项对当前值的影响,其中当前值 X_t 是前 q 个误差项的线性组合:

$$X_t = \mu + \epsilon_t + \theta_1 \epsilon_{t-1} + \cdots + \theta_q \epsilon_{t-q} \tag{25.16}$$

式中,μ 是均值,θ_i 是模型参数。

自回归移动平均(Auto Regression Moving Average,ARMA)模型:结合了 AR 和 MA 模型的特点,它同时考虑了过去的观测值和误差项对当前值的影响,可以表示为:

$$X_t = c + \phi_1 X_{t-1} + \cdots + \phi_p X_{t-p} + \epsilon_t + \theta_1 \epsilon_{t-1} + \cdots + \theta_q \epsilon_{t-q} \tag{25.17}$$

自回归积分滑动平均(Auto Regressive Inte-grated Moving Average,ARIMA)模型:ARIMA 模型是 ARMA 模型的扩展,适用于非平稳时间序列的预测。它通过差分操作将非平稳序列转换为平稳序列,然后应用 ARMA 模型。ARIMA 模型的一般形式为:

$$(1 - \phi_1 B - \cdots - \phi_p B^p)(1-B)^d X_t = c + (1 + \theta_1 B + \cdots + \theta_q B^q)\epsilon_t \tag{25.18}$$

式中,B 是后退算子,$BX_t = X_{t-1}$,d 是差分阶数,$\phi_1, \cdots, \phi_p$ 是自回归系数,$\theta_1, \cdots, \theta_q$ 是移动平均系数,p 是自回归项的阶数,q 是移动平均项的阶数,ϵ_t 是误差项,通常假设为白噪声。ARIMA 模型的参数 p, d, q 需要根据时间序列的特性来确定,通常通过观察自相关函数和偏自相关函数图来辅助选择,正确识别和设定这些参数对于建立有效的 ARIMA 模型至关重要。

季节性自回归积分滑动平均(Seasonal Auto Regressive Inte-grated Moving Average SARIMA)模型:SARIMA 是专门设计来分析具有明显季节性特征的时间序列的模型,它在 ARIMA 模型的基础上增加了季节性差分和季节性自回归及移动平均项,其一般形式为:

$$(1-\Phi_B)(1-\Theta_B^s)X_t = (1-\Theta_B)\epsilon_t + \phi_1\epsilon_{t-1} + \cdots + \phi_{p-1}\epsilon_{t-p+1} + \theta_B^s\epsilon_{t-s} + \cdots + \theta_{q-1}^s\epsilon_{t-1}$$

$$(25.19)$$

式中，Φ 和 Θ 是非季节性和季节性自回归多项式，B 是后退算子，s 是季节周期，ϵ_t 是误差项。

25.3　时间序列预测

时间序列预测是利用历史数据来预测未来值的过程。本节将首先定义单变量和多变量时间序列预测的问题，然后介绍包括传统统计方法和现代机器学习及深度学习方法在内的多种解决方案。

25.3.1　单变量时间序列预测

（1）问题定义

给定一个时间序列 X_t，目标是预测未来某个时间点 $t+k$ 的值 X_{t+k}。这通常涉及识别时间序列的历史模式，并将其外推到未来。

（2）执行步骤

单变量时间序列通常包括如下几个关键步骤。

①数据收集：收集历史时间序列数据 $\{X_1, X_2, \cdots, X_t\}$。

②特征提取：从原始数据中提取有助于预测的特征，这些特征往往包括时间序列的统计特性、趋势、季节性等。

③模型选择：根据任务和要求选择一个适合数据特性的预测模型，可以是传统的统计模型，如 ARIMA，或者现代机器学习模型，如随机森林、梯度提升机，或更先进的深度学习模型。

④模型训练：使用历史数据训练所选模型，以便捕捉时间序列的模式和结构。

⑤预测与评估：利用训练好的模型进行未来值的预测，并使用适当的评估指标来衡量预测的准确性。

（3）常用模型

①传统统计方法：自回归积分滑动平均模型（ARIMA）及其季节性版本（SARIMA）。

②机器学习方法：线性回归、决策树、随机森林、支持向量机（SVM）。

③深度学习方法：深度神经网络（DNN）、循环神经网络（RNN）、长短期记忆网络（LSTM）、门控循环单元（GRU）、一维卷积神经网络（1D-CNN）。

单变量时间序列预测的核心在于精准识别和利用时间序列数据中的历史模式，并将这些模式有效地转化为未来的准确预测。

25.3.2　多变量时间序列预测

（1）问题定义

多变量时间序列预测涉及多个时间序列数据集的分析与预测。给定一组时间序列 $\{X_t^{(1)}, X_t^{(2)}, \cdots, X_t^{(n)}\}$，目标是预测未来某个时间点 $t+k$ 的值 $\{X_{t+k}^{(1)}, X_{t+k}^{(2)}, \cdots, X_{t+k}^{(n)}\}$。与单变量时间序列预测不同，多变量预测需要考虑变量间的相互关系和潜在的因果效应。执行步骤同单变量一致。

（2）常用模型

①传统统计方法：向量自回归模型（VAR）、多变量 ARIMA、卡尔曼滤波器。

②机器学习方法：线性回归、决策树、随机森林、SVM。

③深度学习方法：深度神经网络（DNN）、循环神经网络（RNN）、长短期记忆网络（LSTM）、门控循环单元（GRU）、一维卷积神经网络（1D-CNN）、深度残差网络（DRNN）、Transformer、图神经网络（GNN）等。

④混合方法：事实上，无论是单变量还是多变量时间序列预测，都可以通过融合多种技术来增强预测的准确性。例如，将 ARIMA 或季节性 ARIMA 等传统模型提取的特征作为深度学习模型的输入。使用集成学习构建多个不同的预测模型，通过投票、加权平均或其他集成技术整合预测结果。序列到序列（Seq2Seq）模型用于将一个时间序列转换为另一个时间序列。引入注意力机制，在深度学习中关注时间序列中对预测最为重要的部分。

随着时间序列分析领域的快速发展，最新的时间序列预测模型在功能上涵盖了单变量和多变量预测，并在架构上呈现出多样化的趋势。这些模型主要基于以下两种架构：

①基于 Transformer 架构的时间序列预测模型：基于 Transformer 架构的时序预测模型利用自注意力机制处理时间序列数据中的长距离依赖问题，在多变量预测方面展现出了卓越的性能。截止本书出版，基于 Transformer 的最新多元时间序列预测模型主要有 Informer、Autoformer、Temporal Fusion Transformer（TFT）、Transformer-XL、Crossformer、FEDformer、Dsformer 等模型。

②基于 MLP、RNN 或 CNN 的时间序列预测模型：这类多元时间序列预测模型利用神经网络处理复杂非线性关系的能力，结合时间序列分解策略，捕捉时间序列数据中的隐含模式。目前基于 MLP、RNN 或 CNN 的最新多元时间序列预测模型主要有 N-BEATS、TimesNet、SCINet、DLinear、PatchTST、MTS-Mixers、TimeMixer 等模型。

在大气科学中，选择适当的时间序列预测方法取决于具体的任务需求和数据特性。单变量预测方法通常更简单、计算成本较低，适用于数据量较小或序列自身特性较为明显的情况。而多变量预测方法提供更全面的视角，特别适用于序列间存在显著相互作用的复杂系统。

25.3.3 时序预测模型示例（SOFTS）

南京大学人工智能学院与软件新技术国家重点实验室于 2024 年联合提出了一个名为 Series-Core Fused Time Series（SOFTS）的时间序列预测模型（Han et al.，2024a）。SOFTS 模型以其高效性和创新性，在单变量和多变量时间序列预测任务上超过了以往方法。

（1）模型结构

SOFTS 模型由以下几个组成部分构成，其结构如图 25.2 所示。

①可逆实例归一化：归一化是调整输入数据分布的常用技术。在时间序列预测中，通常会去除历史的局部统计信息，以稳定基础预测器的预测，并在模型预测中恢复这些统计信息。按照许多最先进模型中的常见做法，SOFTS 应用了可逆实例归一化，将序列中心化到零均值，缩放到单位方差，并在预测系列上逆转归一化。

②序列嵌入：序列嵌入是时间序列中流行的补丁嵌入的一个极端情况，它等同于将补丁长度设置为整个序列的长度。与补丁嵌入不同，序列嵌入不会产生额外的维度，比补丁嵌入的复杂度低。因此，SOFTS 对回望窗口进行序列嵌入，使用线性投影将每个通道的序列嵌入到 $S_0 = R^{C \times d}$，其中 d 是隐藏维度：$S_0 = \mathrm{Embedding}(X)$。

③通道交互：SOFTS 模型的创新之处在于其 STar Aggregate-Redistribute（STAR）模块，这是一个简单但高效的结构，用于捕捉多变量时间序列数据中不同序列间的相互依赖性。

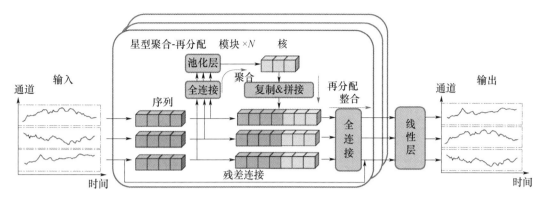

图 25.2 SOFTS 模型架构图

STAR 模块采用集中式策略,通过聚合所有序列的信息来形成一个全局核心表示,然后这个核心表示被分发到各个序列,以实现通道间的有效交互。STAR 模块的操作可以通过以下数学公式描述:

$$o_i = \text{Stoch\_Pool}(\text{MLP}_1(S_{i-1})) \qquad (25.20)$$

这里,S_{i-1} 表示第 $i-1$ 层的序列嵌入,MLP_1 是一个将序列嵌入从序列隐藏维度 d 投影到核心维度 d' 的多层感知机,Stoch_Pool 是随机池化操作,用于从 C 个序列的表示中聚合信息,形成核心表示 $o \in R^{d'}$。核心表示与序列表示的融合过程如下:

$$F_i = \text{Repeat\_Concat}(S_{i-1}, o_i) \qquad (25.21)$$

$$S_i = \text{MLP}_2(F_i) + S_{i-1} \qquad (25.22)$$

式中,F_i 是将核心表示 o_i 重复并与序列表示 S_{i-1} 连接的结果,MLP_2 是一个将连接后的表示映射回隐藏维度 d 的多层感知机,残差连接用于增强模型的学习能力。

④线性预测器:在 N 层 STAR 之后,使用线性预测器($R^d \rightarrow R^H$)生成预测结果。假设第 N 层的输出序列表示为 S_N,预测 $\hat{Y} \in R^{C \times H}$ 被计算为:

$$\hat{Y} = \text{Linear}(S_N) \qquad (25.23)$$

通过这种方式,SOFTS 模型不仅简化了预测流程,还提高了预测的准确性。SOFTS 模型的 STAR 模块通过集中化策略有效减少了计算需求,从常见的二次复杂度降低到线性复杂度,同时保持了模型的可扩展性,使其能够处理具有大量通道或时间步长的时间序列数据。

(2)模型特点

传统方法,如基于注意力的模型,通常采用分布式结构来捕捉通道间的交互,这不仅计算复杂度高,而且对每个通道的质量高度依赖。与之相对,SOFTS 通过 STAR 模块采用集中化策略,有效降低了模型的计算复杂度,并减少了对单一通道异常值的敏感性。此外,SOFTS 模型的线性时间复杂度使其在处理大规模数据集时具有显著优势。

通过在多个真实世界的数据集上进行广泛的实验,SOFTS 模型显示出了卓越的预测性能。与现有的最先进方法相比,SOFTS 在保持较低计算成本的同时,显著提高了预测精度,如图 25.3 所示。

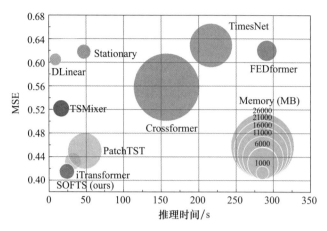

图 25.3　SOFTS 与对比模型的精度效率对比

25.4　时空序列预测

时空序列预测是一个在时间和空间两个维度上进行数据分析和预测的重要领域。与单一的时间序列预测相比,时空序列预测不仅需要考虑时间上的变化,还需要兼顾空间上的依赖关系。特别是在气象学中,气象要素和天气现象通常表现出显著的时空关联性。下面介绍时空数据的特点、时空序列预测问题的定义以及常用的时空预测模型。

25.4.1　时空数据特点

时空数据在许多应用中表现出独特的特点,这使得对其进行分析和预测变得复杂且具有挑战性。时空数据通常具有以下几个主要特点:时间依赖性、空间相关性、复杂性、多尺度性以及不确定性和噪声。

时间依赖性:时空数据在时间上的变化通常具有连续性和周期性。例如,气象数据中的温度、湿度和降水量等具有显著的时间依赖性。过去的温度情况对未来的温度预测具有重要影响,气温通常在一天中呈现出日夜交替的周期性变化。此外,季节性变化也会影响降水量和风速等气象数据。

空间相关性:时空数据在空间上存在显著的相关性。例如,气象数据中的降雨量、风速和空气湿度等,在临近区域之间通常具有相似性或依赖性。一个城市的天气状况往往会影响到周边地区的天气状况,邻近地区的降水量和温度变化趋势通常相似。这种空间相关性在大气污染扩散和区域气候模式研究中尤为重要。如图 25.4 所示。

复杂性:时空数据由于同时涉及时间和空间两个维度,其结构比单一维度的数据更复杂,可能存在多种交互和非线性关系。例如,气象系统中的温度、湿度、风速和气压等变量之间存在复杂的相互作用。这些变量不仅受时间上的季节变化影响,还受空间上的地理位置、高度和地形等因素影响。模型必须能够捕捉这些复杂的交互关系,才能准确预测天气状况。

多尺度性:时空数据可能在不同的时间和空间尺度上表现出不同的特征和模式。例如,气象数据可以按小时、天、月等不同时间尺度进行分析。小时级别的数据可以用来预测短期天气变化,而月度数据则可以用于研究长期气候趋势。同样,气象数据可以在局部、区域、全球等不同空间尺度上应用,不同尺度的数据具有不同的应用场景和分析方法。

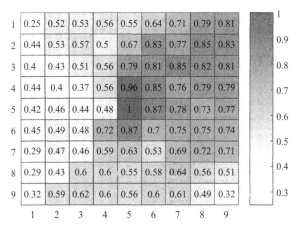

图 25.4　空间相关性的量化表示(张传亭,2019)

不确定性和噪声:时空数据中可能存在大量的不确定性和噪声,这可能来源于数据收集过程中的误差、环境变化的随机性等因素。例如,气象数据的测量误差、传感器故障和数据传输过程中的损失可能导致数据中存在噪声。同时,天气系统本身具有高度的不确定性,随机的气候事件和突发性的天气变化也会增加数据的不确定性。模型在处理这些数据时需要具备鲁棒性,以便在存在噪声和不确定性的情况下仍能做出准确的预测。

25.4.2　时空序列预测步骤

时空序列预测即在已知历史时空数据的基础上,预测未来特定时空点的状态。时空序列数据通常被视为三维数据,其中三个维度分别表示时间、空间和所观测的数据值。可以将时空序列数据表示为一个三维张量 $X(t,s_x,s_y)$,其中 t 表示时间,s_x 和 s_y 表示空间位置。

给定过去 T 个时间步长和空间范围内 $S_x \times S_y$ 个位置的时空数据 $X(t-T,:,:)$,$X(t-T+1,:,:)$,$\cdots$,$X(t,:,:)$,目标是预测未来时间步长 t' 时刻和空间位置 (s'_x,s'_y) 的数据值 $X(t',s'_x,s'_y)$。时空序列预测问题可以分为以下几个步骤:

①数据预处理:包括数据清洗、缺失值填补、归一化等。这一步骤确保输入数据的质量和一致性,为后续的特征提取和模型训练提供可靠的数据基础。

②特征提取:从时空数据中提取有用的特征,捕捉时间和空间上的模式。例如,可以使用滑动窗口方法提取时间序列特征,或使用卷积操作提取空间特征。

③模型训练:使用适当的时空预测模型对历史数据进行训练。模型可以是传统的统计模型、机器学习模型或深度学习模型,选择模型的类型取决于数据的复杂性和预测任务的要求。

④预测与评估:对未来时空点进行预测,并评估预测结果的准确性。评估指标可以包括均方误差(MSE)、平均绝对误差(MAE)等,用于衡量模型的预测性能

25.4.3　时空序列预测模型

时空预测模型在处理时间和空间依赖性方面发挥着重要作用。由于时空数据的复杂性,不同的模型在捕捉时空关系、处理多尺度性和应对不确定性方面各有优势。以下是几类常用的时空预测模型。

(1)传统统计模型

空间自回归(Spatial Auto Regressive,SAR)模型:SAR 通过引入空间滞后项来捕捉空间

依赖关系,适用于简单的空间相关性预测。

时空自回归移动平均模型(Spatial-Temporal Auto Regressive Moving Average,STAR-MA):结合时间和空间的自回归与移动平均成分,更适合复杂的时空数据分析。

(2)深度学习模型

卷积神经网络:利用卷积操作捕捉空间特征,结合时间维度进行数据的预测。

长短期记忆网络:擅长处理时间序列数据,通过增加空间维度扩展为时空预测模型,适用于复杂的现象预测。

图神经网络:在图结构上进行学习,特别适合处理具有复杂空间关系的数据。

Transformer:模型的一些变体可用于进行时空数据建模,从空间维度步骤全局相关性,在时间维度上提取长期依赖关系。

混合模型:可以将多种深度学习模型进行结合使用,如将 CNN 和 LSTM 结合,利用 CNN 提取空间特征,再用 LSTM 处理时间依赖关系,提高预测精度(Chen et al.,2024a)。

(3)时空融合模型

时空卷积网络(Spatial-Temporal Convolutional Networks,STCN):同时应用时间和空间卷积,捕捉时空依赖性,适用于多尺度多变量数据的预测。

时空图卷积网络(Spatial-Temporal Graph Convolutional Networks ST-GCN):在图结构上应用时空卷积,适用于具有复杂网络结构的时空数据,如社交网络的动态分析。在疫情传播预测中,ST-GCN 可以模拟病毒在不同地区间的传播,帮助制定防控策略。

时空预测模型的选择取决于数据的特性、预测目标和可用的计算资源。这些模型通常需要较大的数据集来训练,以确保模型能够准确地捕捉时空数据的复杂性。

25.4.4　时空预测模型实践(ConvLSTM)

目标是利用卷积长短期记忆网络(ConvLSTM)对气象数据进行预测(Chen et al.,2024a)。

```
#生成模拟天气数据
def generate_synthetic_weather_data(num_samples,time_steps,height,width):
    np.random.seed(0)
    data = np.random.randn(num_samples,time_steps,height,width,1).astype(np.float32)
    return data
#定义 ConvLSTM 模型
class ConvLSTM(tf.keras.layers.Layer):
    def __init__(self,filters,kernel_size):
        super(ConvLSTM,self).__init__()
        self.conv_lstm = tf.keras.layers.ConvLSTM2D(filters = filters,
kernel_size = kernel_size,padding = 'same',
                                    return_sequences = True)

    def call(self,inputs):
        return self.conv_lstm(inputs)


#定义整体模型架构
```

```python
class Net(tf.keras.Model):
    def __init__(self,filters,kernel_size):
        super(Net,self).__init__()
        self.conv_lstm = ConvLSTM(filters=filters,kernel_size=kernel_size)
        self.fc1 = tf.keras.layers.Dense(1)

    def call(self,inputs):
        x = self.conv_lstm(inputs)
        x = tf.keras.activations.relu(x[:,-1])
        x = self.fc1(x)
        return x


# 准备数据
num_samples = 1000
time_steps = 3
height = 100
width = 100

data = generate_synthetic_weather_data(num_samples,time_steps,height,width)

# 将数据分为训练集和测试集
split_boundary = int(num_samples * 0.75)
train_x = data[:split_boundary,:-1]
train_y = data[:split_boundary,-1]
test_x = data[split_boundary:,:-1]
test_y = data[split_boundary:,-1]

# 定义数据集
train_ds = tf.data.Dataset.from_tensor_slices((train_x,train_y)).batch(32)
test_ds = tf.data.Dataset.from_tensor_slices((test_x,test_y)).batch(32)


# 训练函数
def train_model(model,train_ds,test_ds,optimizer,loss_fn,num_epochs):
    train_loss_results = []
    test_loss_results = []

    for epoch in range(num_epochs):
        epoch_loss_avg = tf.keras.metrics.Mean()
```

```
        epoch_val_loss_avg = tf.keras.metrics.Mean()

        # 训练循环
        for x,y in train_ds：
            with tf.GradientTape() as tape：
                predictions = model(x)
                loss = loss_fn(y,predictions)
            grads = tape.gradient(loss,model.trainable_variables)
            optimizer.apply_gradients(zip(grads,model.trainable_variables))
            epoch_loss_avg.update_state(loss)

        # 验证循环
        for x_val,y_val in test_ds：
            val_predictions = model(x_val)
            val_loss = loss_fn(y_val,val_predictions)
            epoch_val_loss_avg.update_state(val_loss)

        train_loss_results.append(epoch_loss_avg.result())
        test_loss_results.append(epoch_val_loss_avg.result())

        if epoch % 10 == 0：
            print(
                f"Epoch {epoch},Training Loss：{epoch_loss_avg.result()},Valida-
tion Loss：{epoch_val_loss_avg.result()}")

    return train_loss_results,test_loss_results

# 定义并编译模型
model = Net(filters=32,kernel_size=(3,3))
optimizer = tf.keras.optimizers.Adam(learning_rate=0.001)
loss_fn = tf.keras.losses.MeanSquaredError()

# 训练模型
num_epochs = 50
start_time = time.time()
train_loss,test_loss = train_model(model,train_ds,test_ds,optimizer,loss_fn,num_epochs)
end_time = time.time()

# 评估模型性能
predictions = np.concatenate([model(x).numpy() for x,y in test_ds],axis=0)
true_values = np.concatenate([y.numpy() for x,y in test_ds],axis=0)
```

第 26 章　自然语言处理与大型语言模型

自然语言处理(Natural Language Processing,NLP)是人工智能与语言学交叉领域的一个重要分支(Thukroo et al.,2022),其主要研究计算机如何理解、解释和生成人类语言。NLP 的主要任务包括语言理解、语言生成、机器翻译、情感分析、文本分类、信息抽取、问答系统等多个方面(Lauriola et al.,2022)。NLP 研究领域包括句法分析、语义分析、语言模型、文本挖掘、对话系统等(Abdalla et al.,2023)。

26.1　自然语言处理(NLP)概述

26.1.1　NLP 历史发展

NLP 的发展历史可追溯到 20 世纪 50 年代,最初以规则驱动的方法为主,这些方法依赖于预先定义的规则和词典来进行句法分析和机器翻译。尽管这种方法在早期取得了一定的成功,但随着对自然语言复杂性的深入理解,规则驱动的方法逐渐暴露出局限性。1980 年代,随着计算能力的提升和大规模语料库的出现,统计方法开始在 NLP 中占据主导地位,隐马尔可夫模型(HMM)和最大熵模型等被广泛应用于如词性标注和命名实体识别等任务。到 1990 年代,统计机器翻译成为研究热点,标志着数据驱动方法开始取代传统的基于规则的方法。

进入 21 世纪,特别是 2010 年后,深度学习技术的突破性进展极大地推动了 NLP 领域的革新。RNN 和 LSTM 的应用,使得对序列数据的高效处理成为可能,而 Word2Vec 的出现则开启了词嵌入技术的新时代。2018 年,预训练语言模型如 BERT 和 GPT 的出现进一步推动了 NLP 的发展,这些模型在多个任务上实现了显著性能提升。通过在大规模文本语料库上进行预训练,这些模型能够学习到丰富的语言特征和模式(郝立涛 等,2023)。

近年来,随着更先进的预训练模型(Lamsal et al.,2024)如 GPT 系列、T5、XLNet 等的出现,NLP 系统的性能不断提升,使得 NLP 技术在文本生成、机器翻译、问答系统等领域取得了重大进展。此外,多模态 NLP 和跨领域 NLP 成为研究新趋势,其要求模型能处理和理解包含文本、图像、音频等多种类型数据的输入,以及适应不同领域的特定语言特征与术语。同时,随着 NLP 模型变得越来越复杂,提高模型的可解释性和可信赖性也成为重要研究方向。

总体而言,NLP 的发展历史反映了从规则驱动到统计驱动,再到深度学习驱动的技术演进。随着技术的不断进步,NLP 在理解与生成自然语言方面将继续取得更深远的突破,推动人工智能技术的进一步发展。

26.1.2　手工编写阶段

从 20 世纪 50 年代延续到 70 年代,NLP 的早期发展以规则驱动为主。在这一时期,研究者主要依靠手工编写的规则来解析和理解自然语言。早期的 NLP 系统依赖于详细语法规则与词汇表,通过这些规则和词典来分析和理解文本。研究的重点在于确定句子的结构和语法成分,进行句法分析。在 1950 年代,机器翻译成为早期 NLP 的一个重要应用领域,尽管早期机器翻译系统存在诸多局限性,但它们为 NLP 的发展奠定了基础。

随着时间的推移,规则驱动方法在处理自然语言歧义和复杂性方面逐渐展现出明显的局限性。由于自然语言的多样性、复杂性,很难通过手工编写规则来涵盖所有可能的语言现象。同时,随着语料库的不断增大和语言现象的多样化,维护和更新这些规则也变得越来越困难。尽管规则驱动阶段的 NLP 系统在处理复杂语言现象方面存在限制,但这一时期的研究为后续的统计驱动和深度学习驱动阶段奠定了基础,为理解自然语言的结构和语法提供了重要的启示。

26.1.3 统计与深度学习阶段

20 世纪 80 年代至 2000 年代,统计模型因其能有效利用实际语言数据中的模式而成为 NLP 的主流方法。这一时期的 NLP 研究主要集中在如何利用统计学原理来分析和理解语言数据。2010 年以后,深度学习技术的兴起为 NLP 领域带来了革命性的变化。RNN 和 LSTM 优化了对语言中长距离序列依赖的处理能力,而 CNN 也开始被应用于处理文本的局部相关性。特别地,Transformer 模型中的自注意力机制极大改进了机器翻译和文本生成的效率与质量,这种机制使模型能够更好地捕捉文本中的长距离依赖关系。基于 Transformer 的预训练模型如 BERT 和 GPT,通过在大规模语料上预训练,并针对特定任务进行微调,显著提升了多种 NLP 任务的性能。

26.2 预处理技术

在 NLP 研究领域中,预处理技术是数据准备阶段的关键步骤,它确保了输入数据的质量和格式能够适应后续处理与模型训练(Marco et al.,2023)。有效的预处理不仅有助于提升模型性能,还能有效减少资源消耗。主要的预处理步骤包括文本清洗、分词与词性标注以及命名实体识别。

文本清洗提升了数据质量,确保后续分析和模型训练的准确性与效率(Zerin et al.,2024)。它主要包括去除噪声和不相关内容,如 HTML 标签、特殊符号、格式错误、拼写错误及重复信息。文本清洗还涉及标准化处理,如将文字转换为小写,词干提取和词形还原,以减少词汇多样性对模型的影响。去除停用词也有助于提升数据处理的效率和准确性。

分词将连续文本串分解为独立单元,如单词或短语。在英语和德语等语言中,分词较为直接,但对于中文、日语和韩语等没有明显单词界限的语言,分词任务复杂,需要统计或机器学习模型预测单词边界。词性标注为文本中的每个单词赋予一个词性,有助于理解单词在句中的语法和语义角色,为后续的句法和语义分析任务提供基础。

命名实体识别(Named Entity Recognition,NER)从文本中自动识别出具有特定意义的实体,如人名、地点名、组织名等,对信息抽取、知识图谱构建、问答系统、机器翻译等应用至关重要(张继元 等,2024)。NER 通常涉及两个步骤:实体边界识别和实体类别分类。NER 增强了机器对文本的理解能力,为更复杂的 NLP 任务提供支持,随着模型和算法的进步,其精度和应用范围将进一步扩大。

26.3　特征提取与表示

在自然语言处理中,特征提取与表示是理解和处理文本数据的基础。有效的特征提取方法能将原始文本转换为机器能够理解和处理的格式,从而捕捉语言的本质属性和复杂性。以下将介绍几种常用的特征提取与表示方法。

26.3.1　词袋模型

词袋模型(Bag of Words,BoW)是一种常用的文本表示方法,广泛用于各种语言处理任务。该模型的核心思想是将文本转换为一个词汇集合的长向量,忽略词语的顺序和语法结构。每个元素代表一个特定词汇在文本中出现的次数或出现与否(二值化)。

构建词袋模型的步骤:①分词:将文本切分成词的序列。②建立词典:统计所有文档中出现的不重复词并形成词典。③向量化:将每个文档表示为词频向量,每个元素对应词典中的一个词。

尽管词袋模型易于理解和实现,且转换为词袋向量的操作较为高效,但它忽略了单词之间的顺序和语法结构,无法捕捉复杂文本语义。

26.3.2　TF-IDF

TF-IDF(Term Frequency-Inverse Document Frequency)是一种用于信息检索和文本挖掘的加权技术。它通过评估词语在文档中的频率和在语料库中的罕见程度来衡量其重要性。

TF(Term Frequency)为词频,表示某个词在文档中出现的频率。计算公式为:

$$\text{TF}(t,d) = \frac{(\text{词 } t \text{ 在文档 } d \text{ 中出现的次数})}{(\text{文档 } d \text{ 中的总词数})} \tag{26.1}$$

IDF(Inverse Document Frequency)表示逆文本频率,用于降低常见词的影响并提高罕见词的权重。计算公式为:

$$\text{IDF}(t,D) = \log\left(\frac{\text{语料库 } D \text{ 中的文档总数}}{\text{包含词 } t \text{ 的文档数}}\right) \tag{26.2}$$

一个词在某文档的 TF-IDF 值由其 TF 值和 IDF 值的乘积给出,提供了比单纯词频更复杂的文本表示:

$$\text{TF-IDF}(t,d,D) = \text{TF}(t,d) \times \text{IDF}(t,D) \tag{26.3}$$

26.3.3　词嵌入(Word2Vec、GloVe 模型)

词嵌入是一种高级特征提取技术,将词汇高维空间映射到连续的低维向量空间中,使得语义或语法相似的词汇在向量空间中的距离相近。常见的词嵌入方法包括 Word2Vec 和 GloVe。

(1)Word2Vec

由 Google 开发,通过神经网络模型学习词向量。Word2Vec 包含连续词袋(CBOW)和跳字语法(Skip-gram)两种架构。

CBOW 模型(图 26.1)是基于上下文生成词向量、预测目标单词的神经网络模型,通过给定一个单词的上下文(即窗口内的其他单词)来预测该单词本身(Li,2024)。该模型的核心思想在于利用上下文单词信息来计算并输出目标词概率分布。

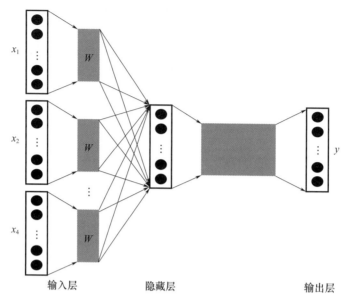

图 26.1　CBOW 模型训练流程图

而 Skip-gram 模型则恰好相反(图 26.2),它通过中心词(即模型输入词)来推断上下文一定窗口内的单词(黄鹤 等,2019)。无论是 Skip-gram 还是 CBOW,它们的最终目标都是迭代出词向量字典。这两种方法都利用大规模文本数据,通过优化词预测的概率,使得语义或语法相近的词在向量空间中距离更近。

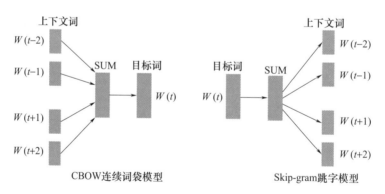

图 26.2　CBOW 与 Skip-gram 跳字模型对比图

(2)全局向量的词嵌入(GloVe)

由斯坦福大学开发,基于全局词频统计的无监督词表示方法。GloVe 结合了矩阵分解技术和局部窗口方法的优点,通过对共现矩阵进行分解来训练。这种方法不仅依赖于局部上下文窗口,还基于整个语料库的全局统计数据,能够捕捉到更丰富的词语语义信息。GloVe 模型的训练目标是通过优化词对共现概率的对数,最小化预测误差。具体来说,GloVe 模型通过以下目标函数进行训练:

$$J = \sum_{i,j=1}^{|V|} f(P_{i,j})(\boldsymbol{W}_i^T \widetilde{\boldsymbol{W}}_j + b_i + \tilde{b}_j - \log P_{i,j})^2 \tag{26.4}$$

式中,$P_{i,j}$ 是词 i 和词 j 的共现概率,W_i 和 $\widetilde{W}_j$ 分别是词 i 和词 j 的词向量,b_i 和 $\tilde{b}_j$ 是偏置项,f

是权重函数。通过最小化这个目标函数,GloVe 模型能够学习到捕捉词语全局共现信息的词向量。

26.3.4　上下文词嵌入(ELMo、BERT 模型)

上下文词嵌入技术为自然语言处理领域带来了一种更为丰富和深入的语言特征表示方法。与传统的词嵌入技术如 Word2Vec 或 GloVe 不同,上下文词嵌入模型如 ELMo、BERT 等能够生成依赖于具体上下文的动态词向量。这种动态性意味着同一个词在不同的句子中会有不同的表示,从而能够更好地捕捉词义随上下文变化的特性。

(1)ELMo(Embeddings from Language Models)

由艾伦人工智能研究所(Allen Institute for AI)开发的一种深度词表征模型,解决传统词嵌入方法无法充分捕捉词汇在不同语境下多样性的问题。ELMo 通过无监督预训练的多层 Bi-LSTM 模型来提取带上下文信息的单词特征(图 26.3)。这种模型不仅考虑了单词本身的意义,还考虑了单词在文本中的上下文关系。与传统的词嵌入方法不同,ELMo 中每个词生成的嵌入会根据词出现的上下文而改变(安俊秀 等,2023),使得模型能够处理词义消歧和复杂句子结构的任务。

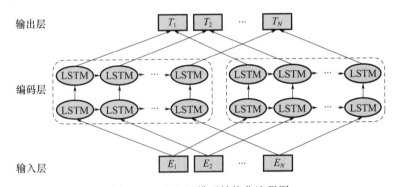

图 26.3　ELMo 模型结构化流程图

ELMo 的原理:ELMo 基于语言模型的思想,通过多层双向 LSTM 来生成词嵌入。具体来说,ELMo 先训练一个语言模型来预测给定单词的上下文,然后将该模型用于生成词嵌入。通过将每个词的上下文信息作为输入,ELMo 能够为每个词生成一个上下文敏感的表示。ELMo 的输出包含了多层的词嵌入,通过结合这些不同层次的表示,可以更好地捕捉词语在不同语境下的多样性。

使用 ELMo 时,通常需要预训练一个 ELMo 模型,或者使用已经预训练好的模型,然后在特定任务中进行微调。ELMo 嵌入可以通过直接将其输入到下游任务的神经网络中来使用,或者通过特征组合的方式与其他特征进行融合。

(2)BERT(Bidirectional Encoder Representations from Transformers)

Google 在 2018 年推出的模型,模型主要创新点在于 Transformer 的多层双向编码器表示部分(图 26.4),能捕捉词语和句子级别的现象。BERT 模型在预训练阶段使用了两种任务(马月坤 等,2019):一是"掩码语言模型"(Masked Language Model;MLM),即随机遮蔽一些词然后预测它们;二是"下一句预测"(Next Sentence Prediction;NSP),即预测两个句子是否为连续的文本。这种双向训练方法使 BERT 能够同时考虑词汇的左侧和右侧上下文,从而更好地理解文本语境和含义。

BERT 模型的预训练目标包括：①掩码语言模型：随机遮蔽输入文本中的一些词,然后预测这些被遮蔽的词。②下一句预测：判断两个输入句子是否为连续的文本。

BERT 的原理：BERT 基于 Transformer 架构,其关键特性是使用双向的自注意力机制。这种机制允许 BERT 在预训练阶段同时关注句子的前后文信息,从而捕捉更为复杂的语言现象。在预训练阶段,BERT 通过掩码语言模型和下一句预测任务来学习语言表示。掩码语言模型通过随机遮蔽输入中的一些单词,然后预测这些被遮蔽的单词；下一句预测任务则判断两个输入句子是否为连续的文本。

使用 BERT 时,通常采用"预训练—微调"方法。首先在大规模语料库上预训练 BERT 模型,然后在特定任务中进行微调。在微调阶段,可以在特定任务的数据上进一步训练 BERT 模型,以适应具体的应用场景。此外,BERT 的多层输出可以根据需要选择合适的层进行使用,通常较高层的输出包含了更为复杂和抽象的语言信息。

通过这种预训练,BERT 能够学习到丰富的语言特征,并通过微调应用于各种 NLP 任务,显著提升了模型在问答系统、文本分类、机器翻译等任务上的性能。

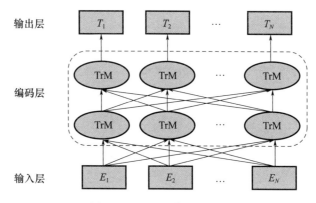

图 26.4   BERT 模型结构图

26.4   NLP 模型

NLP 领域模型与技术已经从基础的统计方法发展到复杂的深度学习算法。这些技术和模型使得计算机能够理解、解释和生成人类语言。NLP 核心模型的发展历经多个阶段,从早期依赖统计模型进行基础语言任务处理,到利用传统机器学习方法如逻辑回归和 SVM 进行文本分类。随着计算能力的增强,深度学习技术成为了推动 NLP 发展的主要力量。CNN、RNN 及其改进版本 LSTM 和 GRU 极大提升了模型处理长序列文本的能力。基于自注意力机制的 Transformer 模型及其衍生的预训练语言模型如 BERT 和 GPT,通过在大规模语料库上预训练以学习深层次的语言特征,展现出卓越的性能。

26.4.1   语言模型

主要应用场景包括两部分：

一是基于一定的语料库,利用 N 元模型（N-gram）来预计或评估一个句子是否合理,可被表示为：$P(s) = P(w_1, w_2, \cdots, w_n) = p(w_1) p(w_2 | w_1) p(w_3 | w_1, w_2) \cdots p(w_n | w_1, \cdots, w_{n-1})$；

二是预测给定文本序列中下一个词的可能性,常用于输入法的自动填词,这种类型的 LM

被称为自回归语言模型（Autoregression，AT），即：$P(w_t|w_1^{t-1}) \approx P(w_t|w_{t-N+1}^{t-1})$。

经典的 N-gram 概率语言模型用于预测句子中单词序列出现的可能性（图 26.5），这种模型依赖于前几个词（$N-1$ 个词）的统计信息来预测下一个词。例如，在二元模型（2-gram）中，下一个单词的预测基于前一个单词，而在三元模型（3-gram）中，则基于前两个单词。N-gram模型的设置使得模型能够基于从训练数据中学习到的概率从而做出有根据的预测。

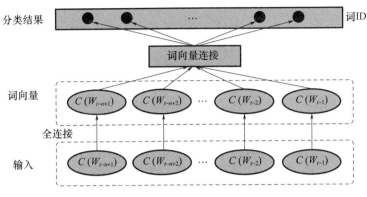

图 26.5　N-gram 模型架构

26.4.2　神经网络模型

尽管传统的 N-gram 概率语言模型在大多数情况下有效，但它受限于固定的上下文长度，难以捕捉长距离依赖关系。神经网络模型（图 26.6）在 NLP 中扮演了核心角色（Mittal et al.，2020），提供了多样化的架构来处理语言数据的复杂性。RNN 及其变体如 LSTM 和 GRU，可以通过其循环结构捕获时间序列中的信息，有效处理序列数据中的长距离依赖问题，适用于如机器翻译或语音识别等需要考虑上下文连续性的任务。Transformer 模型已成为 NLP 领域的主导架构，它完全基于自注意力机制，能够并行处理序列中的所有元素，同时捕捉词与词之间的全局依赖关系，极大提高了处理效率和模型性能。

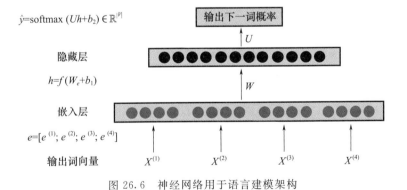

图 26.6　神经网络用于语言建模架构

26.4.3　GPT 系列模型

预训练模型在大规模数据集上进行预训练，用于解决语言处理中的通用性与复杂性问题（Wang et al.，2023）。通过利用大规模文本数据，预先训练学习语言通用特征和结构，而后通过微调（fine-tuning）来适应性地应用于下游特定任务。通用大模型（图 26.7）是一种跨领域通用的大型人工智能模型,训练成本高昂,具备高度特征提取与规律发现能力。

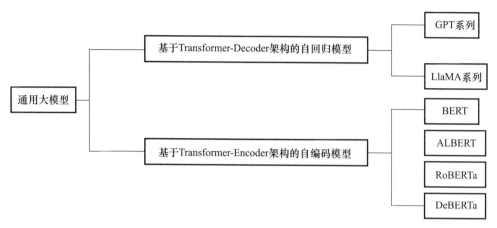

图 26.7　通用大模型分类情况

GPT(Generative Pre-trained Transformer)系列模型由 OpenAI 开发,是一类基于 Transformer 架构的预训练语言模型,旨在生成自然语言文本。GPT 系列模型包括多代版本,从最初的 GPT-1 到最新的 GPT-4,每一代都在模型结构、训练数据量和性能上进行了显著改进(Roumeliotis et al.,2023)。GPT 模型在各种 NLP 任务中展示了卓越的性能,推动了自然语言处理领域的发展。

(1)GPT-1

GPT-1 是 OpenAI 于 2018 年发布的第一个 GPT 模型。它基于 Transformer 架构中的解码器部分,采用了自回归的训练方式,即通过预测序列中的下一个词来进行训练。GPT-1 模型由 12 层 Transformer 解码器堆叠而成,每层包含自注意力机制和前馈神经网络。该模型在大规模的文本数据上进行预训练,然后通过微调(fine-tuning)来适应具体的下游任务。

GPT-1 的主要创新在于其预训练—微调的训练范式。通过在大规模语料库上进行预训练,模型能够学习到丰富的语言特征和模式,然后通过在特定任务数据上进行微调,使模型在这些任务上表现出色。GPT-1 在文本生成、机器翻译、文本分类等任务上取得了显著的性能提升。

(2)GPT-2

GPT-2 于 2019 年发布,是 GPT-1 的改进版。GPT-2 显著扩大了模型规模,包含 48 层 Transformer 解码器,总参数量达到 15 亿。相比于 GPT-1,GPT-2 在更多的文本数据上进行了训练,涵盖了更广泛的主题和风格。GPT-2 能够生成连贯且富有创意的长文本段落,展示了强大的语言生成能力。

GPT-2 的关键特点之一是其零样本(zero-shot)学习能力,即在没有特定任务数据的情况下,通过简单的提示即可执行新的任务。GPT-2 能够在回答问题、文本摘要、翻译等任务中展现出色的性能,这一特性使其在广泛的 NLP 应用中具有很高的实用性。

(3)GPT-3

GPT-3 是 2020 年发布的更大规模版本,包含 1750 亿参数,是 GPT-2 参数量的 100 倍。GPT-3 在训练过程中使用了更大的数据集和更多的计算资源,使其在语言理解和生成任务上表现出色。GPT-3 不仅在零样本学习上表现出色,还在少样本(few-shot)和多样本(many-shot)学习上具有卓越的能力。

GPT-3 的突出特点在于其通用性和灵活性。它能够在各种任务中表现优异,包括但不限于文本生成、对话系统、机器翻译、文本摘要和代码生成等。GPT-3 通过自然语言提示（prompts）进行任务执行，用户只需提供适当的提示语即可引导模型完成特定任务。这种灵活性使得 GPT-3 在实际应用中具有很高的价值。

（4）GPT-3.5 和 GPT-4

GPT-3.5 和 GPT-4 是对 GPT-3 的进一步改进版本，分别在 2021 年和 2023 年发布。这些版本在模型架构和训练数据上进行了进一步优化，增强了模型的性能和效率。GPT-3.5 引入了一些新的技术和算法，提高了模型在复杂任务上的表现。GPT-4 则在参数量和计算资源上进行了进一步扩展，达到更高的语言理解和生成能力。

GPT-4 特别注重在实际应用中的性能优化。通过更大规模的预训练数据和改进的模型架构，GPT-4 能够更准确地理解上下文，并生成高质量的文本。GPT-4 在复杂对话、专业领域知识应用和跨语言任务上表现尤为出色。

（5）使用方法与技巧

预训练和微调：GPT 模型首先在大规模未标注文本数据上进行无监督预训练，学习语言的基本特征和模式。然后，在具体任务上通过微调进行监督学习，适应特定任务的需求。微调过程中，常用的技术包括冻结部分层数、调整学习率、使用数据增强等，以提升模型在特定任务上的表现。

提示工程（Prompt Engineering）：GPT 模型的一个显著特点是通过自然语言提示（prompts）来指导模型生成响应。设计有效的提示是使用 GPT 模型的关键技巧之一。不同的提示形式可以显著影响模型的输出质量。例如，通过提供明确的指示和上下文，可以引导模型生成更准确和相关的内容。

多任务学习：GPT 模型可以通过多任务学习的方式进行训练，使其能够同时处理多种 NLP 任务。这样，模型在一个任务上学习到的知识可以迁移到其他任务中，提高整体性能和效率。

自适应微调：为了适应不同领域和应用场景，GPT 模型可以进行自适应微调。例如，在医学、法律、科技等专业领域，可以使用领域特定的数据进行微调，使模型更好地理解和生成相关领域的文本。

集成方法：在实际应用中，可以将 GPT 模型与其他 NLP 技术或工具结合使用。例如，将 GPT 与信息检索系统结合，可以提高问答系统的准确性和响应速度；将 GPT 与知识图谱结合，可以增强模型的知识推理能力。

26.4.4　其他预训练模型

除了 GPT 系列之外，还有其他广泛使用的预训练模型，如 ALBERT、RoBERTa、XLNet、T5 等，它们大多基于 Transformer-Encoder 架构（Zhang et al.，2015）。

ALBERT（A Lite BERT）是 BERT 的精简版，进行了轻量化处理，减少了模型的参数量。通过参数共享和分解嵌入矩阵等技术，ALBERT 提高了训练效率和泛化能力，同时保持了 BERT 的性能。

RoBERTa（Robustly Optimized BERT Approach）在 BERT 的基础上进行优化，采用更大的数据集和更大的批量大小进行训练。它取消了下一句预测任务，只使用掩码语言模型进行预训练，显著提高了模型的推理速度和表现，取得了更好的性能。

XLNet 结合了 BERT 的双向上下文和 GPT 的自回归特性，通过排列语言模型（Permutation Language Model)来捕捉文本的双向信息。XLNet 不仅能够处理双向上下文,还可以利用自回归方法处理序列数据,从而在多个 NLP 任务中实现了卓越的性能。

T5(Text-to-Text Transfer Transformer)架构将所有 NLP 任务统一成文本到文本的格式。无论是翻译、总结还是问答,所有任务都被转换为文本生成任务。T5 使用统一的 Transformer 模型来处理不同的任务,通过统一的训练和推理过程,提高了模型的通用性和灵活性。

26.5 NLP 应用及前沿

NLP(自然语言处理)已在许多领域展现了强大的应用潜力,成为现代人工智能的重要组成部分。其主要应用包括:搜索自动更正和完成、语言翻译、社交媒体监控与情感分析、问答与对话系统、调查分析以及语音助手(图 26.8)。通过这些应用,NLP 在提高工作效率、改善用户体验和推动技术创新方面发挥了重要作用。

图 26.8 自然语言处理相关应用

机器翻译通过将一种语言的文本自动转换为另一种语言,打破语言障碍(Jha et al., 2023),促进不同语言用户之间的交流。Seq2Seq 模型、Transformer 模型引入了自注意力机制,大大提高了翻译的准确性和流畅性。文本分类将文本数据自动分类到预定义类别中,广泛应用于垃圾邮件检测、情绪分析、新闻分类和主题标记等场景。

情感分析从文本中识别与提取观点、情绪和态度,广泛应用于社交媒体监控、市场研究、客户服务和政治分析等领域。通过 BERT 等深度学习模型,情感分析可以将文本分类为正面、负面或中性等多种情感标准。

问答系统和对话系统通过模拟人类交流方式,使机器与人类进行有效对话。问答系统专注于提供准确回答,而对话系统则侧重于生成流畅自然的对话。BERT 等模型能从上下文中提取答案,提高对话的连贯性和准确性。

多模态与跨领域是 NLP 中的两个重要前沿方向,分别关注整合多种类型的数据源和适应多个领域的特定需求。

多模态 NLP 结合文本与其他模态的数据(如图像、视频和音频)来增强语言理解和生成。这种整合使得系统不仅能处理文字信息,还能理解和反映非文本数据,从而实现更丰富和真实的人机交互。例如,在一个多模态对话系统中,系统需要同时处理语音输入、文本消息和图像内容,以生成相关的回应。

$$Response = MultiModalModel(Text, Audio, Image) \qquad (26.5)$$

式中，MultiModalModel 表示一个能够处理多种输入模态的深度学习模型，通过融合来自不同源的信息来增强回复的相关性和准确性。GPT-4 是首款支持图片与文字混合输入等多模态输入的模型，能处理多种媒体数据并将其整理到统一语义空间。

　　跨领域 NLP 专注于开发能够在多个领域或语言环境中有效工作的模型。这要求模型不仅要具有良好的泛化能力，还需能适应特定领域的语言特征和术语。通常涉及迁移学习技术，即先在一个领域或任务上训练模型，然后调整以适应另一个领域或任务。

$$Adapted\ Model = FineTune(Base\ Model, Domain\_Specific\ Data) \qquad (26.6)$$

式中，Base Model 是在通用数据集上预训练的模型，而 FineTune 函数调整模型以适应特定领域的数据。

　　多模态 NLP 和跨领域 NLP 的发展推动着 NLP 技术向更加智能化和实用化的方向发展，使 NLP 系统能更好地适应复杂多变的现实世界场景，提供更加精准、灵活的服务。随着技术的进步，这些前沿方向预计将解锁更多的应用潜能，极大地拓展 NLP 的应用领域和深度。

26.6　算法实践

　　探讨如何利用 SnowNLP 进行环境评价的 NLP 算法实践。SnowNLP 是一个针对中文文本的 NLP 库，其提供包括情感分析在内的多种功能。其专为处理中文文本而设计，功能涵盖了情感分析、关键词提取、文本分类等多个方面。通过本节的学习能够掌握使用 SnowNLP 进行环境评价的基本方法，了解如何利用 NLP 技术从海量文本数据中提取有价值的信息。

```
from snownlp import SnowNLP
#定义中文文本例
texts = [
    "工业污染治理难,某些偷排偷放化工企业是人居环境毒瘤。",
    "垃圾堆放相关政策难落实啊",
    "呼吁低碳简生活对环境变好功不可没,为相关部门点赞!"]
#基于 SnowNLP 情感分析
for text in texts:
    s = SnowNLP(text)
    print(f"Text:(Brinklov et al.) -> Sentiment Score:{s.sentiments:.4f}")
```

　　模型输出结果，可以看到情感分析效果较佳：

```
Text:工业污染治理难,某些偷排偷放化工企业是人居环境毒瘤。Sentiment Score:0.2046
Text:垃圾堆放相关政策难落实啊。Sentiment Score:0.0291
Text:呼吁低碳简生活对环境变好功不可没,为相关部门点赞! Sentiment Score:0.9255
```

第27章　图像和视频生成模型

在当今深度学习领域,图像和视频生成技术已取得了显著的进展,并在众多应用中展现出巨大的潜力。Transformer 和扩散模型作为两种重要的生成技术,正逐步改变图像和视频生成的方式。Transformer 模型利用自注意力机制,能够高效捕捉长程依赖关系和复杂模式,使其在生成高质量图像和视频时表现优异。其核心优势在于能够并行处理序列中的所有元素,捕捉全局依赖关系,从而在图像和视频生成任务中实现更自然和逼真的效果。扩散模型则采用了一种不同的生成策略,通过逐步添加和去除噪声的方式,生成具有高细节和逼真度的图像。本章将介绍基于大规模预训练 Transformer 的生成模型、基于扩散模型的生成模型,以及融合 Transformer 和扩散模型的生成模型。

27.1　基于大规模预训练 Transformer 的生成模型

在深度学习领域,Transformer 架构因其卓越的性能而在 NLP 中占据了核心地位。其基于自注意力机制的设计,使其在捕捉文本中的长程依赖关系和复杂模式方面表现出色。随着研究的不断深入,Transformer 已被扩展到图像和视频生成任务中,催生了一系列基于大规模预训练的生成模型,如 CogView、DALL-E 和 CogVideo 等,这些模型利用 Transformer 的能力来捕捉和生成复杂的视觉模式。

27.1.1　文本到图像生成模型(CogView)

CogView 是一个基于大规模预训练 Transformer 的图像生成模型,由清华大学的团队开发(Ding et al.,2021)。它结合了自然语言处理和计算机视觉技术,能够根据文本描述生成相应的图像内容(图 27.1)。CogView 模型的设计理念在于通过深度学习模型强大的表示能力,实现对文本和图像之间复杂关系的理解和生成。

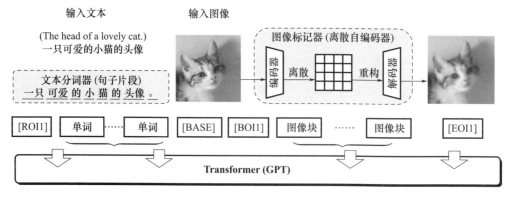

图 27.1　CogView 框架示意图

CogView 模型由文本编码器、图像编码器(如果使用条件图像)、Transformer 架构、交叉模态融合组件、图像生成器以及输出层几个关键部分组成。首先,文本编码器 E 将离散的文本序列 X 映射到一个连续的嵌入空间 Z_t,其中 Z_t 是文本的嵌入表示。这个过程可以使用一个可学习的嵌入矩阵 W_E 和一个非线性激活函数 σ 来表示:

$$Z_t = \sigma(W_E X + b_E) \tag{27.1}$$

如果提供了条件图像 I,图像编码器 F 将图像数据转换为特征表示 Z_i。这通常涉到 CNN 的层叠,以提取图像的高级特征:

$$Z_i = F(I) = \sigma(W_F I + b_F) \tag{27.2}$$

接下来,Transformer 架构中的自注意力机制 Self-Attention 用于处理文本嵌入 Z_t 和图像特征 Z_i。自注意力机制的核心是计算注意力分数,这可以通过以下公式表示:

$$\text{Attention}(Q, K, V) = \text{softmax}\left(\frac{Q \cdot K_i}{\sqrt{d_k}}\right)V \tag{27.3}$$

式中,Q、K、V 分别是查询、键和值矩阵,d_k 是键向量的维度。

在 CogView 中,交叉模态融合组件将文本嵌入和图像特征融合,生成融合特征 Z_{new}:

$$Z_{\text{new}} = \text{CrossModalFusion}(Z_t, Z_i) \tag{27.4}$$

图像生成器 G 接收融合特征 Z_{new} 并生成图像 I'。这个过程可以表示为:

$$I' = G(Z_{\text{new}}) \tag{27.5}$$

最后,输出层 O 将生成的图像 I' 转换为最终的像素表示 X'。这通常涉及一个像素级的分类器,如 Softmax 函数:

$$X' = O(I') = \text{softmax}(W_O I' + b_O) \tag{27.6}$$

通过这些步骤,CogView 模型能够将文本描述转换为图像表示,实现从文本到图像的生成。如图 27.2 所示。

图 27.2 基于 CogView 的文本到图像生成示例

27.1.2 文本到图像生成模型(DALL-E)

DALL-E 是一种由 OpenAI 研究团队开发的强大图像生成模型,它结合了 Transformer 架构和对抗性训练技术(Betker et al.,2023)。DALL-E 模型能够根据文本描述生成相应的图像,并且在图像合成任务中展现出了卓越的性能。以下是 DALL-E 模型的主要组成部分及其执行流程介绍：

DALL-E 模型由文本编码器、Transformer 架构、对抗性训练、图像生成器和判别器组成，其中的文本编码器、图像编码器和 Transformer 架构与 CogView 类似。不同的是，相较于 CogView 的交叉模态融合，DALL-E 采用对抗性训练策略来生成更加逼真和多样化的图像。具体地，DALL-E 的生成器 G 直接从文本表示 Z_t 中结合噪声向量生成图像，即：

$$I' = G(Z_t, \text{Noise}) \tag{27.7}$$

随后，DALL-E 采用判别器 D 来区分生成图像和真实图像：

$$D = D(I', I_{\text{real}}) \tag{27.8}$$

式中 I_{real} 表示真实图像。

在训练时，DALL-E 的训练目标包含重建损失和对抗性损失两部分。重建损失是衡量生成图像与目标图像之间差异的指标，其中目标图像是指与给定文本描述相对应的真实图像，这种损失的目的是确保生成的图像尽可能接近目标图像。重建损失可以采用多种不同的形式，例如均方误差或交叉熵损失，对于像素级的重建损失，可以表示为：

$$L_{\text{recon}} = \| I' - I_{\text{real}} \|_2^2 \tag{27.9}$$

I' 是由 DALL-E 生成的图像，而 I_{real} 是与输入文本描述相匹配的目标图像，$\| \cdot \|_2$ 表示欧几里得距离（L2 范数）。对抗性损失则通常采用二元交叉熵（Binary Cross-Entropy，BCE）来计算：

$$L_{\text{adv}} = -\mathbb{E}_{I_{\text{real}} \sim p_{\text{data}(I)}}\big[\log(D(I_{\text{real}}))\big] - \mathbb{E}_{I' \sim p_{\text{model}(I')}}\big[\log(1 - D(I'))\big] \tag{27.10}$$

式中 $p_{\text{data}(I)}$ 表示真实数据分布，$p_{\text{model}(I')}$ 表示模型生成的图像 I' 的概率分布。第一项是真实图像被判别为真的概率的对数损失，第二项是生成图像被判别为假的概率的对数损失。DALL-E 的总损失是重建损失和对抗性损失的加权和：

$$L_{\text{total}} = L_{\text{recon}} + \lambda \cdot L_{\text{adv}} \tag{27.11}$$

权重 λ 是一个超参数，通过调整权重 λ，可以平衡两种损失对模型训练的影响。通过最小化总损失，DALL-E 模型能够学习生成与文本描述相匹配的高质量图像，这种损失函数的设计是 DALL-E 能够生成令人印象深刻的图像的关键因素之一。

27.1.3　文本到视频生成模型（CogVideo）

CogVideo 是由清华大学团队开发的一个大型预训练变换器模型，专门用于文本到视频的生成任务（Hong et al.，2022）。它通过结合自然语言处理和计算机视觉技术，能够根据文本描述生成相应的视频内容。CogVideo 模型的设计理念在于利用深度学习模型强大的表示能力，实现对文本和视频之间复杂关系的理解和生成。

CogVideo 模型包括文本编码器、视频特征提取器、Transformer 架构、多帧率分层训练策略、视频生成器以及输出层几个主要部分。文本编码器负责将输入的文本序列转换为连续的嵌入表示，为模型提供文本的语义信息。视频特征提取器则从视频帧中提取特征，通常使用卷积神经网络或变换器架构来实现。Transformer 架构作为 CogVideo 的核心，采用自注意力机制处理文本嵌入和视频特征，以捕获它们之间的复杂关系。

CogVideo 的一个关键创新是多帧率分层训练策略，这一策略通过在训练样本中添加帧率标记，并以此帧率采样帧，来使文本和视频片段之间的对齐。这使得模型能够更好地理解和生成与文本描述相匹配的视频内容。

具体而言，CogVideo 模型的执行流程可以概括为以下几个步骤：

首先,文本编码器将文本序列转换为嵌入表示 $Z_t = \text{TextEncoder}(X)$,其中,$X$ 是文本序列,Z_t 是文本的嵌入表示。随后,视频帧通过 Tokenizer 进行离散化处理,以便于模型处理,得到视频帧的离散化表示 $V = \text{Tokenizer}(F)$,其中 F 是视频帧序列。

在多帧率分层训练中,模型会根据文本和帧率生成训练序列,并在 Transforme 层中进一步处理得到 $Z_{\text{transformer}} = \text{Transformer}(Z_t, V)$。在 Transformer 中 CogVideo 采用双通道注意力机制,包括空间通道和时间通道的注意力,通过混合因子 α 进行融合:

$$\alpha \cdot \text{attention-base}(\text{LayerNorm}(x_{\text{in}})) + (1-\alpha) \cdot \text{attention-plus}(\text{LayerNorm}(x_{\text{in}}))$$
$$(27.12)$$

视频生成器接收变换器层的输出,并生成视频帧序列:

$$V' = \text{VideoGenerator}(Z_{\text{transformer}})$$
$$(27.13)$$

最后,输出层将生成的视频帧序列转换为最终的视频输出 $O = \text{OutputLayer}(V')$。

CogVideo 的多帧率分层生成框架包括顺序生成阶段和递归插值阶段。在顺序生成阶段,模型根据文本和低帧率生成关键帧。随后,在递归插值阶段,模型基于文本、帧率和已知帧递归地插入过渡帧,以生成具有高帧率和更加连贯的视频。如图 27.3 所示。

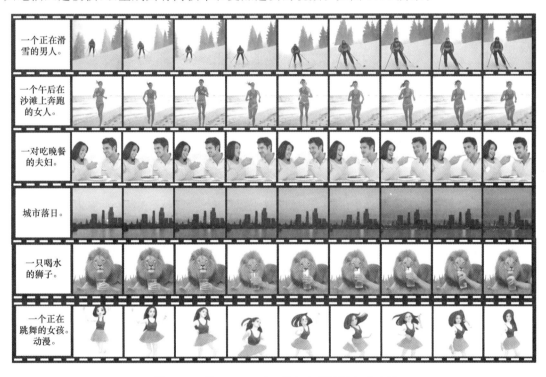

图 27.3　基于 CogVideo 的文本到视频生成示例

通过这种结构和流程设计,CogVideo 能够有效地生成与文本描述相匹配的视频内容,同时保持视频的质量和连贯性。CogVideo 模型的开源特性也使其能够被广泛地应用于各种文本到视频的生成任务中。

27.2　基于扩散模型的生成模型

扩散模型是一类新兴的生成模型,它们通过模拟数据的扩散过程来生成新的样本。这种模型的核心思想是将数据逐步转化为高噪声的潜在表示,然后通过逆过程从潜在空间生成目标数据。扩散模型在图像和视频生成领域展现出了卓越的性能,能够生成高质量和高分辨率的结果。在本节中,将介绍三种基于扩散模型的生成模型:Stable Diffusion、Imagen Video 和 Stable Video Diffusion,它们分别在图像和视频生成任务中取得了显著的进展。

27.2.1 文本到图像生成模型(Stable Diffusion)

Stable Diffusion 是一种创新的文本到图像生成模型,它利用扩散模型的机制,实现从文本描述到视觉图像的转换。这种模型以其生成高质量、高分辨率图像的能力而著称,并且在艺术创作和内容创作领域展现出巨大的潜力和应用前景。Stable Diffusion 的核心在于其扩散和逆扩散过程,这一过程首先将数据逐步转化为高维潜在空间中的点,随后通过逆过程恢复出清晰的图像。这种机制不仅提高了生成图像的质量和分辨率,还增强了图像的细节和真实感。

文本到图像的生成始于文本编码器,它将输入的文本描述 X 转换为嵌入向量 Z_t,这一步骤捕捉了文本的语义信息,为图像生成提供了条件。随后,模型进入扩散过程,通过添加噪声将数据转化为潜在空间中的表示,可以表示为:

$$z = \sqrt{\sigma_t} \in + \sqrt{1 - \sigma_t} z_{\text{data}} \qquad (27.14)$$

式中 $\in$ 是从标准正态分布中采样的噪声,z_{data} 是数据的潜在表示,而 σ_t 则控制着时间步长。

逆扩散过程是生成图像的关键阶段,模型通过学习去除噪声的步骤来恢复图像。这一过程通过神经网络实现,可以表示为

$$x' = \text{Denoiser}(z, \sigma_t) \qquad (27.15)$$

式中 Denoiser 是一个学习从噪声数据 z 中恢复原始图像 x' 的网络。随着逆扩散过程的进行,模型逐步预测并去除噪声,直到生成清晰的图像。

Stable Diffusion 模型的执行流程包括文本处理、潜在空间的初始化、逆扩散过程的逐步执行,以及最终图像的生成。此流程不仅确保了生成图像的质量,还保持了与文本描述的一致性。此外,通过调整逆扩散过程中的参数,可以对生成图像的风格和内容进行有效控制。

Stable Diffusion 模型的另一个显著优势是其生成的图像质量高、细节丰富,这使得它在艺术创作、内容创作、游戏和电影制作等多个领域都有广泛的应用潜力。随着技术的不断进步,Stable Diffusion 模型有望在未来实现更加丰富和多样化的应用,进一步推动创意产业的发展。

27.2.2 文本到视频生成模型(Imagen Video)

Imagen Video 是由 Google Research 团队开发的一种先进的文本到视频生成系统,它代表了扩散模型在视频生成领域的突破(Ho et al.,2022)。这一系统通过一系列级联的视频扩散模型,能够根据给定的文本提示生成高清晰度的视频内容。Imagen Video 的架构设计巧妙,它不仅利用了基础视频生成模型,还结合了多个交错的空间与时间超分辨率模型,以实现从文本到视频的高质量转换。

文本到视频的生成过程始于一个冻结的 T5 文本编码器,它将文本提示转换成模型能够理解的嵌入向量。这些嵌入向量随后作为条件信息,引导整个视频生成过程。系统的基础视频扩散模型首先生成一个低分辨率的视频,然后通过一系列空间和时间超分辨率模型逐步提升视频的空间和时间分辨率。

Imagen Video 包含文本嵌入和条件编码、基础视频生成、空间超分辨率、时间超分辨率等

部分组成。首先，文本提示通过一个预训练的文本编码器（通常是一个冻结的 T5 模型）转换为条件嵌入向量，可以表示为：

$$c = \text{TextEncoder}(prompt) \tag{27.16}$$

式中 c 是文本条件嵌入，$prompt$ 是输入的文本提示。基础视频扩散模型接收文本条件嵌入，并生成初始的低分辨率视频 v_{base}。这个过程可以表示为：

$$v_{\text{base}} = \text{BaseVideoModel}(z_{\text{base}}, c) \tag{27.17}$$

式中 z_{base} 是基础模型的潜在空间表示，BaseVideoModel 是负责生成初始视频的扩散模型。接下来，空间超分辨率（Spatial Super Resolution, SSR）模型被用来提高视频的空间分辨率。SSR 模型接收基础视频和文本条件，生成更高分辨率的视频 v_{ssr}：

$$v_{\text{ssr}} = \text{SpatialSuperResolution}(v_{\text{base}}, c) \tag{27.18}$$

时间超分辨率（Time Super Resolution, TSR）模型进一步增加视频的时间分辨率，即在现有帧之间插入新的帧，以生成更平滑的视频 v_{tsr}：

$$v_{\text{tsr}} = \text{TemporalSuperResolution}(v_{\text{ssr}}, c) \tag{27.19}$$

Imagen Video 的整个系统由多个级联的扩散模型组成，每个模型都在特定分辨率下进行训练。这些模型的训练涉及最小化重建损失和对抗性损失，使得生成的视频与文本描述高度一致。

27.2.3　视频生成模型（Stable Video Diffusion）

Stable Video Diffusion 模型是一种突破性的生成模型，它通过扩散模型的原理实现了高分辨率和高质量的视频生成（Blattmann et al.，2023）。该模型由包括预训练阶段、多阶段训练策略、数据筛选和处理机制以及扩散模型框架在内的多个关键部分组成。Stable Video Diffusion 的设计允许它在大规模数据集上进行训练，通过精心设计的训练策略，显著提升了生成视频的质量和相关性。

在 Stable Video Diffusion 模型中，预训练阶段涉及在大量图像和视频数据上进行学习，以获得丰富的视觉和动态特征。随后，模型采用多阶段训练策略，包括文本到图像预训练、视频预训练和高分辨率视频微调。每个阶段都针对不同的数据集和分辨率进行优化，确保了生成视频的细节和连贯性。

数据筛选和处理是 Stable Video Diffusion 模型的关键环节，确保了训练数据的高质量和生成视频的优异表现。通过系统化的数据筛选流程，模型能够选择最具代表性和清晰度的视频数据进行学习。此外，通过光流估计、美学评分等方法，进一步提升了数据的可用性和生成视频的整体质量。

具体地，Stable Video Diffusion 模型的流程可以描述如下。首先，视频数据 v_{vid} 经过预处理，例如通过光流估计来增强视频帧的特征表示。接着，在预训练阶段，模型学习图像的特征表示 $m_{\text{img}} = \text{ImagePretrain}(x_{\text{img}})$ 和视频的动态特征 $m_{\text{vid}} = \text{VideoPretrain}(v_{\text{vid}})$。在扩散过程中，模型定义了一个正向过程，通过逐步增加噪声将数据转化为潜在空间中的高噪声表示，这个过程可以用高斯分布来描述。逆扩散过程是生成清晰视频帧的关键阶段。模型通过训练一个神经网络来预测并去除噪声，从而从噪声中生成清晰的视频帧。Stable Video Diffusion 模型的执行流程从文本描述开始，通过编码器生成初始条件，然后应用预训练模型生成初始视频序列。通过数据筛选机制，模型选择高质量的视频帧进行训练。在扩散和逆扩散过程中，模型生成噪声视频，然后逐步去除噪声，最终生成高分辨率、高质量的视频，这些视频与文本描述紧密相关。

Stable Video Diffusion 模型的特点和优势在于其能够生成高分辨率视频,处理大规模数据集,并采用系统化的数据筛选。此外,多阶段训练策略使得模型在不同阶段针对不同目标进行优化,从而显著提升了生成视频的质量和相关性。随着技术的不断发展,Stable Video Diffusion 模型有望在未来实现更加丰富和多样化的应用,进一步推动视频内容创作和生成技术的边界。

27.3 融合 Transformer 和扩散模型的生成模型

鉴于 Transformer 和扩散模型的优势,目前已经有研究将这两种模型融合在一起,用于图像或视频生成。这类模型不仅能够捕捉文本或图像中的长距离依赖关系,也能够生成高质量的视觉内容,本节介绍 Sora 和 Vidu 视频生成大模型的基础架构 DiT 及 U-ViT。

27.3.1 Sora 大模型基础架构 DiT

DiTs(Diffusion Transformers)是一种利用 Transformer 结构探索的新的扩散模型(Peebles et al.,2023)。它不仅继承了 Transformer 模型的卓越扩展特性,还在性能上超越了先前使用 U-Net 的模型。DiT 利用了 Transformer 的自注意力机制,能够捕捉全局依赖关系,这对于生成结构化和连贯的图像至关重要。同时通过在潜空间中操作,DiT 有效地提高了图像和视频生成的质量,生成更加逼真和细腻的结果。

DiT 紧密遵循标准 Transformer 架构的设计原则,确保了模型的可扩展性。它们专注于通过训练图像的去噪扩散概率模型(Denoising Diffusion Probabilistic Models,DDPM)来优化图像的空间表示,通过逐步去除噪声来生成清晰的图像,这是 DiT 技术核心的关键所在。基于 Vision Transformer 的架构,DiT 对图像分解成的补丁序列进行高效操作,以实现对空间特征的深入挖掘。

图 27.4 给出了 DiT 体系结构的全面概览,其主要包括以下几个关键部分。

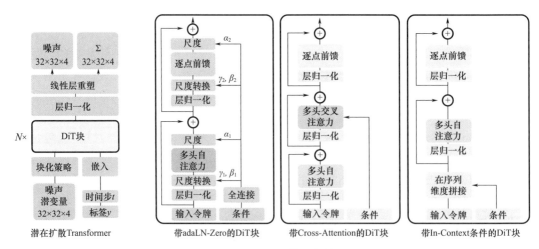

图 27.4 DiT 的体系架构

Patchify:作为模型的前端,负责将图像分解为小块(patches),并将其线性嵌入为输入 token 序列,为后续处理奠定基础。DiT 模型的输入是空间表示 z,例如对于一个 $256 \times 256 \times 3$

的图像,其形状会被转换为 $32 \times 32 \times 4$。第一层的 patchify 负责将每个 patch 线性嵌入到输入中,将空间输入转换为 token 序列,这些 token 代表了图像的潜在表示。

基于 Transformer 的 DiT 块:输入 token 通过一系列基于 Transformer 的 DiT 块进行处理。这些块对标准 Vision Transformer(ViT)块设计进行了微小但重要的修改,负责处理 token 序列,通过自注意力机制捕捉全局依赖关系,同时逐步引入和去除噪声,以适应扩散过程。

Transformer 解码器:作为模型的后端,解码器负责将处理后的序列转换回图像的空间表示,完成从潜在空间到数据空间的逆向映射。

DiT 的设计巧妙地融合了 Transformer 的自注意力机制与扩散模型的生成过程,使其在生成高质量图像方面展现出卓越的性能。这种架构不仅提高了图像和视频生成的质量,而且通过其灵活性和可扩展性,为各种复杂的生成任务提供了强大的支持。

Sora 是基于 DiT 架构的一个杰出实例,它由 OpenAI 提出。Sora 的应用范围极为广泛,它不仅限于传统的图像和视频制作,更扩展到了电影预告片的创意制作、动画领域的创新设计、游戏内容的丰富开发,以及虚拟现实体验的沉浸式构建。Sora 的多功能性为不同领域的专业人士提供了强大的支持,使他们能够将创意构想转化为视觉盛宴。

随着人工智能技术的持续进步,基于 DiT 架构的 Sora 模型将不断进化,解锁更多创新的应用场景。从优化图像细节到提升视频叙事能力,从增强现实交互到虚拟现实世界的构建,为整个人工智能领域提供了宝贵的参考。

27.3.2　Vidu 大模型基础架构 U-ViT

U-ViT(Unified Vision Transformer for Diffusion Models)是另一种结合了 Vision Transformer 和扩散模型的先进图像生成模型(Bao et al.,2023)。它通过一系列精心设计的组件和计算机制,实现了从条件输入到高分辨率图像的生成。

U-ViT 模型的核心是 Transformer 架构,它接受多种输入并处理为一系列的 token 序列。输入图像首先被分割成小块,每个小块被视为一个 token,通过嵌入层转换为 token 嵌入。此外,时间步、条件信息如文本描述等也被嵌入为 token,与图像 token 一起输入到模型中。

模型的 Transformer Blocks 通过多头自注意力机制和多层感知器处理 token 序列,使模型能够捕捉局部特征和长距离依赖关系。特别地,U-ViT 采用了长跳跃连接,这有助于在深层网络中保留和传递重要的低级特征,从而生成细节丰富的图像(图 27.5)。

在数学层面,U-ViT 的扩散过程可以描述为一个逐步增加噪声的过程,这通过前向扩散过程 $q(x_t | x_{t-1})$ 来实现,其中 x_t 是时间步 t 的图像表示,而 x_{t-1} 是前一时间步的图像表示。逆扩散过程则是一个学习如何预测并去除噪声的网络,通过最小化重建损失 $L(\theta)$ 来训练,该损失衡量了预测噪声 $\in'$ 与实际噪声 $\in$ 之间的差异。

在生成过程中,U-ViT 首先通过嵌入层和 Transformer Blocks 处理输入条件,然后通过扩散模型的逆过程逐步生成图像。模型的输出层将 Transformer 的输出转换为图像表示,最终生成与输入条件相匹配的图像。

此外,U-ViT 模型还包括一些可选组件,如额外的卷积块,以进一步提高生成图像的质量。整体而言,U-ViT 模型的结构和执行流程是为了实现从文本到图像的高保真度生成,通过扩散模型的灵活性和 Transformer 的强大表示能力,U-ViT 在图像生成任务中展现出了卓越的性能。

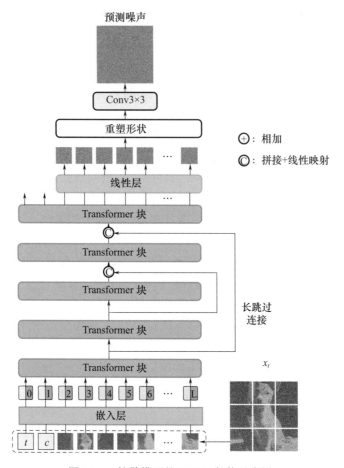

图 27.5　扩散模型的 U-ViT 架构示意图

Vidu 是一种基于 U-ViT 架构的高性能视频大模型,由生数科技联合清华大学共同研发。这一模型以其卓越的性能和广泛的应用前景,在视频生成领域中占据了重要地位。Vidu 能够生成长达 16 s、1080 P 高清分辨率的视频,这在视频生成模型中是一个显著的优势。基于 U-ViT 架构,Vidu 能够在视频生成过程中,保持时间与空间的高度一致性。Vidu 模型能够捕捉和生成高动态范围(HDR)的视频内容,提供更丰富的色彩和细节表现。这种高动态性使得Vidu 在处理复杂场景和光线变化时表现出色。在实际应用方面,Vidu 可以用于生成各种类型的视频。

第 28 章　人工智能气象大模型

自 2022 年以来,气象领域的大模型不断涌现,这些模型的发展依赖于传统的数值天气预报模式的数据,后者依赖于观测数据、数据同化、动力核心和参数化方案(Xu et al.,2024)。随着计算机性能的提升和对全球气象系统认识的深化,数值模拟的精度和分辨率得以提高,并发展出全球大气模型以模拟地球气候系统的长期演变。传统数值天气预报主要基于数值方法求解用动量、质量和熵描述大气的耦合偏微分方程组,即 Navier-Stokes 方程(Lemari'e-rieusset,2002),以得到每个网格单元的未来状态。这些模型被广泛用于气候变化研究、大气状态模拟、要素预报中。传统数值方法的成熟为 AI 气象大模型(后面也叫气象大模型)的构建与发展奠定了基础。

21 世纪以来 AI 技术飞速发展,"AI+气象"的交叉研究在气象领域引起了广泛关注。2023 年,气象大模型被评为《科学》(Science)杂志评选的年度十大科学突破之一,其在大气科学领域的重要性日益凸显。当前全球主流的气象大模型主要集中于中短期天气预报;其中,中期预报模型包括英伟达的 FourCastNet、华为的盘古大模型(Pangu-Weather)、谷歌 DeepMind 的 GraphCast、上海人工智能实验室的风乌大模型(FengWu)以及复旦大学的伏羲大模型(Fuxi)等,在短临预报领域,清华大学与中国气象局联合开发的 NowcastNet 大模型发挥着重要作用(黄建平 等,2024)。

人工智能大模型基于多种深度学习架构,依托强大计算资源和海量数据进行训练。这些模型以数据驱动为核心,采用新的预测范式,能够显著提升气象预测准确性。相较传统模型,人工智能大模型在数据处理、整合能力、模型复杂度、预测精度、在线学习、强适应性和应用范围等方面展现出显著的优势,为气象预报领域带来了革命性的进步和广阔的发展前景。

尽管气象大模型在当前阶段已经取得了显著的成果,但其发展仍然面临弱可解释性、泛化能力不足、极端事件预报强度偏低、智能预报结果过平滑等诸多挑战。但气象大模型能发挥海量数据优势,通过挖掘数据中的潜在物理规律来建立预测映射关系,在预测准确性、时效性和计算速度等方面已经初步呈现巨大潜力。在准确性上,除极端天气等个别领域外,气象大模型的预报准确性已经媲美或超越了传统数值模式。在时效性上,人工智能大模型凭借强大泛化能力,在同分辨率条件下的预测能力超过传统数值模式。在计算速度方面,人工智能大模型相比传统数值模式极大提高了推理运算速度,逐渐摆脱了传统数值模式计算时间较长的限制。

总的来说,人工智能气象大模型的快速涌现和业务化应用具有划时代意义。它们不仅在一定程度上解决了传统数值预报面临的挑战,还通过引入先进神经网络架构和大规模数据训练,显著提高了天气预报准确性和效率。这些进步推动了大气科学和气象预测的前沿发展,为未来的气象预报工作提供了新的可能性和更高效的解决方案。本章将介绍国内外 9 个主流 AI 气象大模型。

28.1 FourCastNet：首个全球高分辨率气象大模型

FourCastNet 模型是由 NVIDIA 与多所高校联合开发的全球数据驱动高分辨率天气预报模型，采用自适应傅里叶神经算子（Adaptive Fourier Neural Operator，AFNO）和视觉 Transformer（Vision Transformer，ViT）作为核心架构。该模型旨在提供高分辨率、快速和准确的短-中期全球天气预报。

FourCastNet 相较传统数值模式的特点首先在于其具有速度优势、高效能和高精确性。与传统的数值天气预报（Numerical Weather Prediction，NWP）模型相比，FourCastNet 的预报生成速度快约 45000 倍，可以在几秒内生成许多高影响天气事件（如飓风、大气河流、极端降雨）的预测，以获取更及时的天气灾难预警。此外，FourCastNet 能更可靠、迅速、低成本地预测近地面风速，以提高陆地和海洋风场的风能利用效率。

其次，训练 FourCastNet 所需能源，大约与集成预测系统生成 10 d 的、50 个大型系统预测所消耗的能源相当。且大模型一旦训练完成，FourCastNet 进行预测推理所消耗的能源比集成预测系统少 12000 倍。这种只考虑训练能耗，而预测能耗忽略不计的高效能优势，使得该模型在实际应用中更加经济与环保。

此外，FourCastNet 的短期预报（如 48 h 内）对多个关键变量的预报精度超过了 ECMWF（欧洲中期天气预报中心）的集成预报系统。即使在长时间尺度上，其表现也与集成预报系统非常接近。

28.1.1 FourCastNet 建模解析

FourCastNet 的核心架构巧妙地融合了 AFNO 和 ViT。这种设计充分利用了傅里叶变换在频域中进行符号混合（token-mixing）的能力，使得 AFNO 在处理流体力学等领域的偏微分方程建模时表现出色，特别是在保持分辨率不变（resolution-invariant）的学习能力方面。作为骨干网络的 ViT，能够有效处理和分析高分辨率的气象数据，捕捉到图像和视频中的空间和时间特征。这种结合使得 FourCastNet 在气象预测中能够提供更为精确和高效的结果。具体地，AFNO 架构（图 28.1）包括补丁和位置嵌入（Patch and Position Embedding）、傅里叶变换与通道混合（FFT and Channel Mixing）、线性解码器（Linear Decoder）。

AFNO 架构以 20 个关键大气变量为输入（表 28.1），主要包括地表压强、海平面气压、水汽柱总量、多层风速、温度、位势高度、相对湿度，这些变量覆盖了多个垂直层次，如地表、1000 hPa、850 hPa、500 hPa 和 50 hPa。并将其通过投影转换为二维平面分辨率。

表 28.1　气象数据输入概括

垂直层级	变量
地表	$U_{10}, V_{10}, T_{2m}, sp, mslp$
1000 hPa	U, V, Z
850 hPa	T, U, V, Z, RH
500 hPa	T, U, V, Z, RH
50 hPa	Z
综合指标	TCWV

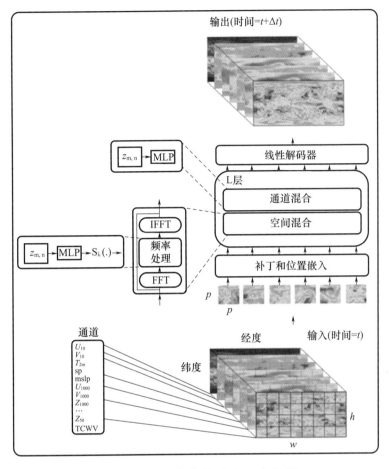

图 28.1　AFNO 架构(Pathak et al.,2022)

在 FourCastNet 模型的补丁和位置嵌入部分,输入数据首先被划分为若干片块,即"补丁(patch)"。每个补丁被视为一个多维的符号(token),这些符号是模型处理的基本单元。为了进一步增强模型对空间结构的理解,每个补丁内部还可以细分成更小栅格。这些符号与其位置编码一起进行后续运算。

在傅里叶变换与通道混合部分,模型首先对输入数据进行二维离散傅里叶变换(DFT),输入张量 X(形状为 $h \times w \times d$)通过 2D 离散傅里叶变换转换到傅里叶域,得到 $z_{m,n}$:

$$z_{m,n} = [\mathrm{DFT}(x)]_{m,n} \tag{28.1}$$

而后在傅里叶域中应用多层感知机(MLP)和软阈值收缩(Soft Shrinkage):

$$\tilde{z}_{m,n} = S_\lambda(\mathrm{MLP}(z_{m,n})) \tag{28.2}$$

式中, $S_\lambda(x) = \mathrm{sign}(x)\max(|x| - \lambda, 0)$。

经过逆傅里叶变换(IDFT)后,得到混合后的输出,并添加残差,以作为该部分最终的输出 $y_{m,n}$:

$$y_{m,n} = [\mathrm{IDFT}(\tilde{Z})]_{m,n} + X_{m,n} \tag{28.3}$$

最后,利用混合编码器对经过多层混合后的数据进行解码,生成最终的高分辨率天气预报。

28.1.2　FourCastNet 模型预训练、微调与推理

FourCastNet 选择了 20 个关键大气变量,使用哥白尼气候数据存储应用编程接口,将这

些变量从高斯栅格形式重格栅化为欧几里得栅格形式。每个变量数据被表示为二维网格(形状为 720×1440 像素)。虽然 ERA5 数据集的时间分辨率是小时级,但为减小计算复杂度,模型对数据进行了下采样,每 6 h 生成一个子数据集。因此,对于一天 24 h,选取 00 时、06 时、12 时、18 时的数据,并按照年份划分为训练集(1979—2015 年)、验证集(2016—2017 年)和测试集(2018 年至今)。

在预训练过程中,模型预训练阶段的输入是时间步 k 的大气变量 $X(k)$,输出是时间步 $k+1$ 的大气变量 $X(k+1)$。预训练过程中使用 L2 损失函数来计算预测值和真实值之间的 L2 范数,从而优化模型参数:

$$L_{\text{pre}} = \sum_{i=1}^{N} \| X_i^{\text{true}}(k+1) - X_i(k+1) \|_2^2 \tag{28.4}$$

式中,N 是训练集中的样本数量,$X_i^{\text{true}}(k+1)$ 是第 i 个样本在 $k+1$ 时间步的真实值,$X_i(k+1)$ 是模型的预测值。

在微调阶段(图 28.2),输入同样是时间步 k 的大气变量 $X(k)$,使用两个时间步的预测来微调模型参数。例如,首先由 $X(k)$ 生成 $X(k+1)$,再由 $X(k+1)$ 生成 $X(k+2)$,然后分别计算 $X(k+1)$ 和 $X(k+2)$ 的损失,再两损失相加,使用损失和优化模型。模型的训练目标是使用两个时间步的预测来微调模型参数,使其能够更好地捕捉时间上的依赖关系。

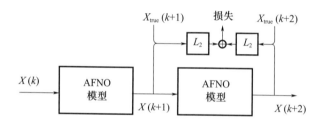

图 28.2 FourCastNet 微调阶段结构示意图(Pathak et al.,2022)

具体来说,首先从输入 $X(k)$ 开始,通过 AFNO 模型生成第一个时间步的预测 $X(k+1)$:

$$X(k+1) = \text{AFNO}(X(k)) \tag{28.5}$$

而后进行第二个时间步的预测,使用第一个时间步的预测 $X(k+1)$ 作为输入,生成第二个时间步的预测 $X(k+2)$:

$$X(k+2) = \text{AFNO}(X(k+1)) \tag{28.6}$$

最后通过将上述两个损失相加得到 L_{fine},以优化模型参数:

$$L_{\text{fine}} = \| X_i^{\text{true}}(k+1) - X_i(k+1) \|_2^2 + \| X_i^{\text{true}}(k+2) - X_i(k+2) \|_2^2 \tag{28.7}$$

在预训练和微调阶段,使用验证集对超参数进行优化,确保模型在未见过的数据上也具有良好的预测性能。最终模型在测试集上进行评估,验证其在实际应用中的表现。

在推理阶段(图 28.3),输入的是当前时间步 $X(k)$ 的大气变量数据。使用 AFNO 基础模型生成下一时间步的预测 $X(k+1)$。以降雨量预测模型为例,使用单独 AFNO 模型处理基础模型的输出,生成降雨量预测 $p(k+1)$。

损失函数 L2 用于计算预测值 $p(k+1)$ 和真实值 $p_{\text{true}}(k+1)$ 之间的差异(图 28.4)。模型通过自回归的方式,从当前时间步开始,连续生成未来多个时间步的预测。每一步的预测输出作为下一步的输入,以逐步生成完整预报序列。

通过以上预训练和推理过程,FourCastNet 模型能够有效捕捉大气系统中的复杂非线性

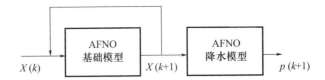

图 28.3　FourCastNet 模型推理结构示意图（Pathak et al.，2022）

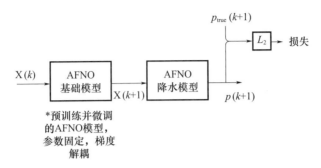

图 28.4　FourCastNet 降水模型结构示意图（Pathak et al.，2022）

交互关联，生成高精度的天气预报，并在不同时间尺度上表现出色。这一过程也同时确保了模型的稳定性和可靠性，为全球天气预报提供了强有力的技术支持。

28.2　Pangu：中长期预报大模型

数值天气预报虽然预报得较为准确，但其计算代价十分高昂。FourCastNet（Pathak et al.，2022）能在 2 s 内实现一周预测期的高分辨率天气预报，速度相比数值预报方法提升 4.5 万倍，但在性能提升上仍未超过最新的传统数值预报方法。这表明，尽管基于 AI 的预报方法在速度上具有显著优势，但在准确性方面仍有提升空间。

华为提出的盘古（Pangu）天气大模型是首个在精度上超过传统数值预报方法的 AI 模型，该模型采用纯数据驱动的 AI 方法代替传统数值模式中动力核心和参数化方案。与传统数值预报方法相比，盘古大模型的预测性能更高，而且推理速度提高了 1 万倍以上，能够实现全球气象的秒级预报。

通过与欧洲中期天气预报中心模式（ECMWF-HRES）进行比较（图 28.5），盘古大模型气旋跟踪的统计准确性上更胜一筹，其 3 d 和 5 d 的平均直接位置误差均小于 ECMWF-HRES 模型。盘古气象大模型能提供包括位势、湿度、风速、温度、海平面气压等多种气象要素的秒级预报，这些预测结果可以直接应用于多个气象研究细分场景。欧洲中期预报中心和中央气象台的实测验证了盘古大模型的预测优越性。

28.2.1　Pangu 建模解析

图 28.6 展示了盘古大模型的架构 3DEST（3D Earth-Specific Transformer），这是一种采用标准编码器-解码器框架的深度学习模型。该模型基于分层时间聚合的方法，以 3D Swin Transformer 作为骨干网络。它接受初始大气状态作为输入，并输出一个与初始状态结构相同的未来大气状态。

作为模型核心的 3D Swin Transformer 能够处理三维空间和时间数据，捕捉大气状态的

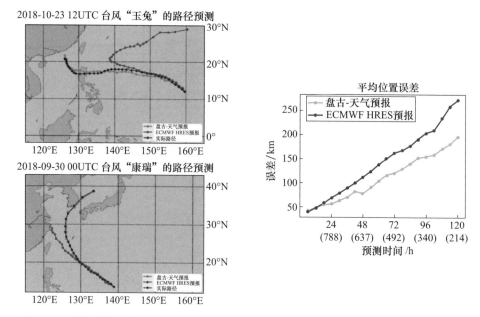

图 28.5 盘古大模型与 ECMWF-HRES 的在早期气旋跟踪中的性能对比(Bi et al.,2023)

(彩图见书末)

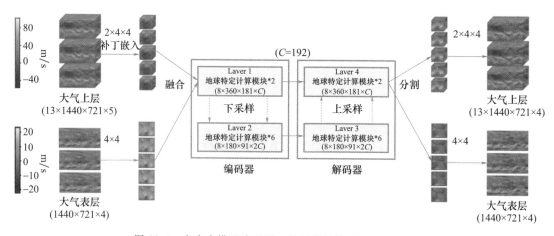

图 28.6 盘古大模型编码器—解码器架构(Bi et al.,2023)

复杂变化,这种设计使模型能够生成高分辨率和高准确性的气象预测。同时通过使用分层时间聚合的策略,模型在不同时间尺度上聚合信息,从而减小预报过程中的迭代次数和相应的迭代误差。这种方法有助于提高预测的稳定性和准确性。此外,模型使用 FM1、FM3、FM6 和 FM24 来表示提前 1 h、3 h、6 h 或 24 h 的预测。

模型的左侧输入数据为包括地表、高空多个气象变量在内的三维再分析资料,包含有 13 层空气变量(upper-air variables)和地表变量(surface variables)。这些图像数据被转换为向量形式,以便模型处理。数据被组织成多个分辨率的输入通道(例如 13×1440×721×5 和 1440×721×4,其代表空间分辨率和通道数)。模型通过四层计算模块(Layer 1 至 Layer 4)进行特征提取,中间的网络结构表示数据通过网络层的流动和变换路径,最终实现对未来气象条件的有效预测。特征融合表示不同高度大气层提取特征在深度网络中合并,这种融合有助于捕捉更复杂的时空关系,增强模型对气象现象的理解。经过多层处理后,模型最终输出预测要素结果。

28.2.2　Pangu 预训练与推理

盘古大模型的预训练和推理过程详细地展示了如何利用深度学习技术处理复杂的气象预报问题。

在预处理部分,使用 ERA5 数据集 1979—2017 年的数据进行模型训练,2019 年数据用于验证,2018 年、2020 年、2021 年的数据用于测试。所用数据变量涉及一系列地表气象变量和 37 个高空层的气象变量,如 2 m 温度、10 m U 风和 V 风、平均海平面气压等。训练了 4 个端到端的深度网络模型,对应 1 h、3 h、6 h、24 h 的预测时长,每个模型约有 6400 万参数,训练 100 个 epochs。在模型架构中,Patch embedding 技术用于将图像数据转换为向量形式,合并地表和高空变量。通过下采样保留关键特征,形成一个 3D 数据立方体,为后续的特征提取和预测提供基础。在盘古天气大模型的推理过程,开源文件提供了 .onnx 格式的预训练模型,可在多平台使用,具体包括不同时间跨度的预训练模型。输入数据分为地表和高空两部分,存储于 input_surface.npy 和 input_upper.npy 中。在执行推理预测时,使用者可基于提供的 Python 开源脚本(inference_cpu.py,inference_gpu.py 或 inference_iterative.py),根据运行环境(CPU 或 GPU)执行模型推理。

盘古大模型特有的层次化时域聚合策略能对长时间预测使用组合多模型策略,例如:预测 56 h 提前期的天气,可选择组合 24 h、24 h、6 h 和 2 h 模型,以减少迭代次数并提高效率。模型表现说明在测试过程中,与传统数值方法和其他 AI 方法(如 FourCastNet)相比,盘古天气大模型显示出较低的均方根误差和较高的异常相关系数。

从 2023 年 7 月起,欧洲中期天气预报中心已将盘古模型作为常规预报发布。在 ECMWF Charts 网站搜索“PANGU”即可进行要素预报(https://charts.ecmwf.int/? query＝PAN-GU),选择感兴趣的气象变量,而后选择相应的区域和起报时间,即可看到盘古模型的预报结果。

28.3　GraphCast:图神经网络的革命性天气预报模型

全球中期天气预报至关重要。传统数值天气预报通过增加计算资源来提高预报准确性,尽管在计算方面扩展得很好,但其准确性不会随着历史数据的增加而提高,这一限制使得 NWP 无法充分利用已有的大量历史气象数据。基于机器学习的天气预测(MLWP)为传统的 NWP 提供了一种替代方案,其中预测模型直接从历史数据中进行训练。这种方法通过捕捉数据中的模式与尺度来提高预测准确性。

GraphCast 是由谷歌 DeepMind 团队开发的一种基于 GNN 的自回归天气预报模型。该模型将原始经纬度网格的输入数据映射到多网格的学习特征中,设计了基于物理动力学的空间交互模式,能大幅提升气象物理量的预测精度。

GraphCast 的主要特点包括如下几点。

①高分辨率预报:其分辨率高达 0.25°,能够细致地捕捉天气系统的复杂变化。

②预报快速生成:利用单台 Cloud TPU v4 设备,GraphCast 可以在 60 s 内生成未来 10 d 的天气预报。

③数据高效利用:通过在更大、更新、质量更高的数据上进行训练,GraphCast 能够进一步

提升预测的速度和准确性。

④精度超越已有模型：在模型验证过程中，GraphCast 对超过 90％ 的变量进行预测的精度，超过此前深度学习天气预报模型（即盘古大模型）和欧洲中期天气预报中心的 HRES 高精度预报结果。

通过直接从再分析数据中进行训练，GraphCast 不仅能够快速生成高精度的天气预报，还能随着数据量的增加和质量的提升不断改进模型性能。其展示了机器学习在天气预报中的巨大潜力，不仅提高了预测的准确性和速度，还提供了一种更为灵活和高效的预报方法。

28.3.1　GraphCast 建模解析

GraphCast 是一种基于 GNN 的自回归天气预报模型，其通过复杂的网格多层次信息传递机制，显著提升了天气预报的精度和效率。以下是 GraphCast 的模型构建过程（图 28.7）和详细建模解析。

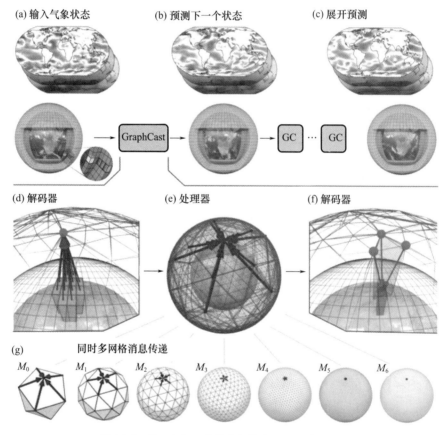

图 28.7　GraphCast 的核心架构（Lam et al.，2023）

在进行要素预测的过程中，模型首先接收输入的气象状态数据。这些数据通常包含多个垂直层的气象变量，以经纬度网格的形式表示。模型通过自回归的方式，根据当前气象状态预测下一时刻的气象状态。这个过程会重复多次，以生成一个时间序列的预测结果。经过多次自回归迭代后，模型输出未来多个时间步长的天气预报结果。

在 GraphCast 模块中，解码器模块将输入数据从原始的经纬度网格映射到多层次的网格结构中。处理器模块在层次网格上进行多步信息传递，学习天气系统的演变规律。该模块使用学习到的消息传递更新每个多网格节点,使用 16 个不共享的 GNN 层对网格进行学习消息传递,实现了在少数消息传递步骤中进行高效的局部和远程信息传播。该过程通过图神经网络来实现,允许模型捕捉到局部和全局的天气动态。解码器模块将处理后的多层次网格数据重新映射回经纬度网格,生成最终的天气预报结果。图 28.7g 展示了 GraphCast 模型的多层次网格结构(M_0 到 M_6)。这些网格层次从粗到细,逐层细化,能够有效捕捉到天气系统的多尺度特征。GraphCast 的核心在于其基于图神经网络的多层次信息传递机制,该模型将两个天气状态(X_t,X_{t-1})作为输入,分别对应当前时间 t 和前一个时间 $t-1$,并预测下一个时间步长的天气状态 X_{t+1}:

$$X_{t+1} = \text{GraphCast}(X_t, X_{t-1}) \tag{28.8}$$

28.3.2　GraphCast 预训练与预测性能

GraphCast 使用 ECMWF 的 ERA5 再分析数据集作为训练数据,覆盖 1979—2017 年的气象数据。GraphCast 在 39 年(1979—2018 年)历史天气数据的 ECMWF 的 ERA5 再分析数据集上进行了训练。模型以 6 h 的时间步长,在 0.25°经纬度分辨率下,对 5 个地表变量和 6 个大气变量进行 10 d 的预测,每个变量在 37 个垂直压力层上,代表了特定地点和时间的天气状态。

虽然 GraphCast 的训练计算量很大,但生成的预测模型非常高效。在一台谷歌 TPU v4 上使用 GraphCast 进行 10 d 预测只需要不到 1 min 时间。相比之下,使用传统方法(例如HRES)进行 10 d 的预测可能需要在超级计算机中进行数小时的计算。GraphCast 创新性地提出了多尺度网格表示,将常规的六角形网格层级叠加,既包含近程也包含远程连接,信息可以高效传播。

为了评估 GraphCast 的预测技能,将该模型与目前最准确的中程天气预测模型 HRES 进行比较,结果发现,在 1380 个验证目标中,GraphCast 在 90% 的情况下明显优于 HRES,且在测试集中拥有更小的评估误差(图 28.8)。值得一提的是,尽管训练数据及网络构建中不包含任何物理设计,但 GraphCast 模型仍旧通过基于数据驱动的自主学习,学会了许多基本大气动力学机制(如罗斯贝波传播等)。通过以上步骤,GraphCast 实现了从预训练到推理预测的全过程,在单台 Cloud TPU 设备上即可快速生成高精度的天气预报,为气象预报提供了强有力的工具。

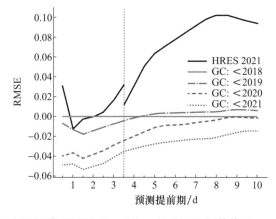

图 28.8　不同测试集 HRES、GraphCast 的 RMSE 评估值(Lam et al.,2023)

28.4　FengWu 及 FengWu-GHR 气象大模型

2023 年 4 月 7 日,上海人工智能实验室联合多所发布全球中期天气预报大模型"风鸟"。该模型基于多模态和多任务深度学习方法构建,首次实现了在高分辨率上对核心大气变量进行超过 10 d 的有效预报,并在 80% 的评估指标上超越 DeepMind 的模型 GraphCast。此外,"风鸟"仅需 30 s 即可生成未来 10 d 全球高精度预报结果,在效率上大幅优于传统模型。

实践证明,将观测与数值预报和人工智能相结合,可有效提升数值预报的准确性。"风鸟"首次将全球气象预报的有效性提高到 10.75 d,具有重要的业务应用价值,其预测性能如图 28.9 所示。

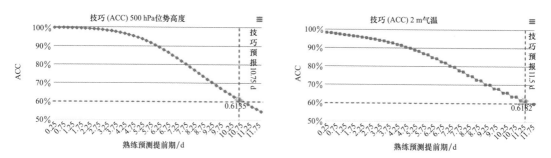

图 28.9　FengWu 在 z_{500} 和 $t_{2\,m}$ 上的熟练预测提前期(Chen,2023c)

2024 年 3 月 1 日,上海人工智能实验室联合多所机构发布发布全球高分辨率 AI 气象预报大模型"风鸟 GHR"(FengWu-GHR,Global High Resolution),首次借助 AI 实现对中期天气进行 10 km 级的建模与预报。

采用原创性的人工智能新算法,克服了数据稀缺等难题,将风鸟 GHR 的预报分辨率提升至 0.09 经纬度(9 km×9 km),对应的地表面积约为 81 km²,较此前的 0.25 经纬度(25 km×25 km),范围精确超过 7 倍,并将有效预报时长由 10.75 d 提升至 11.25 d。

28.4.1　FengWu 建模解析

(1)FengWu 模型架构

FengWu 采用"编码-融合解码"结构,将天气变量视为大气状态的不同模态(图 28.10)。

模态定制编码器:独立提取每种天气变量的特征。具体来说,每个形状为(C,W,H)的天气状态 X^i 被切片为地表状态 X_s^i、位势状态 X_z^i、湿度状态 X_q^i、风状态的东向分量 X_u^i、风状态的北向分量 X_v^i,以及温度状态 X_t^i。每个分量的形状分别为(C_s,W,H)、(C_z,W,H)、(C_q,W,H)、(C_u,W,H)、(C_v,W,H)和(C_t,W,H)。为了分别获得 $m\in\{s,z,q,u,v,t\}$ 的特征 $\widetilde{X}_m$,使用基于变换器的编码器 $f_{en,m}(X_m|\theta_{en,m})$,其编码器参数为 $\theta_{en,m}$ 状态 X_m。编码器的输出表示为模态的 Z_m:

$$Z_m = f_{en,m}(X_m|\theta_{en,m}) \tag{28.9}$$

$m\in\{s,z,q,u,v,t\}$ 的编码器 Z_m 的输出被连接以获得融合特征,如下所示:

$$Z = \mathrm{concat}(Z_s,Z_z,Z_q,Z_u,Z_v,Z_t) \tag{28.10}$$

式中 concat 表示沿特征通道维度的特征串联。然后,将融合的特征输入变压器以融合它们的信息并提取融合的特征 $\widetilde{Z}$。

模态定制解码器:在多任务解码器中,多模态特征融合器生成的标记用于预测大气变量的均值和方差。$m \in \{s, z, q, u, v, t\}$ 的单独模态解码器 $f_{de,m}(\tilde{Z} | \theta_{de,m})$ 被设计为预测相应模态的未来状态,其中 $\theta_{de,m}$ 表示模态的参数,解码器 $f_{de,m}$ 表示模态 m 的解码器。

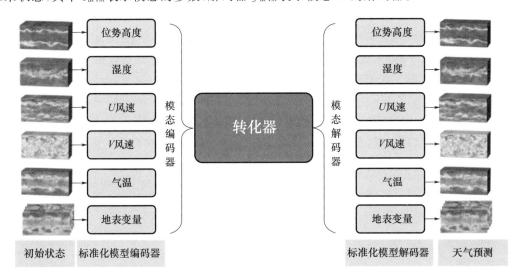

图 28.10　FengWu 架构概述(Chen,2023c)

该项研究将天气预报学习视为多任务学习。引入了不确定性损失来自动学习天气预报的权重。具体来说,FengWu 被定义为一个概率模型,预测高斯分布的参数 $\hat{\mu}_{i+1}, \hat{\sigma}_{i+1}$:

$$\hat{\mu}_{i+1}, \hat{\sigma}_{i+1} = \text{FengWu}(X^i) \tag{28.11}$$

式中 $\hat{\mu}_{i+1}$ 和 $\hat{\sigma}_{i+1}$ 分别为预测值 X_{i+1} 的预测均值和方差。大气变量的概率可以通过均值和方差计算:

$$p(x^{i+1}_{c,w,h} | \hat{\mu}_{i+1}, \hat{\sigma}_{i+1}) = N(\hat{\mu}^{i+1}_{c,w,h}, \hat{\sigma}^{i+1}_{c,w,h}) \tag{28.12}$$

X_{i+1} 中下标为 (c, w, h) 的每个元素 $x^{i+1}_{c,w,h}$ 服从独立单变量高斯分布,$N(\hat{\mu}^{i+1}_{c,w,h}, \hat{\sigma}^{i+1}_{c,w,h})$,其中 $c = \{1, \cdots, 189\}$ 表示通道的索引,即不同的压力水平和天气变量;w 和 h 分别表示纬度网格和经度网格。模型采用最大似然估计来为不同的任务(变量)分配权重,而不确定性损失提供了一种权衡变量、压力水平和位置之间权重的方法。

此外,该项工作提出了一种重放缓冲机制。用包含 N 个预测的集合 $\beta = \{\hat{X}^{i+\tau}_j\}^N_{j=0}$ 来表示缓冲区中的数据。最初,重播缓冲区在初始阶段推送一定数量的第一步预测。在下一阶段,FengWu 从原始数据集和重放缓冲区中学习,重放缓冲区在使系统执行长期自回归预测方面发挥着关键作用,从而强制 FengWu 在训练期间考虑累积的自回归估计误差。重放缓冲区还具有通过在 CPU 上存储数据来减少 GPU 内存使用的优势。

(2)FengWu-GHR 模型架构

FengWu-GHR 的核心组件是元模型,其设计遵循简单性、可扩展性原则。元模型由三个关键组件组成:二维补丁嵌入层、堆叠变换器块和反卷积层,如图 28.11 所示,元模型的输入是初始天气状态,表示为 $X_t \in R^{C \times H \times W}$,其中 $C \times H \times W$ 表示具有多层高空和地面变量的天气状态,其中每个变量的垂直纬度和水平经度分为 H 和 W 网格。补丁嵌入层接受多维天气状态并将其编码为表示为 $S \in R^{N \times D}$ 的序列表示,其中 D 是预定义特征维度的数量,N 的值是通过在嵌入层中应用(P,P)的卷积步长来确定的,结果为$N=H/P\times W/P$。随后的变压器块包含标准的自注意力和前馈模块。元模型由M个块组成,用于进一步处理序列,从而实现信息交互和特征细化。最终,序列表示被重新整形回维度为二维空间表示,最后使用反卷积上采样层恢复到原始形状$C\times H\times W$。

研究团队创新性提出"空间一致性映射"和"解耦组合迁移学习"技术,通过继承低分辨率再分析数据上预训练模型的先验知识,并结合少量的高分辨率实时分析数据,增加对区域大气活动的二次建模,破解了数据稀缺难题,同时缓解了高分辨模型训练代价昂贵的现状。

如图28.11所示,SIME方法的核心在于将高分辨率(HR)初始场$X_h\in R^{Hh\times W^h}$分解为一批低分辨率(LR)初始字段。这些LR初始字段表示为$X_l\in R^{B\times H\times W}$,其分辨率与元模型的尺度相匹配。通过这种方式,原本需要外推大规模场的复杂问题被转化为推断多个低分辨率初始场的较简单问题。值得注意的是,SIME方法通过优化算法,实现了计算要求的显著减少,大约是原来的九分之一。这种方法不仅简化了计算过程,还提高了处理高分辨率数据的效率和可行性。

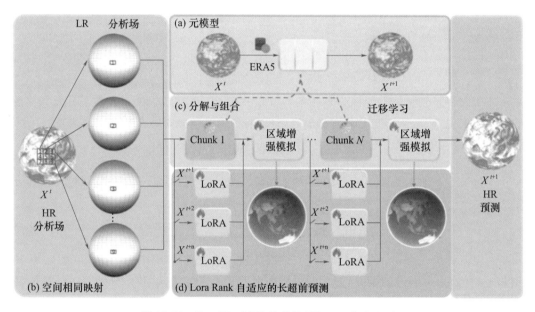

图28.11　FengWu-GHR的结构(Han et al.,2024c)

FengWu-GHR元模型的运行周期为6 h,因此需要采用自回归策略来生成长周期预测。FengWu引入了一个重放缓冲区来存储训练期间的模型预测并在训练中重用它们,从而隐式地优化长周期预测。然而,这些方法主要侧重于跨多个步骤微调共享模型,而没有考虑不同步骤中的潜在冲突。在此背景下,FengWu-GHR提出利用低秩适应(LoRA)方法根据个性化参数单独微调每个步骤。通过采用LoRA,FengWu-GHR解决了以前方法的局限性,并确保每个步骤都经过微调,同时保留先前训练参数的完整性。这种方法可以更精确地纠正长期推出过程中可能出现的偏差。

28.4.2　FengWu预测结果

"风乌"模型通过采用多模态神经网络和多任务自动均衡权重的方法,有效解决了多种大气变量表征和相互影响的问题。该模型涵盖的大气变量包括:位势、湿度、纬向风速、经向风速、温度以及海平面气压等。将这些大气变量看作多模态信息,"风乌"利用其多模态网络结构,能够更精准地处理和分析这些复杂数据。研究团队从多任务问题的角度出发,自动学习每个大气变量的重要性,使得多个大气变量之间能够更好地协同优化。ACC 是用于衡量预测结果有效性的指标,数值越高,预测结果越有效(图 28.12)。

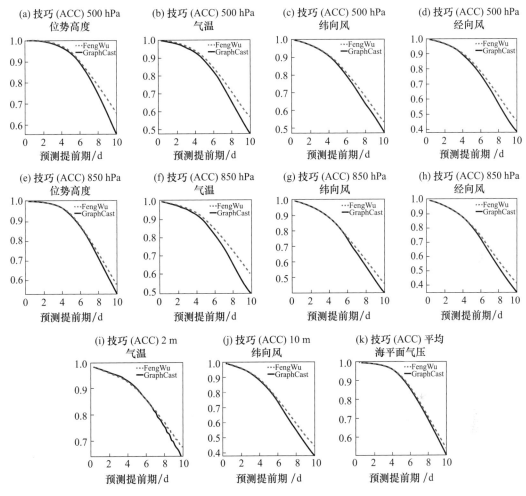

图 28.12　FengWu(虚线)和 GraphCast(实线)2018 年预测 RMSE(Chen,2023c)

从结果上看,"风乌"在 6～10 d 的中期预报上预报技巧显著高于 GraphCast。其中具有代表意义的 z_{500} 达到了 10.75 d 的有效预报范围(ACC>0.6),这也是高分辨率全球中期天气预报系统首次能够对大气变量进行超过 10 d 的有效预报。

当前主要物理驱动及 AI 驱动的全球气象预报模型分辨率对比,风乌 GHR 在短期内实现空间分辨率质的提升。在气象领域广为关注的 500 hPa 高度场(z_{500})变量及 850 hPa 温度场(t_{850})中,风乌 GHR 表现优于 IFS-HRES(图 28.13)。

联合团队还对 2022 年全球的部分极端气象情况进行了回溯预报。2022 年 7 月,重庆市经历了极端热浪,屡次打破当地同期高温历史记录。在提前 4 d 对 2022 年 7 月 7 日 12 时(UTC)重庆市(29.5°N,106.5°E)的地表温度预报中,风乌 GHR 与实际结果更接近,优于IFS-HRES(图 28.14)。

2022 年 12 月,冬季风暴影响了北美部分地区,受影响的地区经历了大雪、强风和破纪录

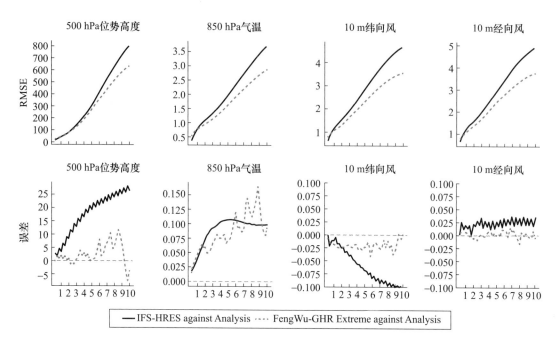

图 28.13　风鸟 GHR 与 IFS-HRES 在 2022 年的预报对比(Chen,2023c)

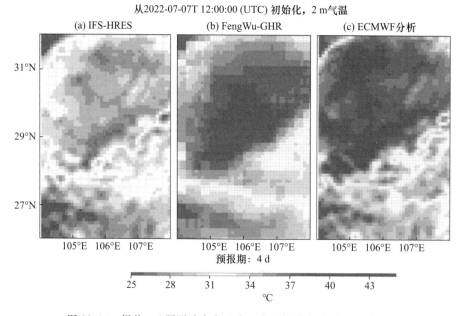

图 28.14　提前 4 d 预测重庆市地表温度预报热度图(相同比例尺)

(a)IFS-HRES,(b)风鸟 GHR,(c)实时分析数据(可视为真值)(Han et al.,2024c)

低温等极端天气。使用风鸟 GHR 及 IFS-HRES 对当年 11 月 1 日—12 月 31 日的美国纽约气温进行回溯预报,风鸟 GHR 可提前 9 d 预报最低气温,在提前一周的预测中,预测误差较 IFS-HRES 降低 22.3%(图 28.15)。

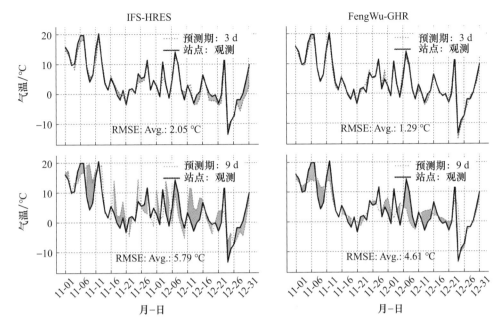

图 28.15　风鸟 GHR 与 IFS-HRES 预测 2022 年 11—12 月美国纽约气温对比

图中实线为当地气象站实际观测值,风鸟 GHR 预测值与实际观测值高度重合(Han et al.,2024c)

28.5　Fuxi 气象大模型

2023 年 6 月,伏羲(Fuxi)气象大模型的推出标志着气象预报技术的重大进步,Fuxi 能够进行未来 15 d 的全球高精度(0.25°)预报(Chen et al.,2024c)。伏羲模型基于 U-Transformer 结构,并通过级联的方式构建,对多个模式进行精细微调。此外,伏羲模型采用多时间步损失函数,优化了模型在多个迭代时间步的误差,从而减少预测误差的累积,提高长期预测的性能。伏羲模型的创新之处在于,它首次将深度学习天气预报的时效提升至 15 d。在时间分辨率为 6 h、空间分辨率为 0.25°的 10 d 预报中,伏羲模型的表现优于欧洲中期天气预报中心的高精度预报系统 HRES。在 15 d 的预报中,伏羲模型的表现与欧洲中期天气预报中心集合预报的集合平均预报性能相当,显示出其卓越的预测能力。特别地,Fuxi 将 Z_{500} 和 $T_{2\,m}$ 的熟练预测提前期(ACC>0.6)分别延长至 10.5 d 和 14.5 d。

28.5.1　Fuxi 建模解析

Fuxi 基础模型的模型架构由三个主要组件组成,如图 28.16 所示:立方体嵌入、U-Transformer 和全连接(FC)层。

输入数据结合了高空和地面变量,并创建了一个尺寸为 $2\times70\times721\times1440$ 的数据立方体,其中 2、70、721 和 1440 代表前面的两个时间步长($t-1$ 和 t),输入变量、纬度(H)和经度(W)网格点的总数。首先,通过时空立方嵌入将高维输入数据降维至 $C\times180\times360$,其中 C 为通道数,设置为 1536。立方体嵌入的主要目的是减少输入数据的时间和空间维度,从而减少冗余。

随后,U-Transformer 处理嵌入数据,并使用简单的 FC 层进行预测。输出为 $70\times720\times$

1440,然后通过双线性插值恢复到原始输入形状 $70 \times 721 \times 1440$。U-Transformer 使用 48 个重复的 Swin Transformer V2 块构建,顾名思义,U-Transformer 还包括来自 U-Net 模型的下采样和上采样块。下采样块(DownBlock)将数据维度降低至 $C \times 90 \times 180$,从而最大限度地减少了自注意力计算的内存需求。下采样块由步幅为 2 的 3×3 二维(2D)卷积层和残差块组成,该块具有两个 3×3 卷积层,后跟归一化(GN)层和 sigmoid 加权线性块单元(SiLU)激活。SiLU 激活是通过将 sigmoid 函数与其输入相乘($\sigma(x) \times x$)来计算的。上采样块具有与下采样块中使用的相同的残差块,以及内核为 2、步幅为 2 的 2D 转置卷积。上采样块将数据大小缩小高达 $C \times 180 \times 360$。

Fuxi 模型训练过程涉及两个步骤:预训练和微调。预训练后,Fuxi 基础模型首先进行微调,以获得 $0 \sim 5$ d($0 \sim 20$ 个时间步长)内每 6 h 预测的最佳性能。这个微调过程将自回归步骤的数量从 2 增加到 12,遵循 GraphCast 模型的微调方法。这个微调模型在图 28.16 中被称为 Fuxi 短期预测模型。Fuxi 中期预测模型使用 Fuxi 短期预测模型的权重进行初始化,然后进行微调,以获得 $5 \sim 10$ d($21 \sim 40$ 次)的最佳预测性能。最后,Fuxi 短期预测模型、Fuxi 中期预测模型和 Fuxi-长期预测模型级联以生成完整的 15 d 预测。

(a) 伏羲模型的完整结构

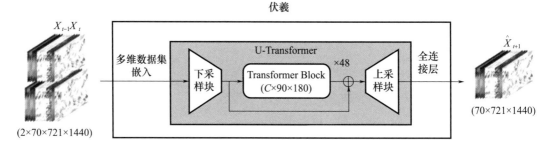

(b) 极联模型结构

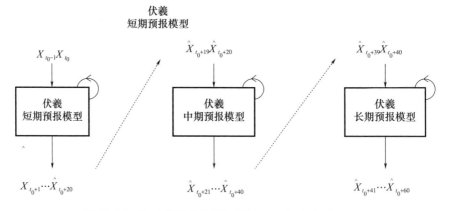

图 28.16　Fuxi 模型总体架构(Chen et al.,2024c)

28.5.2　Fuxi 预测结果

图 28.17 显示了 Fuxi、ECMWF 的 HRES 和 GraphCast 对 4 个地面变量(MSL、T2M、U10 和 V10)和 4 个在 500 hPa 气压层下的高空变量的预测结果比较(Z_{500}、T_{500}、U_{500} 和 V_{500})。该图说明 Fuxi 和 GraphCast 的性能均显著优于 ECMWF 的 HRES。Fuxi 和 GraphCast 在 7

d 的预测内具有相当的性能,超过 7 d,Fuxi 表现出优异的性能,在所有变量和预测提前期中具有最低的 RMSE 值和最高的 ACC 值。

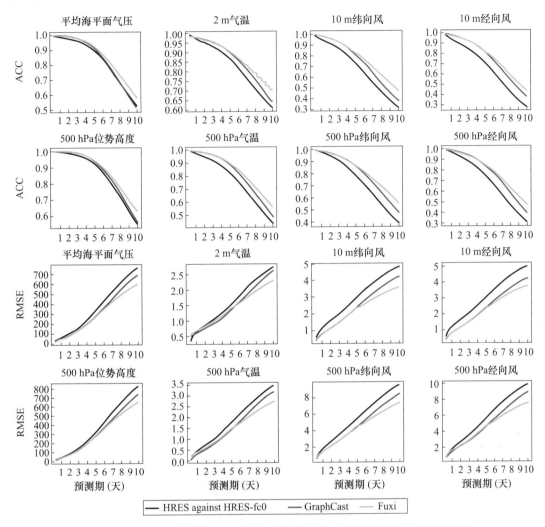

图 28.17　HRES(粗黑线)、GraphCast(实线)和 Fuxi(灰色线)的全球平均纬度加权 ACC(第一和第二行)和 RMSE(第三和第四行)的比较(Chen et al.,2024c)

28.6　NowcastNet:短临降水预报大模型

近年来,全球气候变化的影响日益显著,极端天气事件如短时强降水、暴风雨、暴雪和冰雹等发生的频率不断增加,严重威胁工业生产和人民生活安全。受到对流、气旋、地形等复杂过程以及大气系统的严重影响,极端降水天气不仅持续时间短(通常仅几十分钟),而且影响范围有限(空间尺度在几千米内),因此精准预测难度很高。在 2023 年 5 月世界气象组织峰会上,极端降水临近预报被列为未解决的重要科学难题之一。

为应对上述挑战,清华大学软件学院团队联合中央气象台,成功突破了数学物理机理与大规模领域数据融合难题,开发出面向极端降水和实时预报的气象预报大模型 NowcastNet。

NowcastNet 模型结合了数据驱动与物理驱动两大科学范式,其核心是将物理过程的质量守恒定律融入端到端的神经网络演变算子中。该模型是一种用于极端降水及时预报的深度学习模型,将物理演变方程和生成式模型统一到一个框架中,实现了端对端的降水预报。该模型能够提供提前 3 h 的多尺度模式的降水即时预报,且通过物理条件生成的细化预报避免了传统方法中常见的模糊、衰减、强度或位置错误问题。该模型的成功应用不仅展示了人工智能在气象预报中的巨大潜力,也为应对极端气象灾害提供了强有力的技术支持。

28.6.1 NowcastNet 建模解析

NowcastNet 结合了物理演化方案和条件学习方法,使用神经网络框架,专为预测极端天气条件进行了优化。通过结合物理规则和统计学习方法,利用复合雷达观测数据生成符合物理规律的降水预报,以有效捕捉到多尺度模式,在未来 3 h 内提供精确的极端降水预报。该模型架构如图 28.18 所示。

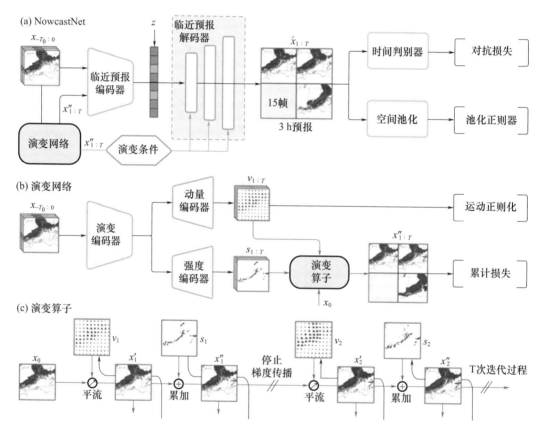

图 28.18 NowcastNet 模型详细架构(Zhang et al.,2023)

具体来说,NowcastNet 的架构由两个主要部分组成:演变网络和生成网络。演变网络基于二维连续性方程,通过神经网络实现对降水演变过程的建模,包括运动、强度场的预测。生成网络则在演变网络的基础上,进一步细化预报的对流细节。演变网络的核心是一个可微分的神经演变算子,通过反向传播优化整个时间范围内的预报误差。生成网络则通过物理条件机制,将演变网络的预测结果与生成的随机潜变量相结合,生成多尺度的降水预报。每一时间步的降水 X_{t+1} 预测过程可表述为:

$$X_{t+1} = h(X_t, v_t, s_t; \Theta) \tag{28.13}$$

式中,h 是整合所有输入和调整来预测下一步状态的函数,Θ 包含所有相关参数。

在 NowcastNet 的模型架构中,输入数据是模型接收的实时或历史雷达图像数据,数据被送入一个负责模拟降水数据的时间演化的演变网络。最终,模型输出未来 15 帧的降水预测。在其中的演变网络中,输入数据被编码为更高级的特征表示,通过一系列的网络层处理(动量编码器、强度编码器)对累加状态进行预测,通过连续的操作,模型能够逐步预测未来每个时间点的状态。模型累积前一时间点的预测和当前预测的调整,以生成更准确的未来降水图像。

28.6.2 NowcastNet 预训练与推理

NowcastNet 的预训练涉及训练一个利用历史的气象雷达数据来学习预测极端降水事件的大型神经网络。这一过程通常在一个大规模数据集上进行,以便模型能够捕获复杂气象场分布特征和降水动态。

输入数据通常包括高分辨率的雷达图像,这些图像提供了降水、云层和其他相关气象因素的空间和时间分布。数据通过预处理步骤进行标准化和清洗,以适应网络的需求。模型通常使用反向传播和梯度下降算法进行训练,其引入物理约束的损失函数可被表示为:

$$L = \sum_{t=1}^{T} \| X_{t+1} - \hat{X}_{t+1} \|^2 + \lambda R(\Theta) \tag{28.14}$$

式中,$\hat{X}_{t+1}$ 是模型的预测输出,X_{t+1} 是实际观测数据,R 是正则化项,用于引入物理约束,λ 是正则化系数。

在推理预测过程中,完成预训练的 NowcastNet 可以用于实时预测未来几小时内的极端降水事件。实时或最新收集的雷达数据被输入到模型中,模型使用已学习的参数和实时输入数据来预测未来的降水图像,此阶段的计算利用了模型的物理演化方案,结合条件学习方法,生成未来时间点的降水预测。NowcastNet 模型可以在 code ocean(https://doi.org/10.24433/CO.0832447.v1)在线运行。在来自全国 23 个省市气象台的 62 位一线气象预报专家的过程检验中,NowcastNet 在 71% 的极端天气过程中被认为具有最高的预报价值,领先欧洲、英国等气象局和谷歌、DeepMind 等公司的同类方法。目前,NowcastNet 已经在国家气象中心短临预报业务平台(SWAN 3.0)部署上线。

总的来说,NowcastNet 通过将物理建模与深度学习相结合,成功地实现了对极端降水的高技巧临近预报,展示了人工智能在气象预报领域的巨大潜力和应用前景。

28.7 Aurora:首个大气 AI 基础模型

微软研究团队开发了首个大气 AI 基础模型 Aurora,该模型经过超过一百万小时的多样化天气和气候数据进行训练。Aurora 提出了一种新的天气预报方法,它可以改变预测和减轻极端事件影响的能力,包括能够预测像 Ciarán 风暴这样具有急剧变化的事件。

在不到一分钟的时间内,Aurora 就可以生成 5 d 的全球空气污染预测和 10 d 的高分辨率天气预报。Aurora 以 0.1°(赤道处约 11 km)的高空间分辨率运行,可以捕捉大气过程的复杂细节,提供比以往更准确的预报,而且计算成本仅为传统数值天气预报系统的一小部分。据估计,与最先进的数值预报系统综合预报系统(IFS)相比,Aurora 的计算速度可提高约 5000 倍。此外,Aurora 模型能够预测各种大气变量,包括温度、风速、空气污染水平和温室气体浓度。

其架构设计灵活，并以不同的分辨率和保真度生成预测。这种灵活性和高效性使得 Aurora 在气象预报和环境监测方面具有广泛的应用前景。

28.7.1 Aurora 建模解析

模型由一个灵活的 3D SwinTransformer 和基于感知器的编码器和解码器组成，能够处理和预测大气变量。通过在大量不同数据上进行预训练并针对特定任务进行微调，Aurora 学会了捕捉大气中复杂的模式和结构，即使在针对训练数据有限的特定任务，它也能具备出色的预测表现。

Aurora 模型由三部分组成（图 28.19）：①编码器，其作用是将异构输入转换标准 3D 表示；②及时演化表示的处理器；③将标准 3D 表示转换回特定预测的解码器。

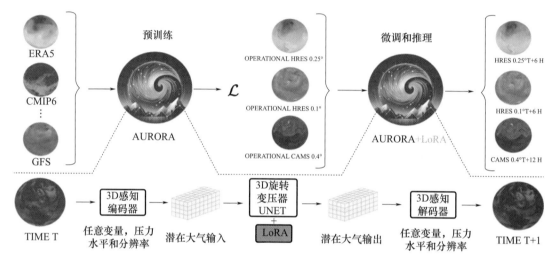

图 28.19　Aurora 是一个 13 亿参数的基础模型，用于高分辨率天气和大气过程预报（Bodnar et al.，2023）

28.7.2 Aurora 预测结果

Aurora 多功能性的一个典型例子是它能够使用哥白尼大气监测服务（CAMS）的数据预测空气污染水平。通过利用其灵活的编码器-解码器架构和注意机制，Aurora 可以有效地处理和学习这些，捕捉空气污染物及其与气象变量的关系。这使 Aurora 能够以 0.4° 的空间分辨率生成准确的五天全球空气污染预报，在 74% 的所有目标上的表现优于最先进的大气化学模拟，即使在数据稀疏或高度复杂的场景中也是如此（图 28.20）。

此外，实验结果还证明，与单个数据集上进行训练相比，在不同的数据集上进行预训练可以显著提高 Aurora 的性能。通过整合来自气候模拟、再分析数据，Aurora 可以学习更稳健、更通用的大气动力学表示（图 28.21）。

为进一步验证对在许多数据集上预训练的大型模型进行微调的优势，将 Aurora 与 GraphCast 进行了比较。此外，该团队在比较中加入了 IFS-HRES。结果表明，Aurora 时均表现优异（图 28.22）。

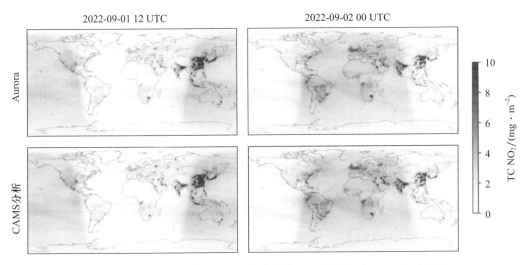

图 28.20　Aurora 在许多目标上的表现优于 CAMS(Bodnar et al.,2023)

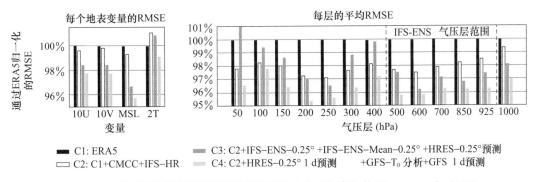

图 28.21　对不同数据进行预训练并增加模型大小可提高性能(Bodnar et al.,2023)

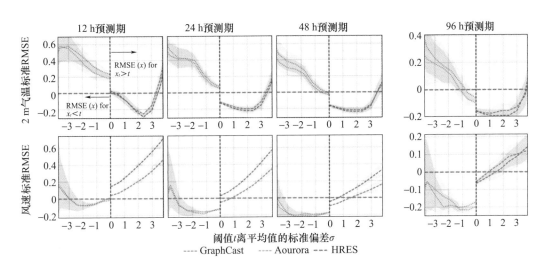

图 28.22　Aurora 在绝大多数目标上的表现优于操作型 GraphCast(Bodnar et al.,2023)

28.8 NeuralGCM：大气环流大模型

2024 年 7 月 22 日，谷歌推出了全新基于机器学习的大气环流模型 NeuralGCM，该模型的计算效率远超传统物理模型，计算成本降低 10 万倍，相当于高性能计算领域 25 年来的进步速度。NeuralGCM 模型的意义在于能够产生更准确的气候预测。例如，全球气温升高将导致哪些地区面临长期干旱？哪些地区会因为大型热带风暴的频发而使沿海洪水更加严重？随着气温的上升，野火季节将如何变化？面对这些亟待解决的问题，传统的基于物理的大气环流模型（General Circulation Model，GCM）显得力不从心，其在长期天气和气候模拟方面缺乏足够的稳定性。而基于机器学习的 NeuralGCM 的出现，结合了传统的物理建模，大大提高了模拟的准确性和效率。

28.8.1 NeuralGCM 建模解析

NeuralGCM 是一种结合传统物理建模的 AI 大模型，生成的 2～15 d 的天气预报比目前最先进的物理模型更准确，并能再现过去 40 年的气温要素。传统气候模型在过去几十年中有所改进，将地球从地表到大气层划分为边长为 50～100 km 的立方体，预测每个立方体在一段时间内的天气变化，并根据物理定律计算大气运动。由于 50～100 km 的尺度过大，许多重要气候过程（如云和降水）在更小尺度（米到千米）上变化。科学家们对某些过程（如云的形成）的物理理解也不完整，传统模型依赖简化模型生成近似值来模拟这些小尺度和不太了解的过程，这些简化近似值不可避免降低纯物理驱动模型的准确性。

NeuralGCM 在解决上述难题中表现出色。类似于传统模型，NeuralGCM 将地球大气划分为立方体并对大规模气象过程进行物理计算。不同的是，NeuralGCM 使用神经网络从现有天气数据中学习物理原理，而不是依赖参数化近似值来模拟小尺度天气变化。NeuralGCM 的关键创新是用 JAX 重写了大规模过程的数值求解器，使能用基于梯度的优化，在线调整耦合系统在多个时间步长上的行为。这种方法克服了之前使用机器学习增强气候模型时在数值稳定性方面遇到的困难。此外，将整个模型用 JAX 编写的另一个好处是其能在 TPU 和 GPU 上高效运行，而传统气候模型大多只能在 CPU 上运行。

谷歌团队使用 1979 年至 2019 年间 ECMWF 的天气数据，在 0.7°、1.4°和 2.8°分辨率下训练了一系列 NeuralGCM 模型。虽然 NeuralGCM 基于天气预报数据训练，但团队设计其为一个通用大气模型。图 28.23 展示了 NeuralGCM 的基本架构，其两个关键组件包括可微分的动力核心及物理核心。动力核心用于求解离散的控制动力方程，可微分动力核心允许端到端的训练方法，通过多个时间步推进模型，使用随机梯度下降来最小化模型预测与再分析之间的差异；而物理核心使用神经网络对物理过程进行参数化。动力核心模拟在重力和科里奥利力影响下的大尺度流体动力和热力学过程。物理核心预测未解析过程（如云的形成、辐射传输、降水和网格尺度以下的动力学）对模拟场的影响。

28.8.2 NeuralGCM 预测结果

在评估中，NeuralGCM 在 0.7°分辨率下的模型在天气预报准确性方面与当前最先进的模型相当，能达到 5 d 的准确预报。然而，模式缺乏量化不确定性的能力，不适用于较长的预报时间。

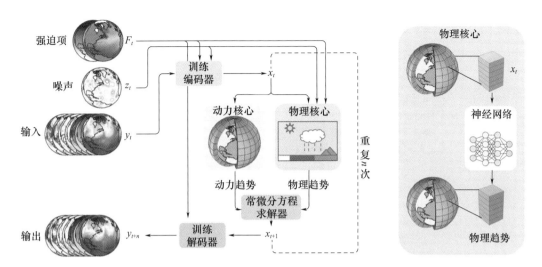

图 28.23　NeuralGCM 模型结构(Kochkov et al.,2024)

　　如图 28.24 所示,与多模型相比之下,得益于集合天气预测的能力,NeuralGCM 是第一个在 2~15 d 预测中 95% 的时间比 ECMWF-ENS 更准确的机器学习模型。比较 NeuralGCM 的 35 次模拟结果与 ERA5 再分析数据和标准气候基准可知:NeuralGCM 的全球平均温度季节性和变异性与 ERA5 观测值非常相似。NeuralGCM 与 ERA5 的比较中,集合平均温度的 RMSE 为 0.16 K,显著优于气候学平均的 RMSE(0.45 K)。由此可得出 NeuralGCM 准确模拟了季节循环,并捕捉到了重要大气动力学特征。

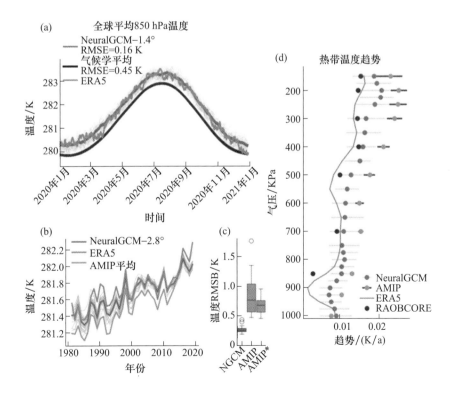

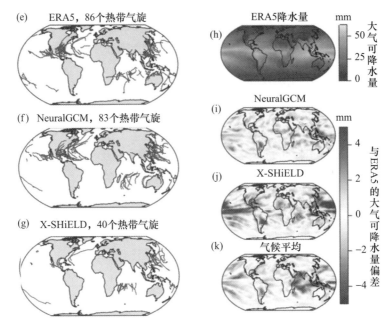

图 28.24　多模型各要素的气候模拟与 NeuralGCM 对比(a～g,Kochkov et al.,2024)

此外,其在气候时间尺度预测方面也优于最先进的大气模型。在预测 1980 年至 2020 年间的温度时,NeuralGCM 的 2.8°模型的平均误差仅为大气模型(AMIP)误差的三分之一。

28.9　中国气象局业务预报 AI 大模型:"风清""风顺""风雷"

2024 年 6 月 18 日,中国气象局携手国内顶尖学府推出了一系列创新的人工智能气象预报系统,标志着我国气象预报技术的又一大飞跃(中国气象报社,2024)。该系统涵盖了三个关键模型:全球中短期预报系统"风清"、临近预报系统"风雷"以及全球次季节至季节预测系统"风顺"。这些模型不仅提升了气象预测的准确性,也推动了气象科学领域的技术进步。

(1)全球中短期预报系统"风清"

"风清"大模型是人工智能全球中短期预报系统,结合了大气物理过程和人工智能技术,实现了高效计算和物理可解释性。该模型通过强化大气物理过程的融入,使得预测结果能够提供物理可解释依据,自动挖掘天气系统内在的物理演变过程。模型的训练过程中紧密结合了物理守恒特性,有效提升了长时效预报的准确性和稳定性。该模型采用了可扩展的多时效优化策略,能综合考虑未来多天的预报效果,显著延长了预报时效。检验结果表明,"风清"大模型的全球预报天数达到 10.5 d,超过了欧美的主流气象预报模型,尤其在较长预报时效上具有明显优势。

(2)临近预报系统"风雷"

"风雷"大模型是针对短时临近预报需求开发的系统,聚焦于千米尺度下 0～3 h 的雷达回波预报。该模型将数据驱动和物理驱动两种科学范式紧密结合,显著提升了短时临近预报的准确性。通过深度学习和物理规律的无缝融合,风雷大模型在预报精度和细节丰富性上实现了突破。系统构建了一套完整的"数据-算力-平台"短临预报流程,能够在 3 min 内生成 0～3 h 逐 6 min 的雷达回波外推产品,大幅提高了强回波预报的技巧,提升了 25% 的预报能力。

（3）全球次季节至季节预测系统"风顺"

"风顺"大模型专注于解决 15 d 以上气候预测的不确定性问题。该模型创新地引入集合扰动智能生成技术，从而更加合理地捕捉未来气候系统演变的不确定性。"风顺"大模型还考虑了海气相互作用的关键过程，显著提升了对热带大气季节内振荡（MJO）的预测技巧。该系统在中国气象局的智算平台上完成了业务部署，能够逐日滚动开展 100 个集合成员的大样本预测，形成了面向未来 60 d 全球基本要素和极端事件的确定性和概率预报产品，展示了对全球降水预测的显著优势。

2024 年 7 月 1 日，《中国气象报》报道，不同于国内外主流的视觉变换器网络、图神经网络、神经算子网络、扩散生成模型等技术路线，该团队将气象物理融入深度学习模型设计，构建了全新的、具有强物理表征的"风清"大模型。主流气象 AI 大模型大多局限于建模观测资料的时空交互，而"风清"大模型则侧重于大气物理的融入和可解释性——将大气的多尺度时空交互转换为隐空间的状态转移，在实现高效计算的同时，为预测结果提供物理可解释的依据。该模型的训练过程紧密结合物理守恒特性。在粗网格气象实况分析中，大模型构建了哈密顿守恒系统，挖掘气象过程中潜在的守恒性质，并以此为基础约束大模型的预报结果，提升长时效预报的准确性和灾害性天气的预报效果。"风清"大模型在台风路径预报中表现出较小的误差，尤其在 168 h 及以后时效上具有明显优势。该模型已在近两年的台风、高温、寒潮及大风预报中得到应用。

"风清""风雷"和"风顺"三个大模型均完成了基于国产全球大气再分析资料 CRA-40、气象雷达观测资料、风云气象卫星遥感资料的训练和检验评估，有效降低了对国际再分析资料的依赖度。这一创新举措不仅提升了模型的自主性和独立性，也为我国气象预报技术的发展提供了坚实的基础。这三款大模型代表了中国气象局在人工智能气象业务预报领域的前沿探索和重要突破。

第六部分
人工智能可解释性技术篇

第 29 章　机器学习的可解释性

机器学习在多个领域取得了显著成功，带来了巨大的潜在益处。然而，随着模型的复杂性增加，人们开始关注模型背后的"黑箱"问题。虽然模型能够提供准确的结果，但其决策过程往往缺乏可解释性和透明度。在医疗和气象等关键领域，对模型的可解释性需求尤为迫切。为了提升模型的可信度和普及度，正积极探索提升机器学习模型解释性的方法。这不仅有助于更好地理解模型的预测和决策过程，还能促进公众对机器学习技术的信任。在探讨机器学习的可解释性时，需要从多个维度进行考虑。首先，需要理解模型解释性的概念及其重要性。其次，识别并分析当前模型在解释性方面存在的问题和挑战，以及这些问题引起的潜在风险。最后，探索并评估提升模型可解释性的方法和技术，如解释性度量标准、增强模型解释性的方法，以及如何在模型的解释性和复杂性之间找到平衡。

29.1　机器学习可解释性基础

29.1.1　可解释性概述

机器学习在多个领域取得了显著成功，人们开始关注模型背后的"黑箱"问题。黑箱模型是指那些内部运作机制尚未被完全理解的系统，深度神经网络模型是一种常见的黑箱模型，它们基于输入和输出之间的关系构建而成，反映出笼统的因果关系。相比之下，非黑箱模型具有明确的参数定义，并且变量之间遵循特定的数学关系，例如线性回归模型假设变量 X 和 Y 之间存在线性关系，并通过公式 $Y=WX$ 表示，其中 W 为权重系数。

黑箱模型的复杂性使得理解其决策过程变得困难。这种不透明性限制了用户对模型的信任。在大气科学领域，黑箱问题同样存在。例如，在天气预报中，机器学习模型如何选择参数进行预测，以及解释错误预测的原因。机器学习模型虽然能帮助理解和预测气候变化，但其预测和决策过程的透明度往往不足，这影响了模型的可靠性。

在工业界中，数据科学和机器学习的核心关注点在于实际应用，而非仅仅是理论正确性。可解释性在提升模型可信度和透明度、改进模型性能、识别和防止偏差方面起着关键作用。特别是在高风险领域，模型的预测结果对人们的影响巨大，因此需要对结果进行解释。可解释性学习可以更好地理解模型对观测数据的响应，以及模型是如何做出预测和决策的。

可解释性在机器学习中是一种主观概念，常通过"人类对模型决策或预测结果的理解程度"来衡量，即用户能在多大程度上理解模型的决策和预测。理解机器学习的可解释性需要理解什么是"解释"，以及什么样的解释是"好"的。可解释性可以从"可解释性"和"完整性"两个方面评估。通过多学科的结合，能够更全面地探索和提升人工智能的可解释性。

模型解释是一个复杂且多维的概念。模型解释包括以下 3 个关键方面：①驱动因素：识别影响模型预测的关键特征。②决策原因：验证和解释关键特征在预测中的作用。③预测信任：评估和验证数据点及模型对其决策的可信度。

29.1.2　研究可解释性目的

改进模型：通过可解释分析指导特征工程，挖掘更多有用特征。例如，使用 SHAP 方法可以发现重要但未被模型重视的特征，从而改进模型预测。

提高模型的可信和透明度：理解模型的预测结果和决策过程，能增强对模型的信任。

识别和防止偏差：通过可解释性学习识别数据中的偏差和模型的潜在偏见，确保模型的公正性和可信度。

29.1.3　可解释性的分类

（1）内在可解释和外部（事后）可解释

内在可解释（Intrinsic Interpretability）：模型自身结构简单，使用户能够直观地理解模型的内部机制和决策过程，例如逻辑回归和浅层决策树模型（Song et al.，2022b；Chen et al.，2022a，b）。

事后可解释（Post-hoc Interpretability）：通过特定技术手段在模型训练完成后增强模型透明度和解释性，例如可视化和扰动测试（Chen et al.，2022b）。

（2）全局可解释性和局部可解释性

全局可解释性：全面理解模型在整个数据集上做出决策的方法，分析模型预测中可能受显著影响的特征子集。

局部解释：理解模型对单个实例或一组实例做出具体决策的原因，专注于单个数据点及其周围的特征空间，例如 LIME 框架。

29.2　内在可解释性机器学习模型

29.2.1　线性回归

线性回归是一种通过最小二乘法建模自变量和因变量之间关系的回归分析方法。它可以有一个（简单回归）或多个自变量（多元回归），通过线性预测函数表示数据，并估计模型参数。

线性回归模型的数学表达式为：

$$y = \beta_0 + \beta_1 x_1 + \beta_2 x_2 + \cdots + \beta_n x_n + \in \tag{29.1}$$

式中，y 是目标变量，β_0 是截距项，β_1，β_2，$\cdots$，β_n 是回归系数，x_1，x_2，$\cdots$，x_n 是特征变量，$\in$ 是误差项。

（1）解释方式

每个系数 β_i 代表特征 x_i 对目标变量 y 的影响。当其他特征保持不变时，β_i 表示 x_i 每增加一个单位，y 的变化量。正系数（$\beta_i > 0$）表示特征 x_i 与目标变量 y 正相关。负系数则表示负相关。系数的绝对值表示特征的影响力大小，绝对值越大，影响越大。截距项 β_0 表示当所有特征变量 x_1，x_2，$\cdots$，x_n 都为零时，目标变量 y 的预测值。

（2）回归诊断

①残差分析

残差是实际值与预测值之间的差异，分析残差可以帮助检查模型的拟合质量。常见的残差图包括残差与拟合值图、正态 QQ 图等，这些图可以帮助识别模型中的偏差、异方差性和异常值。

②多重共线性

多重共线性指特征变量之间存在高度相关性,这可能导致回归系数不稳定。通过计算方差膨胀因子(VIF)可以检测多重共线性问题,VIF 超过 10 通常表示存在严重的多重共线性(Chen et al.,2022a,b)。

(3)置信区间和显著性检验

每个回归系数的置信区间表示估计的不确定性范围。t 检验或 p 值用于判断系数是否显著非零,如果 p 值小于显著性水平(如 0.05),则认为该特征对目标变量有显著影响。

(4)可视化方法

通过绘制回归系数及其置信区间的图表,可以直观显示各特征的影响力和不确定性,残差图可用于诊断模型的拟合情况和识别潜在问题。

29.2.2 决策树

决策树通过构建树状结构来评估项目风险和判断其可行性,是对象属性与对象值之间的一种映射关系。决策树结构包括根节点、内部节点和叶子节点,每个节点表示一个属性上的测试,分支代表测试输出,叶节点代表类别。

(1)决策树的可解释性

①树状图

根节点表示整个数据集,内部节点基于特征及其阈值将数据集分成更小的子集,叶子节点表示最终预测结果或类别。

②分裂条件

每个内部节点有一个分裂条件,这种条件将数据集分成满足条件和不满足条件两个子集。分裂条件的选择通常基于信息增益、基尼指数或其他衡量标准,以最大化分裂后子集的纯度。

(2)决策规则

决策树的每条路径从根节点到叶子节点可以转换为一组条件规则。例如:

如果特征 $A>3$ 且特征 $B\leqslant7$,则预测类别为 1。

如果特征 $A\leqslant3$ 且特征 $C>2$,则预测类别为 0。

这些规则直观且易于理解,帮助用户明确了解模型的决策依据。

(3)特征重要性

①特征重要性评分

特征重要性基于每个特征在树中分裂时对提高纯度的贡献来计算。例如,使用信息增益或基尼指数减少量来衡量。

②信息增益

信息增益(Information Gain)是决策树算法中用来衡量一个特征对于划分数据集的有效性的指标。在决策树的构建过程中,每次选择一个特征来划分数据集,目标是选择能够最大化信息增益的特征。信息增益通常由父节点的熵减去子节点的熵计算得到。其中,父节点的熵是指划分前整个数据集的熵,子节点的熵是指划分后各个子数据集的熵的加权平均。在决策树算法中,通过计算每个特征的信息增益,然后选择信息增益最大的特征作为当前节点的划分特征,从而构建决策树模型。

③基尼系数

基尼系数(Gini Index)是衡量一个数据集的纯度(impurity)或者不确定性的指标,通常用于决策树算法中,特别是在 CART(Classification and Regression Trees)算法中,用来选择最优特征进行节点的划分。基尼系数的计算基于基尼不纯度(Gini Impurity),它反映了从数据集中随机抽取两个样本,其类别标签不一致的概率。基尼系数越小,数据集的纯度越高,即数据集中的样本更趋向于同一类别。

④可视化特征重要性

使用条形图显示各特征的重要性得分,帮助理解哪些特征对模型预测最重要。

(4)单个决策路径解释

通过追踪单个样本从根节点到叶子节点的路径,可以清楚地看到模型如何做出该样本的预测。例如,对于一个样本,路径可能是:

根节点:特征 A>3(是)

第一个内部节点:特征 B≤7(否)

第二个内部节点:特征 C>2(是)

叶子节点:预测类别为 0

这种路径解释展示了模型的逐步决策过程,增强了预测的透明度。

决策树模型优点:①可解释性强:决策树的树状结构和节点判断规则使得模型的工作原理非常直观和易于理解。②无须先验知识:与其他机器学习算法相比,决策树不需要用户具备太多的先验知识或假设。③处理多种类型数据:决策树既可以处理数值型数据,也可以处理类别型数据。

决策树模型缺点:①过拟合:当数据存在噪声或样本量较小时,决策树容易过拟合。②不稳定性:由于决策树的构建过程是基于贪婪算法的,因此不同的数据集可能会生成不同的决策树。

29.2.3　广义加性模型

线性模型因其简洁性、直观性和易于理解的特点广受欢迎,但实际生活中,变量的作用通常不是线性的。这种线性假设有时无法满足实际需求,甚至与实际情况相悖。为了解决这一问题,广义加性模型(Generalized Additive Models,GAMs)应运而生。这类统计模型以其灵活性而著称,能够捕捉数据中的非线性关系。

广义加性模型通过非参数回归的方式,不需要模型满足线性假设,可以灵活地探测数据间的复杂关系。然而,当模型中自变量数目较多时,模型的估计方差会加大。基于核与光滑样条估计的非参数回归中自变量与因变量间关系的解释也有难度。1985 年,Stone 提出了加性模型,每个加性项使用单个光滑函数来估计,可以解释因变量如何随自变量变化而变化(Stone,1985)。1990 年,Hastie 和 Tibshirani 扩展了加性模型的应用范围,提出了广义加性模型(Hastie at al.,1990)。

(1)广义加性模型的解释方法

广义加性模型将响应变量 y 表示为多个特征 x_i 的非线性函数的和:

$$g(E(y)) = \beta_0 + f_1(x_1) + f_2(x_2) + \cdots + f_n(x_n) \tag{29.2}$$

式中,g 是链接函数,将线性预测值映射到期望值 $E(y)$;β_0 是截距项;$f_i(x_i)$ 是特征 x_i 的平滑函数,通常采用样条函数、局部回归等方法。

(2)平滑函数的解释

单变量平滑函数:每个平滑函数 $f_i(x_i)$ 可以单独绘制成图,显示特征 x_i 对响应变量 y 的影响。通过分析这些图,可以理解每个特征如何非线性地影响目标变量。

样条函数:表示特征与响应变量之间的非线性关系,通常具有平滑曲线形态。

局部回归(LOESS):通过局部加权回归生成平滑曲线,显示特征对响应变量的局部影响。

(3)截距项解释

截距项 β_0 表示在所有特征均为零时的基础预测值。在某些情况下,可能需要对特征进行中心化处理,使得截距项表示平均水平下的预测值。

(4)可视化方法

①单变量平滑图

部分依赖图(Partial Dependence Plots,PDPs):展示单个特征与响应变量之间的关系,控制其他特征为固定值。

个体条件期望(Individual Conditional Expectation,ICE):展示单个特征对响应变量的个体影响,显示不同样本的响应曲线。

②多变量平滑图

双变量交互图:展示两个特征之间的交互效应和其对响应变量的共同影响,通常使用热图或三维图展示。

(5)特征重要性

虽然 GAMs 通常不直接提供特征重要性评分,但可以通过分析每个平滑函数的变化幅度和变化来间接衡量特征的重要性。平滑函数变化越大,特征对响应变量的影响越显著。

(6)置信区间与显著性检验

置信区间:每个平滑函数的估计值可以配置信区间,表示估计值的不确定性范围。

显著性检验:通过统计检验(如 F 检验、t 检验)判断平滑函数的显著性,评估每个特征对模型的贡献。

通过以上解释方法和可视化手段,广义加性模型不仅提供了对非线性关系的灵活建模手段,还增强了模型的解释性和透明度,使更好地理解和利用模型进行数据分析和预测。

29.3　机器学习模型外部可解释性方法

29.3.1　排列特征重要性

排列特征重要性(Permutation Importance)是一种计算模型特征重要性的算法,旨在量化每个特征对模型预测能力的影响。对于一些模型(如线性回归、决策树、LightGBM 等),特征重要性可以通过内建方法直接计算得出。这些模型通常提供了衡量特征对预测贡献的机制,使得特征重要性的评估变得直接和高效。排列特征重要性具有计算速度快、广泛使用和易于理解的优势,并且能确保特征重要性与属性一致(Chen et al.,2022c)。

排列特征重要性的核心思想是在模型训练完成后,通过一种特定的方法来评估每个特征对模型预测精度的影响。具体实施过程如下。

①模型训练:确保有一个已经训练好的模型,这个模型应该已经具备了对数据进行预测的能力。

②特征排列:选择数据集中的一个特征列(feature column),然后对这个列中的数据进行随机打乱,即改变数据的排列顺序。这一步的目的是模拟该特征对模型预测没有实际信息贡献的情况。

③重新预测与评估:在保持其他所有特征不变的情况下,使用打乱后的数据重新进行预

测,并记录模型的预测精度或损失函数(如准确率下降、均方误差增加等)的变化。这种变化反映了该特征对模型预测能力的贡献程度。

④重复过程:将之前打乱的特征列恢复到原始顺序,然后选择下一个特征列,重复步骤②和③。这个过程需要对数据集中的每个特征列进行,以评估它们各自的重要性。

⑤总结特征重要性:完成所有特征的排列和评估后,比较各个特征在打乱后对模型预测精度造成的影响,从而确定每个特征的重要性。通常,对模型预测精度影响越大的特征,其重要性越高。

排列特征重要性方法的优势在于其适用广泛,可以应用于任何经过训练的模型,无论模型的内部机制如何。这使得它特别适用于黑箱模型,如深度神经网络。

29.3.2 排列特征重要性算法实践

```python
from sklearn.ensemble import RandomForestClassifier
from sklearn.metrics import accuracy_score
from sklearn.model_selection import train_test_split
from sklearn.datasets import load_iris
import numpy as np

# 加载数据集
data = load_iris()
X,y = data.data,data.target

# 数据集拆分
X_train,X_test,y_train,y_test = train_test_split(X,y,test_size = 0.3,random_state = 42)

# 模型训练
model = RandomForestClassifier(random_state = 42)
model.fit(X_train,y_train)

# 基线预测准确率
baseline_accuracy = accuracy_score(y_test,model.predict(X_test))

# 计算特征重要性
feature_importances = []

for i in range(X_test.shape[1]):
    X_test_permuted = X_test.copy()
    np.random.shuffle(X_test_permuted[:,i])

    # 预测并计算准确率变化
    permuted_accuracy = accuracy_score(y_test,model.predict(X_test_permuted))
    importance = baseline_accuracy - permuted_accuracy
    feature_importances.append(importance)
```

```
#输出特征重要性
for feature,importance inzip(data. feature_names,feature_importances):
    print(f'Feature:{feature},Importance:{importance}')
```

29.3.3　部分依赖图

部分依赖图(Partial Dependency Plots,PDP)是一种可视化工具,用于展示机器学习模型中一个或两个特征与目标变量之间的边际关系。通过 PDP,可以深入了解特征值的变化是如何影响模型预测的,从而揭示它们之间是线性、单调还是更复杂的关系(Chen et al.,2024b)。

(1)计算方法和步骤

①模型训练:首先,训练一个模型(如 Xgboost),假设有特征 F_1 至 F_4 和目标变量 Y,且 F_1 是最重要的特征。

②特征替换:用一个特定的特征值(如 F_1 的 A 值)代替特征 F_1,然后对所有观察值进行这一替换,并计算新的预测值。

③计算平均预测值:对所有观察值的预测结果取平均值,得到一个基准预测值。

④重复替换和预测:对特征 F_1 的所有不同取值(如 B 至 E)重复步骤②和③,得到一系列预测值。

⑤绘制 PDP:PDP 的 X 轴表示特征 F_1 的不同取值,Y 轴显示随着 F_1 取值变化的平均预测值变化。

(2)方法优缺点

优点:通过计算特定特征值下的预测平均值,PDP 直观地展示了特征对预测的影响,帮助理解特征与目标变量之间的关系。

缺点:PDP 最多只能直观地展示两个特征的关系,超过三维则难以直观表示;PDP 假设所有特征两两独立,如果特征之间存在相关性,可能导致解释结果不合理;特征变化可能在数据集中产生不一致的影响,如一半数据集的预测增加而另一半减少,平均后可能掩盖这种变化。

29.3.4　部分依赖图算法实践

```
import pandas as pd
from sklearn. model_selection import train_test_split
from sklearn. ensemble import RandomForestRegressor
from sklearn. inspection import plot_partial_dependence
import matplotlib. pyplot as plt


data = pd. read_csv('air pollution_data. csv')
X = data[['RH','SP','TM','WS','WD']]
y = data['AQI']
X_train,X_test,y_train,y_test = train_test_split(X,y,test_size = 0. 2,random_state = 42)
model = RandomForestRegressor(n_estimators = 100,random_state = 42)
model. fit(X_train,y_train)
features_to_plot = [0,1]
plt. show()
```

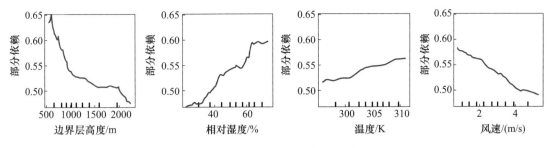

图 29.1　各特征的部分依赖图

从图 29.1 可以看出,边界层高度的增加会减小 AQI(空气质量指数),但是增加到 1000 m 以上,影响开始放缓(Chen et. al,2024b)。

29.3.5　个体条件期望图

部分依赖图(PDP)虽然能揭示特征变化对整个数据集的总体影响,但它无法展示单个样本层面的细微变化。为了弥补这一不足,引入了个体条件期望(Individual Conditional Expectation,ICE)图,它能够深入分析单个样本的特征变化对预测结果的具体影响。

ICE 图的求解过程与 PDP 类似,但关键在于它为每个样本提供单独的预测值。这种方法使得能够捕捉到那些在平均化过程中可能被忽略的有趣现象。例如,在图 29.2 的个体条件期望图示例中,如果仅观察图 29.2b 的 PDP,会观察到随着 x_2 的增加,预测值几乎没有变化,从而认为特征 x_2 和预测值无关,然而,通过观察图 29.2a 中的 ICE 曲线,可以清楚地看到每个样本点的真实情况。其中预测值具有以 0 为中心的"X"型规律分布,从而揭示出特征 x_2 实际上与预测值有着密切的联系。

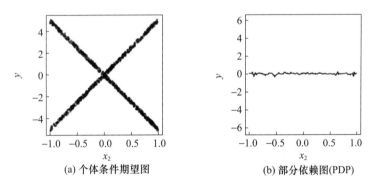

图 29.2　个体条件期望图和部分依赖图

(a)为个体条件期望图,(b)为部分依赖图。图中 X 轴表示特征变量的值,Y 轴则为在给定特征变量值下
模型预测的期望值,从而揭示因变量如何随特征变量变化,展现因变量和特征变量的关系

29.3.6　LIME 解释器

Local Interpretable Model-Agnostic Explanation(LIME)是一种局部可解释模型,与模型无关的解释方法。通过扰动输入样本,LIME 对模型的预测结果进行解释。LIME 适用于表格型数据、文本和图片任务。

(1)LIME 解释器需要满足的四个条件

①可解释性:要求模型和特征都具有可解释性。决策树、线性回归和朴素贝叶斯是常见的

可解释模型,前提是特征也要容易解释。例如,词嵌入方式的线性回归难以做到可解释性。可解释性还取决于目标群体,如向业务人员解释模型时,线性模型比贝叶斯模型更容易理解。

②局部忠诚(local fidelity):解释器无须在全局上等同于复杂模型,但至少在局部上效果要接近,尤其是在观察的样本周围。

③与模型无关:LIME 可用于任何模型,如 SVM 或神经网络。

④全局视角:准确度,AUC 等有时并不是一个很好的指标,LIME 提供对样本的解释。

(2)主要实现流程

①训练模型:首先训练一个模型,这个模型可以是 LR、NN、Random forest、GBDT 等任意模型。

②选择待解析样本:训练结束后,选择一个样本进行解析。这个样本通过模型计算,可以得到一个预测结果,包括预测的标签以及预测为正类(例如 1)的概率。

③创建样本集:在选定样本的"附近",选取新的数据点,并使用模型对这些数据点进行预测,生成多个预测结果。这些数据点连同它们的预测结果,构成了一个新的样本集。

④训练简单模型:接下来,使用这个新的样本集中的特征和预测结果(作为标签),来训练一个简单的模型,例如线性回归。这个简单模型的目的是捕捉特征与预测结果之间的关系。

⑤特征重要性评估:简单模型的系数(权重)可以被解释为特征的重要性,这些权重提供了对特征影响力的量化评估。

(3)LIME 解释器的核心思想

LIME 通过扰动当前输入数据的变量特征,局部建立简单模型进行预测,解释大多数重要特征。LIME 为单个样本提供深入的解释,捕捉微小扰动对预测结果的影响。通过统计距离、相似性矩阵等方法计算新数据样本与选定样本之间的相似性,使用复杂模型进行预测,再在新数据上训练出一个简单模型,使用最重要的特征进行预测。

(4)LIME 的优缺点

优点:LIME 的解释简洁易懂。提供忠诚性度量,可判断可解释模型的可靠性。能使用原模型用不到的一些特征数据。

缺点:表格型数据中,相邻点难定义,需要尝试不同的 kernel 以验证合理性。扰动时,样本服从高斯分布,忽视了特征间的相关性。稳定性不佳,重复操作时扰动生成的样本不同,解释结果可能差别较大。

29.3.7 LIME 解释器算法实践

```
from sklearn.ensemble import RandomForestRegressor
from sklearn.datasets import load_boston
from lime.lime_tabular import LimeTabularExplainer

data = load_boston()
model = RandomForestRegressor().fit(data.data,data.target)
explainer = LimeTabularExplainer(data.data,feature_names = data.feature_names,mode = 'regression')
exp = explainer.explain_instance(data.data[0],model.predict)
print(exp.as_list())
```

29.3.8　SHAP 解释器

SHAP(SHapley Additive exPlanations)是一种用于解释机器学习模型预测的方法,由伊德·夏普利(Lloyd Shapley)提出,它基于博弈论中的 Shapley 值概念(Serrano,2013)。主要思想是为模型的每个预测输出解释贡献度,即确定每个特征对预测结果的贡献程度(图 29.3)。

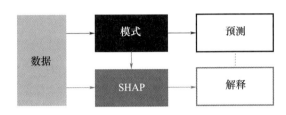

图 29.3　SHAP 解释示意图

(1)SHAP 优缺点

优点:①公平分配:SHAP 值的计算将贡献公平地分配到不同特征,而 LIME 选择一部分特征进行解释。②对比分析:SHAP 值可以进行对比分析,比较同一个特征在不同样本之间的 SHAP 值。③理论基础:SHAP 具有坚实的理论基础,而 LIME 使用线性回归等简单模型进行拟合,未必适用于所有情况。

缺点:①计算复杂度:SHAP 具有指数级别的复杂度,计算较为耗时。②误导风险:SHAP 计算的并不是将特征去掉后训练模型得到的结果;当特征之间存在相关性时,基于扰动的方法可能会生成不切实际的数据。

(2)SHAP 方法的两大特性

①特征归因(收益)一致性

定义:模型改变(A→B),特征 x 的贡献不递减(增加或者保持现状),则归因(收益)也不递减;

特点:特征作用越大(小),重要度越高(低),和模型变化无关;且全局特征具有一致性。

②特征归因(收益)可加性

解释性方法如果具有特征归因可加性,特征重要性和模型预测值可以通过特征贡献的线性组合来表示。简单模型最好的解释是它本身;复杂模型,直接进行解释并不容易,需要通过代理模型来解释。接下来引入代理模型(解释模型)来描述特征归因可加性。

(3)树模型 SHAP 值的解

树模型 SHAP 值的解可以由下式表示:

$$\Phi_i = \sum_{S \subseteq N \setminus \{i\}} \frac{|S|!(N-|S|-1)!}{|N|!} \left[f_x(S \cup \{i\}) - f_x(S) \right] \tag{29.3}$$

式中,Φ_i 表示特征 i 的 SHAP 值,即特征 i 对预测结果的贡献度。N 为全体特征集合,$S \subseteq N \setminus \{i\}$ 表示特征集合 N 中去掉特征 i 后的一个子集 S;$|S|$ 表示子集 S 中特征的数量,$|N|$ 表示特征集合 N 中特征的总数,量 f(S)表示特征子集 S 时的模型输出;$f_x(S \cup \{i\})$ 表示特征子集 S 加上特征 i 时的模型输出;求和第一项为排列数,求和第二项为对于任意子集 S,特征 i 的贡献,特征 i 的 SHAP 值可以理解为 i 的贡献归因。

（4）用 SHAP 值识别特征交叉

SHAP 方法计算两两特征交叉影响：

$$\phi_{ij} = \phi_{i+j} - \phi_i - \phi_j \qquad (29.4)$$

式中：ϕ_{ij} 表示特征 i 和特征 j 之间的交互影响，ϕ_{i+j} 表示同时考虑特征 i 和特征 j 时的贡献，ϕ_i 表示特征 i 单独的贡献，ϕ_j 表示特征 j 单独的贡献。

SHAP 方法计算单个特征的贡献（剔除交叉影响）：

$$\boldsymbol{\Phi}_i = \sum_{S \subseteq N \setminus \{i\}} \frac{|S|!(N-|S|-1)!}{|N|!} \big[f_x(S \cup \{i\}) - f_x(S) \big] \qquad (29.5)$$

代码示例：

```
# 可视化第一个 prediction 的解释   如果不想用 JS，传入 matplotlib = True
shap.force_plot(explainer.expected_value,shap_values[0,:],X.iloc[0,:])
```

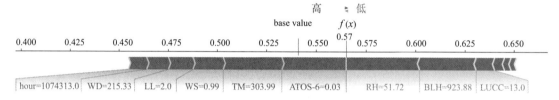

图 29.4　基于 SHAP 的单个样本预测解释（彩图见书末）

图 29.4 SHAP 解释：污染物浓度模型在数据集上的输出均值：0.54；Output value：模型在单个样本的输出值：0.57；起正向作用的特征：WD、WS、TM 等；起负向作用的特征：RH、BLH 等（Chen et.al,2024b）。

特征解释：解释 Output value（单个样本）和 Base value（全体样本 SHAP 平均值）的差异，以及差异由哪些特征造成。红色是正向作用的特征，蓝色是负向作用的特征。

```
shap.summary_plot(shap_values,X,plot_type = "bar")
```

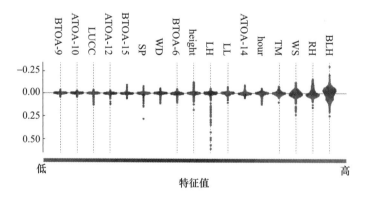

图 29.5　SHAP 预测解释（彩图见书末）

图 29.5 每个点代表一个样本。X 轴是样本按 SHAP 值排序，Y 轴是特征按 SHAP 值排序。特征值越大，越红。BLH 特征最重要，且值越大，污染物浓度越低。RH 也是影响结果的重要特征，且与 WS 大致呈负相关（Chen et.al,2024b）。

29.4　可解释性在深度学习中的应用

29.4.1　CNN 的可解释性

（1）特征图（Feature Maps）

特征图是深度学习研究中常见的概念，指输入经过卷积神经网络（CNN）各层处理后的输出。通过可视化特征图，可以了解输入样本在网络中的变化情况。常用的可视化方法包括：

直接可视化：将输入数据经过各层网络处理，获取各层网络的输出，然后绘制这些输出的特征图。反卷积网络（DeConvNet）：对一个训练好的神经网络中任意一层 feature map 经过反卷积网络后重构出像素空间，主要操作有 Unpooling/反池化（将最大值放到原位置，而其他位置直接置 0）、Rectification（同样使用 Relu 作为激活函数）、Filtering/反卷积（使用原网络的卷积核的转置作为卷积核，对 Rectification 后的输出进行卷积）。

导向反向传播（Guided-backpropagation）：与反卷积网络的区别在于对 ReLU 的处理方式，在反卷积网络中使用 ReLU 处理梯度，只回传梯度大于 0 的位置；而在普通反向传播中只回传 feature map 中大于 0 的位置；在导向反向传播中结合这两者，只回传输入和梯度都大于 0 的位置。

（2）卷积核权重

卷积核是 CNN 中用于提取特征的滤波器。每个卷积核都是一个小的权重矩阵，通过与输入图像的各个部分进行卷积操作来提取不同的特征。卷积核权重可视化：将卷积核的权重以图像的形式显示，帮助理解每个卷积核如何响应输入图像的不同特征。

应用示例：通过观察特征图和卷积核的权重，可以直观地了解 CNN 是如何处理和提取输入数据中的特征的。例如，可以看到某些卷积核在提取边缘、纹理或特定模式方面的效果。这种可视化可以帮助更好地理解模型的工作原理，并进行相应的调整和优化。

```python
import numpy as np
import matplotlib.pyplot as plt
from keras.models import Model
from keras.layers import Input,Conv2D
from keras.datasets import mnist
from keras.utils import to_categorical

# Load and preprocess data
(x_train,y_train),(x_test,y_test) = mnist.load_data()
x_train = x_train.reshape(-1,28,28,1) / 255.0
y_train = to_categorical(y_train)

# Define a simple CNN
inputs = Input(shape = (28,28,1))
x = Conv2D(32,(3,3),activation ='relu')(inputs)
model = Model(inputs,x)
```

```
model.compile(optimizer ='adam',loss ='categorical_crossentropy')

# Fit the model
model.fit(x_train,y_train,epochs = 1,batch_size = 32)

# Get feature maps for the first test image
feature_maps = Model(inputs = model.input,outputs = model.layers[1].output).predict
(x_test[:1])

# Plot the feature maps
fig,axes = plt.subplots(4,8,figsize = (15,8))
for i,ax in enumerate(axes.flat):
    ax.imshow(feature_maps[0,:,:,i],cmap ='viridis')
    ax.axis('off')
plt.show()
```

(3)类别激活图 Class Activation Mapping(CAM)

类别激活图(CAM)及其系列方法提供了一种直观途径,用于分析深度学习模型在图像识别中依赖的特征。这些方法不仅展示了模型在特定层学到的特征,还能将这些特征信息映射回原始数据,例如通过热力图的形式呈现。

Grad-CAM 是 CAM 系列的一种改进方法,具有显著优势。它无须修改现有模型结构,也不需要重新训练模型,可以直接在原始模型上进行可视化操作。Grad-CAM 的主要步骤:①选择类别:确定想要可视化的类别 C。②计算梯度:通过反向传播,将类别 C 的概率值传播到最后一层特征图(feature maps),得到类别 C 对该特征图每个像素的梯度值。③全局平均池化:对每个像素的梯度值进行全局平均池化,得到对特征图的加权系数。④加权求和:将特征图的像素乘以相应的加权系数,然后进行求和,以突出对类别 C 识别最重要的特征。⑤ReLU 激活:通过 ReLU 激活函数对加权求和的结果进行修正,去除负值,因为负值可能与识别类别 C 无关,而正值则对识别 C 有正面影响。⑥上采样:将结果进行上采样,以匹配原始图像的尺寸。

Grad-CAM 克服了传统 CAM 方法需要特定模型结构(如全局平均池化层 GAP)的限制,使得模型可视化变得更加灵活和方便。

29.4.2　RNN 的可解释性

循环神经网络(RNN)是一种特殊的神经网络,用于处理序列数据,并具有记忆功能。它能够通过循环单元(如基本 RNN、LSTM、GRU 等)来捕捉序列中的时间依赖关系。RNN 的可解释性挑战在于其隐藏层神经元状态在每个时间步都会更新,这包含了序列到当前时间步的所有信息。RNN 通常用于处理文本、语音等序列数据,这些数据本身具有丰富的语义信息,也增加了 RNN 解释的难度。

目前提高 RNN 可解释性的方法有:

有限状态机(Finite State Automation,FSA)模型:周志华(2016)提出从 RNN 中学习一个 FSA 模型,利用 FSA 的天然可解释性能力来理解 RNN 的内部机制。FSA 由有限状态和状态之间的转换组成,其转换过程类似于 RNN,但更容易被解释。

RNN 可视化工具:例如 RNNVis,通过计算期望反应值来表示单词和隐藏层神经元状态之间的多对多关系,并使用谱聚类进行可视化。这有助于分析句子预测过程中信息的变化和特征的重要性。

TensorBoard 等可视化工具:可以展示 RNN 的网络结构、参数分布以及训练过程中的动态变化,从而提供一定程度的可解释性。

模型简化:通过简化 RNN 的结构(如减少层数、隐藏层大小等)或使用更简单的 RNN 变体(如基本 RNN 而不是 LSTM 或 GRU),可以降低模型的复杂度,从而提高可解释性。但需要注意的是,这可能会牺牲模型的性能。

29.4.3　注意力机制的可解释性

(1)自注意力机制(Self-Attention Mechanism)

图 29.6 是一个用于视觉领域的自注意机制模块示例。给定图像特征的输入序列 X,在 attention 计算后得到键、查询、值,然后应用其重加权值。这里应用的是单头注意力和 1 个输出投影(W)来获得与输入相同维度的输出特征。

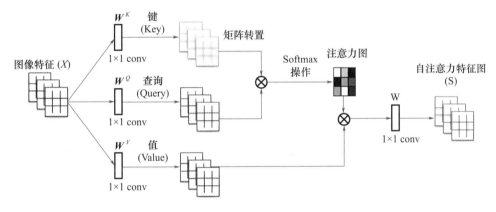

图 29.6　自注意力机制示意图(Zhang et al.,2019)

自注意力机制是一种通过将序列中每个元素与其他元素进行关联来获取上下文信息的方法。它不像传统的注意力机制那样需要额外的查询向量,而是直接将序列中的元素作为查询、键和值,从而实现了自我关注的能力。其中注意力权重(Attention Weights)是指根据查询和键之间的相似度计算得到,表示了每个元素对当前元素的重要性。上下文表示(Context Representation)为根据注意力权重加权求和的值,表示了当前元素的上下文信息。

自注意力机制的核心在于模型能够捕捉序列内部的长距离依赖关系,并且通过注意力权重来表示序列中每个元素与其他所有元素的关系。这种机制的直观理解是模型在处理序列中的每个元素时,能够考虑到整个序列的上下文信息,从而做出更加准确的预测。然而,自注意力机制的可解释性并非没有争议。一些研究指出,虽然注意力权重能够反映出模型在做出预测时所关注的输入部分,但这些权重并不总是能够提供直观的解释。实验发现,存在不同的注意力权重分布,可以得到相同的模型输出,这表明单纯依赖注意力权重可能无法完全解释模型的行为。

(2)多头注意力机制(Multi-Head Attention Mechanism)

如图 29.7 所示,V,K,Q 是三个固定值,它们各自通过一个线性层(Linear 层)进行映射,模型中包含三个这样的线性层。使用的注意力机制是缩放点积注意力（Scaled Dot-Product Attention），有三个注意力头，每个头的输出会被拼接（Concat）在一起，之后再通过一个线性层映射回单头的输出尺寸。每个头负责捕捉不同的信息，这种多头机制使得模型能获得更丰富的信息，从而提升最终效果。

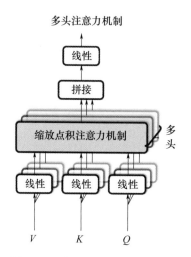

图 29.7　多头注意力机制示意图

多头注意力机制是一种通过在不同的表示空间中执行多个自注意力机制，并将它们的输出拼接在一起，以获得更丰富表示的方法。多头注意力机制通过整合多个自注意力的输出，可以获得更丰富和多样化的表示能力，从而提升模型的表现。

在可解释性方面，多头自注意力机制提供了一种细粒度的解释方式。每个注意力头可以被视为关注输入的不同方面，通过分析每个头的注意力分布，研究者可以更好地理解模型是如何综合不同特征来做出预测的。例如，一个注意力头可能专注于捕捉语法结构，而另一个头可能更关注语义信息。这种多维度的解释方式为理解模型的决策过程提供了更丰富的信息。然而，多头自注意力机制的可解释性研究仍在进行中。一些研究者认为，尽管多头自注意力机制提供了更多的解释维度，但如何有效地解释和利用这些信息仍然是一个开放性问题。

总的来说，自注意力机制和多头自注意力机制在 Transformer 模型中发挥着重要作用，它们在提高模型性能的同时，也为模型的可解释性提供了新的视角和工具。尽管在解释性方面存在争议和挑战，但随着研究的深入，这些机制在提高模型透明度和可信度方面的潜力将进一步被挖掘和应用。

第 30 章 人工智能因果推断

因果推断是人工智能领域中的前沿且具有挑战性的研究方向。它不仅关注数据中的关联性,还能深入探索变量之间的因果关系。本章将介绍因果推断的基础概念和理论背景,阐述其在科学探索和决策过程中的作用。从因果推断的理论基础入手,讨论如何从观察数据中识别和推断潜在的因果机制,并介绍核心算法的原理和数学模型。

30.1 因果推断基础背景

30.1.1 什么是因果推断

因果推断(Causal Inference)是研究一个事件如何影响另一个事件。在因果关系中,一个事件(原因)的出现导致或决定了另一个事件(结果)的发生。例如,下雨导致衣服淋湿,这里下雨是原因,衣服淋湿是结果。

因果推断是统计学和数据科学的核心问题之一,用于从已发生的现象中推导因果关系。因果推断也被认为是人工智能领域的一次范式革命,是近年来的研究热点之一。它对于实现强人工智能具有重要意义,是赋予 AI 模型因果思维能力、解答"AI 能否像人一样思考"这一问题的关键。

在大气科学中,因为各种气象现象之间不仅存在关联,更具有深层次的因果关系。因果推断对于做出严格决策至关重要。例如,在面对多种减少温室气体排放的政策时,由于预算限制,需要通过因果分析确定哪种政策最为有效。当研究两个变量间的相关性时,可能会遇到辛普森悖论,这种现象显示出在分组研究中表现良好的变量,在整体评价中却可能表现不佳。这强调了因果推断的复杂性和重要性,要求深入探究数据背后的因果机制,以确保决策的准确性和有效性。

30.1.2 为什么研究因果推断

在人工智能领域,模型通常依赖于数据中的统计相关性。然而,相关性可能源自多种因素,包括因果关系、混淆变量和样本选择偏差,这些因素对应着不同的结构:

①因果关系(Causation):指示原因和结果之间存在直接关联的稳定机制,这种关联不受环境变化的影响。

②混淆(Confounding):当一个变量同时影响原因和结果时,可能会产生虚假的相关性,使原因和结果之间看起来存在直接联系,但实际上这种联系是由混淆变量所产生的。

③样本选择偏差(Selection Bias):当数据的选择机制与数据特性相关时,可能导致偏差,导致错误的相关性估计。

因此,相关性通常描述的是统计依赖性,而非因果关系。在某些情况下,相关性可能只是由偶然的共同因素引起,而不代表存在直接的因果联系。

30.1.3　什么意味着因果

关联性并不自动意味着因果关系，那么究竟什么才是因果关系的本质呢？在因果推断中，一个核心概念是"潜在结果"（Potential Outcomes），它提供了一种思考和定义因果效应的方法。潜在结果是指在特定条件下，如果采取某个行动或不采取行动，将会发生的可能结果。通过考虑潜在结果，可以更深入地探讨因果关系。在实际情况中，经常面临混淆变量的影响，即一个或多个变量同时影响原因和结果，使得识别真正的因果效应变得困难。

为了消除混淆因素的影响，可以采用随机对照试验的方法。在随机对照试验中，参与者随机分配到不同的组别。这种随机化过程除了干预措施之外，所有其他因素在理论上都是均衡的，从而排除了混淆因素的影响。因果推断要求超越表面的相关性，通过考虑潜在结果和使用如随机对照试验这样的方法，来识别和估计原因与结果之间的真实关系。深入理解因果关系能够帮助做出更加明智和有效的决策。

30.1.4　潜在因果

因果推断的核心在于理解和预测潜在结果（Potential Outcomes）以及独立因果效应（Individual Treatment Effect，ITE）。以下是对这两个概念的探讨。

（1）潜在结果与独立因果效应

引入概念的两个场景：

情景 1：假设气象学家正在研究城市化对局地气候的影响。如果一个城市经历了显著的城市化（例如，增加了大量的混凝土和沥青表面），并观察到夏季温度上升，这是否意味着城市化是导致温度上升的原因？反之，如果城市化程度较低，但夏季温度仍然上升，那么城市化对温度的影响可能并不显著。

情景 2：另一种情况是，城市化确实导致了温度上升，但如果城市化程度较低，温度可能并不会显著变化。在这种情况下，城市化对夏季温度具有显著的因果效应。

使用 Y 表示结果——夏季温度，T 表示处理（Treatment）——城市化的程度。$Y_i(1)$ 表示如果城市化程度高，观察到的夏季温度；$Y_i(0)$ 表示如果城市化程度低，观察到的夏季温度。在情景 1 中，$Y_i(1)=Y_i(0)$；在情景 2 中，$Y_i(1)>Y_i(0)$。这里的 $Y_i(1)$ 和 $Y_i(0)$ 就是所说的潜在结果。

形式化定义：潜在结果是指在采取特定处理 T 时，个体可能得到的结果。潜在结果与观察到的结果不同，因为并非所有潜在结果都被观察到，而是可能被观察到。

对于个体 i，独立因果效应（Individual treatment effect，ITE）可被定义为：

$$ITE_i = Y_i(1) - Y_i(0) \tag{30.1}$$

式中 ITE 是一个随机变量，因为不同个体可能有不同的潜在结果。相比之下，对于特定个体 i 和特定背景，$Y_i(1)$ 和 $Y_i(0)$ 是确定性的。在情景 2 中，气象学家可能会得出结论，城市化显著提高了夏季温度，因此城市化对气候变化有正面的因果效应。而在情景 1 中，城市化对夏季温度的影响可能不明显，因此可能不会将城市化作为主要的气候影响因素。

（2）因果推断中的基本问题

因果推断的一个基本问题是如何从不完整的数据中估计因果效应。由于无法同时观察到 $Y_i(1)$ 和 $Y_i(0)$，因此不能直接得到 ITE，也就无法判断因果效应。这是因果推断特有问题，因为关注的是如何基于潜在结果提出因果主张。

未观察到的潜在结果被称为反事实（counterfactuals），因为它们与实际观察到的事实相反。在本书中，区分潜在结果和反事实结果：反事实结果仅在某个潜在结果被观察到之后才存在。在结果被观察到之前，只有潜在结果，不存在反事实或事实结果的区分。通过深入理解潜在结果和独立因果效应，可以更准确地进行因果推断。

30.2　因果推断的理论基础

30.2.1　基本概念

在因果推断的研究中，理解和正确应用基本概念是关键。因果关系、因果推断，以及常用的分析方法构成了这一领域的核心。本节将介绍这些基本概念，为进一步探讨因果推断提供基础。

（1）基本概念

因果关系：因果关系描述了一个变量（因素）如何影响另一个变量（效果）。例如，大气气溶胶（因素）对地球辐射平衡（效果）的影响可以用箭头表示为：大气气溶胶→地球辐射能量平衡。这种关系可能是直接的（如气溶胶通过散射和吸收过程直接影响地球系统的辐射收支）或间接的（气溶胶作为云凝结核或者冰核而改变云的微物理和光学特征以及降水效率，从而间接影响地球系统的辐射收支）。

因果推断：因果推断是一种从观测数据中推导出因果关系的方法，适用于观察性研究和随机化试验。观察性研究依赖于现实世界中收集的数据，而随机化试验则是通过人为干预改变因素变量，以观察效果变量的变化。

因果推断面临的主要挑战包括如何避免"弱因果关系"（Weak Instrument Problem，WIP）和"内生噪声"（Endogenous Noise，EN）。弱因果关系指因素变量与效果变量之间的关系不明显，导致推断结果不可靠。内生噪声则是指观测数据中存在其他与因果关系相关的变量，这些变量可能会干扰推断的准确性。

随机化试验：随机化试验通过人为干预改变因素变量，并观察其对效果变量的影响。这种方法的优点在于能够减少弱因果关系和内生噪声的影响，从而提供更为准确的因果推断。

观察性研究：观察性研究依赖现实世界中的数据，研究者仅观察因素变量和效果变量之间的自然关系，而不进行人为干预。这种方法易受弱因果关系和内生噪声的影响，可能降低因果推断的准确性。

（2）因果关系分析方法

因果关系分析方法包括一系列从观测数据中推断因果关系的技术，具体如下：

对比组（Comparison Group）：通过比较处理组和对照组的结果来评估因素变量的影响。

多变量回归分析（Multiple Regression Analysis）：控制多个变量，以确定因素变量与效果变量之间的关系。

差分方法（Difference-in-Differences，DiD）：评估处理前后和处理组与对照组之间的差异变化。

倾向得分匹配（Propensity Score Matching，PSM）：匹配处理组和对照组成员，以减少选择偏差。

工具变量（Instrumental Variables，IV）：利用与因素变量相关但与效果变量不直接相关的外部变量来估计因果效应。

潜在变量分析(Latent Variable Analysis):探索数据中未观察到的潜在变量对因果关系的潜在影响。

深度学习方法(Deep Learning Methods):使用复杂的算法从大量数据中学习并推断因果关系。

这些方法为提供了一套工具,挖掘数据背后的因果机制。应用这些方法时,需仔细考虑数据的特性和研究设计,以确保因果推断的准确性和可靠性。随着技术的发展,深度学习等新方法为因果推断提供了更多可能性,使能够更加精确地理解和预测复杂系统中的因果关系。

30.2.2 潜在结果模型

潜在结果模型(Potential Outcomes Framework,POF),由 Donald Rubin 提出(Rubin et al.,1974),亦被称为 Rubin 因果模型,是因果推断研究中的一个基础框架(图 30.1)。该模型通过对比不同处理状态下的潜在结果,来估计个体的因果效应。

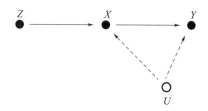

图 30.1　潜在结果模型示意图

(1)基本概念和假设

①潜在结果(Potential Outcomes)

对于每个个体 i,存在 $Y_i(1)$(接受处理后的结果)和 $Y_i(0)$(未接受处理的结果)两个潜在结果。如在评估减排政策的效果时,$Y_i(1)$ 是实施减排政策后的空气质量指数,而 $Y_i(0)$ 是未实施该政策的空气质量指数。

②处理效应(Treatment Effect)

个体因果效应:$\tau_i = Y_i(1) - Y_i(0)$。

平均因果效应(Average Treatment Effect,ATE):$\tau = E[Y(1) - Y(0)]$。

③不可观测性

在实际应用中,对于每个个体,人们无法同时观测到 $Y_i(1)$ 和 $Y_i(0)$,这也是因果推断的核心挑战。

(2)关键假设

①稳定单位处理值假设(SUTVA,Stable Unit Treatment Value Assumption)

没有干扰:个体的潜在结果不受其他个体处理状态的影响。

没有多重版本的处理:处理定义明确,不存在不同版本。

②无交叉原因混淆(No Hidden Confounders)

处理分配与潜在结果独立,即 $Y_i(1),Y_i(0) \perp T_i | X_i$,其中 T_i 表示个体是否接受处理,X_i 是控制变量。通常通过随机化实验或使用统计方法(如匹配、回归调整、倾向评分)来确保这一假设。

(3)估计因果效应的方法

随机化实验通过随机分配处理和控制组,使得处理分配与潜在结果独立,从而直接比较两组的潜在结果。

观测数据方法:①匹配(Matching):通过找到相似的处理组和控制组个体来估计处理效应。②回归调整(Regression Adjustment):使用回归模型调整混淆变量,估计处理效应。③倾向评分(Propensity Score):使用倾向评分进行匹配、加权或分层分析。

30.2.3　图中的因果流和关联流

(1)因果图

因果图是一种用于表示变量间因果关系的图形结构,由节点(Nodes)和有向边(Directed Edges)组成(图 30.2)。每个节点代表一个变量或因果关系中的因素,有向边则表示变量间的直接影响。因果图遵循以下基本原则:

①节点:每个节点代表一个变量或因果假设中的因素。例如,一个节点可以代表"减排政策""生活满意度""空气质量"等。

②有向边:有向边从一个节点指向另一个节点,表示一个变量对另一个变量的直接因果影响。例如,从"空气质量"到"满意度"的有向边表示空气质量对生活满意度的直接影响。

③方向性:因果图中的边具有方向性,明确了因果关系的方向。例如,如果因果图中有一条从 A 指向 B 的边,这表示 A 对 B 有因果影响。

④无向边和共因子:有时候因果图中可能会出现无向边,表示变量之间存在相关性或共变性,但没有明确的因果关系。

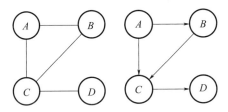

图 30.2　因果图的结构

(2)贝叶斯网络

贝叶斯网络(Bayesian Network)是一种概率图模型,用于表示变量间的依赖和概率关系。它由节点和有向边组成,形成有向无环图(Directed Acyclic Graph,DAG),其中节点表示随机变量,有向边表示直接依赖关系(图 30.3)。贝叶斯网络结合概率论和图论,能够有效处理不确定性和条件依赖。

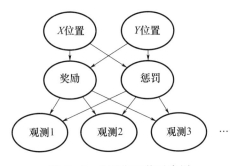

图 30.3　贝叶斯网络示意图

贝叶斯网络的基本概念包括：

①节点：贝叶斯网络中的节点代表随机变量或事件，每个节点可能取多个离散或连续的状态值。例如，一个节点可以代表"天气状况"、另一个节点可以代表"雨伞使用"。

②有向边：有向边从一个节点指向另一个节点，表示一个变量对另一个变量的直接影响或依赖关系。例如，从"天气状况"到"雨伞使用"的有向边表示天气状况对雨伞使用的影响。

③条件概率分布（Conditional Probability Distribution，CPD）：每个节点的条件概率分布定义了节点在给定其父节点（直接依赖节点）的状态下的条件概率。贝叶斯网络的结构和CPD共同定义了整个联合概率分布。

④有向无环图：贝叶斯网络是一个有向无环图，这意味着网络中不存在循环的有向路径。这种结构保证了贝叶斯网络的概率分布可以通过联合概率分布的乘积分解定理进行高效表示和计算。

（3）简单结构

DAG 的基本构建块包括链（Chain）、叉（Fork）、对撞（Collider）等结构，它们构成了因果关系的简单模型。

链（Chain）：表示变量间的直接因果序列，如 $X_1 \rightarrow X_2 \rightarrow X_3$。

叉（Fork）：表示一个变量是另外两个变量的共同原因，如 $X_2 \leftarrow X_1 \rightarrow X_3$。

在由两个未连接节点组成的图中，X_1 和 X_2 是独立的。相反，如果两个节点相连，则它们是相关的。

（4）链和叉结构

在链和叉结构中，相关性和独立性表现如下：

①相关性：在链中，X_1 影响 X_2，X_2 影响 X_3，因此 X_1 与 X_3 间接相关。在叉子中，X_2 是 X_1 和 X_3 的共因，使得 X_1 和 X_3 尽管没有直接联系，但仍然相关。其中，关联流是对称的，表示 X_1 和 X_3 的相互关系，而因果流是非对称的，只能沿有向边流动。

②独立性：在链中固定 X_2 会阻断 X_1 和 X_3 之间的关联，使它们独立。在叉中也有类似的效果。

③独立性证明：对于链结构，联合概率分布可以表示为 $P(X_1,X_2,X_3)$。当固定 X_2 并应用贝叶斯规则，得到 $P(X_1|X_2)$ 和 $P(X_3|X_2)$。再次应用贝叶斯规则，可以发现 X_1 和 X_3 的条件独立性，即 $P(X_3|X_2)P(X_1,X_3|X_2)=P(X_1|X_2)P(X_3|X_2)$。

30.2.4　结构方程模型

结构方程模型（Structural Equation Modeling，SEM）结合了路径分析（Path Analysis）和潜变量模型（Latent Variable Models），用于研究变量之间的复杂关系。

（1）基本概念

显变量（Observed Variables）：可以直接观测和测量的变量。

潜变量（Latent Variables）：不能直接观测但通过显变量推测的变量。

结构方程（Structural Equations）：描述显变量和潜变量之间的线性关系。

路径图（Path Diagrams）：用有向图表示 SEM 中的变量及其因果关系。

（2）SEM 模型

SEM 模型包括两个部分：

①测量模型（Measurement Model）：描述潜变量和显变量之间的关系。

②结构模型(Structural Model):描述潜变量和显变量之间的因果关系。

30.2.5　结构方程模型实践

以下是一个使用 Python 库(如 statsmodels 和 semopy)进行 SEM 分析的简单示例:

```python
import pandas as pd
from semopy import Model

# 假设有一个数据框 data,包含所有相关变量

# 定义模型
model_desc = """
    HealthImpact ~ AirPollutionLevel + IndustrialActivity + MeteorologicalCondi-
tions + PolicyIntervention
    AirPollutionLevel ~ IndustrialActivity
    MeteorologicalConditions ~~
"""

# 创建和拟合模型
model = Model(model_desc)
model.fit(data)

# 输出结果
print(model.inspect())
```

在这个示例中,构建了一个模型来评估工业化活动、大气污染水平、气象条件和政策干预如何共同影响人类健康。通过 SEM,可以量化这些变量之间的直接和间接关系,并评估不同因素对空气质量和公共健康的相对重要性。

30.3　因果推断模型

30.3.1　随机对照试验

随机对照试验(Randomized Controlled Trials,RCTs)是因果推断中最强大和可靠的实验设计方法之一。RCTs 通过随机分配被试者到不同的处理组和对照组,来消除潜在的混淆因素,从而准确估计处理的因果效应。本节将详细介绍 RCTs 的基本原理、设计方法、实施步骤及其优缺点。

(1)RCTs 的基本原理

RCTs 的核心思想是通过随机分配来确保处理组和对照组在所有潜在混淆变量上的均衡,从而使处理效应的估计不受这些混淆变量的影响。

随机化:通过随机分配实验对象到处理组(实施环境干预)或对照组(不实施或实施标准措

施),消除选择偏差,平衡已知和未知的混淆变量。

对照组:作为比较基准,可以是无干预组或标准措施组。

盲法:包括单盲和双盲,以减少实验偏差。

(2)RCTs 的设计步骤

①选择样本

确定研究样本,包括样本大小和被试者的选择标准。样本大小应足够大,以确保统计效能。

②随机分配

使用随机化方法(如随机数表、计算机生成的随机数)将被试者分配到处理组和对照组。

③确定处理和对照

明确处理的内容和对照组的设置,并确保处理和对照组的实施过程一致。

④数据收集

设计数据收集计划,包括确定主要和次要结果指标、数据收集时间点和方法。

⑤数据分析

选择适当的统计方法分析数据,估计处理效应,并进行假设检验。

(3)RCTs 的实施步骤

①设计研究方案

包括研究目标、假设、样本选择标准、处理和对照的定义、随机化方法、盲法设计、数据收集和分析计划。

②获取伦理批准

提交研究方案至伦理委员会,确保研究符合伦理标准,获得批准后方可实施。

③招募和随机分配被试者

根据样本选择标准招募被试者,并通过随机化方法将其分配到处理组和对照组。

④实施处理和数据收集

按计划实施处理和对照,并在预定时间点收集数据,确保数据的完整性和准确性。

⑤数据分析和报告

使用预定的统计方法分析数据,报告研究结果,包括处理效应的估计和统计显著性。

(4)RCT 的优缺点

RCT 可以通过随机化平衡混淆变量,消除选择混淆偏差,并提供强有力的因果推断证据,同时研究设计和结果易于重复和验证。

但该方法成本高,设计和实施 RCTs 需要大量时间和资源,在严格控制条件下进行的实验,结果可能难以推广到现实世界中的复杂环境。

(5)代码实现

```python
# 计算平均处理效应
mean_treated_aqi = data[data['Group'] == 'Treatment']['Followup_AQI'].mean()
mean_control_aqi = data[data['Group'] == 'Control']['Followup_AQI'].mean()
ate = mean_treated_aqi - mean_control_aqi

print(f'平均处理效应(ATE):{ate}')

# 进行 t 检验
```

```
t_stat,p_value = stats.ttest_ind(data[data['Group'] = = 'Treatment']['Followup_AQI'],
                                 data[data['Group'] = = 'Control']['Followup_AQI'])
print(f't 统计量:{t_stat},p 值:{p_value}')
```

30.3.2　匹配方法

匹配方法是一种用于估计处理效应的非参数统计方法,适用于观察性数据。匹配方法通过在处理组和对照组之间找到相似的个体来减少混淆偏差,从而更准确地估计处理效应。本节将介绍匹配方法的基本原理、常用的匹配算法、实施步骤及其优缺点,并提供实例分析。

(1)匹配方法的基本原理

匹配方法的核心思想是为每个处理组个体找到一个或多个在所有混淆变量上相似的对照组个体,以便更公平地比较处理组和对照组之间的结果差异。通过匹配,可以在不依赖于强模型假设的情况下估计处理效应。

平衡性:匹配方法的目标是使处理组和对照组在所有混淆变量上的分布尽可能相似,以消除这些变量对结果的影响。实现这一目标后,可以更准确地估计处理效应。

(2)常用的匹配算法

① 1：1 近邻匹配(Nearest Neighbor Matching)

每个处理组个体与一个在混淆变量上最相似的对照组个体进行匹配。可以进行有放回匹配(允许对照组个体被多次匹配)或无放回匹配(每个对照组个体只能匹配一次)。

②多对一匹配(Many-to-One Matching)

每个处理组个体与多个对照组个体进行匹配,以提高匹配质量和估计的精确性。

③成对匹配(Pair Matching)

处理组和对照组个体一一成对匹配,使得每对个体在混淆变量上的差异最小。

④半径匹配(Radius Matching)

处理组个体与所有在混淆变量上相似度(通常用距离度量)在一定半径范围内的对照组个体进行匹配。

⑤卡尺匹配(Caliper Matching)

设置一个卡尺值,处理组个体仅与在混淆变量上差异小于卡尺值的对照组个体匹配。

(3)实施步骤

①选择匹配变量

选择与处理效应相关的混淆变量,这些变量应能够影响处理组和对照组的分配及其结果。

②计算匹配度量

根据选择的匹配变量,计算每个个体之间的匹配度量(如欧几里得距离、马氏距离、倾向得分等)。

③匹配

使用选定的匹配算法,根据计算的匹配度量为每个处理组个体找到一个或多个相似的对照组个体。

④评估匹配质量

检查处理组和对照组在匹配变量上的平衡性,确保匹配后的样本在这些变量上的分布相似。

⑤估计处理效应

在匹配后的样本上估计处理效应,常用的方法包括平均处理效应(ATE)、处理组的平均处理效应（ATT）等。

（4）匹配方法的优缺点

匹配方法有助于减少混淆偏差，通过使处理组和对照组在混淆变量上相似，从而减小偏差的影响。同时这种非参数方法，避免了依赖强模型假设的问题，使其更加灵活和广泛适用。此外，其原理简单明了，易于理解和实施，便于实际应用。

然而，匹配方法也存在一些局限性。它对数据需求较高，需要大量样本以确保在混淆变量上找到足够相似的匹配对。此外，匹配只能消除已知和可测量的混淆变量的影响，对于未观测到的偏差则无能为力。最后，匹配过程中可能会丢弃一些样本，导致信息损失，从而影响分析的全面性。

（5）代码实现

```
# 选择匹配变量
X = data[['Industrial Activity Level','Traffic Flow']]
y = data['Policy Implementation']

# 计算倾向得分
logistic = LogisticRegression()
logistic.fit(X,y)
data['PropensityScore'] = logistic.predict_proba(X)[:,1]

# 1:1 近邻匹配
treated = data[data['Policy Implementation'] == 1]
control = data[data['Policy Implementation'] == 0]

# 使用最近邻匹配
nn = NearestNeighbors(n_neighbors = 1)
nn.fit(control[['PropensityScore']])
distances,indices = nn.kneighbors(treated[['PropensityScore']])

# 匹配结果
matched_control_indices = indices.flatten()
matched_data = treated.copy()
matched_data['MatchedControl'] = control.iloc[matched_control_indices]['Pollutant
Concentration'].values

# 估计处理效应
matched_data['TreatmentEffect'] = matched_data['Pollutant Concentration'] -
matched_data['MatchedControl']
ATE = matched_data['TreatmentEffect'].mean()

print(f'平均处理效应(ATE):{ATE}')
```

30.3.3　工具变量

工具变量(Instrumental Variables, IV)是处理内生性问题的重要方法之一,内生性指的是模型中的解释变量与误差项相关,导致估计结果有偏差。IV 方法通过引入工具变量来解决这一问题,从而获得一致的因果效应估计。

(1)工具变量的基本原理

工具变量法是一种用于估计因果关系的技术,适用于处理内生性问题。内生性问题可能由遗漏变量偏差、同时性偏差和测量误差等原因引起。内生变量(Endogenous Variable)指与误差项相关的解释变量,而工具变量(Instrumental Variable, IV)与内生变量相关但与误差项不相关的变量,用于替代内生变量进行估计。一个有效的工具变量必须满足工具变量与内生变量高度相关(相关性)和工具变量与误差项不相关(外生性)两个条件。

(2)工具变量的应用步骤

①选择工具变量

找到满足相关性和外生性条件的工具变量。通常需要领域知识和理论支持。

②两阶段最小二乘法(2SLS)

两阶段最小二乘法是 IV 估计的常用方法,首先将内生变量回归到工具变量上,得到内生变量的预测值。

$$X_i = \pi_0 + \pi_1 Z_i + \epsilon_i \tag{30.2}$$

式中,X_i 是内生变量,Z_i 是工具变量,π 是回归系数,ϵ_i 是误差。

随后用第一阶段得到的内生变量预测值替代原内生变量进行回归,估计因果效应。

$$Y_i = \beta_0 + \beta_1 X_i + \mu_i \tag{30.3}$$

式中,X_i 是内生变量的预测值,β 是回归系数。

③检验工具变量的有效性

依次检验工具变量与内生变量之间的相关性(相关性检验)和工具变量与误差项之间的独立性(外生性检验),确保工具变量的有效性。

(3)工具变量的优缺点

可以通过引入工具变量,解决内生变量与误差项相关的问题,同时在工具变量有效的条件下,IV 估计提供一致的因果效应估计。

然而,工具变量较难选择,找到有效的工具变量需要领域知识和理论支持。工具变量需还同时满足相关性和外生性条件,实际中较难找到完全符合条件的工具变量。此外,该方法法依赖于所选工具变量的信息,如果工具变量本身不足以解释内生变量,则估计可能不精确。

(4)代码实现

```python
# 定义内生变量、工具变量和结果变量
endog = data['Emissions']   # 内生解释变量
exog = sm.add_constant(data)   # 外生解释变量
instrument = sm.add_constant(data['IndustrialInputPrice'])   # 工具变量


# 2SLS 第一阶段:内生变量对工具变量的回归
model = IV2SLS(endog, exog, instrument)
result = model.fit()
```

```
＃获取预测的内生变量
data['Emissions_hat'] = result.predict(exog,instrument)

＃2SLS 第二阶段:结果变量对预测的内生变量和其他外生变量的回归
second_stage_model = sm.OLS(data['AirQualityIndex'],sm.add_constant(data[['Emis-
sions_hat'] + exog.columns.tolist()]))
second_stage_result = second_stage_model.fit()

print(second_stage_result.summary())
```

30.3.4　回归不连续设计

回归不连续设计(Regression Discontinuity Design,RDD)是一种用于评估因果效应的准实验方法,适用于当处理分配是基于某个阈值的情境。RDD 利用了处理组和对照组在阈值附近的"随机性",从而能够较为精确地估计因果效应。

(1)RDD 的基本原理

RDD 的基本思想是利用某个连续的指示变量(通常称为运行变量,Running Variable)和一个预定的阈值(Cutoff),将研究对象分为处理组和对照组。当指示变量超过阈值时,个体接受处理;否则,个体不接受处理。RDD 假设在阈值附近的个体在所有其他方面是相似的,因此处理效应可以通过比较阈值两侧的结果来估计。

(2)RDD 的类型

RDD 包括硬性 RDD 和柔性 RDD。在硬性 RDD 中,处理分配严格取决于指示变量是否超过阈值,阈值是明确且强制执行的。在柔性 RDD 中,指示变量超过阈值仅仅增加了接受处理的概率,而不是确定性的,实际处理分配可能还受到其他因素的影响。

(3)RDD 的实施步骤

①识别运行变量和阈值

确定用于分配处理的连续指示变量以及相应的阈值。

②数据准备

收集包含运行变量、结果变量以及其他相关变量的数据。

③模型估计

使用适当的回归模型来估计阈值两侧的结果趋势。常用的方法包括线性回归和局部多项式回归。

④效应估计

通过比较阈值附近两侧的结果,估计处理效应。

(4)RDD 的假设检验

RDD 假设在没有处理的情况下,结果变量随指示变量的变化是平滑的,即在阈值处没有其他显著变化,这被称为平滑性假设。而在阈值附近,其他可能影响结果的协变量应该是平衡的,即没有显著差异,这被称为平衡性假设。

(5)RDD 的优缺点

RDD 的因果推断能力强,在阈值附近,处理组和对照组个体几乎是随机分配的,能较好地识别因果效应。且该方法无须随机分配,适用于无法进行随机对照试验的场景。

然而,RDD 只能估计阈值附近的局部处理效应,不能推广到整个样本。同时对数据需求高,需要足够多的数据点集中在阈值附近。

(6)代码实现

```
# 定义运行变量和结果变量
running_variable = data['Emission Level']
outcome_variable = data['Air Quality Index']

# 阈值
cutoff = 80

# 估计局部线性回归
model = KernelReg(endog = outcome_variable, exog = running_variable, var_type = 'c')
y_pred, y_std = model.fit()
```

30.3.5　差分法

差分法(Difference-in-Differences,DID)是一种常用的准实验设计方法,用于估计处理效应,特别是在观察性数据中。DID 方法通过比较处理组和对照组在处理前后的变化,来消除时间趋势和组间差异的影响,从而估计因果效应。

(1)DID 的基本原理

DID 方法的基本思想是,通过在处理前后对处理组和对照组的结果进行两次差分运算,以控制时间和组别的固定效应。其估计处理效应的公式如下:

$$DID = (YT_{after} - YT_{before}) - (YC_{after} - YC_{before}) \tag{30.4}$$

式中,YT_{after} 和 YT_{before} 分别是处理组在处理后的结果和处理前的结果,YC_{after} 和 YC_{before} 分别是对照组在处理后的结果和处理前的结果。

(2)DID 的假设

DID 方法的主要假设是"平行趋势假设",即在没有处理的情况下,处理组和对照组在处理前后的变化趋势应该是相同的。这意味着两组之间的差异在处理前后是平行的。

(3)实施步骤

①选择处理组和对照组

选择一个接受处理的组(处理组)和一个未接受处理的组(对照组),确保两组在处理前具有可比性。

②收集数据

收集处理前和处理后的数据,包括处理组和对照组的结果变量。

③计算差分

计算处理组和对照组在处理前后的变化,分别得到两组的差分。

④估计处理效应

通过计算两组差分的差分,得到处理效应的估计值。

（4）DID 的优缺点

通过两次差分运算，DID 方法可以控制时间趋势和组间差异，且 DID 方法的原理简单，计算方便，易于理解和解释。

但 DID 方法强烈依赖于平行趋势假设，如果该假设不成立，估计结果可能会有偏差。同时也需要足够的处理前和处理后的数据来确保估计的准确性。

（5）代码实现

```
# 生成处理变量和时间变量
data['Post'] = data['Year'].apply(lambda x:1 if x == 2020 else 0)
data['Treated'] = data['Treatment']

# 使用 OLS 模型进行 DID 估计
model = smf.ols('AQI ~ Treated * Post',data = data).fit()
print(model.summary())

# 提取 DID 估计的处理效应
did_estimate = model.params['Treated:Post']
print(f'处理效应(DID 估计):{did_estimate}')
```

30.3.6　合成控制法

合成控制法（Synthetic Control Method，SCM）是一种用于评估处理效应的准实验设计方法，特别适用于单一处理单位（如一个国家、一个城市或一个公司）的研究。SCM 通过构建一个加权组合的"合成控制组"，以模拟处理单位在没有接受处理情况下的反事实路径，从而更准确地估计处理效应。

（1）SCM 的基本原理

合成控制法的核心思想是使用多个未接受处理的对照单位，通过加权平均构建一个与处理单位在处理前期表现相似的"合成控制组"。然后，通过比较处理单位和合成控制组在处理后的表现来估计处理效应。

权重选择：

权重的选择是为了使合成控制组在处理前的特征和结果尽可能接近处理组。权重通常通过最小化处理单位和合成控制组在处理前期的均方误差来确定。

（2）实施步骤

①选择处理单位和对照单位

确定一个处理单位和多个潜在的对照单位，确保这些对照单位在处理前的特征和结果与处理单位相似。

②数据准备

收集处理单位和对照单位在处理前后的特征和结果数据。

③权重计算

使用线性优化方法，计算各对照单位的权重，使得合成控制组在处理前的特征和结果与处理单位尽可能接近。

④构建合成控制组

根据计算出的权重,构建合成控制组的反事实路径。

⑤估计处理效应

通过比较处理单位和合成控制组在处理后的结果,估计处理效应。

(3)SCM 的优缺点

SCM 通过加权平均构建合成控制组,能够较好地模拟反事实路径,从而更准确地估计处理效应。且该方法特别适用于只有一个处理单位的研究场景,如国家级政策评估。

但 SCM 需要多个未处理的对照单位来构建合成控制组,数据需求较高。此外权重计算和合成控制组构建需要线性优化方法,计算较为复杂。

(4)代码实现

```python
# 处理单位和对照单位数据
treated_unit = data[data['City'] == 'A']
control_units = data[data['City'] != 'A']


# 处理前数据
pre_treated = treated_unit[treated_unit['Year'] < 2017]['AQI'].values
pre_control = control_units[control_units['Year'] < 2017].pivot(index = 'Year', columns = 'City', values = 'AQI').values


# 权重变量
weights = cp.Variable(pre_control.shape[1])


# 目标函数:最小化处理前 AQI 的加权误差
objective = cp.Minimize(cp.sum_squares(pre_treated - pre_control @ weights))


# 约束条件:权重之和为 1,且权重非负
constraints = [cp.sum(weights) == 1, weights >= 0]


# 优化问题
problem = cp.Problem(objective, constraints)
problem.solve()


# 计算合成控制组的 AQI
synthetic_control = (control_units.pivot(index = 'Year', columns = 'City', values = 'AQI').values @ weights.value).flatten()
```

30.4　本章算法实践

使用一个虚构的大气污染控制政策数据集,研究减排政策对空气质量的影响。数据集包

括措施(Treatment)、结果(Outcome)和控制变量(Covariates)等(表 30.1)。

表 30.1　大气污染控制政策数据集示例

ID	Treatment (TTT)	Outcome (YYY)	工业活动水平	交通流量	气象条件
1	1	75	H	M	Stable(稳定)
2	0	60	H	H	Variable(变化)
3	1	80	M	L	Sunny(晴)
4	0	70	L	M	Rainy(有雨)
5	1	85	M	H	Hot(热)
6	0	65	H	L	Cold(冷)

处理措施(Treatment,TTT):是否实施减排政策(1 表示实施,0 表示未实施)。

结果(Outcome,YYY):空气质量指数。

控制变量(Covariates,XXX):包括工业活动水平、交通流量、气象条件等。

首先进行数据预处理:检查数据集是否存在缺失值,并进行适当处理。对控制变量进行标准化,以消除不同量纲之间的影响。随后应用匹配、回归调整和倾向评分三种方法来估计减排政策对空气质量的影响。

```
import pandas as pd
from sklearn.neighbors import NearestNeighbors
import statsmodels.api as sm
from sklearn.linear_model import LogisticRegression


#创建数据框
data = pd.DataFrame({
    'ID':[1,2,3,4,5,6],
    'Treatment':[1,0,1,0,1,0],
    'Outcome':[75,60,80,70,85,65],
    'Industrial Activity Level':['High','High','Medium','Low','Medium','High'],
    'Traffic Flow':['Medium','High','Low','Medium','High','Low'],
    'Meteorological Conditions':['Stable','Variable','Sunny','Rainy','Hot','Cold']
})


#转换定性变量为数值
data['Treatment'] = data['Treatment'].astype(int)
data['Industrial Activity Level'] = pd.Categorical(data['Industrial Activity Level']).codes
data['Traffic Flow'] = pd.Categorical(data['Traffic Flow']).codes
data['Meteorological Conditions'] = pd.Categorical(data['Meteorological Conditions']).codes


#提取处理组和控制组
```

```
treated = data[data['Treatment'] == 1]
control = data[data['Treatment'] == 0]

# 匹配
nn = NearestNeighbors(n_neighbors = 1)
nn.fit(control[['Industrial Activity Level','Traffic Flow','Meteorological Conditions']])
distances,indices = nn.kneighbors(treated[['Industrial Activity Level','Traffic Flow','Meteorological Conditions']])

# 计算处理效应
matched_control_outcomes = control.iloc[indices.flatten()]['Outcome']
treatment_effects = treated['Outcome'] - matched_control_outcomes
ATE = treatment_effects.mean()

print(f'平均处理效应(ATE):{ATE}')

# 回归调整
# 创建回归模型
X = data[['Treatment','Industrial Activity Level','Traffic Flow','Meteorological Conditions']]
X = sm.add_constant(X)
y = data['Outcome']

model = sm.OLS(y,X).fit()
print(model.summary())

# 提取处理效应
treatment_effect = model.params['Treatment']
print(f'处理效应(Treatment Effect):{treatment_effect}')

# 倾向评分
logit = LogisticRegression()
logit.fit(data[['Industrial Activity Level','Traffic Flow','Meteorological Conditions']],data['Treatment'])
data['Propensity Score'] = logit.predict_proba(data[['Industrial Activity Level','Traffic Flow','Meteorological Conditions']])[:,1]

# 进行加权分析
data['Weight'] = data['Treatment'] /data['Propensity Score'] + (1 - data['Treatment
```

']) / (1 - data['Propensity Score'])

加权回归模型
```
weighted_model = sm.WLS(data['Outcome'],sm.add_constant(X),weights = data['Weight']).fit
()
print(weighted_model.summary())
```

提取处理效应
```
weighted_treatment_effect = weighted_model.params['Treatment']
print(f'加权处理效应(Weighted Treatment Effect):{weighted_treatment_effect}')
```

输出结果
```
print("最终结果:")
print(f"匹配法估计的平均处理效应(ATE):{ATE}")
print(f"回归调整中处理效应参数:{treatment_effect}")
print(f"倾向评分加权回归模型中的处理效应:{weighted_treatment_effect}")
```

　　最终,通过匹配法估计的平均处理效应(ATE)呈现出正值,表明实施减排政策对改善空气质量具有显著的积极影响。在回归调整分析中,处理效应的参数不仅显著,而且同样为正,这进一步支持了减排政策对提升空气质量的正面效果。此外,倾向评分加权回归模型中的处理效应也表现为正值,证实了减排政策在实际应用中的有效性。这些一致的正面结果,跨越不同的统计方法,共同验证了减排政策在改善空气质量方面所发挥的重要作用。

参考文献

安俊秀,蒋思畅,2023.面向自然语言处理的词向量模型研究综述[J].计算机技术与发展,33:17-22.

毕莹,薛冰,张孟杰,2018.GP算法在图像分析上的应用综述[J].郑州大学学报(工学版),39:3-13.

陈华根,吴健生,王家林,等,2004.模拟退火算法机理研究[J].同济大学学报(自然科学版),32:802-805.

陈正旭,李爽爽,孙晓燕,2017.一种基于NoSQL的气象非结构化数据产品存储方法[J].气象科技,45:430-434.

陈志红,李树军,王斌,等,2018.多源矢量数据标准化处理中的质量控制技术[J].海洋测绘,38:71-75.

崔威杰,曹博,陈义学,2020.基于贝叶斯MCMC方法的高斯烟羽模型不确定性分析[J].核技术,43:55-61.

丁青锋,尹晓宇,2017.差分进化算法综述[J].智能系统学报,12:431-442.

丁祎男,刘羽白,王淑一,等,2022.一种多目标变邻域模拟退火算法及成像星座任务规划方法[J].宇航学报,43:1686-1695.

董浩楠,焦瑞莉,黄敏松,2022.模拟退火算法优化的BP神经网络的云粒子形状自动识别方法[J].现代电子技术,45:143-148.

冯添润,杨婷,孟翔,2024.基于谱聚类的退役电池一致性评估方法研究[J].机电信息,9:28-33.

高淑芝,王拳,张义民,2023.EEMD熵特征和t-SNE相结合的滚动轴承故障诊断[J].机械设计与制造,2023:229-233.

高云龙,陈彦光,李辉埡,等,2024.基于截断技术的鲁棒模糊C均值聚类[J].厦门大学学报(自然科学版),63:160-169+178.

郝立涛,于振生,2023.基于人工智能的自然语言处理技术的发展与应用[J].黑龙江科学,14:124-126.

何清,李宁,罗文娟,等,2014.大数据下的机器学习算法综述[J].模式识别与人工智能,27:327-336.

侯孟阳,姚顺波,2018.1978—2016年中国农业生态效率时空演变及趋势预测[J].地理学报,73:2168-2183.

侯怡,钱松荣,李雪梅,2024.基于特征工程和深度自动编码器的桥梁损伤识别研究[J].软件工程,27:63-67.

黄春桃,范东平,卢集富,等,2021.基于深度学习模型的广州市大气$PM_{2.5}$和PM_{10}浓度预测[J].环境工程,39:135-140.

黄鹤,荆晓远,董西伟,等,2019.基于Skip-gram的CNNs文本邮件分类模型[J].计算机技术与发展,29:143-147.

黄建平,陈斌,2024.人工智能技术在未来改进天气预报中的作用[J].科学通报,69:2336-2343.

黄影平,2013.贝叶斯网络发展及其应用综述[J].北京理工大学学报(自然版),33:1211-1219.

吉晨,李小强,柳倩,2015.地理信息系统中的结构化数据保护方法[J].信息网络安全,11:71-76.

姜喆,王丹璐,吴刘仓,2024.带有偏正态误差的众数回归模型最大似然估计的EM算法[J].高校应用数学学报(A辑),39:141-151.

黎成,2010.新型元启发式蝙蝠算法[J].电脑知识与技术,6:6569-6572.

李春艳,2013.基于卫星遥感监测极端气象预报数据异常值检测方法[J].计算机测量与控制,2023:1-12.

李国杰,程学旗,2012.大数据研究:未来科技及经济社会发展的重大战略领域——大数据的研究现状与科学思考[J].中国科学院院刊,27:647-657.

李航,2019.统计学习方法[M].北京:清华大学.

李宏毅,2022.https://speech.ee.ntu.edu.tw/~hylee/index.php.

李银勇,行鸿彦,易秀成,2015.基于EEMD分解的电场时序差分在雷电预警中的可行性分析[J].科学技术与工程,15:15-20.

李宇,周德成,闫章美,2021.中国 84 个主要城市大气热岛效应的时空变化特征及影响因子[J].环境科学,42:5037-5045.

梁中军,孙志于,韩同欣,等,2022.面向多等级应用的气象云资源调度方法研究[J].计算机技术与发展,32:203-209.

林清水,田鹏飞,张旺,2024.基于 F 范数群组效应和谱聚类的无监督特征选择[J].计算机系统应用,33:1-12.

刘峰,王龙飞,冯伟,等,2024.基于 Mean-Shift 算法的目标跟踪研究[J].郑州铁路职业技术学院学报,36:28-32.

刘全,翟建伟,章宗长,等,2018.深度强化学习综述[J].计算机学报,41:1-27.

刘书奎,吴子燕,张玉兵,2011.基于 Gibbs 抽样的马尔科夫蒙特卡罗方法在结构物理参数识别及损伤定位中的研究[J].振动与冲击,30:203-207.

马月坤,刘鑫,裴嘉诚,等,2019.基于 BERT 的中文关系抽取方法[J].计算机产品与流通,12:251+272.

弭宝福,2015.遗传算法进化策略的改进研究[D].哈尔滨:东北农业大学.

彭勃,2022.基于遗传编程的滚动轴承故障诊断方法研究[D].北京:华北电力大学(北京).

彭贤哲,石进,2024.基于层次聚类的图书元数据语义聚合研究[J].图书馆建设,2024:1-20[网络首发].

邱锡鹏.神经网络与深度学习[M].北京:机械工业出版社,2020.

邱晓莉,韩思远,熊庆,等,2024.基于密度聚类算法和广度优先搜索算法的道岔摩擦电流智能分析系统[J].城市轨道交通研究,27:114-118.

沈家煊,2004.人工智能中的"联结主义"和语法理论[J].外国语(上海外国语大学学报),(3):2-10.

施能,2009.气象统计预报[M].北京:气象出版社.

孙才志,林学钰,2003.降水预测的模糊权马尔可夫模型及应用[J].系统工程学报,8(4):294-299.

孙晗,2023.基于模拟退火的地表反射率采样方法及不确定度研究[D].长春:吉林大学.

孙志军,薛磊,许阳明,等,2012.深度学习研究综述[J].计算机应用研究,29:2806-2810.

谈继勇,郭子钊,李剑,等,2021.深度学习 500 问[M].北京:电子工业出版社.

唐晓,王自发,朱江,等,2010.蒙特卡罗不确定性分析在 O_3 模拟中的初步应用[J].气候与环境研究,15:541-550.

王贺,2024.基于 CNN 和改进遗传算法的云制造服务组合优化[D].南京:南京邮电大学.

王强,王建初,顾宇丹,2009.电场时序差分在雷电预警中的有效性分析[J].气象科学,29:657-663.

王艳平,1996.定性有序数据聚类技术及其在环境感应调查中的应用[J].辽宁师范大学学报(自然科学版),03:75-79.

吴博,梁循,张树森,等,2022.图神经网络前沿进展与应用[J].计算机学报,45:35-68.

吴明晖,2019.深度学习应用开发-TensorFlow 实践[J].https://minghuiwu.gitbook.io/tfbook.

吴香华,金芯如,黎亚少,等,2024.基于 BP 典型相关分析和多变量 SOM 聚类的区划算法研究[J].南京信息工程大学学报,2024:1-15[网络首发].

肖海,陈铸,徐思源,等,2024.基于 Sentinel-2 卫星数据的城市湖泊湿地叶绿素 A 及总悬浮物浓度定量监测分析——以长沙市松雅湖为例[J].国土资源导刊,21:129-134.

徐曼馨,韩丛英,2021.零样本学习进展研究[J].数学建模及其应用,10:1-11.

杨汪洋,尚雨,2022.全球降水观测计划 IMERG 降水数据在陕西省的适用性评估及时空变化特征分析[J].测绘标准化,38:67-72.

姚海成,周剑,林琳,等,2018.利用蝙蝠算法优化 SVR 的太阳辐照度预测方法研究[J].可再生能源,36:1612-1617.

殷秀丽,谢丽蓉,杨欢,等,2023.特征选择与 t-SNE 结合的滚动轴承故障诊断[J].机械科学与技术,42:1784-1793.

尹增谦,管景峰,张晓宏,等,2002.蒙特卡罗方法及应用[J].物理与工程,2002(3):45-49.

于璐,2023.基于注意力机制的 CNN-LSTM 空气质量预测研究［D］.大连:大连交通大学.

湛文静,李泳科,2023.基于改进遗传算法的路径规划问题相关研究综述［J］.计算机与数字工程,51:
1544-1550.

张钹,朱军,苏航,2020.迈向第三代人工智能［J］.中国科学:信息科学,50:1281-1302.

张传亭,2019.基于深度学习的城市尺度无线流量预测［D］.济南:山东大学.

张继元,钱育蓉,冷洪勇,等,2024.基于深度学习的命名实体识别研究综述［J］.现代电子技术,47:32-42.

张静雯,耿天宝,2024.基于高斯混合模型及 EM 算法的建筑工程数据预警治理方法［J］.科学技术创新,08:
192-195.

张桃林,刘海龙,郑伟鹏,等,2024.利用长短期记忆网络 LSTM 对赤道太平洋海表面温度短期预报［J］.大气
科学,48:745-754.

赵海峰,2020.基于 WRF 气象数据模式的区域非均匀大气波导雷达海杂波传播与参数反演［M］.西安:西安
电子科技大学.

中国气象报社,2024.中国气象局发布三个人工智能气象大模型系统［EB/OL］.https://www.cma.gov.cn/
2011xwzx/2011xqxxw/2011xqxyw/202406/t20240618_6359467.html.

周志华,2016.机器学习［M］.北京:清华大学出版社.

朱新玲,2009.马尔科夫链蒙特卡罗方法研究综述［J］.统计与决策,21:151-153.

ABDALLA M,WAHLE J P,RUAS T,et al,2023. The Elephant in the Room: Analyzing the Presence of Big
Tech in Natural Language Processing Research ［M］. Proceedings of the 61st Annual Meeting of the Associa-
tion for Computational Linguistics(ACL 2023),1:13141-13160.

ABGEENA,SHRUTI G,2022. A novel convolution bi-directional gated recurrent unit neural network for emo-
tion recognition in multichannel electroencephalogram signals ［J］. Technology and health care: official journal
of the European Society for Engineering and Medicine,31:1-20.

AGAR J O N,2020. What is science for? The Lighthill report on artificial intelligence reinterpreted ［J］. The
British Journal for the History of Science,53:289-310.

AGOSTINELLI F,HOCQUET G,SINGH S,et al,2018. From Reinforcement Learning to Deep Reinforcement
Learning: An Overview［C］. L ROZONOER, B MIRKIN, I MUCHNIK. Braverman Readings in Machine
Learning. Key Ideas from Inception to Current State: International Conference Commemorating the 40th An-
niversary of Emmanuil Braverman's Decease, Boston, MA, USA, April 28-30, 2017, Invited Talks. Cham:
Springer International Publishing,298-328.

AL-RFOU R,CHOE D,CONSTANT N,et al,2019. Character-Level Language Modeling with Deeper Self-At-
tention ［M］. arXiv,arXiv:1808.04444.

ANDREW N,2016. Nuts and Bolts of Building Applications using Deep Learning (tutorial) ［C］. Advances in
Neural Information Processing Systems 29: Annual Conference on Neural Information Processing Systems,
Barcelona,Spain.

ASKELL A,BAI Y,CHEN A,et al,2021. A General Language Assistant as a Laboratory for Alignment［J］.
arXiv,abs/2112.00861.

ATOV I,CHEN K-C,KAMAL A E,et al,2020. Data Science and Artificial Intelligence［J］. IEEE Communica-
tions Magazine,58:10-11.

BAGLEY J D,1967. The behavior of adaptive systems which employ genetic and correlation algorithms: techni-
cal report ［D］. Ann Arbor,University of Michigan.

BAHDANAU D,CHO K H,BENGIO Y,2015. Neural machine translation by jointly learning to align and
translate［C］. 3rd International Conference on Learning Representations,ICLR 2015.

BAO F,NIE S,XUE K,et al,2023. All are worth words: A vit backbone for diffusion models［C］. Proceedings
of the IEEE/CVF Conference on Computer Vision and Pattern Recognition,22669-22679.

BETKER J,GOH G,JING L,et al,2023. Improving image generation with better captions[J]. Computer Science,2:8.

BI K,XIE L,ZHANG H,et al,2023. Accurate medium-range global weather forecasting with 3D neural networks [J]. Nature,619:533-538.

BLATTMANN A,DOCKHORN T,KULAL S,et al,2023. Stable video diffusion:Scaling latent video diffusion models to large datasets[J]. arXiv,arXiv:2311. 15127.

BODNAR C,BRUINSMA W P,LUCIC A,2023. Aurora:a foundation model of the atmosphere [J]. arXiv,arXiv:2405. 13063.

BOUKERCHE A,2002. An Adaptive Partitioning Algorithm for Distributed Discrete Event Simulation Systems [J]. Journal of Parallel and Distributed Computing,62:1454-1475.

BOUTYOUR Y,IDRISSI A,2023. Deep Reinforcement Learning in Financial Markets Context:Review and Open Challenges[C]. A IDRISSI. Modern Artificial Intelligence and Data Science:Tools,Techniques and Systems. Cham:Springer Nature Switzerland,49-66.

BOYD S,VANDENBERGHE L,2004. Convex Optimization [M]. Cambridge University Press,Cambridge,UK.

BREIMAN L,FRIEDMAN J H,OLSHEN R A,et al,1984. Classification and regression trees (CART) [J]. Biometrics,40(3):358.

BROWN T B,MANN B,RYDER N,et al,2020. Language models are few-shot learners [M]. Proceedings of the 34th International Conference on Neural Information Processing Systems,Curran Associates Inc. :Article 159.

BRUNET D,MURRAY M M,MICHEL C M,2011. Spatiotemporal Analysis of Multichannel EEG:CARTOOL [J]. Computational Intelligence and Neuroscience,2(1-2):15.

CAMPBELL M,HOANE A J,HSU F H,2002. Deep Blue [J]. Artificial Intelligence,134:57-83.

CHAI X,WANG Q,ZHAO Y,et al,2016. Unsupervised domain adaptation techniques based on auto-encoder for non-stationary EEG-based emotion recognition [J]. Computers in Biology and Medicine,79:205-214.

CHEN B,CHEN R M,ZHAO L,et al,2024a. High-resolution short-term prediction of the COVID-19 epidemic based on spatial-temporal model modified by historical meteorological data [J]. Fundamental Research,4(3):527-539.

CHEN B,HU J S,SONG Z H,et al,2023a. Exploring high-resolution near-surface CO concentrations based on Himawari-8 top-of-atmosphere radiation data:Assessing the distribution of city-level CO hotspots in China [J]. Atmospheric Environment,312:120021.

CHEN B,HU J,WANG Y,2024b. Synergistic observation of FY-4A&4B to estimate CO concentration in China:combining interpretable machine learning to reveal the influencing mechanisms of CO variations[J]. npj Climate and Atmospheric Science,7:9.

CHEN B,SONG Z,et al,2022a. An interpretable deep forest model for estimating hourly PM_{10} concentration in China using Himawari-8 data[J]. Atmospheric Environment,268:118827.

CHEN B,SONG Z,et al,2022b. Obtaining vertical distribution of $PM_{2.5}$ from CALIOP data and machine learning algorithms[J]. Science of the Total Environment,805:150338.

CHEN B,WANG Y X,HUANG J P,et al,2023b. Estimation of near-surface ozone concentration and analysis of main weather situation in China based on machine learning model and Himawari-8 TOAR data[J]. Science of The Total Environment,864:160928.

CHEN B,SONG Z,HUANG J,et al,2022c. Estimation of Atmospheric PM_{10} concentration in China using an interpretable deep learning model and top-of-the-atmosphere reflectance data from China's new generation geostationary meteorological satellite, FY-4A [J]. Journal of Geophysical Research:Atmospheres,

127:e2021JD036393.

CHEN K,HAN T,GONG J C,et al,2023c. Fengwu:pushing the skillful global medium-range weather forecast beyond 10 days lead[J]. arXiv,arXiv:2304.02948.

CHEN K,HUO Q,2016. Training Deep Bidirectional LSTM Acoustic Model for LVCSR by a Context-Sensitive-Chunk BPTT Approach [J]. IEEE/ACM Transactions on Audio,Speech and Language Processing,24:1185-1193.

CHEN L C,PAPANDREOU G,KOKKINOS I,et al,2018a. DeepLab:Semantic Image Segmentation with Deep Convolutional Nets,Atrous Convolution,and Fully Connected CRFs [J]. IEEE Trans Pattern Anal Mach Intell,40:834-848.

CHEN L C,ZHU Y K,PAPANDREOU G,et al,2018b. Encoder-Decoder with Atrous Separable Convolution for Semantic Image Segmentation [J]. ArXiv,arXiv:1802.02611.

CHEN L,ZHONG X H,ZHANG F,et al,2024c. FuXi:a cascade machine learning forecasting system for 15-day global weather forecast [J]. npj Climate and Atmospheric Science,6:190.

CHEN S,LONG G,SHEN T,et al,2023d. Prompt Federated Learning for Weather Forecasting:Toward Foundation Models on Meteorological Data[C]. International Joint Conference on Artificial Intelligence.

CORTES C,VAPNIK V,1995. Support-vector networks[J]. Machine Learning,20:273-297.

COX D R,1958. The Regression Analysis of Binary Sequences [J]. Journal of the Royal Statistical Society:Series B (Methodological),20:215-232.

CRESWELL A,WHITE T,DUMOULIN V,et al,2018. Generative adversarial networks:An overview[J]. IEEE signal processing magazine,35:53-65.

CROITORU F A,HONDRU V,IONESCU R T,et al,2023. Diffusion models in vision:A survey[J]. IEEE Transactions on Pattern Analysis and Machine Intelligence,45:10850-10869.

DAVIDSON T R,FALORSI L,DE CAO N,et al,2018. Hyperspherical variational auto-encoders[J]. arXiv,arXiv:1804.00891.

DEFFERRARD M,BRESSON X,VANDERGHEYNST P,2016. Convolutional neural networks on graphs with fast localized spectral filtering[J]. Advances in neural information processing systems,29.

DEY R,SALEM F M,IEEE,2017. Gate-Variants of Gated Recurrent Unit(GRU)Neural Networks [M]. 2017 IEEE 60th International Midwest Symposium on Circuits and Systems(MWSCAS):1597-1600.

DING M,YANG Z,HONG W,et al,2021. Cogview:Mastering text-to-image generation via transformers[J]. Advances in Neural Information Processing Systems,34:19822-19835.

DING X,ZHANG H,ZHANG W,et al,2023. Non-uniform state-based Markov chain model to improve the accuracy of transient contaminant transport prediction. Building and Environment [J],245:110977.

DORIGO M,1992. The metaphor of the ant colony and its application to combinatorial optimization[D]. PhD thesis,Politecnico di Milano,Italy.

DRUCKER H,BURGES C J C,KAUFMAN L,et al,1997. Support vector regression machines [M]. In Advances in Neural Information Processing Systems 9(NIPS)(M. C. Mozer,M. I. Jordan,and T. Petsche,eds.),155-161,MIT Press,Cambridge,MA.

GIRSHICK R,DONAHUE J,DARRELL T,et al,2014. Rich feature hierarchies for accurate object detection and semantic segmentation [C]. 27th IEEE Conference on Computer Vision and Pattern Recognition (CVPR),Columbus,OH,580-587.

GOLUB G,KAHAN W,1965. Calculating the Singular Values and Pseudo-Inverse of a Matrix[J]. Journal of the Society for Industrial and Applied Mathematics Series B Numerical Analysis,2:205-224.

GOODFELLOW I J,POUGET-ABADIE J,MIRZA M,et al,2014. Generative Adversarial Nets [C]. Advances in Neural Information Processing Systems 27 (NIPS 2014). Montreal,Canada,2672-2680.

GRONAUER S,DIEPOLD K,2022. Multi-agent deep reinforcement learning:a survey [J]. Artificial Intelligence Review,55:895-943.

HAMILTON W,YING Z,LESKOVEC J,2017. Inductive representation learning on large graphs[J]. Advances in neural information processing systems,2017,30.

HAN P,LIU Z,SUN Z,et al,2024a. A novel prediction model for ship fuel consumption considering shipping data privacy:An XGBoost-IGWO-LSTM-based personalized federated learning approach [J]. Ocean Engineering,302:117668.

HAN L,CHEN X Y,YE H J,et al,2024b. SOFTS:Efficient Multivariate Time Series Forecasting with Series-Core Fusion[J]. arXiv,arXiv:2404. 14197.

HAN T,SONG G,LING F H,2024c. FengWu-GHR:learning the kilometer-scale medium-range global weather forecasting[J]. arXiv,arXiv:2402. 00059.

HASTIE T J,TIBSHIRANI R J,1990. Generalized additive models [C]. London:CRC Press,335.

HE K M,GKIOXARI G,DOLLÁR P,et al,2017. Mask R-CNN[C]. 16th IEEE International Conference on Computer Vision(ICCV),Venice,ITALY,2980-2988.

HE K M,ZHANG X Y,REN S Q,2016. Deep Residual Learning for Image Recognition [C]. 2016 IEEE Conference on Computer Vision and Pattern Recognition (CVPR),Las Vegas,NV,USA,770-778.

HO J,CHAN W,SAHARIA C,et al,2022. Imagen video:High definition video generation with diffusion models[J]. arXiv,arXiv:2210. 02303.

HOCHREITER S, SCHMIDHUBER J, 1997. Long short-term memory [J]. Neural Computation,9:1735-1780.

HONG W,DING M,ZHENG W,et al,2022. Cogvideo:Large-scale pretraining for text-to-video generation via transformers[J]. arXiv,arXiv:255. 15868.

HOPFIELD J J,1982. Neural networks and physical systems with emergent collective computational abilities [J]. Proceedings of the National Academy of Sciences,79:2554-2558.

HOTELLING H,1933. Analysis of a complex of statistical variables into principal components [J]. Journal of Educational Psychology,24:498-520.

HSIEH C J,CHANG K W,LIN C J,et al,2008. A dual coordinate descent method for large-scale linear SVM [C]. In Proceedings of the 25th International Conference on Machine Learning(ICML),408-415,Helsinki,Finland.

HUANG G,LIU Z,VAN DER MAATEN L,et al,2017. Densely Connected Convolutional Networks [M]. 30TH IEEE Conference on Computer Vision and Pattern Recognition(CVPR 2017):2261-2269.

JHA A,PATIL H Y,2023. A review of machine transliteration,translation,evaluation metrics and datasets in Indian Languages[J]. Multimedia Tools and Applications,82:23509-23540.

JOACHIMS T,1998. Text classification with support vector machines:Learning with many relevant features [M]. In Proceedings of the 10th European Conference on Machine Learning(ECML),137-142,Chemnitz,Germany.

JOACHIMS T,2006. Training linear SVMs in linear time [M]. In Proceedings of the 12th ACM SIGKDD International Conference on Knowledge Discovery and Data Mining(KDD),217-226,Philadelphia,PA.

KALLEM S R,2012. Artificial Intelligence Algorithms[J]. IOSR Journal of Computer Engineering,6:1-8.

KENNEDY J,EBERHART R,1995. Particle swarm optimization[C]. Proceedings of ICNN'95-international conference on neural networks. IEEE,4:1942-1948.

KHAN A,HASSAN B,KHAN S,et al,2022. DeepFire:A Novel Dataset and Deep Transfer Learning Benchmark for Forest Fire Detection [J]. Mobile Information Systems,5358359.

KIM J,LEE J K,LEE K M,et al,2016. Deeply-Recursive Convolutional Network for Image Super-Resolution

[M].2016 IEEE Conference on Computer Vision and Pattern Recognition(CVPR):1637-1645.

KOCHKOV D,YUVAL J,LANGMORE I,et al,2024. Neural general circulation models for weather and climate [J]. Nature,DOI:10. 1038/s41586-024-07744-y.

KORF R E,1985. Depth-first iterative-deepening:An optimal admissible tree search [J]. Artificial Intelligence, 27:97-109.

KRIZHEVSKY A,SUTSKEVER I,HINTON G E,2012. ImageNet classification with deep convolutional neural networks[J]. Communications of the ACM,60:84-90.

LAM R,SANCHEZ-GONZALEZ A,WILLSON M,et al,2023. Learning skillful medium-range global weather forecasting [J]. Science,382:1416-1421.

LAMSAL R,READ M R,KARUNASEKERA S,2024. CrisisTransformers:Pre-trained language models and sentence encoders for crisis-related social media texts [J]. Knowledge-Based Systems,296:111916.

LAURIOLA I,LAVELLI A,AIOLLI F,2022. An introduction to Deep Learning in Natural Language Processing:Models,techniques,and tools [J]. Neurocomputing,470:443-456.

LEE D D,SEUNG H S,1999. Learning the parts of objects by non-negative matrix factorization [J]. Nature, 401:788-791.

LEMARI' E-RIEUSSET P,2002. Recent Development in the Navier-Stokes Problem[M]. Boca Raton,CRC Press.

LI F,2024. Chinese Language and Literature Education and Humanistic Literacy Enhancement in Colleges and Universities under the Background of Education Informatization [J]. Applied Mathematics and Nonlinear Sciences,9:1.

LI S,KAWALE J,FU Y,2015. Deep collaborative filtering via marginalized denoising auto-encoder[C]. Proceedings of the 24th ACM international on conference on information and knowledge management,811-85.

LI Y,SU X,BAI M,2024. A stochastic dynamic programming model for the optimal policy mix of the carbon tax and decarbonization subsidy [J]. Journal of Environmental Management,353:120242.

LI Y,ZHOU Y,JOLFAEI A,et al,2021. Privacy-Preserving Federated Learning Framework Based on Chained Secure Multiparty Computing [J]. IEEE Internet of Things Journal,8:6178-6186.

LIU Y,ZHANG K,LI Y,et al,2024. Sora:A Review on Background,Technology,Limitations,and Opportunities of Large Vision Models[J]. arXiv,abs/2402. 17177.

LORENZ E N,1956. Empirical Orthogonal Functions and Statistical Weather Prediction [M]. Technical Report Statistical Forecast Project Report 1 Department of Meteorology MIT 49.

LOWE R,WU Y,TAMAR A,et al,2017. Multi-agent actor-critic for mixed cooperative-competitive environments [M]. Proceedings of the 31st International Conference on Neural Information Processing Systems. Curran Associates Inc. ;Long Beach,California,USA,6382-6393.

LUO J,LI X,XIONG Y,et al,2023. Groundwater pollution source identification using Metropolis-Hasting algorithm combined with Kalman filter algorithm[J]. Journal of Hydrology,626:130258.

MARCO D O,GABRIELE B,ELISA D G,2023. Automated Priority Assignment of Building Maintenance Tasks Using Natural Language Processing and Machine Learning [J]. Journal of Architectural Engineering, 29:04023027.

MATHESON J E,2011. Ronald A. Howard. In:Assad,A. ,Gass,S. (eds) Profiles in Operations Research [M]. International Series in Operations Research & Management Science,vol 147. Springer,Boston,MA.

MCDERMOTT J,1982. R1:A rule-based configurer of computer systems [J]. Artificial Intelligence,19:39-88.

MIRJALILI S,MIRJALILI S M,LEWIS A,2014. Grey wolf optimizer [J]. Advances in engineering software, 69:46-61.

MITTAL V,GANGODKAR D,PANT B,et al,2020. Exploring The Dimension of DNN Techniques For Text

Categorization Using NLP[C]. Coimbatore: 6th International Conference on Advanced Computing and Communication Systems (ICACCS).

MNIH V, KAVUKCUOGLU K, SILVER D, et al, 2015. Human-level control through deep reinforcement learning [J]. Nature, 518: 529-533.

NERI F, TIRRONEN V, 2010. Recent advances in differential evolution: a survey and experimental analysis [J]. Artificial Intelligence Review, 33: 61-106.

NEUMANN J V, 1993. First draft of a report on the EDVAC [J]. IEEE Annals of the History of Computing, 15: 27-75.

NEWELL A, SIMON H A, 1976. Computer science as empirical inquiry: symbols and search[J]. Communications of the ACM, 19: 113-126.

NILSSON N J, 1984. Shakey the Robot[C]. SRI international menlo park ca.

NIU Z, ZHONG G, YU H, 2021. A review on the attention mechanism of deep learning[J]. Neurocomputing, 452: 48-62.

PAATERO P, TAPPER U, 1994. Positive matrix factorization: A non-negative factor model with optimal utilization of error estimates of data values [J]. Environmetrics, 5: 111-126.

PAN J, DURAND M T, VANDER JAGT B J, et al, 2017. Application of a Markov Chain Monte Carlo algorithm for snow water equivalent retrieval from passive microwave measurements[J]. Remote Sensing of Environment, 192: 150-165.

PAN S J, YANG Q, 2010. A Survey on Transfer Learning [J]. IEEE Transactions on Knowledge and Data Engineering, 22: 1345-1359.

PATHAK J, SUBRAMANIAN S, HARRINGTON P Z, et al, 2022. FourCastNet: A Global Data-driven High-resolution Weather Model using Adaptive Fourier Neural Operators [J]. arXiv, abs/2202.11214.

PEARSON K, 1901. On lines and planes of closest fit to systems of points in space [J]. Philosophical Magazine Series, 2: 559-572.

PEEBLES W, XIE S, 2023. Scalable Diffusion Models with Transformers [C]. Proceedings of the IEEE/CVF International Conference on Computer Vision, 4172-4182.

PHAM D T, GHANBARZADEH A, KOÇ E, et al, 2006. The bees algorithm—a novel tool for complex optimisation problems[M]. Intelligent production machines and systems. Elsevier Science Ltd, 454-459.

PRICE K, STORN R M, LAMPINEN J A, 2014. Differential Evolution: A Practical Approach to Global Optimization[C]. Springer Publishing Company, Incorporated.

QIANG H, WEI S, 2018. A land-use spatial optimum allocation model coupling a multi-agent system with the shuffled frog leaping algorithm [J]. Computers, Environment and Urban Systems, 77: 101360.

QUINLAN J R, 1986. Induction of Decision Trees [J]. Machine Learning, 1: 81-106.

QUINLAN J R, 1992. C4.5: programs for machine learning [M]. Morgan Kaufmann Publishers Inc.

RAHIMI A, RECHT B, 2007. Random features for large-scale kernel machines [M]. In Advances in Neural Information Processing Systems 20(NIPS)(J. C. Platt, D. Koller, Y. Singer, and S. Roweis, eds.), 1177-1184, MIT Press, Cambridge, MA.

RAJALAKSHMI M S, PABITHA P, 2021. An Optimal K-Nearest Neighbor for Weather Prediction Using Whale Optimization Algorithm [J]. International Journal of Applied Metaheuristic Computing(IJAMC), 13.

REDMON J, DIVVALA S, GIRSHICK R, et al, 2016. You Only Look Once: Unified, Real-Time Object Detection[C]. Computer Vision & Pattern Recognition.

REDMON J, FARHADI A, 2017. YOLO9000: Better, Faster, Stronger[C]. 2017 IEEE Conference on Computer Vision and Pattern Recognition(CVPR), 6517-6525.

REN S Q, HE K M, GIRSHICK R, et al, 2017. Faster R-CNN: Towards Real-Time Object Detection with Region Proposal Networks [J]. Ieee Transactions on Pattern Analysis and Machine Intelligence,39:1137-1149.

RONNEBERGER O,FISCHER P,BROX T,2015. U-Net:Convolutional Networks for Biomedical Image Segmentation[C]. International Conference on Medical Image Computing and Computer-Assisted Intervention.

ROUMELIOTIS K I,TSELIKAS N D,2023. ChatGPT and Open-AI Models:A Preliminary Review[J]. Future Internet,15(6):192.

RUBIN D B,1974. Estimating causal effects of treatments in randomized and nonrandomized studies[J]. Journal of educational Psychology,66(5):688.

RUMELHART D E,HINTON G E,WILLIAMS R J,1986. Learning representations by back-propagating errors [J]. Nature,323:533-536.

SANDRYHAILA A,MOURA J M F,2013. Discrete signal processing on graphs:Graph fourier transform[C]. 2013 IEEE International Conference on Acoustics,Speech and Signal Processing. IEEE,6167-6170.

SCHMIDHUBER J,2015. Deep learning in neural networks:An overview [J]. Neural Networks,61:85-117.

SCHÖLKOPF B,SMOLA A J,et al,2002. Learning with Kernels:Support Vector Machines,Regularization, Optimization and Beyond [M]. MIT Press,Cambridge,MA.

SCHÖLKOPF B,BURGES C J C,SMOLA A J,et al,1999. Advances in Kernel Methods:Support Vector Learning [M]. MIT Press,Cambridge,MA.

SERRANO R,2013. Lloyd Shapley's Matching and Game Theory [J]. The Scandinavian Journal of Economics, 115(3):599-618.

SHORTLIFFE E H,1974. Mycin:A Knowledge-Based Computer Program Applied to Infectious Diseases[C]. Proceedings of the American Federation for Clinical Research.

SILVER D,HUANG A,MADDISON C J,et al,2016. Mastering the game of Go with deep neural networks and tree search [J]. Nature,529:484-489.

SILVER D,HUBERT T,SCHRITTWIESER J,et al,2018. A general reinforcement learning algorithm that masters chess,shogi,and Go through self-play [J]. Science,362:1140-1144.

SIVAMAYIL K,RAJASEKAR E,ALJAFARI B,et al,2023. A Systematic Study on Reinforcement Learning Based Applications [M]. Energies.

SOHL-DICKSTEIN J,WEISS E,MAHESWARANATHAN N,et al,2015. Deep unsupervised learning using nonequilibrium thermodynamics[C]. International conference on machine learning,PMLR,2256-2265.

SONG J Y,YAM Y,1998. Complex recurrent neural network for computing the inverse and pseudo-inverse of the complex matrix [J]. Applied Mathematics and Computation,93:195-205.

SONG Z,CHEN B,et al,2021. Estimation of $PM_{2.5}$ concentration in China using linear hybrid machine learning model[J]. Atmospheric Measurement Techniques,14:5333-5347.

SONG Z,CHEN B,et. al,2022a. High temporal and spatial resolution $PM_{2.5}$ dataset acquisition and pollution assessment based on FY-4A TOAR data and deep forest model in China[J]. Atmospheric Research, 274:106199.

SONG Z,CHEN B,HUANG J P,2022. Combining Himawari-8 AOD and deep forest model to obtain city-level distribution of $PM_{2.5}$ in China [J]. Environmental Pollution,297:118826.

STONE C J,1985. Additive Regression and Other Nonparametric Models [J]. Annals of Statistics,13:689-705.

STORN R,PRICE K,1997. Differential Evolution-A Simple and Efficient Heuristic for global Optimization over Continuous Spaces [J]. Journal of Global Optimization,11:341-359.

SUN Q,LIU Y,CHUA T-S,et al,2019. Meta-Transfer Learning for Few-Shot Learning [M]. IEEE/CVF Conference on Computer Vision and Pattern Recognition(CVPR),Long Beach,CA,USA,403-412.

SUTTON R S,1988. Learning to predict by the methods of temporal differences [J]. Machine Learning,3: 9-44.

SUTTON R S,BARTO A G,1998. Reinforcement Learning:An Introduction [J]. IEEE Transactions on Neural Networks,9:1054-1054.

SUTTON R S,MCALLESTER D,SINGH S,et al,1999. Policy gradient methods for reinforcement learning with function approximation [M],Proceedings of the 12th International Conference on Neural Information Processing Systems. MIT Press;Denver,CO,1057-1063.

TAN C,SUN F,KONG T,et al,2018. A Survey on Deep Transfer Learning[C]. Artificial Neural Networks and Machine Learning-ICANN 2018. Springer International Publishing,270-279.

TANG D,ZHAN Y,YANG F,2024. A review of machine learning for modeling air quality:Overlooked but important issues [J]. Atmospheric Research,300:107261.

THUKROO I A,BASHIR R,GIRI K J,2022. A review into deep learning techniques for spoken language identification [J]. Multimedia Tools and Applications,81:32593-32624.

TSANG W,KWOK J T,et al,2006. Core vector machineFast SVM training on very large data sets [J]. Journal of Machine Learning Research,6:363-392.

TURING A,2004. Computing Machinery and Intelligence(1950)[C]. in B. J. COPELAND,The Essential Turing,Oxford University Press.

VASWANI A,SHAZEER N,PARMAR N,et al,2017. Attention is all you need[J]. Advances in neural information processing systems,30:6000-6010.

VELICKOVIC P,CUCURULL G,CASANOVA A,et al,2017. Graph attention networks[J]. arXiv,arXiv:1710.10903.

WANG H F,LI J W,WU H,et al,2023. Pre-Trained Language Models and Their Applications[J]. Engineering,25:51-65.

WANG W,CHEN C,LIU D,et al,2022a. Health risk assessment of $PM_{2.5}$ heavy metals in county units of northern China based on Monte Carlo simulation and APCS-MLR[J]. Science of the Total Environment,843:156777.

WANG W,ZHENG V W,YU H,et al,2019. A Survey of Zero-Shot Learning:Settings,Methods,and Applications [J]. ACM Trans. Intell. Syst. Technol. ,10:Article 13.

WANG Y,KALLEL A,YANG X,et al,2022b. DART-Lux:An unbiased and rapid Monte Carlo radiative transfer method for simulating remote sensing images[J]. Remote Sensing of Environment,274:112973.

WANG Y,YAO H,ZHAO S,2016. Auto-encoder based dimensionality reduction[J]. Neurocomputing,184:232-242.

WANG Y,YUAN Q,ZHOU S,et al,2022c. Global spatiotemporal completion of daily high-resolution TCCO from TROPOMI over land using a swath-based local ensemble learning method[J]. ISPRS Journal of Photogrammetry and Remote Sensing,194:167-180.

WATKINS C J C H,1989. Learning from delayed rewards[M]. Robotics & Autonomous Systems.

WATKINS C J C H,DAYAN P,1992. Q-learning [J]. Machine Learning,8:279-292.

WILLIAMS C K,M SEEGER,2001. Using the Nystr'm method to speedup kernel machines [M]. In Advances in,Neural Information Processing Systems13(NIPS),682-688,MIPress,Cambridge,MA.

WINOGRAD T,1972. Understanding natural language[J]. Cognitive Psychology,3:1-191.

XIAO Z,GAO B,HUANG X,et al,2024. An interpretable horizontal federated deep learning approach to improve short-term solar irradiance forecasting [J]. Journal of Cleaner Production,436:140585.

XU H,ZHAO Y,ZHAO D,et al,2024. Exploring the Typhoon Intensity Forecasting through Integrating AI Weather Forecasting with Regional Numerical Weather Model[C]. PREPRINT(Version 1)available at Research Square,[https://doi. org/10. 21203/rs. 3. rs-4494070/v1].

XUE B,ZHANG M J A S,2017. Evolutionary feature manipulation in data mining/big data [J]. ACM Sigevolution,10:4-11.

YANG T B,LI Y-F,MAHDAVI M,et al,2012. Nyströmmethod vs random Fourier features:A theoretical and empirical comparison [M]. In Advances in Neural Information Processing Systems 25(NPS)485-493,MIT Press,Cambridge,MA.

YANG XIN-SHE, SLOWIK A, 2008. Firefly algorithm [J]. Nature-inspired metaheuristic algorithms, 20: 79-90.

YU F,KOLTUN V,2016. Multi-Scale Context Aggregation by Dilated Convolutions[C]. ICLR.

YUILLE L C,2016. Semantic Image Segmentation with Deep Convolutional Nets and Fully Connected CRFs.

ZADEH L A,1965. Fuzzy sets [J]. Information and Control,8:338-5.

ZERIN J,BHATIA K S,MO S,2024. Early dementia detection with speech analysis and machine learning techniques [J]. Discover Sustainability,5:65.

ZHANG S,TONG H,XU J,et al,2019. Graph convolutional networks:a comprehensive review[J]. Computational Social Networks,6:1-23.

ZHANG X, ZHAO J B, YANN L C, 2015. Character-level Convolutional Networks for Text Classification [M]. Advances In Neural Information Processing Systems 28.

ZHANG Y,LONG M,CHEN K,et al,2023. Skilful nowcasting of extreme precipitation with NowcastNet [J]. Nature,619:526-532.

ZHAO H,SHI J,QI X,et al,2017. Pyramid Scene Parsing Network[C]. 2017 IEEE Conference on Computer Vision and Pattern Recognition(CVPR),6230-6239.

ZHAO Z,WANG H,YU C,et al,2020. Changes in spatiotemporal drought characteristics over northeast China from 1960 to 2018 based on the modified nested Copula model[J]. Science of The Total Environment, 739:140328.

ZHOU X Z,CHEN B,YE Q,et al,2024. Cloud-Aerosol Classification Based on the U-Net Model and Automatic Denoising CALIOP Data [J]. Remote Sensing,16(5):904.

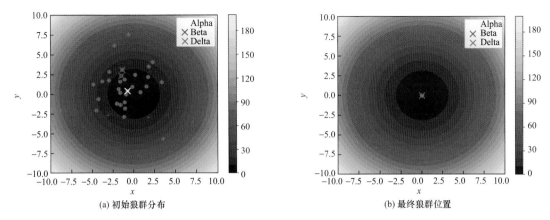

(a) 初始狼群分布   (b) 最终狼群位置

图 5.5 灰狼优化算法示意图

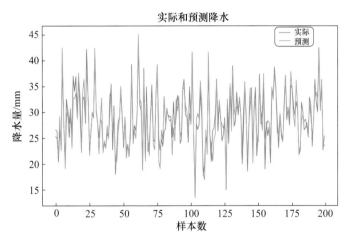

图 7.1 岭回归算法预测降水同实际降水量对比

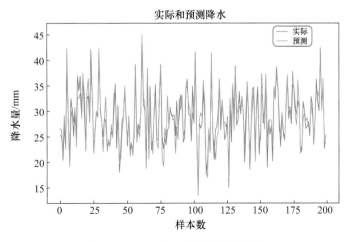

图 7.2 Lasso 算法预测降水量结果

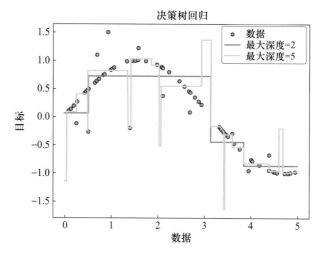

图 8.1　决策树回归算法结果

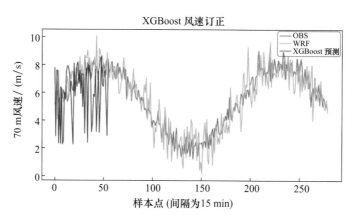

图 8.4　XGBoost 模型风速预测结果

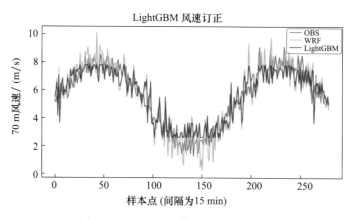

图 8.5　LightGBM 模型风速预测结果

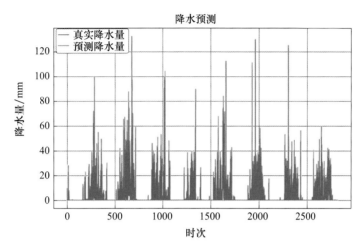

图 16.4　Bi-LSTM 模型预测降水量与真实降水量对比图

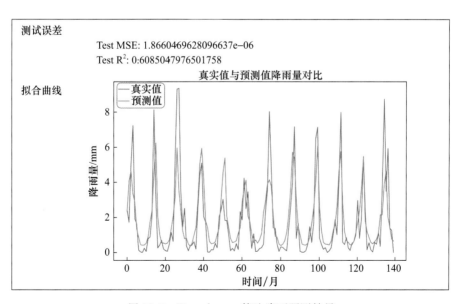

图 17.5　Transformer 算法降雨预测结果

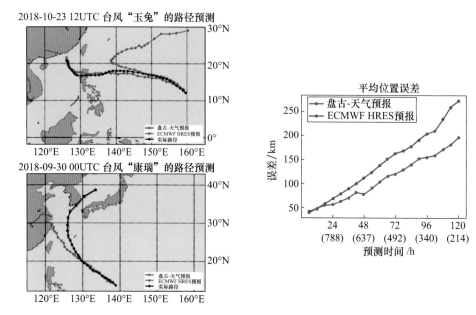

图 28.5　盘古大模型与 ECMWF-HRES 的在早期气旋跟踪中的性能对比（Bi et al.,2023）

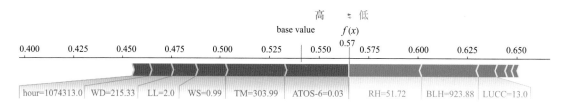

图 29.4　基于 SHAP 的单个样本预测解释

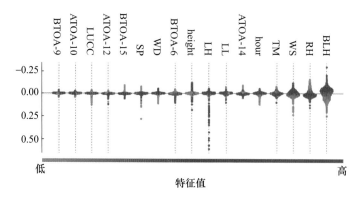

图 29.5　SHAP 预测解释